除尘设备与运行管理

张殿印　王海涛　主编

北　京
冶　金　工　业　出　版　社
2010

内 容 提 要

本书共分为8章，主要介绍了除尘基础知识、湿式除尘器、机械除尘器、袋式除尘器、静电除尘器、除尘器输排灰设备、除尘通风机等及除尘系统运行管理。通过本书的学习，可以帮助读者解决在除尘设备的选择、工程应用、运行管理以及生产过程中遇到的技术和设备问题。

本书可供科研设计单位、工矿企业用户和设备生产厂家的环保技术人员、运行管理人员阅读，也适合在校环保专业学生参考，以及工厂职工技术培训使用。

图书在版编目(CIP)数据

除尘设备与运行管理/张殿印，王海涛主编．—北京：冶金工业出版社，2010.5

ISBN 978-7-5024-5261-2

Ⅰ.①除…　Ⅱ.①张…　②王…　Ⅲ.①除尘设备—运行 ②除尘设备—设备管理　Ⅳ.①TU834.6

中国版本图书馆CIP数据核字(2010)第074759号

出 版 人　曹胜利
地　　址　北京北河沿大街嵩祝院北巷39号，邮编100009
电　　话　(010)64027926　电子信箱　postmaster@cnmip.com.cn
责任编辑　王之光　美术编辑　李　新　版式设计　葛新霞
责任校对　王永欣　责任印制　牛晓波
ISBN 978-7-5024-5261-2
北京兴华印刷厂印刷；冶金工业出版社发行；各地新华书店经销
2010年5月第1版，2010年5月第1次印刷
787mm×1092mm　1/16；18.25印张；440千字；281页
55.00元

冶金工业出版社发行部　电话：(010)64044283　传真：(010)64027893
冶金书店　地址：北京东四西大街46号(100711)　电话：(010)65289081
（本书如有印装质量问题，本社发行部负责退换）

前　言

随着社会的发展和人类的进步，人们对生活质量和自身健康越来越重视，对生态环境和空气质量也越来越关注。大气污染物中粉尘的可吸入颗粒物过多进入人体，直接威胁人体的健康。所以防治粉尘污染、保护大气环境是刻不容缓的重要任务。

除尘设备是防治大气污染应用最多的设备，也是除尘工程中最重要的减排技术之一。除尘设备的设计制作是否优良，运行管理是否得当，直接影响工程费用、除尘效果和运行作业率。因此，掌握除尘设备工作机理、主要特征并精心运行和严格管理，对节能减排、搞好环境保护工作具有重要意义。

编写本书的目的在于给环境工程和环保管理工作者提供一本具有密切联系实际、切实可用的技术书籍。本书特点：（1）深入浅出，用通俗易懂的语言和图示介绍除尘设备运行管理；（2）内容全面，对除尘工作原理、技术要求、应用特点、运行要领和故障排除等均有较全面的分析；（3）联系实际，列举除尘设备应用注意事项和应用实例以及维护检修流程等。编写内容重点突出，层次分明，图文并茂，内容翔实，力求书的完整性和系统性。读者通过本书可以对除尘设备有较全面的了解和掌握，对除尘设备选择、应用、运行、管理均有裨益。全书共分8章，分别介绍了除尘基础知识、湿式除尘器、机械除尘器、袋式除尘器、静电除尘器、除尘器输排灰设备、除尘通风机和除尘系统运行管理。

参加本书编撰的有（以姓氏笔画为序）：王冠、王海涛、庄剑恒、安登飞、肖春、张学义、张殿印、高华东、徐飞、顾生臣。

在成稿过程中，得到庚墨蝶、冯馨瑶等的帮助和支持，在此深致谢忱。

本书编写中参考了一些业内同行撰写的著作和学术论文等，在此对所有作者表示衷心感谢。

由于作者学识和水平有限，书中不妥之处在所难免，殷切希望读者不吝指正。

作　者

2010年1月于北京

目　录

1 除尘基础知识

除尘基础知识包括对气体和粉尘的了解，对除尘设备运行管理的了解，对除尘技术及除尘器的了解。利用这些基础知识，对以后掌握除尘技术和设备颇有裨益。

1.1 空气和空气污染

大气的95%分布在地球的表面仅12km的厚度内，地球的直径是6370km，大气的厚度相当于直径为1m的地球仪表面薄膜1mm的厚度，即地球直径的千分之二。一般可以认为大气是由干燥清洁的空气、水蒸气和各种杂质三部分组成的。

1.1.1 空气组成

所谓空气就是指围绕地球表面的空间内按一定比例组成的混合气体。人类就生活在这种混合气体的汪洋大海的海底。

表1-1列举的是0℃、0.1MPa下干燥空气的组成。

表1-1 干燥空气的组成

成　分	质量分数/%	体积分数/%	成　分	质量分数/%	体积分数/%
氧	23.01	20.93	氖	0.0012	0.0018
氮	75.51	78.10	氦	0.00007	0.0005
氩	1.285	0.9325	氪	0.0003	0.0001
二氧化碳	0.04	0.03	氙	0.00004	0.00009

自然空气中还含有微量的一氧化碳、二氧化碳、氮、氧化物等气态物质以及固态、液态粒状物质。

在空气成分中，氧气和二氧化碳对我们日常生活的关系最为密切。只要谈到空气就很自然地联想到氧气和二氧化碳的浓度。这个感性认识来源于实践，即人需要从空气中吸取新陈代谢所需要的氧气，排出无用的二氧化碳，这就是所谓的呼吸。人依靠呼吸维持生命。

成年人在静止状态下每一次呼吸的空气量大约是300~800mL（平均约0.5L）。如果每分钟呼吸16次，那么一分钟呼吸的空气量为8L。成年人每小时呼吸消耗的氧气量大约为16L。人需要氧气的安全极限约为15%（占空气的百分比）。1个人1天大约需要1kg食物、2kg水和13kg的空气。13kg空气的体积为1万L。1个人可以7天不进食，5天不饮水，但断绝空气5min就会死亡。空气对人类的生存和发展极其重要。

1.1.2 空气污染

所谓空气污染，根据国际标准化组织（ISO）给出的定义，“通常系指由于人类活动和自然过程引起某种物质进入大气中，呈现出足够的浓度，达到足够的时间，并因此危害了人体健康、舒适或环境”。

“空气污染物：系指由于人类活动或自然过程进入大气的并对人或环境产生有害影响的那些物质”。

空气污染物按其存在状态可分为颗粒污染物和气态污染物两大类。颗粒污染物即粉尘，气态污染物主要是SO_2、NO_x、CO_2等有害气体。

烟是造成大气污染的主要原因之一，也是不可忽视的室内污染源。例如住宅的局部采暖设备、厨房中的开敞式燃烧器等不完全燃烧产生的烟气以及房间内吸烟者散发的烟，这些烟不仅加重了室内换气负荷，同时也给室内带来严重污染。

吸烟时放出烟的化学成分及发生量取决于吸烟的方法和香烟的种类。表1-2列出香烟烟粒子中所含的金属成分。

表1-2　吸烟粒子中的金属浓度

元　素	金属浓度/$\mu g \cdot g^{-1}$		元　素	金属浓度/$\mu g \cdot g^{-1}$	
	范　围	平均值		范　围	平均值
Zn	2～19	16	Ni	ND～8	2
Cd	13～53	21	Fe	87～216	156
Pb	ND～19	5	Cu	5～9	7
Mn	ND～3	1			

一般情况下大气中的CO_2浓度几乎是不变的，但在特殊条件下会有所增加。CO_2的增加主要是由大气污染等人为因素造成的。通常CO_2的浓度与空气污染浓度有对应关系。CO_2的浓度变化可以作为空气污染浓度的寒暑表，可以大致作为衡量空气污染的指标。

另外，CO_2不仅能透过太阳辐射光，而且也能吸收地面反射的红外线。CO_2的这种性质称作温室效应（图1-1）。CO_2也是影响气候变暖的主要因素。低碳经济主要也是指减少CO_2的排放。

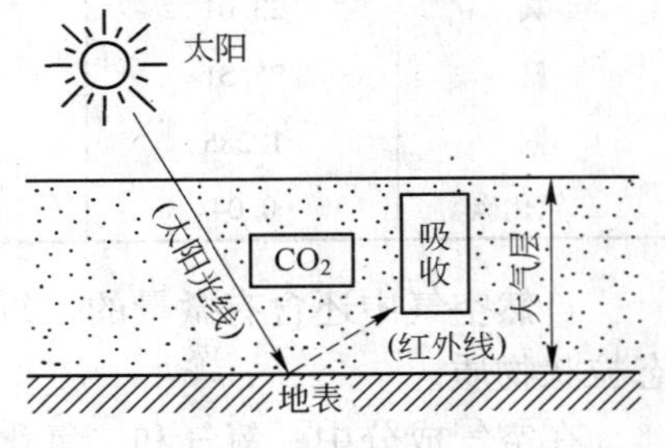

图1-1　二氧化碳的温室效应

由于空气污染对人影响的极端重要性，所以各城市每天要播报空气污染指数。

根据我国空气污染的特点和污染防治重点，目前计入空气污染指数的项目定为二氧化硫、氮氧化物和总悬浮颗粒物。随着环境保护工作的深入和监测技术水平的提高，再调整增加其他污染项目，以便更为客观地反映污染状况。

空气污染指数的范围从0～500，其中50、100、200分别对应于我国空气质量标准中日均值的一、二、三级标准的污染物浓度限值，500点则对应于人体健康产生明显危害的污染水平。

空气污染指数分级的浓度限值见表1-3，相应的空气质量级别及对人体健康的影响见表1-4。

表 1-3 空气污染指数分级浓度限值

污染指数 API	污染浓度/mg·m⁻³			污染指数 API	污染浓度/mg·m⁻³		
	TSP	SO_2	NO_x		TSP	SO_2	NO_x
500	1.000	2.620	0.940	200	0.500	0.250	0.150
400	0.875	2.100	0.750	100	0.300	0.150	0.100
300	0.625	1.600	0.565	50	0.120	0.050	0.050①

①当浓度低于此水平时，不计算该污染物的指数。

表 1-4 空气污染指数范围及相应的空气质量级别

空气污染指数 API	空气质量级别	空气质量描述	对健康的影响	对应空气质量的适用范围
0~50	Ⅰ	优	可正常活动	自然保护区、风景名胜区、其他需要特殊保护的地区
51~100	Ⅱ	良	可正常活动	为城镇规划中确定的居住区、商业交通居民混合区、文化区、一般工业区和农村地区
101~200	Ⅲ	轻度污染	长期接触，易感人群症状有轻度加剧，健康人群出现刺激症状	特定工业区
201~300	Ⅳ	中度污染	一定时间接触后，心脏病和肺病患者症状显著加剧，运动耐受力降低，健康人群中普遍出现症状	
≥300	Ⅴ	重度污染	健康人有明显强烈症状，降低运动耐受力，提前出现某些疾病	

1.2 粉尘和气体性质

粉尘来源于自然过程和人类活动两方面，后者是主要来源。人类活动产生粉尘，而粉尘又由某种性质危害人类自身健康及各种活动。所以根据粉尘的来源和性质，研究除尘技术，防止粉尘污染成为环保治理的重要任务。

1.2.1 粉尘的来源和分类

在粉尘的来源中，自然过程产生的粉尘一般可以靠大气的自净作用来除去，而人类活动产生的粉尘要靠除尘措施来完成。本节主要介绍在人类各种生产活动中产生的粉尘和分类。

1.2.1.1 粉尘定义

国家标准中有关粉尘颗粒等的定义如下：

（1）粉尘。由自然力或机械力产生的、能够悬浮于空气中的固态微小颗粒。国际上将粒径小于 75μm 的固体悬浮物定义为粉尘。在通风除尘技术中，一般将 1~200μm 乃至更大粒径的固体悬浮物均视为粉尘。

（2）气溶胶。悬浮于气体介质中的粒径范围一般为0.001～1000μm的固体、液体微小粒子形成的胶溶状态分散体系。

（3）总粉尘，简称“总尘”。总尘是指用直径为40mm滤膜，按标准粉尘测定方法采样所得到的粉尘。

（4）呼吸性粉尘，简称“呼尘”。呼吸性粉尘是指按呼吸性粉尘标准测定方法所采集的可进入肺泡的粉尘粒子，其空气动力学直径均在7.07μm以下，空气动力学直径5μm粉尘粒子采样效率为50%。

（5）总悬浮颗粒物。能悬浮在空气中，空气动力学当量直径不大于100μm的颗粒物。

（6）可吸入颗粒物。悬浮在空气中，空气动力学当量直径不大于10μm的颗粒物。

（7）大气尘。悬浮于大气中的固体或液体颗粒状物质，也称悬浮颗粒物。

（8）烟（尘）。高温分解或燃烧时所产生的，其粒径范围一般为0.01～1μm的可见气溶胶。

（9）纤维性粉尘。天然或人工合成纤维的微细丝状粉尘。

（10）亲水性粉尘。易于被水润湿的粉尘，如石英、黄铁矿、方铅矿粉尘等。

（11）疏水性粉尘。难以被水润湿的粉尘，如石蜡粉、炭黑、煤粉等。

（12）烟（雾）。由燃烧或熔融物质挥发的蒸气冷凝后形成的，其粒径范围一般为0.001～1μm的固体悬浮粒子。

（13）烟气。在化学工艺过程中生成的通常带有异味的气态物质。

（14）液滴。在静止条件下能沉降，在湍流条件下能悬浮于气体中的微小液体粒子。

（15）雾。悬浮于气体中的微小液滴，如水雾、漆雾、硫酸雾等。

（16）粒子。特指分散的固体或液体的微小粒状物质，也称微粒。

1.2.1.2 粉尘的来源

粉尘来源可分成两大类：一是人类活动引起的，二是自然过程引起的。后者包括火山爆发、山林火灾、雷电等造成各种尘埃，见表1-5。自然过程对大气的污染，目前人类还不能完全控制，但这些自然过程多具有偶然性、地区性，而两次同样过程发生的时间往往较长。由于自然环境有一定的容量和自净能力，自然过程所造成的粉尘污染，经过一段时间后会自动消失，对整个人类的发展尚无根本性的危害。

表1-5 粉尘源

种 类	粉 尘 来 源
自然现象	火山爆发、大风飞沙、地震、土沙崩溃、由于温度或混合率的变化而引起的气体爆炸、腐烂、花粉、微生物、森林火灾
日常生活	烹调、采暖、冷气、衣服、清扫、吸烟、农业、渔业、医疗、娱乐、教育、体育比赛
商业交易	采暖、冷气、烹调、包装、输送、陈列、集会、办公等活动
工 业	燃烧、冶炼、粉碎、混合、分离、化合、分解、干燥、研磨、输送、包装、爆炸、凝聚等物理化学操作、轧制、切割、采矿、爆破、装卸、焊接
交 通	河、海运输，航空，汽车、火车运输，装卸
战 争	军事转移、军队作战、炮击、爆炸、训练

当今，最令人担忧的是人类的生活和生产活动引起的粉尘污染。由于人类的生活及生产活动从不间断，这种污染也就从没停止过。100 年以来，工业和交通运输业的迅速发展，城市的不断扩大，以及人口的高度集中，使得大气污染日趋严重。目前，全世界每年排入大气的煤粉尘及其他粉尘在 1 亿吨以上，严重污染了大气，对人类健康构成了威胁。这种粉尘对大气的污染既然由人类活动引起，也就可以通过人类的活动而加以控制。

人类活动引起的粉尘主要来源于三个方面，即工业生产污染源、生活活动污染源及交通运输污染源。

（1）工业生产污染源。如火力发电厂、钢铁厂、建材厂、化工厂、有色金属厂、矿山作业区等工业部门的生产及燃料燃烧过程，皆向大气中排入大量的粉尘及其他有害成分。工业生产污染源是造成粉尘污染的最主要的来源，如图 1-2 所示。

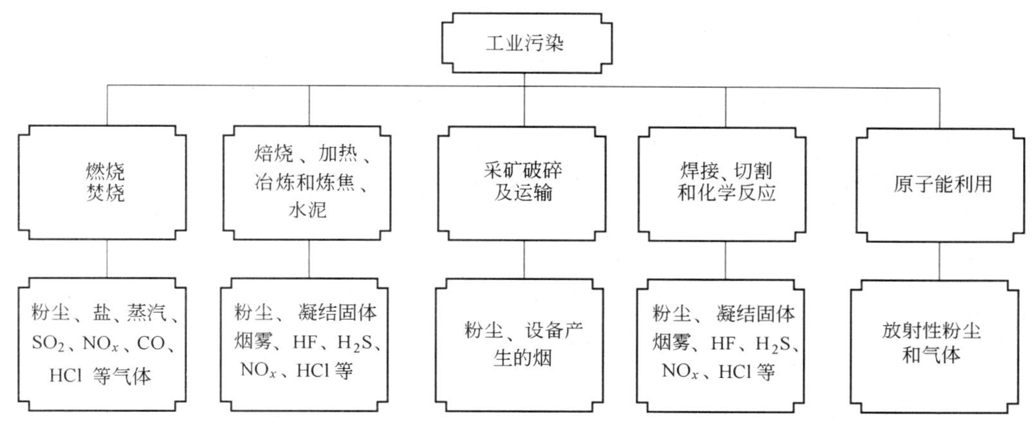

图 1-2 人为空气污染物的主要来源

（2）生活活动污染源。城市和工矿企业住宅区、商业区千家万户的生活炉灶，经营性炉灶以及采暖锅炉的烟囱，同样会向大气中排入烟尘。这些污染源分布广，污染物总量大，对局部的大气环境质量常有很大影响，也是不可忽视的。

（3）交通运输污染源。汽车、火车、轮船、飞机等交通工具排放的尾气及行走二次扬尘都含有粉尘污染物。在交通运输业十分发达的今天，尤其在城市，它已成为粉尘污染的重要来源之一。

图 1-3 所示为粉尘粒径特性和相应的除尘设备。图的中部示出了不同物质的颗粒大小的范围。这些数值说明粉尘颗粒物在空气中存在着明显的差别。任何一种除尘设备，都不可能把这样的粒径分布的颗粒物除尽。图 1-3 下端部分示出了不同除尘设备适于捕集的颗粒物的粒径范围。虽然某种形式的除尘器能除去指定范围内的颗粒，但在很多情况下，除尘效率是随颗粒物的粒径而变的。例如，一种除尘器对一定范围内的大颗粒捕集效率近 100%，但对于极小颗粒，除尘器的效率可能接近于零。

1.2.1.3 粉尘分类

（1）按物质组成分类。按物质组成粉尘可分为有机尘、无机尘、混合尘。有机尘包括植物尘、动物尘、加工有机尘；无机尘包括矿尘、金属尘、加工无机尘等。

（2）按粒径分类。按尘粒大小或在显微镜下可见程度粉尘分为：粗尘，粒径大于

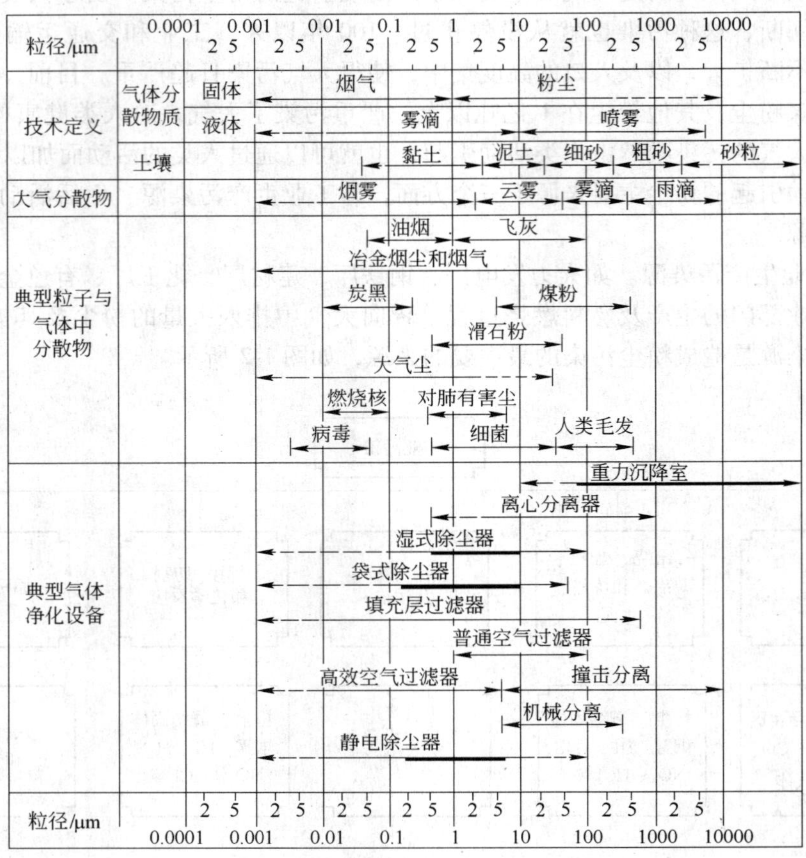

图 1-3　粉尘粒径特性和相应的除尘设备

40μm，相当于一般筛分的最小粒径；细尘，粒径 10～40μm，在明亮光线下肉眼可以见到；显微尘，粒径 0.25～10μm，用光学显微镜可以观察；亚显微尘，粒径小于 0.25μm，需用电子显微镜才能观察到。不同粒径的粉尘在呼吸器官中沉着的位置也不同，又分为：可吸入性粉尘即可以吸入呼吸器官，直径约大于 10μm 的粉尘，微细粒子直径小于 2.5μm 的细粒粉尘，微细粉尘会沉降于人体肺泡中。

（3）按形状分类。不同形状的粉尘可以分为：1）三向等长粒子，即长、宽、高的尺寸相同或接近的粒子，如正多边形及其他与之相接近的不规则形状的细粒子；2）片形粒子，即两方向的长度比第三方向长得多，如薄片状、鳞片状粒子；3）纤维形粒子，即在一个方向上长得多的粒子，如柱状、针状、纤维粒子；4）球形粒子，外形呈圆形或椭圆形。

（4）按物理化学特性分类。由粉尘的湿润性、黏性、燃烧爆炸性、导电性、流动性可以区分不同属性的粉尘。如按粉尘的湿润性分为湿润角小于 90°的亲水性粉尘和湿润角大于 90°的疏水性粉尘；按粉尘的黏性力分为拉断力小于 60Pa 的不黏尘，60～300Pa 的微黏尘，300～600Pa 的中黏尘，大于 600Pa 的强黏尘；按粉尘燃烧、爆炸性分为易燃、易爆粉尘和一般粉尘；按粉料流动性可分为安息角小于 30°的流动性好的粉尘，安息角为 30°～

45°的流动性中等的粉尘及安息角大于45°的流动性差的粉尘。按粉尘的导电性和静电除尘的难易分为大于$10^{11}\Omega\cdot cm$的高比电阻粉尘，$10^4\sim10^{11}\Omega\cdot cm$的中比电阻粉尘，小于$10^4\Omega\cdot cm$的低比电阻粉尘。

（5）其他分类中还有分为生产性粉尘和大气尘，纤维性粉尘和颗粒状粉尘，一次扬尘和二次扬尘等。过程分类分为自然粉尘、人工粉尘和工业粉尘。

1.2.2 粉尘的危害

1.2.2.1 对人体健康的危害

粉尘侵入人体主要有三条途径：（1）呼吸道吸入；（2）消化道吞入（随水和食物）；（3）皮肤接触。其中以第一条途径最重要、最危险。

粉尘的化学成分直接影响着对人体危害程度，其中粉尘中所含的游离二氧化硅危害最大。长期大量吸入含结晶型游离二氧化硅的粉尘可引起硅肺疾病。粉尘中游离二氧化硅的含量愈高，引起病变的程度愈重，病变发展的速度愈快。粉尘分散度的高低与其在空气中的悬浮性能、被人体吸入的可能性和在肺内的阻留及其溶解度均有密切关系。据估算，进入肺腔的粉尘粒度为0.01～0.1μm，其中大部分能被呼出，约10%～50%将沉积下来。

由于生产性粉尘的种类和性质不同，因而对机体引起的危害也不同，一般常引起的疾病有：

（1）呼吸系统疾病。尘肺是指吸入较高浓度或长时间吸入的生产性粉尘而引起的以肺组织弥漫性纤维化病变。由于粉尘的种类和性质不同，吸入后对肺组织引起的病理改变也有很大的差异，尘肺按其病因可分为硅肺、石棉肺、水泥尘肺、金属肺等等，其中硅肺是尘肺中最主要的一种职业病，它是由于吸入含结晶型游离二氧化硅粉尘所引起的。

在很多厂矿的生产过程中都可以产生硅尘，如开矿采掘、开凿隧道、开山筑路以及耐火材料、玻璃制造、陶瓷、搪瓷、铸造、石英砂加工等行业。如不注意防尘，粉尘浓度超过国家规定的标准，就可能发生硅肺病。2009年7月河南“开胸验肺”事件就是粉尘危害人体健康的典型案例。

在有机粉尘中，常混有沙土及其他无机性杂质，如烟草、茶叶、皮毛、棉花等，粉尘中混有这些杂质，长期吸入可引起尘肺，称为混合性尘肺。长期吸入游离二氧化硅含量较低的木尘、聚氯乙烯尘、蚕丝尘等也可引起尘肺。

（2）其他系统疾病。接触生产性粉尘除可引起上述呼吸系统的疾病外，还可引起眼睛及皮肤的病变。如在阳光下接触煤焦油沥青粉尘时可引起眼睑水肿和结膜炎，粉尘落在皮肤上可堵塞皮脂腺而引起皮肤干燥，继发性毛囊炎、脓皮病等。有些矿物性粉尘，如玻璃纤维和矿渣棉粉尘，长期作用于皮肤可引起皮炎。也有一些腐蚀性和刺激性的粉尘，如铬、砷、石灰等粉尘，作用于皮肤可引起某些皮肤病变和溃疡性皮炎。

1.2.2.2 粉尘对建筑物、植物和动物的影响

空气中的尘粒本身可能是化学惰性的或活性的。它们如果是惰性的，也可能从大气中吸收化学活性物质，或者它们会化合成多种化学活性物质。据其化学成分和物理性能，尘粒物质能对建筑物起到广泛的破坏作用。尘粒落入涂过涂料的建筑物表面、玻璃幕墙上，就会把它弄脏。每年，对建筑物和构筑物内外重新涂装和清洗费用相当可观。

还有报道，大气中的粉尘和有害气体，对文物腐蚀速度加快，主要表现在金属文物锈

蚀矿化，石质文物酥解剥落，纺织品、壁画褪色长霉。

更为重要的是，尘粒物质能通过固有的腐蚀性，或有排入大气中的惰性尘粒所吸收或吸附的腐蚀性化学物质的作用，产生直接的化学破坏。金属通常能在干燥空气中抗拒腐蚀，甚至在清洁的湿空气中也是如此。然而，在大气中普遍存在吸湿性尘粒时，即使在没在其他污染物的情况下，也能腐蚀金属表面。在文献中关于暴露在工业大气中的金属表面遭受腐蚀的例子已有充分记载。

关于颗粒物对动植物的影响了解得还很少。然而，人们已观察到几种特定物质所起到的破坏作用。含氟化物的尘粒能够引起某些植物损害。降落在农田上的氧化镁，曾使植物生长不良。动物吃了粘有毒尘粒的植物时，健康就会受到损害。这些有毒化合物会被吸收进植物组织或成为植物表面污染而存在下去。动物摄取带有含氟颗粒物的植物就能导致氟中毒。牛羊吃了有含砷颗粒沉降在上面的植物，就会成为砷中毒的牺牲品。

1.2.2.3　粉尘对机器设备的磨损

含尘气流在运动时与壁面冲撞，产生切削和摩擦。含尘气流中的粉尘磨损性与气流速度的2～3次方成正比，气流速度越高，粉尘对壁面的磨损越严重。但粉尘浓度达到某一程度时，由于粉尘粒子之间的互相碰撞，反而减轻了与壁面的碰撞摩擦。

烧结厂烧结机机头处在履带下部进行密封抽气，使铺设在履带上的原料烧透。若烧结厂抽气系统中设置的除尘装置效率达不到要求，一些粗颗粒粉尘进入产生负高压的抽风机内，很快就会使风机转子叶片磨损，缩短转子的使用寿命。

高炉热风炉的风源由一台能产生几百千帕压力的高压透平鼓风机供给，它是高炉冶炼的关键设备。如果有粗颗粒粉尘进入透平鼓风机，将会磨损其叶片，减低鼓风机的压力，严重时需要更换转子。因此，在鼓风机进口需要设置一套空气净化装置，把进入鼓风机气体中的粉尘过滤掉，以延长鼓风机的使用寿命。

含尘空气中的尘粒沉降到机器的转动部件上，将加速机件的磨损，影响机器工作精度，甚至使小型精密仪表的部件卡住不能工作。

一般认为5～10μm粒径的粉尘磨损性与颗粒大小和成分有关，微细粉尘比粗粉尘的磨损小，但在一些现代产品，如微型计算机、光学仪器、微型电机、微型轴承中都特别重视微细粉尘的沾污和磨损。对于计算机、光学仪器、精密机械来说，1μm以上粒径的尘粒就能影响精度。消除尘埃的沾污必须采用空气洁净技术。

1.2.2.4　粉尘对产品质量的影响

粉尘污染不仅影响产品的外观，还造成产品质量下降。例如石膏粉产品在生产过程中被烘炉黑烟污染，不仅外观受影响，质量也要下降。许多电子产品、化学药品、摄影胶片等现代化产品，在生产过程中或操作使用中非常重视防止粉尘污染。在电子产品生产中，即使是0.3μm的尘粒落到刻线间距只有亚微米的加工表面上，也会对产品造成危害，轻则影响产品性能，重则会使产品报废。

航空和宇宙飞船使用的电子仪表及大型计算机内，落入一粒尘埃就可能造成失误。在信息时代，设法除去空中尘埃，确保产品的高质量、提高可靠性有极其特殊的意义。

1.2.3　粉尘的基本性质

尘粒具有形状、粒径、密度、比表面积四大基本特性，还具有磨损性、荷电性、湿润性、黏着性以及爆炸性等重要性质，这些都是除尘技术的重要内容，也是掌握和应用各式除尘器的重要环节。

1.2.3.1　粉尘颗粒的形状

粉尘颗粒的形状是指一个尘粒的轮廓或表面上各点所构成的图像。在工业和自然界中遇到的粉尘形状千差万别，所以要定量描述尘粒形状是很难的。表1-6中定性地描述了尘粒形状。

表1-6　尘粒的形状

形　状	形状描述	形　状	形状描述
针　状	针形状	片　状	板形状
多角状	具有清晰边缘或有粗糙的多面形体	粒　状	具有大致相同量纲的不规则形体
结晶状	在流体介质中自由发展的几何形体	不规则状	无任何对称性的形体
枝　状	树枝状结晶	模　状	具有完整的、不规则形体
纤维状	规则的或不规则的线状体	球　状	网球形体

1.2.3.2　粉尘的粒径

粒径一般指粒子的大小，有时也笼统地包括与粒径有关的性质和形状，就是说，包括粒子的性质、形状在内的粒度通称分散度，也称粒度。

（1）粒子的大小。以气溶胶状态存在的粒子，其粒径一般在100μm以下，当粒径大于100μm时，粒子沉降速度较大，在空气中悬浮是暂时的，时间很短。

在悬浮粒状污染物质中，通常把10μm以下的粒子作为研究对象。其主要原因是悬浮粒子从呼吸道侵入肺泡并沉积在肺泡内的粒径以1μm左右的粒子沉积率最高；以质量浓度作标准浓度时，粒径大于10μm的粒子在空气中的悬浮时间非常短等等。

大气中的悬浮粒状物质在4μm粒径附近和1μm粒径以下出现浓度峰值，实际上1μm以下的粒子占绝大多数。因为1μm以下的微粒除了粒子间相互碰撞和凝聚而生成比原粒径大的粒子，在重力作用下沉降以外，其余的粒子在空气中仍随气流悬浮。

粒子的形状有球形、结晶状、片状、块状、针状、链状等，但除了研究气溶胶的凝聚之外，都将其看作球形。但实际上，除霾一类微小液滴以外，很难见到球形粒子。固体气溶胶粒子的形状几乎都是不规则的。测定这种不规则的固体粒子，一般是用适当的方法测定该粒子的代表性尺寸，并作为粒径来表示粒子的大小。

（2）空气动力直径。在空气中，与颗粒有相同沉降速度，且密度为10kg/m^{3}的圆球体直径称为空气动力直径。在国家标准中，对总悬浮颗粒物和可吸入颗粒物的粒径都指的是空气动力当量直径。

（3）中位径。在粒径累积分布中，将颗粒大小分为两个相等部分的中间界限直径。按质量将颗粒从大至小排列，其筛上累积量$R=50\%$时的那个界限直径就是质量中位径（此时筛下率$D=50\%$），标为d_{m50}；按颗粒个数从小到大排列，将其分布线分为个数相等的两个部分时所对应的中界粒径称作计数中位径，标为d_{n50}。在平时，工程技术中最常用的是质量分布线，并以质量中位径为代表径，简单地标为d_{50}。

1.2.3.3　粉尘的密度

由于粉尘与粉尘之间有许多空隙，有些颗粒本身还有孔隙，所以粉尘的密度有如下几种表述：

（1）真密度。这是不考虑粉尘颗粒与颗粒间空隙的颗粒本身实有的密度。若颗粒本身是多孔性物质，则它的密度还分为两种：1）考虑颗粒本身孔隙在内的颗粒物质，在抽真空的条件下测得密度，称为真密度。2）包含颗粒本身孔隙在内的单个颗粒的密度称为颗粒密度。一般用比重瓶法测得，又称为视密度。对于无孔隙颗粒的真密度和颗粒密度是一样的。

（2）堆积密度。粒尘的颗粒与颗粒间有许多空隙，在粒群自然堆积时，单位体积的质量就是堆积密度，计算粉尘堆积容积时都用它，例如计算贮灰仓体积时用堆积密度。

由于测定方法不同，堆积密度又分为：1）充气密度。将已知质量的颗粒装入量筒内，颠倒摇动之，再使筒直立，待颗粒刚刚全部落下时读取其体积而算得的密度。2）若颗粒全部落下后再静止两分钟，读其体积，此时算得的密度为沉降密度或自由堆积密度。3）若加于振动，使颗粒相互压实，读其体积，此时算得的为压紧密度。表1-7列出了主要工业粉尘密度。

表1-7　主要工业粉尘密度　（g/cm^3）

粉尘名称	真密度	堆积密度	粉尘名称	真密度	堆积密度
滑石粉	0.75	0.59~0.71	飞　灰	2.2	1.07
炭　黑	1.9	0.025	硫化矿烧结炉尘	4.17	0.53
重油锅炉尘	1.98	0.20	烟道粉尘	4.88	1.11~1.25
石　墨	2	0.3	电炉尘	4.5	0.6~1.5
化铁炉尘	2.0	0.80	水泥原料尘	2.76	0.29
煤粉锅炉尘	2.1	0.52	硅酸盐水泥	3.12	1.5
造纸黑液炉尘	3.11	0.13	黄铁熔解炉尘	4~8	0.25~1.2
水泥干燥窑尘	3.0	0.60	铅熔炼炉尘	5.0	0.50
造塑黏土	2.47	0.72~0.8	转炉尘	5.0	0.7

（3）假密度（或称有效密度）。假密度是粉尘颗粒质量与它所占体积之比。这个体积包括颗粒内闭孔、气泡、非均匀性等。光滑、单一的以及初始状颗粒所具有的假密度实际上与真密度视为一致。因为在测量颗粒体积时很难把颗粒内闭孔及气泡等排除。而且，对一般机械破碎过程中产生的粉尘，其颗粒常是没有内闭孔的。具有凝聚和黏结性的初始粉尘颗粒的假密度与真密度的比值下降。这些粉尘如烟尘飞灰、炭黑、金属氧化物等，其真密度要比假密度大，比其堆积密度值可能大几倍。

1.2.3.4　粉尘的安息角（堆积角、休止角）

粉尘自漏斗连续落到水平板上，自然堆积成为圆锥体。圆锥体母线与水平面的夹角就称为粉尘的安息角φ_r，表示颗粒间的相互摩擦性能。安息角越大，表示粉尘的流动性越差。

测量安息角的方法如图1-4中a、b所示。装置a比b角稍小，因为测定装置的尺寸越小，角值越大，即使同样的粉尘也因粒径、湿度、堆积情况而不同，安息角值也不同。测量安息角往往不易重现原来的数值，即重复性较差。

安息角是粉尘的动力特性之一，它与粉尘的种类、粒径、形状和含水率等因素有关。以α为指标，粉尘的流动性分为三级：（1）α小于30°的粉尘，其流动性好；（2）α为

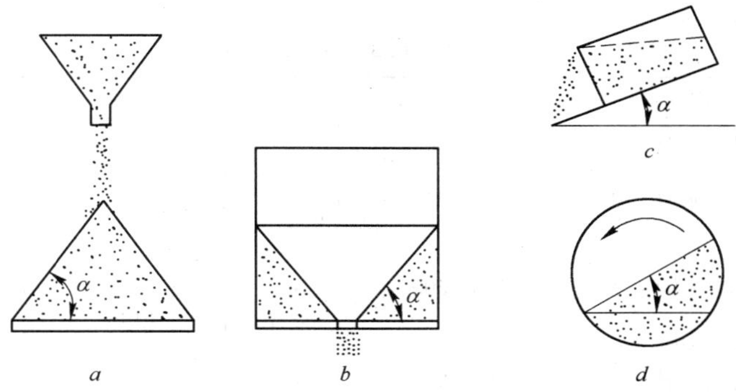

图 1-4　粉尘安息角的测量方法示意图

a—注入法；*b*—排出法；*c*—斜箱法；*d*—回转圆筒法

30°～45°的粉尘，其流动性中等；（3）α 大于 45°的粉尘，流动性差。

粉尘的安息角大小对设计除尘器灰斗的角度具有重要意义。通常都把灰斗的角度设计为比粉尘的安息角小 3°～5°。

1.2.3.5　粉尘的磨损性

粉尘对器壁的磨损问题是很重要的，这种磨损有两类：

（1）粒子直接冲击器壁所引起的磨损，此时粒子以 90°直冲器壁时最为严重，对硬度高的金属尤为严重。这类磨损是由于在粒子的冲击下，金属产生渐次变形而引起的，所以适宜采用韧性好的钢材。

（2）粒子与器壁摩擦所引起的磨损，以 30°冲角冲击器壁时最为严重，30°～50°次之，冲角 75°～85°时就没有这类磨损了，这是一种微切割作用，所以要用硬度高的材料为宜。

一般粗粒尘以后者为主，而细粒尘则前者占相当比例。此外，尘粒与器壁材料的硬度差别也很重要，尘粒比钢较软时，磨损不严重；当尘粒的硬度是钢的 1.1～1.6 倍时，磨损最严重。

粉尘的磨损性还与其速度的 2～3 次方成正比。气流中粉尘浓度大，对器壁（如管道）的磨损性也大。

在设计除尘管道时，除考虑粉尘不沉积外，还必须考虑其摩擦，对摩擦系数大的粉尘，应适当降低管内流速，并在弯头处增加管道的耐磨层，做成耐磨弯头。

1.2.3.6　粉尘的黏附性

尘粒之间由于相互的黏附性而形成团聚，是有利于分离的。颗粒与器壁间也会产生黏着效应，这对除尘器设计十分重要。

尘粒有黏附于其他粒子和其他物质表面的特性，附着力有三种，即范德华力、静电力和毛细黏附的表面张力。微米级尘粒的附着力远大于重力，直径 10μm 的粉尘在滤布上附着力可达自重的 1000 倍，当悬浮尘粒相互接近时，彼此吸附聚集成大颗粒，当悬浮微粒接近其他物体时即会附着其表面，必须有一定的外加力才能使其脱离。集合的粉尘体之间亦存在粉尘间的吸附力，一般称为粉尘的黏性力，若需要集合的粉尘沉积物剥离，必须施加拉断力。

烟尘的黏附性和烟尘的含水、温度、粒度、几何形状、化学成分等有关。烟尘黏附性的强弱可用黏结力表示。从微观上看，黏结力包括分子力、毛细黏结力和静电力，其中毛细黏结力起主导作用。各类烟尘的黏附性按黏结强度分类见表 1-8。

表 1-8　烟尘黏附性分类

分　类	黏附性	黏结强度/Pa	烟　尘　名　称
一　类	无黏附性	0 ~ 60	干矿渣粉、干石英粉、干黏土
二　类	微黏附性	60 ~ 300	未完全燃烧的飞灰、焦炭粉、干镁粉、页岩灰、干滑石粉、高炉灰、炉料粉
三　类	中等黏附性	300 ~ 600	完全燃烧的飞灰、泥煤粉、湿镁粉、金属粉、黄铁矿粉、氧化锌、氧化铅、氧化锡、干水泥、炭黑、干牛奶粉、面粉、锯末
四　类	强黏附性	大于 600	潮湿空气中的水泥、石膏粉、雪花石膏粉、熟料灰、含钠盐、纤维尘（石棉、棉纤维、毛纤维）

1.2.3.7　粉尘的电阻率

粉尘的电阻包括粉尘颗粒本身的容积电阻率和颗粒表面因吸收水分等形成的表面电阻，用电阻率来表示。也就是说，每平方厘米面积上高度为 1cm 的粉尘料柱，沿高度方向测得的电阻值，称为粉尘的电阻率，单位为 Ω · cm。粉尘电阻率的表达式为：

$$\rho_t = \frac{\Delta V}{I} \cdot \frac{S}{\delta} \tag{1-1}$$

式中　ρ_t——电阻率（比电阻），Ω · cm；

ΔV——粉尘层电压降，V；

I——通过粉尘层电流，A；

S——粉尘层表面积，cm^2；

δ——粉尘层厚度，cm。

常见工业粉尘的电阻率，一般通过试验求得。

粉尘的电阻率值直接影响电除尘器及荷电滤料的捕尘效果，电除尘器处理粉尘电阻率为 $10^4 \sim 10^{11}$ Ω · cm 比较合适，所以电阻率也是粉尘的重要性质。

1.2.3.8　粉尘的湿润性

液体对粉尘颗粒的湿润程度取决于液体分子对颗粒表面的作用。在固-液-气三相交界处的表面张力作用如图 1-5 所示，交界点 A 处的作用力达到平衡时，其表达式为

$$\gamma_{la}\cos\theta + \gamma_{sl} = \gamma_{sa} \quad 或 \quad \cos\theta = \frac{\gamma_{sa} - \gamma_{sl}}{\gamma_{la}} \tag{1-2}$$

式中　γ_{sl}——表面张力，mN/m；

γ_{sa}——固-液拉脱开时的拉力，mN/m；

γ_{la}——固-液间的黏附力，mN/m；

θ——固-液间的夹角，(°)。

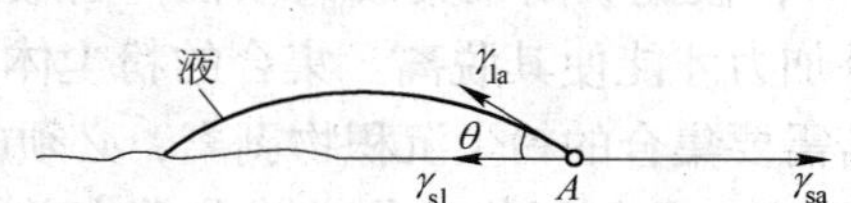

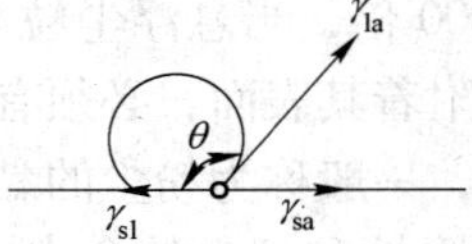

图 1-5　表面张力作用

θ 角越小，被湿润的固体表面就越大，亦即表面张力 γ_{sl} 越小的液体，对颗粒越易湿润。粉尘的润湿性可以用液体对试管中粉尘的润湿速度 v_{20}(mm/min)来表征。通常取润湿时间为20min，测出此时的润湿高度 L_{20}(mm)，则润湿速度为

$$v_{20} = \frac{L_{20}}{20} \tag{1-3}$$

根据润湿速度，粉尘可以被分为四类，具体见表1-9。

表1-9 粉尘对水的润湿性

粉尘类型	Ⅰ	Ⅱ	Ⅲ	Ⅳ
润湿性	绝对疏水	疏 水	中等亲水	强亲水
v_{20}/mm·min^{-1}	<0.5	0.5~2.5	2.5~8.0	>8.0
粉尘种类	石蜡、聚四氟乙烯、沥青等	石墨、煤、硫等	玻璃微珠、石英粉尘等	锅炉飞灰、石灰尘等

1.2.3.9 粉尘的含水率

粉尘中一般都含有一定的水分，它包括附着在颗粒表面上的和包含在凹坑处与细孔中的自由水分，以及紧密结合在颗粒内部的结合水分。化学结合的水分（如结晶水等）是颗粒的组成部分，不能用干燥的方法去除，否则会破坏物质本身的分子结构，因而不属于水分的范围。

粉尘中的水分含量，一般用含水率 W(%) 表示，定义为粉尘中所含水分质量与粉尘总质量（包括干粉尘质量与水分质量）之比。

粉尘含水率的大小，会影响粉尘的其他物理性质，如导电性、黏附性、流动性等，这些因素在设计除尘装置时都需考虑。粉尘的含水率与粉尘的润湿性有关。气体的每一个相对湿度都相应于粉尘一定的含水率，这就是粉尘的平衡含水率。气体的相对湿度与粉尘的含水率之间的平衡，可用每种粉尘所特有的吸收等温线来描述。

1.2.3.10 粉尘的水解性

一些粉尘有易吸收烟气中水分而水解的性质，如硫酸盐、氯化物、氧化锌、氢氧化钙、碳酸钠等，从而增加了烟尘的黏结性，对除尘设备正常工作十分不利。

粉尘的水解本质上是粉尘的化学反应，之后形态变黏、变硬，许多除尘器因粉尘水解工作不正常，形成袋式除尘器的糊袋现象，情况严重时会使除尘器失败。

1.2.3.11 粉尘的爆炸性

物料转化为粉尘，比表面积增加，提高了物质的活性，在具备燃烧的条件下，可燃粉尘氧化放热反应速度超过其散热能力，最终转化为燃烧，称为粉尘自燃。当易爆粉尘浓度达到爆炸界限并遇明火时，产生粉尘爆炸。煤尘、焦炭尘、铝、镁和某些含硫分高的矿尘均系爆炸性粉尘。爆炸即瞬时急剧地燃烧。爆炸时，气体受高温影响急剧膨胀，产生很高的压力，引起破坏作用。粉尘的爆炸主要取决于粉尘性质（如粒径），此外与湿度等因素有关。粒径越小，粉尘和空气的湿度越小，越易爆炸。

只有一定的浓度范围内粉尘才能产生爆炸，能引发爆炸的浓度，称作爆炸浓度。可以引起爆炸的最高浓度叫做爆炸上限，最低浓度叫做爆炸下限。当粉尘浓度低于爆炸浓度下限或高于爆炸浓度上限时，均无爆炸危险。但由于上限浓度值过大，在多数场合下都达不

到，故实际意义不大。爆炸下限随粉尘种类的不同而不同，如褐煤粉为 $6\sim8g/m^3$，石煤粉为 $10\sim12g/m^3$，木屑为 $12g/m^3$，铝粉为 $7g/m^3$，合成橡胶粉为 $8g/m^3$。

1.2.3.12 粉尘的放射性

一定量的放射性核素在单位时间内的核衰变数，称为放射性活度，单位为贝可（Bq）。单位质量物体中的放射活性度简称比放射性。单位体积物体中的放射性活度称为放射性浓度。粉尘的放射性可能增加非放射性粉尘对机体的危害。粉尘的放射性有两个来源：粉尘材料自身含有放射性核素和非放射性粉尘吸附了放射性核素。

空气中的天然放射性核素主要是氡及其子体；而所含人工放射性核素的粉尘来源于核试验产生的全球性沉降的放射性落灰，其中主要有：^{90}Sr（^{90}锶）、^{137}Cs（^{137}铯）、^{131}I（^{131}碘）等多种放射性核素，以及核能工业企业排放的放射性废物。除放射性气体可扩散至较大范围外，其余只造成较小范围内的局部污染。在正常的运行条件下，环境内的放射粉尘质量浓度能够控制在相关规定的数值以下。

1.2.4 粉尘在气体中的流动

粉尘颗粒在空气中的运动是很复杂的，与许多因素有关，这里仅介绍与除尘设计和管理有关的几个主要参数。

1.2.4.1 尘粒的沉降速度

固体物质在相对静止的空气中靠自重沉落时，按除尘工程的需要，基本上可以分为以下三种状态：

（1）粗大颗粒（大于 $100\mu m$）的固体物质主要以加速度降落，沉降很快，停留时间很短，几乎不能在空气中长期漂浮。

（2）极微小颗粒（小于 $0.1\sim1.0\mu m$）的固体物质，在空气中以不规则、不均质、不定向的紊乱状态运动，亦可称为布朗运动。它在空气中几乎不降落，长时间地飘浮于空气中。

（3）颗粒大小介于上述两者之间（直径为 $1.0\sim100\mu m$）的尘粒，在相对静止的空气中，由静止状态起沉落，开始以加速度降落，随着下降速度的增加空气对尘粒的阻力也相应的增大，当尘粒沉降的力（尘粒的重力）与空气的阻力相等时，尘粒便以等速降落。这个速度是尘粒降落的最大速度，它的垂直投影速度称为尘粒的沉降速度。

尘粒的沉降速度可用式（1-4）计算

$$v_s = \frac{g\rho_c d_c^2}{18\mu} \tag{1-4}$$

式中 v_s——尘粒的沉降速度，m/s；

g——重力加速度，m/s^2；

ρ_c——尘粒密度，kg/m^3；

d_c——尘粒直径，m；

μ——空气动力黏度，Pa·s。当空气温度 $t=20℃$，压力 $p=101.3kPa$ 时，$\mu=1.81\times10^{-5}Pa\cdot s$。

从式（1-4）可以看出，对于密度一定的尘粒，粒径越大，在重力作用下沉降速度越大；粒径越小，沉降速度越小。

对于细小颗粒式（1-4）应修正为

$$v_s = \frac{d_p^2 \rho_p g}{18\mu} C \tag{1-5}$$

式中 C——坎宁汉滑动修正系数。

坎宁汉因数 C 与气体的温度、压力和颗粒大小有关，温度越高、压力越低、粒径越小，C 值越大。作为粗略估计，在 293K 和 0.1MPa（1atm）下 $C + 0.165/d_p$，其中 d_p 单位为 μm。

例如，已知某球形粉尘的密度为 $\rho_p = 2700\text{kg/m}^3$，在 $t = 20℃$，$p = 101.33\text{kPa}$ 的静止空气中自由沉降，试计算粒径为 1μm 和 50μm 的粉尘的沉降速度。

解：由 $t = 20℃$，$p = 101.33\text{kPa}$ 可查得空气的黏度 $\mu = 1.81 \times 10^{-5}\text{Pa} \cdot \text{s}$，且坎宁汉修正系数为

$$C = 1 + 0.165/d_p$$

对于 $d_p = 1\mu\text{m}$ 的粉尘

$$v_s = \frac{d_p^2 \rho_p g}{18\mu} C = \frac{(1 \times 10^{-6})^2 \times 2700 \times 9.81}{18 \times 1.81 \times 10^{-5}} \times \left(1 + \frac{0.165}{1}\right) = 9.47 \times 10^{-5}(\text{m/s})$$

对于 $d_p = 50\mu\text{m}$ 的粉尘

$$v_s = \frac{d_p^2 \rho_p g}{18\mu} = \frac{(50 \times 10^{-6})^2 \times 2700 \times 9.81}{18 \times 1.81 \times 10^{-5}} = 0.203(\text{m/s})$$

1.2.4.2 尘粒的悬浮速度

尘粒在垂直向上运动的气流中，受到气流的吹浮力使尘粒保持一定的位置上相对不动（或称为悬浮于某一位置上），造成此条件时的气流速度称为尘粒的悬浮速度。

尘粒的悬浮速度和沉降速度是空气与尘粒的相对速度，其条件是空气给尘粒的力与尘粒的重力相等，方向相反，其值是相等的。尘粒的沉降速度与悬浮速度的区别在于沉降速度是以尘粒为运动的主体，而悬浮速度则是以空气为运动主体。粒径不同，密度也不同。尘粒的悬浮速度可由图 1-6 查得。

例如，查图 1-6 中一粒径为 10μm，密度为 500mg/m^3，在温度为 100℃ 气体中的悬浮速度为 1.2cm/s。

1.2.4.3 粉尘在管道内流动速度

粉尘粒子在管道内的运动情况不仅与雷诺数 Re 有关，而且还与管道的结构、管壁的粗糙度有关。管道截面的形状和管网的布置都会影响风管内的气流情况，尘粒的运动也随之复杂化。

A 速度计算

在垂直风管内输送粉尘粒子的迎面速度，应大于风管内粉尘粒子的沉降速度（或称悬浮速度 v_x）。考虑到风管内的气流速度分布的不均匀性和能够顺利地输送贴近管壁的尘粒，

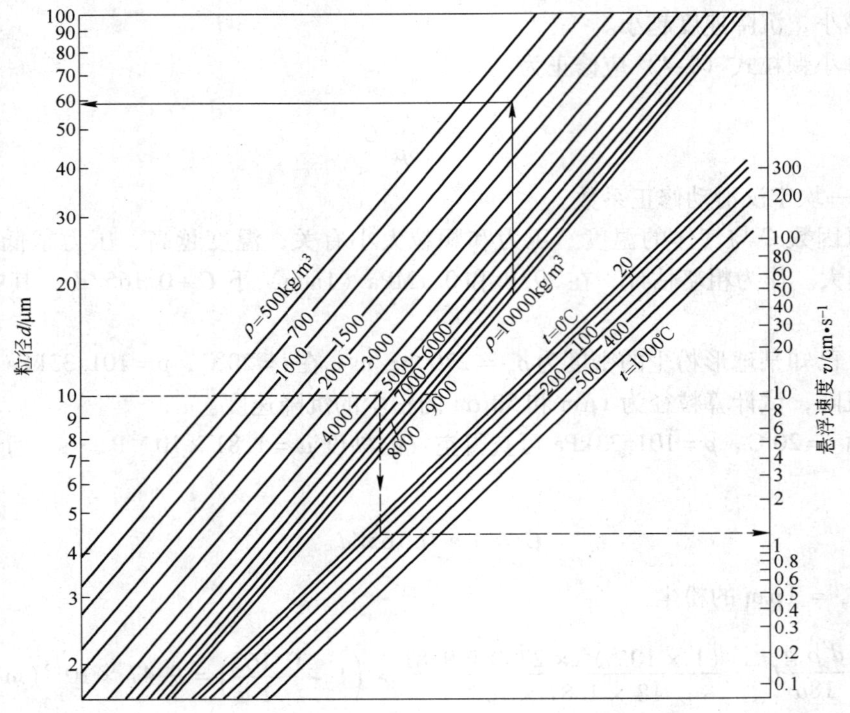

图 1-6　尘粒的悬浮速度计算图

风管内的空气平均速度（v_{sp}）应为尘粒沉降速度的 1.3 ~ 1.7 倍，即

$$v_{sp} = (1.3 \sim 1.7) v_s \tag{1-6}$$

式中　v_{sp}——粉尘输送速度，m/s；

v_s——粉尘沉降速度，m/s。

除尘系统管网比较复杂的和管壁粗糙度较大的应取式（1-6）的上限，反之应取下限。

在水平管道内排送含尘气体时，输送粉尘粒子的速度，应按照能够使沉积在管底的尘粒吹送走的条件来确定。当分散介质为空气（$\rho_d = 1.2\text{kg/m}^3$）时，使粉尘粒子在管道内边滚边悬浮边跳跃式前进的最低速度为

$$v_{sx} = 4.7\sqrt{d_d \rho_d} \tag{1-7}$$

式中　v_{sx}——粉尘悬浮输送速度，m/s；

d_d——粉尘粒径，μm；

ρ_d——粉尘密度，kg/m³。

考虑风管内气流分布不均匀和管壁粗糙度，管道内的平均速度为输送尘粒最低速度的 2 ~ 3 倍，即

$$v_{sx} = (10 \sim 16)\sqrt{d_d \rho_d} \tag{1-8}$$

式中　v_{sx}——粉尘悬浮输送速度，m/s；

d_d——粉尘粒径，μm；

ρ_d——粉尘密度，kg/m³。

倾斜风管内输送粉尘粒子的速度，应在垂直与水平管道内输送速度之间选取，倾斜角大的取较小值，倾斜角小的取较大值。

例如，已知某球形粉尘密度为2700kg/m^3，计算粒径为10μm和100μm时粉尘在水平管道内输送速度？

解：对于 $d_d = 10\mu m$ 粉尘

$$v_{sp} = 15\sqrt{d_d \times \rho_d} = 15\sqrt{0.00001 \times 2700} = 2.46(m/s)$$

对于 $d_d = 100\mu m$ 粉尘

$$v_{sp} = 15\sqrt{d_d\rho_d} = 15\sqrt{0.0001 \times 2700} = 7.79(m/s)$$

B　粉尘在管道内运动风速值

除尘系统的管道是多种多样的，有可能是一个非常复杂的系统。设计最低要求是保证其能在管道底部不会快速沉积和严重磨损。

如何能保持流速运行良好，这要看流速大小。如果流速较小，固体颗粒会位于管道底端的部分位置，随着管道开口面积的减少，系统达到一定的流速后，固体颗粒就开始运动。在一些情况下，管道可能会随着时间的增加完全堵塞。如果流速太小并且颗粒重，在横截面小到能够提供传输速度之前，管道系统可能会因为收集的固体质量过大而瘫痪。

如果流速太高，这时会产生更大的摩擦损失和由于腐蚀和磨耗而造成元件过早损失，从而会增加系统能量的消耗。表1-10列出了典型应用流速值。

表1-10　典型应用流速值

微粒种类	流速/m·s^{-1}	典型的例子
清洁气流	5～10	含有非常少或不含可沉淀固体的气流，环境气体，蒸汽
烟　雾	10～13	焊接气体，激光切割气体，棉花灰，木材粉末
干燥，粉状产品	13～18	碳粉、面粉、石墨粉、铅粉、淀粉、织物粉、橡胶粉末、（打印机）墨粉、颜料、粉末涂料、药物（干）
一般的工业灰尘	15～20	喷砂处理灰尘、磨光和抛光灰尘（干）、水泥、黏土、煤灰、研磨灰尘、石灰、金属喷涂灰尘、粉状金属、岩石灰、烟草、木材磨光灰尘
重颗粒	17～23	水泥渣、煤、复合和切削加工灰尘、玻璃纤维、翻砂、落砂和砂子的搬运、铅、金属碎屑、木材切割废料
潮湿、黏性和油质的产品	23或更高	含氧化铁的抛光屑、水泥灰（湿）、奶粉、油性食物制品

用来输送粉尘微粒的管道应该是圆柱形的。大部分这种类型的系统处于负压下，圆柱形管道在高压静态负压下工作时的环向强度较大。圆形的横截面可以提供更加连续的速度，较少会产生管道堵塞。同样流速下，矩形管道容易积尘。

1.3　除尘设备运行管理总则

除尘设备管理应当像管理生产设备一样受到重视。除尘设备管理要明确目标、任务和基本方法，在总原则指导下细化每种设备的运行管理要点和方法。

1.3.1 除尘器的分类和性能

除尘器可以分成许多类型，不同性能的除尘器用于不同粉尘和不同条件。

1.3.1.1 除尘器分类

（1）按除尘设备除尘机理与功能的不同，根据《HJ/T 11—1996 环境保护设备分类与命名》的方法分，除尘器分为以下 7 种类型。

1）重力与惯性除尘装置　包括：重力沉降室、挡板式除尘器。

2）旋风除尘装置　包括：单筒旋风除尘器、多筒旋风除尘器。

3）湿式除尘装置　包括：喷淋式除尘器、冲激式除尘器、水膜除尘器、泡沫除尘器、斜栅式除尘器、文丘里除尘器。

4）过滤层除尘装置　包括：颗粒层除尘器、多孔材料除尘器、纸质过滤器、纤维填充过滤器。

5）袋式除尘装置　包括：机械振动式除尘器、电振动式除尘器、分室反吹式除尘器、喷嘴反吹式除尘器、振动式除尘器、脉冲喷吹式除尘器。

6）静电除尘装置　包括：板式静电除尘器、管式静电除尘器、湿式静电除尘器。

7）组合式除尘装置　为提高除尘效率，往往在前级设粗颗粒除尘装置，后级设细颗粒除尘装置的各类串联组合式除尘装置。

此外，随着大气污染控制法规的日趋严格，在烟气除尘装置中有时增加烟气脱硫功能，派生为烟气除尘脱硫装置。

（2）按除尘效率分类，见表 1-11。

表 1-11 除尘器除尘效率类型

除尘类别	除尘效率/%	除尘器名称
低效除尘器	约 60	挡板除尘器、重力除尘器、水浴除尘器
中效除尘器	60～95	旋风除尘器、水膜除尘器、自激除尘器、喷淋除尘器
高效除尘器	>95	静电除尘器、袋式除尘器、文丘里除尘器、空气过滤器

1.3.1.2 常用除尘器性能

常用除尘器的类型与性能，见表 1-12。

表 1-12 常用除尘器的类型与性能

型式	除尘作用力	除尘设备种类		适用范围				不同粒径效率/%		
				粉尘粒径/μm	粉尘浓度/$g \cdot m^{-3}$	温度/℃	阻力/Pa	50μm	5μm	1μm
干式	重　力	重力除尘器		>15	>10	<400	200～1000	96	16	3
	惯性力	挡板除尘器		>20	<100	<400	400～1200	95	20	5
	离心力	旋风除尘器		>5	<100	<400	400～2000	94	27	8
	静电力	静电除尘器		>0.05	<30	<300	200～300	>99	99	86
	惯性力、扩散力与筛分	袋式除尘器	振打清灰	>0.1	3～10	<300	1000～2000	>99	>99	99
			脉冲清灰		<50		800～1500	100	>99	99
			反吹清灰		3～10		1000～2000	100	>99	99
湿式	惯性力、扩散力与凝集力	贮水式除尘器		100～0.05	<100	<400	1000～2000	100	93	40
		淋水式除尘器			<10	<400	800～1000	100	96	75
		文氏管除尘器			<100	<800	3000～10000	100	>99	93
	静电力	湿式静电除尘器		>0.05	<100	<400	300～400	>98	98	98

1.3.2 除尘设备管理目标和任务

1.3.2.1 除尘设备管理目标

现代化企业是运用机器和机器体系进行生产的。机器设备是现代化企业生产的重要手段和物质技术基础。任何企业的环保设备都是保证人体健康和环境友好的必要手段。因此，搞好除尘设备管理，正确地使用设备，精心维护保养设备，使设备经常处于良好的技术状态，才能保证生产正常运行和环境友好，使企业取得最佳的经济效益和环境效益。为了环境更加美好，搞好除尘设备维护管理是对企业的基本要求。通过采用现代化设备维修管理方式，强化维护管理，使之最大限度地减少突发故障时间及其损失，最大限度地减少修理时间和费用，使设备最有效地被利用，正是设备管理的目标。

1.3.2.2 除尘设备管理的任务

除尘设备维护管理的任务有以下几点：

（1）减少除尘设备故障停机时间，提高设备作业率。

（2）通过有效的运行管理和设备的改善，保持设备性能，做到节能减排。

（3）降低维修成本，在维修中合理地使用人、物、钱。

（4）不断提高维修技能和水平，使环保维修人员具有对除尘设备异常的快速反应能力。

（5）采用先进的维修管理和操作方式，做到有预测故障、排除隐患的预见性和有计划地安排维修管理。

1.3.3 除尘设备维护基本方法

1.3.3.1 维护修理手段

所谓设备维修是一种以发展生产、提高经济和环保效益为追求目标的最佳维修方式，其基本的出发点是维修的经济性，这是一种与生产相互结合得十分紧密的维修方式。它根据除尘设备在环保和生产中的地位、作用和价值大小，而采取不同的维修手段，以使除尘设备能够得到针对性维修。

除尘设备运行管理的主要任务是使设备运转稳定化，而实现运转稳定化的主要手段是采用预防维修，它是维修管理制的核心，其宗旨是有计划地把可能出现的故障和性能低下消灭在萌芽状态。主要包括两个内容：其一，为事前发现和找出隐患而对设备实施周期性的点检检查；其二，将已找出的隐患及时排除或予以修理，使之复原。所以预防维修是设备的预防医生，即进行早期治疗。

1.3.3.2 预防维修基本方式

为了提高设备维修效率，还需十分重视除尘设备维修的规律。通过对各种维修方式的实绩记录进行统计与分析，并绘制出一些反映维修规律的曲线见图 1-7，从图中曲线不难看出预防维修的重要性。

除尘设备故障全过程大致分为三个阶段：

（1）初期故障阶段：这个阶段发生的故障大多数是由于设备设计、制造、安装与调试的缺陷（应注意调整和改善维修）。

（2）突发故障阶段：这个阶段发生的故障大多数是由于操作工人失误，一部分是设备本身的缺陷。

（3）磨损故障阶段：这个阶段主要是由于设备磨损引起的故障（应加强对设备的日常维护保养、预防性检查、计划维修和改善维修）。

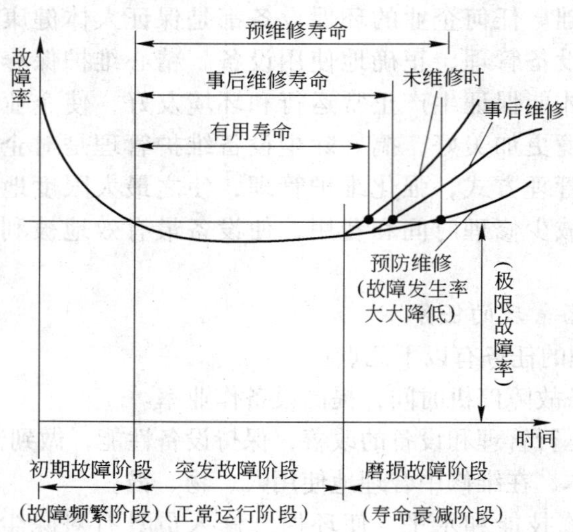

图 1-7　除尘设备使用寿命曲线

从图 1-7 中可以看出，采用不同的维修方式，所作出的曲线也不一样，且主要反映是磨损故障阶段，曲线有了明显的变化。这三条曲线是事物发展的必然规律，但通过人为的努力，可以改变它。由此可见，选择预防维修方式意义深远。

预防维修与事后维修分界面如图 1-8 所示。

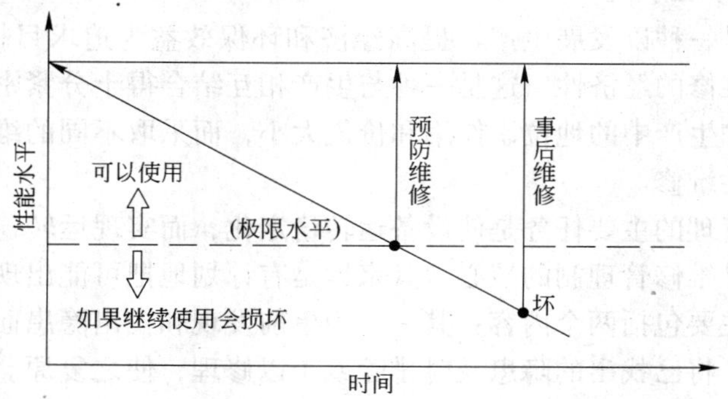

图 1-8　预防维修和事后维护分界面示意图

为实行预防维修，其基本做法是：

（1）设专职人员，对除尘设备按照规定的检查周期和方法进行预防性检查（即点检），其目的是为了取得设备状态信息。

（2）根据这些信息，制订有效的维修对策，对除尘设备进行有计划的调整、维修，以使设备事故和故障消除在发生之前，使主要零部件磨损程度（如滤袋）在快要达到极限之前予以更换或修理，使除尘设备处于最佳的状态。

1.3.4　除尘设备故障的防范

除尘设备发生故障有操作、维修、设备设计、制造等各方面的原因，十分复杂，但只要做好下列几点，对防止和减少设备故障的发生是有益的。

(1) 操作人员必须培训合格后上岗，不断提高操作人员技术素质。

(2) 严格执行各项技术标准和岗位责任制，是防范故障的基本措施。操作人员要爱护设备，在实践中不断提高操作水平，防止由于错误操作造成设备提前劣化或发生故障。

(3) 做好日常点检、维护、紧固等工作。做好运转前、后及运转中的日常点检工作，要定期清扫、擦拭设备、保持设备清洁，发现的设备隐患缺陷要及时处理，确保设备技术状况良好。

(4) 加强设备的定期点检工作，点检员要按计划，认真实施点检工作，把设备缺陷和隐患排除在故障发生之前，对除尘设备本身结构上的问题，要通过改善维修加以解决。

(5) 认真做好计划检修，提高检修质量。认真制定年、月修理计划，还要认真检修，确保检修质量。

(6) 按消耗规律，准备必要的除尘设备各种备件。为减少设备故障检修时间，常耗件、更换件按消耗定额准备备件，对关键件（一般称事故件）必须准备备品，对发生故障较多，难于修理的部件，要尽可能做到成组更换。

(7) 按时加油给脂，保持设备润滑状态的良好，所有润滑部位，都要按时、定量地给油或换油，确保设备处于良好的润滑状态，防止润滑不良造成设备提前损坏。

只要做好上述工作，设备故障定会减少，“安全、顺行、持续”的目标定能实现。

2 湿式除尘器

湿式除尘器是通过分散洗涤液体或分散含尘气流而生成的液滴、液膜或气泡，使含尘气体中的尘粒得以分离捕集的一种除尘设备。湿式除尘器在19世纪末钢铁工业开始应用，1892年格·斯高柯（G. Zschhocke）被授予一种湿式除尘器专利权，之后在各行业有较多应用。

湿式除尘器的主要优点：

（1）设备简单，制造容易，占地较小。适于处理高湿或潮湿的气体。这是其他除尘器不易做到的。

（2）收尘效率较高，一般可达90%左右，有的更高一些。

（3）同时具有收尘、降温、增湿等效果，特别是可以同时处理易燃易爆和有害气体。

（4）如果材料选择合适，并预先已考虑防腐蚀措施时，一般不会产生机械故障。

（5）只要保证供应一定的水量，可连续运转、工作可靠。

湿式除尘器的缺点是：

（1）消耗水量较大。需要给水、排水和污水处理设备。

（2）泥浆可能造成收集器的黏结、堵塞。

（3）尘浆回收处理复杂，处理不当可能成为二次污染源。

（4）处理有腐蚀性含尘气体时，设备和管道要求防腐蚀。在寒冷地区使用，应注意防冻危害。

（5）对疏水性的尘粒捕集有时较困难。

2.1 湿式除尘器分类、工作原理与性能

湿式除尘器与其他类型除尘器的重要区别在于其种类和工作原理相差很大。

2.1.1 湿式除尘器分类

湿式除尘器按照水气接触方式、除尘器构造或用途不同有几种分类方法。

2.1.1.1 按接触方式分类

按接触方式分类见表2-1。

表2-1 湿式除尘器按接触方式分类

分类	设备名称	主要特性
贮水式	水浴式除尘器 卧式水膜除尘器 自激式除尘器 湍球塔除尘器	使高速流动含尘气体冲入液体内，转折一定角度再冲出液面，激起水花、水雾，使含尘气体得到净化。压降为$(1\sim5)\times10^3$Pa，可清除几微米的颗粒或者在筛孔板上保持一定高度的液体层，使气体从下而上穿过筛孔鼓泡进入液层内形成泡沫接触，它又有无溢流及有溢流两种形式。筛板可有多层

续表 2-1

分　类	设备名称	主　要　特　性
淋水式	喷淋式除尘器 水膜除尘器 漏板塔除尘器 旋流板塔除尘器	用雾化喷嘴将液体雾化成细小液滴，气体是连续相，与之逆流运动，或同相流动，气液接触完成除尘过程。压降低，液量消耗较大。可除去大于几个微米的颗粒。也可以将离心分离与湿法捕集结合，可捕集大于1μm 的颗粒。压降约为 750～1500Pa
压水式	文氏管除尘器 喷射式除尘器 引射式除尘器	利用文氏管将气体速度升高到 60～120m/s，吸入液体，使之雾化成细小液滴，它与气体间相对速度很高。高压降文氏管（10^4Pa）可清除小于1μm 的亚微颗粒，很适用于处理黏性粉体

2.1.1.2　按不同能耗分类

湿式除尘器分低能耗、中能耗和高能耗三类。压力损失不超过 1.5kPa 的除尘器属于低能耗湿式除尘器，这类除尘器有喷淋除尘器、湿式（旋风）除尘器、泡沫式除尘器。压力损失为 1.5～3.0kPa 的除尘器属于中能耗湿式除尘器，这类除尘器有动力除尘器和水浴除尘器；压力损失大于 3.0kPa 的除尘器属于高能耗湿式除尘器，这类除尘器主要是文丘里洗涤除尘器和喷射式除尘器。

2.1.1.3　按构造分类

按除尘器构造不同，湿式除尘器有七种不同的结构类别，如图 2-1 所示。

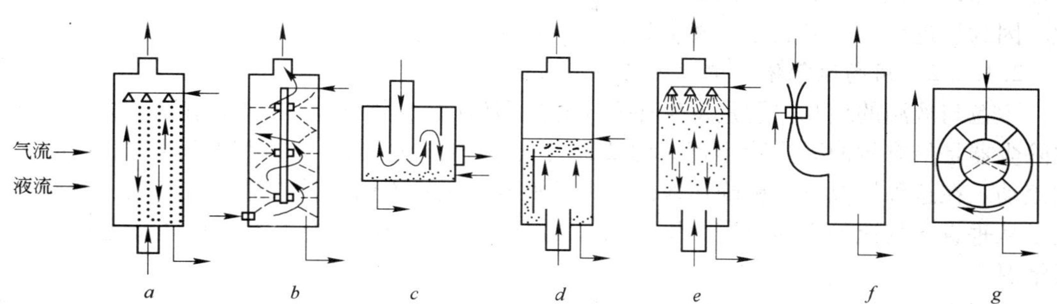

图 2-1　七种类型湿式除尘器的工作示意图

a—喷淋式；*b*—旋风式；*c*—贮水式；*d*—塔板式；*e*—填料式；*f*—文丘里式；*g*—机械动力

2.1.2　湿式除尘器工作原理

湿式除尘是尘粒从气流中转移到一种液体中的过程。这种转移过程主要取决于三个因素：（1）气体和液体之间接触面面积的大小；（2）气体和液体这两种流体状态之间的相对运动；（3）粉尘颗粒与流体之间的相对运动。

2.1.2.1　利用液滴收集尘粒

对于液滴收集尘粒过程需做如下假设：（1）气体和尘粒有同样的运动；（2）气体和液滴有同一速度方向；（3）气体和液滴之间有相对运动速度；（4）液滴有变形。

图 2-2*a* 中用流线和轨迹表示气体和尘粒的运动。由于惯性力，接近液滴的尘粒将不随气流前进，而是脱离气体流线并碰撞在液滴上。尘粒脱离气体流线的可能性将随尘粒的

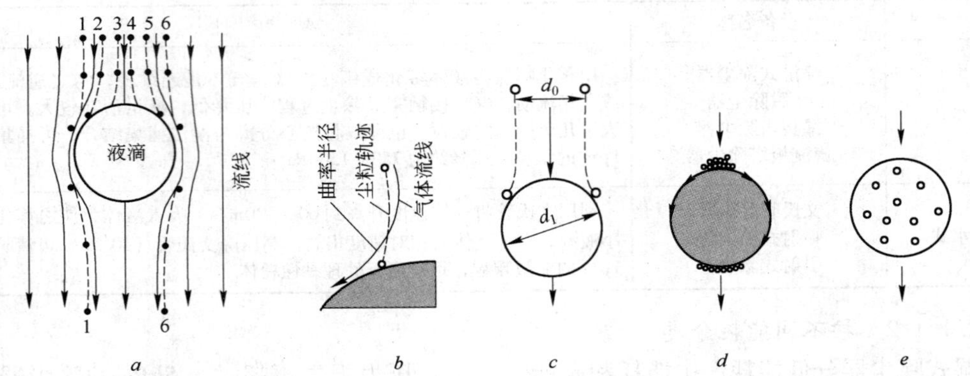

图 2-2　最简单类型流场中用液滴收集尘粒

实线—气体流线；虚线—尘粒运动轨迹

惯性力和减小流线的曲率半径而增加（图 2-2*b*）。一般认为所有接近液滴的尘粒如图 2-2*c* 所示，在直径 d_0 的面积范围内将液滴碰撞。尘粒在吸湿性不良情况下将积累在液滴表面（图 2-2*d*），若吸湿性较好时则将穿透液滴（图 2-2*e*）。碰撞在液滴表面上的尘粒将移向背面停滞点，并积聚在那里（图 2-2*d*）。而那些碰撞在接近液滴前面停滞点的尘粒将停留在此，因为靠近前面停滞点处，液滴分界面的切线速度趋向零。

2.1.2.2　用高速气体和尘粒运动收集尘粒

尘粒与液滴的相互作用是发生在文氏管式湿法除尘器喉口中的典型情况，文氏管式湿法除尘器是最有效的湿法除尘器。图 2-3*a* 表示液滴、尘粒和气体以相差悬殊的速度平行地流动。在这种情况下，更确切地说是大的液滴在垂直方向上被推进到气流里。液滴的轨迹是从垂直于气流的方向改变为平行气流的方向。图 2-3*a* 描绘了大颗粒液滴运动的后一段情况。

由于高速气流摩擦力的作用，将迫使大颗粒液滴分裂成若干较小的液滴，这些液滴假设仍保留球面形状。这种分裂过程的中间步骤，说明在图 2-3*b* 和图 2-3*c* 中。这个过程包括了下面几个步骤：（1）球面液滴变形为椭球面液滴；（2）进一步变形为降落伞形薄层；（3）伞形薄层分裂为细丝状液体和液滴；（4）丝状液体分裂为液滴。

变形和分裂过程所需要的能量由高速气流供给。图 2-3*b* 是围绕着一个椭球面液滴的

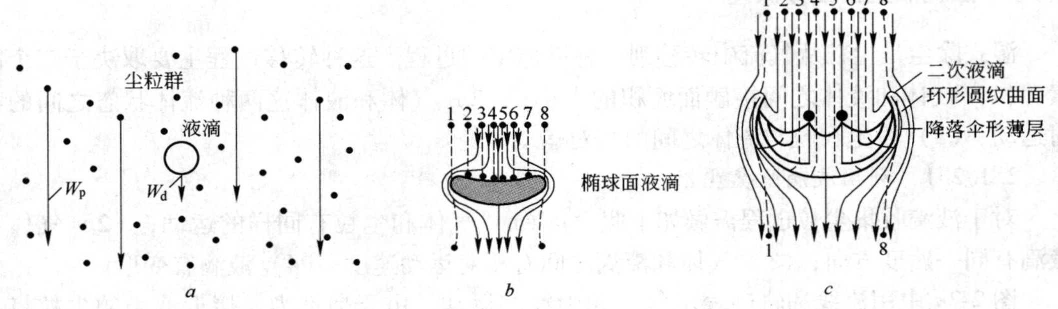

图 2-3　用低速液滴和高速气体/尘粒流平行地运动收集尘粒

气体流和尘粒运动的情况。因为接近椭球面液滴上面的流线曲率半径很小，所以除尘效率很高。

2.1.2.3　气体和液体间界面的形成

气体和液体间的界面具有一种潜在的吸收作用，它能否有效地收集尘粒，取决于界面的大小和在载尘气流中的分布，以及尘粒和界面的相对运动状况。在所有情况下，气-液界面的形成都密切地与它所在空间里的分布有关。

含尘气流和液体间的界面的形成与液膜、射流、液滴和气泡的形成密切相关。

2.1.3　湿式除尘器性能

2.1.3.1　消耗能量

实践表明，湿法机械除尘器的效率主要取决于净化过程的能量消耗。虽然这一关系缺乏严密理论依据，但已被许多实验研究证明。

湿法除尘器中气体和液体接触能量 E_T，在一般情况下可能包含以下三个部分：(1) 表征设备内气液流紊流程度的气流能；(2) 表征液体分散程度的液流能；(3) 动力气体洗涤器所显示的设备旋转构件的机械能。接触能总是小于湿法除尘器的能耗总量，因为接触能不包含除尘器、进气和排气烟道、液体喷雾器、引风机、泵等各种设备内部摩擦所造成的能量损失。对于引射洗涤器来说，情况也是如此，这种除尘设备有部分能量被引入流体而不能用来捕集粉尘微粒。因为这部分能量传递给气流，保证气流通过除尘设备。因此，要精确计算接触能量，对于所有湿法除尘器有一定困难。

通常假设气流能量值等于设备的流体阻力 Δp(Pa)，而实际上，如果计入干法除尘设备内的摩擦损耗，气流能量值应略小于流体阻力。

在高速湿法除尘器内，有效能量大大超过不洒水时的摩擦损耗，完全可以认为它等于 Δp。在低压设备中，这样的计算方法可能导致有效能量明显偏高。因此，很多作者认为，湿法除尘器能量计算法只适用于高效气体洗涤器。

在总能量 E_T 中，由于难以估算液体雾化摩擦损耗和这一能量部分地转化为气体通过设备的引力被液流和旋转装置带入的能量的精确计算变得十分复杂。所以，总能量 E_T 值一般按近似公式计算。该公式的通式为

$$E_T \approx \Delta p + p_y \frac{V_y}{V_g} + \frac{N}{V_y} \tag{2-1}$$

式中　p_y——喷雾液压力，Pa；

V_y，V_g——分别为液体和气体的体积流量，m^3/s；

N——旋转装置使气体和液体接触而需消耗的能量，W。

使气体与液体接触而需消耗的功率，功率的大小对 E_T 值的影响因设备类型不同而异。比如，在文丘里除尘器内流体阻力是起决定性作用的，而在喷淋除尘器内液体雾化压力大小是起决定性作用的。式 (2-1) 的第三项只有在动力作用气体除尘器中，才需加以计算。

由此可见，使用能量计算法，可按能量供给原理将湿法除尘设备分为三种基本类型：

(1) 借助气流能量实现除尘的除尘器（文丘里除尘器，旋风喷淋塔等）；

(2) 利用液流能量的除尘器（空心喷淋除尘器，引射除尘器等）；

（3）需提供机械能的除尘器（喷雾送风除尘器，湿式通风除尘器等）。

2.1.3.2　湿式除尘器净化效率

气体净化效率与能量消耗之间的关系可用式（2-2）表达

$$\eta = 1 - e^{-BE_T^k} \tag{2-2}$$

式中　η——除尘效率，%；

B，k——取决于粉尘分散度组成的常数。

η 值不好说明在高值除尘效率（0.98～0.99）范围内的净化质量，所以在上述情况下常常使用转移单位数的概念，它与传热与传质有关工艺过程中使用的概念相似。

转移单位数可按式（2-3）求出

$$N = \ln(1 - \eta)^{-1} \tag{2-3}$$

由式（2-2）和式（2-3）得出

$$N = BE_T^k \tag{2-4}$$

在对数坐标中，关系式（2-1）为一直线，其倾角对横坐标轴的正切等于 k，当这条直线与 $E_T = 1.0$ 对应线相交时即得 B 值。实验证明，数值 B 和 k 只取决于被捕集的粉尘种类，而与湿法除尘器的结构、尺寸和类型无关。E_T 值考虑了液体进入设备的方法、液滴直径，以及像黏度和表面张力这样一些流体特性。

由此可见，在湿法设备的除尘过程中，能量消耗是决定性因素。设备结构起主要作用，且在每种具体情况下结构的选择应当根据除尘器的费用和机械操作指标来确定。

2.1.3.3　湿式除尘器的流体阻力

湿式除尘器流体阻力的一般表示式为

$$\Delta P \approx \Delta P_i + \Delta P_o + \Delta P_p + \Delta P_g + \Delta P_y \tag{2-5}$$

式中　ΔP——湿式除尘器的气体总阻力损失，Pa；

ΔP_i——湿式除尘器进口的阻力，Pa；

ΔP_o——湿式除尘器出口的阻力，Pa；

ΔP_p——含尘气体与洗涤液体接触区的阻力，Pa；

ΔP_g——气体分布板的阻力，Pa；

ΔP_y——挡板阻力，Pa。

ΔP_i、ΔP_o、ΔP_p、ΔP_g、ΔP_y 可按张殿印、王纯主编的《除尘工程设计手册》中有关公式进行计算。

只有空心喷淋除尘器中装有气流分布板，在填料或板式塔中一般不装气体分布板。因为在这些塔中填料层和气泡层都有一定的流体阻力，足以使气体分布均匀，因而不需设置气流分布板。

含尘气体与洗涤液体接触区的阻力与除尘器结构形式和气液两相流体流动状态有关。两相流体的流动阻力可用气体连续相通过液体分散相所产生的压降来表示。此压力降不仅包括用于气相运动所产生的摩擦阻力，而且还包括必须传给气流一定的压头以补偿液流摩擦而产生的压力降。

2.2 湿式除尘器的构造和性能判断

2.2.1 贮水式除尘器

2.2.1.1 构造

贮水式除尘器的构造主要由贮水箱体、进排水管和洗涤机构三部分组成，另外还有脱水器、水位控制器、框架等部分。

图 2-4 所示为 S 叶片型、旋转型、水浴型、螺旋导流型的贮水式除尘装置。

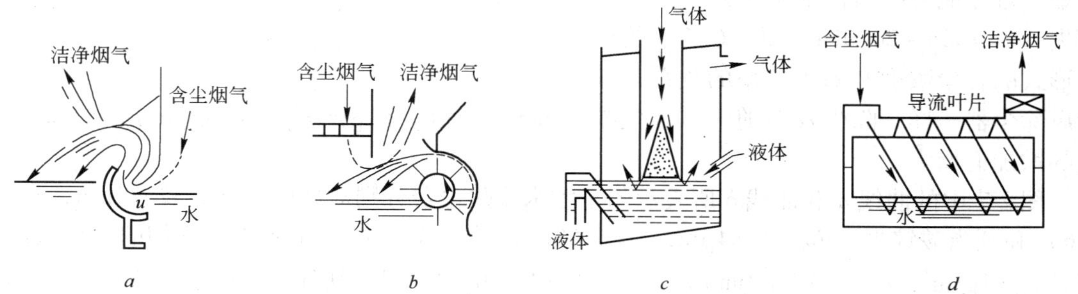

图 2-4 贮水式除尘装置

a—S 叶片型；*b*—旋转型；*c*—水浴型；*d*—螺旋导流型

贮水式除尘装置内存有一定量的水或其他液体，由于气体的进入，形成液滴、液膜和气泡，对含尘气体进行洗涤。

这种构造形式的装置，因为循环使用液体，所以具有补充液体量极少的特点。其压力损失，随构造形式和性能而有差异，但大致在 1200～2000Pa 之间。

2.2.1.2 性能判断

在图 2-5*a* 的形式中，含尘浓度为 c_i 的含尘烟气撞击出水面，在此，一定量的粉尘黏

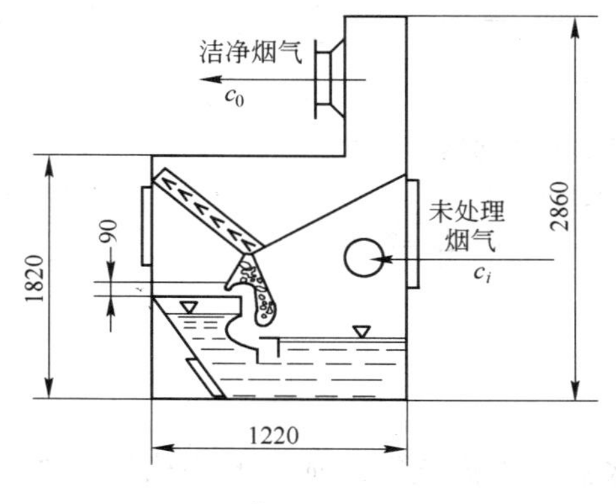

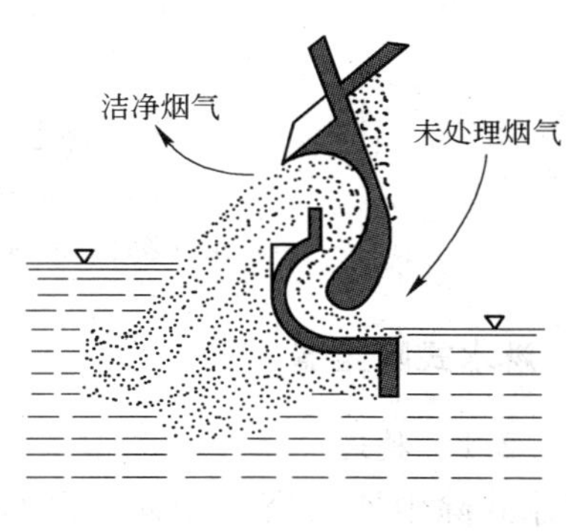

图 2-5 S 叶片型除尘器结构

a—结构；*b*—弯曲部分

附在水中而被分离。然后，含尘烟气如图 2-5b 所示的那样，导入弯曲通路内。这时，从含尘烟气室中因烟气流动关系被带出的水，在弯曲通路内受到离心力作用而喷雾。由于这种喷雾水和含尘烟气互相搅混，所以在这里进行正式的分离。因此，如果减少烟气量 Q（或流速 v），则由洗涤水不能充分被喷雾成雾状。所以捕集粉尘的性能就要降低。如果烟气量大于规定值（超负荷），那么，烟气的动压就相应的增加，结果迫使含尘烟气室内的水面下降，不能把足够的水形成水花，导致捕集性能的降低。只有在规定烟气量才能发挥最高的除尘效率。压力损失 $\Delta p = 1000 \sim 2000\text{Pa}$。图 2-6 所示的这种形式的含尘浓度和除尘效率的关系，和旋风除尘器一样，除尘效率随气体含尘浓度的增加而增大。

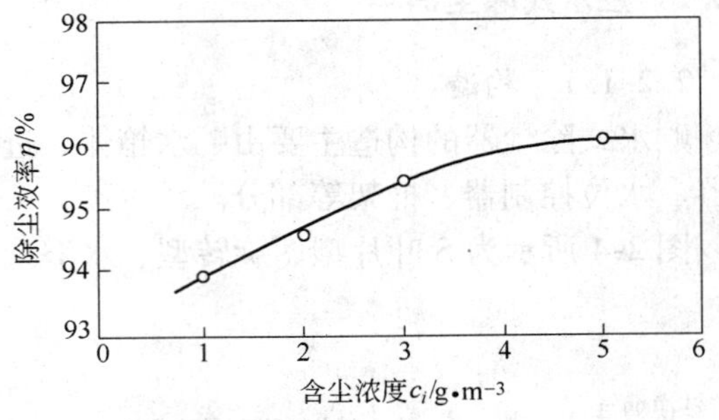

图 2-6　贮水式除尘器含尘浓度和除尘效率的关系

图 2-7 中的曲线 a 和曲线 b 所表示的是贮水式除尘器分别对硅砂尘（$d = 2.72\mu\text{m}$，$S = 2.6$）和硬脂酸锌尘（$d_{50} = 1.84\mu\text{m}$，$S = 1.08$）的分级除尘率 η_x 的数据。它们的运行条件都是 $c_i = 1\text{g/m}^3$，$Q = 4.17\text{m}^3/\text{min}$ 及 $\Delta p = 2200\text{Pa}$。由此看到，其分离的极限粒径 d_{pc}，对亲水性的硅砂是 $0.8\mu\text{m}$，而对非亲水性的硬脂酸锌粉尘则为 $1.1\mu\text{m}$。这种贮水式除尘器结构简单，没有可动部件，并且洗涤的通路很宽广，所以不会因粉尘或泥浆堵塞装置。

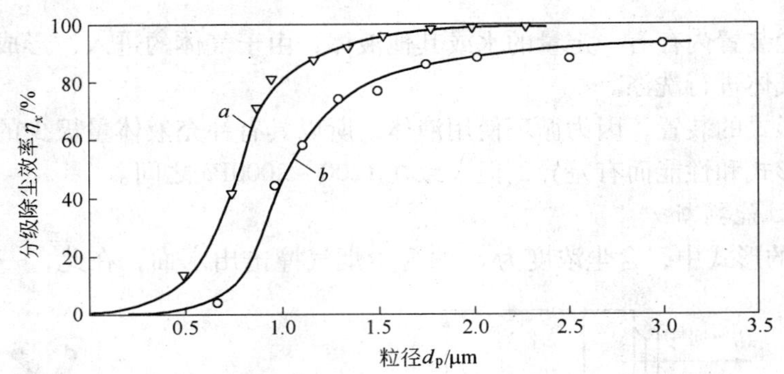

图 2-7　贮水式涡流型洗涤器

a—硅砂尘；b—硬脂酸锌尘

运行条件：$Q = 41.7\text{m}^3/\text{min}$，$c_i = 1\text{g/m}^3$，$\Delta p = 2200\text{Pa}$

2.2.2　淋水式除尘器

2.2.2.1　构造

淋水式除尘器由塔式箱体、供水管、脱水器、进排气管组成，典型构造如图 2-8 所示。图 2-8 为一种简单的代表性结构。塔体一般用钢板制成，也可用钢筋混凝土或玻璃钢制作。塔体底部有含尘气体进口、液体排出口和清扫孔。塔体中部有喷淋装置，由若干喷嘴组成，喷淋装置可以是一层或两层以上，视下底高度而定。上部为除雾装置，以脱去由含尘气体夹带的液滴。塔体上部为净化气体排出口，直接与烟筒连接或与排风机相接。图2-9所示为有填料的淋水式除尘器。填料除尘器多种多样，随其形式、填料、填料层厚度、处理烟气速度等不同而异，而压力损失一般为1000～2500Pa，用水量为2～3L/m³。

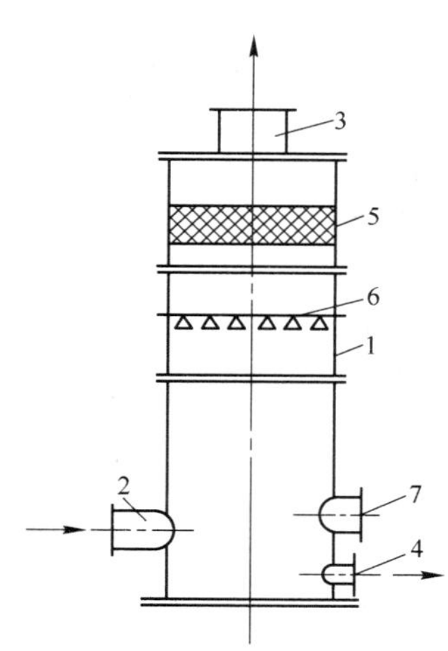

图 2-8　空心喷淋塔

1—塔体；2—进口；3—烟气排出口；4—液体排出口；5—除雾装置；6—喷淋装置；7—清扫孔

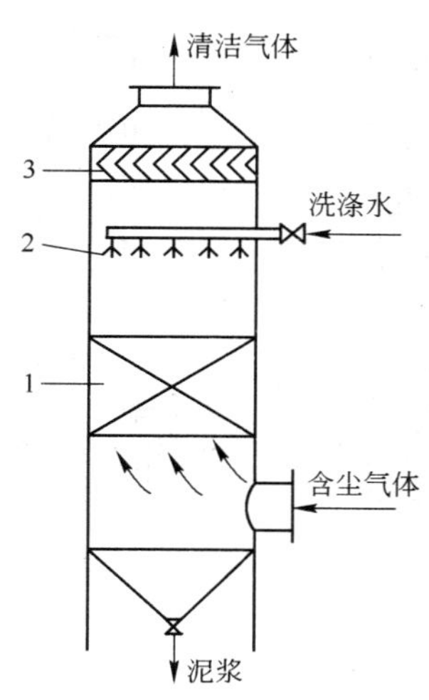

图 2-9　填料淋水式除尘器

1—填料层；2—喷水装置；3—除雾器

常用的填料有枝状填料、索环状填料、焦炭、塑料球、陶质粒状填料等。

2.2.2.2　性能判断

（1）洗涤液经喷嘴雾化喷入烟气中烟气速度小，水和烟气接触更充分，除尘效果好。例如，在填料塔中，空塔内的烟气速度越小越能提高除尘效率。

（2）喷雾液的压力越高，雾化越细，也越能提高洗涤效果。此外，液量越多，液滴等的比表面积越大，越能获得高的除尘率。

（3）如有填充材料，其比表面积和填充密度越大，处理烟气的滞留时间越长，除尘效率越高。

（4）用于最后一节装置的气液分离性能越高，洗涤除尘装置的效率越高。

淋水式除尘装置中，一般能捕集1μm左右的微粒。

淋水式除尘装置兼有除去有害气体的特点，但是，必须充分考虑由于排出烟气温度降低，引起的扩散效果不好、烟雾降落以及污水处理等问题。

（5）喷嘴的功能是将洗涤液喷散为细小液滴。喷嘴的特性十分重要，构造合理的喷嘴能使洗涤液充分雾化，增大气液接触面积。反之，虽有庞大的除尘器而洗涤液喷散不佳，气液接触面积仍然很小，则影响设备的净化效率。

2.2.3　压水式除尘器

2.2.3.1　构造

压水式是供给加压水进行洗涤的方式。这种形式的装置有文丘里除尘器、喷射除尘器、泡罩塔等。

图 2-10 所示为压水式洗涤除尘装置。

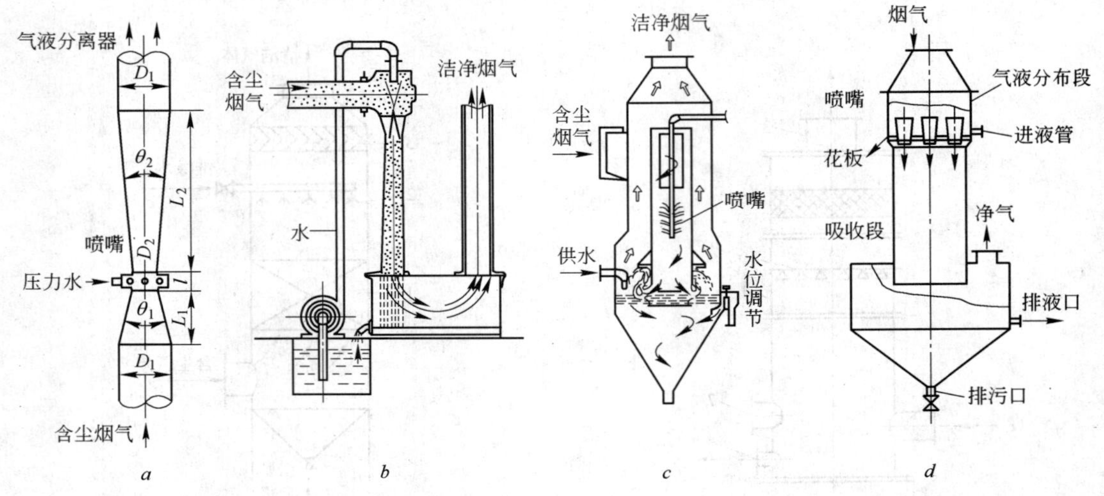

图 2-10　压水式洗涤除尘装置

a—文丘里除尘器；*b*—引射式除尘器；*c*—旋风洗涤器；*d*—喷射式除尘器

2.2.3.2　性能判断

（1）在压水式除尘器中，文丘里除尘器获得最高除尘率，而且使用很广，最具有代表性。

文丘里除尘器处理粉尘颗粒尺寸在 1μm 以下，并且具有黏附性和潮解性时，则分离的粉尘就会黏附在装置上而造成其堵塞甚至腐蚀。对于这样的粉尘，在多数情况下，不采用袋式过滤器和电除尘装置。因此，就出现了高效能湿式除尘装置——文丘里除尘器。如果粒径比较大，用压力损失小的湿式除尘器就足够了。文丘里除尘器是把含尘气流用所谓的文丘里管收缩形成高速气流，并在其中喷水，使尘粒撞击黏附在所生成的水滴上而被捕集的装置。

（2）假设文丘里管喉口段的烟气速度为 v，其中生成直径为 d_w，水滴由于气流运动而产生的移动速度为 c，气流对水滴则为 $v - c = w$ 的相对速度流动，并在水滴周围产生如图 2-11 所示实线表示的流线。相对于此，烟气中尘粒的轨迹则为虚线所表示，在同一图中，

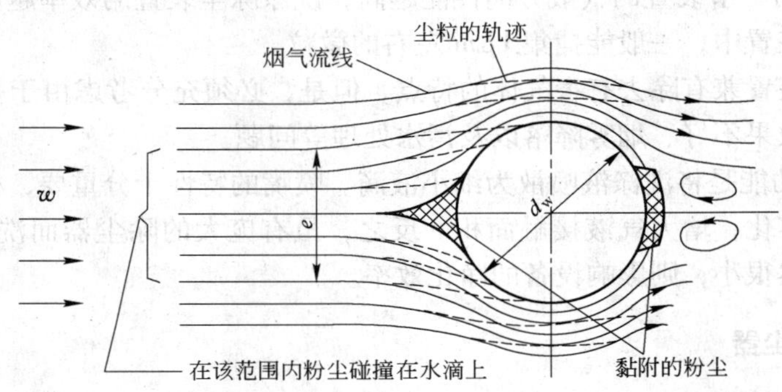

图 2-11　粉尘对水滴的黏附机理

直径为 d_w 的圆内的粉尘，碰撞黏附在水滴上。有关这方面的研究结果示于图 2-12 中，即在该图右上部的直径线群表示了这种关系，它表示对捕捉粒径 d_p 为 0.4 ~2μm 粉尘的最佳水滴直径 d_w 随烟气速度 v 的增大而增大。对此，喷射于喉口段而被气流雾化的水滴尺寸，如虚线所表示的随烟气速度 v 的增加而双曲线的减小。因气流而雾化的液滴，对 20℃ 的水来说，可用式（2-6）表示

$$d_w = \frac{4980}{v} + 29L^{1.5} \tag{2-6}$$

式中 v——气流的速度，m/s；

L——所谓的液气比，L/m³。

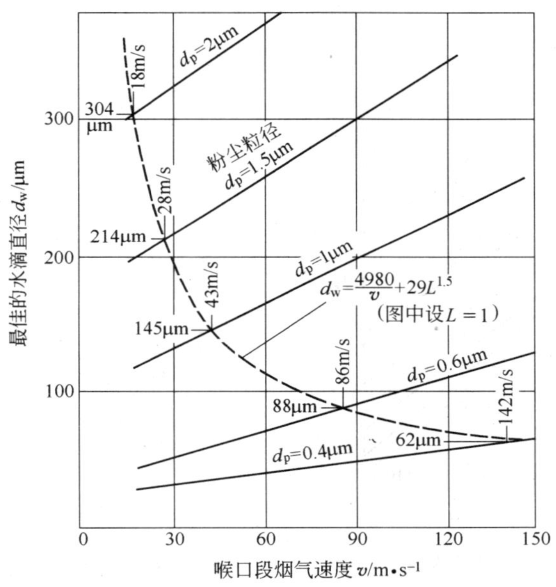

图 2-12 文丘里除尘器对各种 d_p 粉尘的最佳水滴直径 d_w 和烟气速度 v 的关系

图 2-12 中所示虚线，就是式（2-6）中 $L=1$L/m³ 时，d_w 与 v 的关系。以直线群和双曲线的交点所表示的速度，就是捕捉各种粉尘的最佳速度。例如，对 $d_p=2$μm 的粉尘来说，$v=18$m/s；粉尘为 $d_p=1$μm，$v=43$m/s；$d_p=0.6$μm 时，$v=86$m/s。另一方面，对所给出的粒径为 d_p 的粉尘来说，最佳的水滴直径也是确定的。由图 2-12 取两者之比，则

$$\frac{d_w}{d_p} = \frac{304}{2} = \frac{88}{0.6} \approx 150$$

就是说，水滴的大小，约为粉尘直径的 150 倍左右为好，此值过大或过小，碰撞效率都会降低。

（3）比较大的粉尘，用低速的烟气流就能捕集，而越是微细的粉尘，就越需要更高的速度。这就意味着，越是微细的粉尘，在捕集时，就要消耗更多的能量，因而使运行费和设备费都要增加。文丘里除尘器的除尘率大致可用式（2-7）表示

$$\eta = 1 - e^{-KL}\sqrt{\phi} \tag{2-7}$$

式中　K——由实验确定的装置常数；

L——上述的液气比；

ϕ——分离数，它们都是无因次数。

要提高 η，则设备费和运行费都要急剧地增加。

一般，喉口段的处理烟气速度取 60 ~ 90m/s，压力损失为 3 ~ 8kPa。

用水量随粉尘粒径、亲水性等的不同而异，但一般来说，10μm 以上的粗尘粒或亲水性的粉尘，约为 0.3L/m³；10μm 以下的微粒或弱亲水性的粉尘，约为 1.5L/m³。

（4）图 2-13 所示为在常温大气条件下，文丘里除尘器喉口段生成的水滴直径。

喉口段的烟气速度越大，液气比（L/m³）越小，则生成的水滴直径越小。

（5）图 2-14 所示为水滴的平均粒径及其除尘率与必要极限粒径之间的关系。

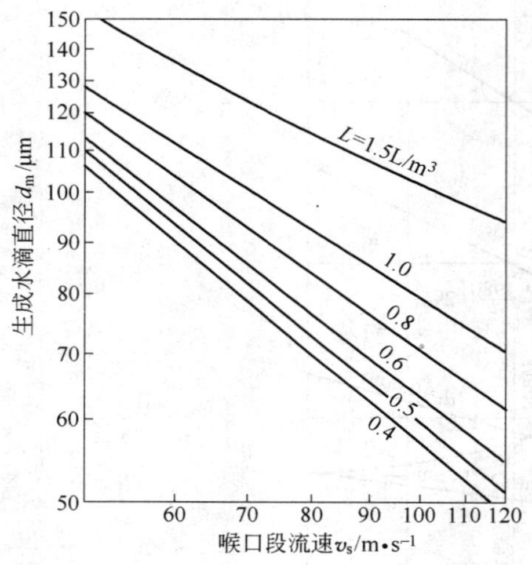

图 2-13　喉口段的流速与生成的水滴直径

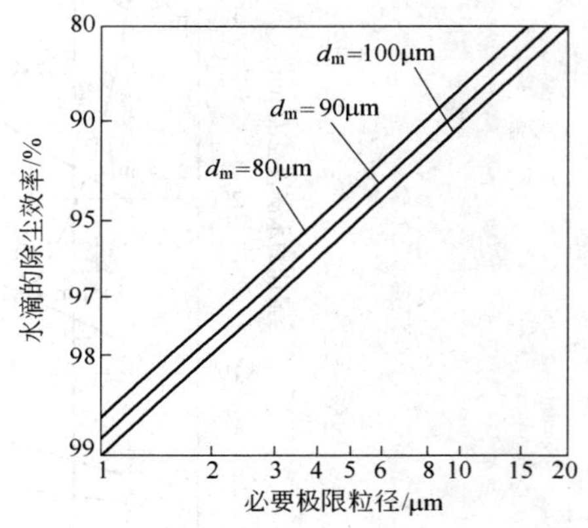

图 2-14　水滴的平均粒径及其除尘效率与必要极限粒径之间的关系

如果喉口段的烟气速度取 75m/s，液气比取 0.6L/m³，则由图 2-13 查得生成水滴的平均粒径为 80μm。

这个场合，为获得 95% 的水滴除尘率，还需要能捕集 4.5μm 以下水滴的气液分离装置。

在文丘里除尘器中，主要是由于喉口段的高速烟气流而被雾化的水滴和尘粒的碰撞，所以，它们相互的粒径是一个问题。

水滴粒径和粉尘粒径之比，从碰撞效率方面考虑，以 150 左右为宜。

（6）在图 2-15 所示的文丘里除尘器的实验说明，在直径为 D_t 的喉口段壁面上，设置 n 个内径为 D_n 的注水孔，向高速含尘气流（紊流）垂直喷水。喷出的水由于烟气流受到正式雾化作用而被微粒化。注水时 q 和烟气量 Q，即液气比 L，根据粉尘的分散度和含尘浓度来确定，通常在下列范围之内

$$L = \frac{q}{Q} = 0.5 \sim 5 \quad (\text{L/m}^3)$$

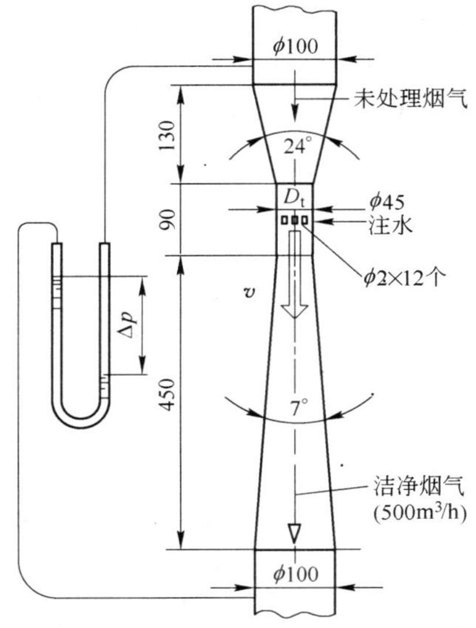

试验用的粉尘和运行操作条件

曲线	粉尘		压力损失 Δp/kPa	液气比 L/L · m^{-3}
	名 称	密度/g · cm^{-3}		
a	石 蜡	0.9	12.5	3
b	石 蜡	0.9	5	1.4
c	硅质石粉	2.6	7.5	3
d	石 蜡	0.9	7.5	3

图 2-15 试验用的文丘里除尘器

（单位：mm）

另一方面，如果用喉口段的烟气动压$\frac{\rho}{2}v^2$来表示压力损失，则可大致给出如下公式

$$\Delta p = (0.5 + L)\frac{\rho}{2}v^2 \tag{2-8}$$

右边括弧内第 1 项，相当于无喷水，即 $L=0$ 时文丘里管阻力系数。于是，应当赋予气体的理论动力为

$$L_g = \Delta pQ \tag{2-9}$$

粉尘越细，L 和 v 都要取大值，所以其压力损失也必然要增大，包括捕集粗颗粒粉尘情况在内，一般为

$$\Delta p = 3 \sim 10\text{kPa}$$

图 2-16 所示除尘效率是用图 2-15 所示的文丘里除尘器表中的两种粉尘进行分级除尘效率研究的实验数据。其实验条件如表中所写的，$\Delta p = 5 \sim 12.5\text{kPa}$，$L = 1.4 \sim 3\text{L/m}^3$。

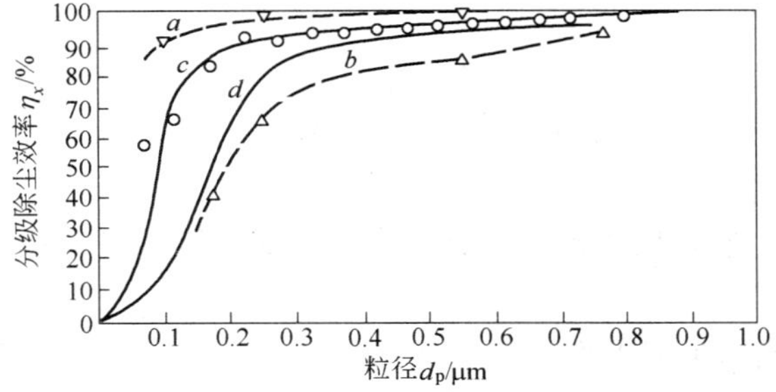

图 2-16 文丘里除尘器的分级除尘效率

图2-16中用虚线表示的两根曲线，是对疏水性粉尘石蜡的。由此，在实验条件 $\Delta p=5\text{kPa}$，$L=1.4\text{L/m}^3$ 下所得的曲线 b 和 $\Delta p=12.5\text{kPa}$，$L=3\text{L/m}^3$ 下所得的曲线 a 加以比较，对平均粒径 $d_p=0.25\mu\text{m}$ 粉尘的分级除尘效率 η_x 由65%增大到98%。

用实线表示的曲线是在 $\Delta p=7.5\text{kPa}$，$L=3\text{L/m}^3$ 的条件下，对硅质石粉粉尘的实验数据，曲线 d 是石蜡的数据。但后者是把曲线 a、b 的实验数据在上述 Δp 和 L 条件下的换算值连接而成的。在同一条件下粉尘的分离极限粒径 d_c，硅质石粉为0.1μm，石蜡为0.17μm。

图2-17所示密度 $\rho_d=2.6\text{g/cm}^3$，$d_{p50}=1.4\mu\text{m}$ 的硅质石粉粉尘，在 $\Delta p=7.5\text{kPa}$，$L=3\text{L/m}^3$ 的条件下，含尘浓度和除尘率的关系。这些特性曲线的趋势与旋风除尘器的情况类似。

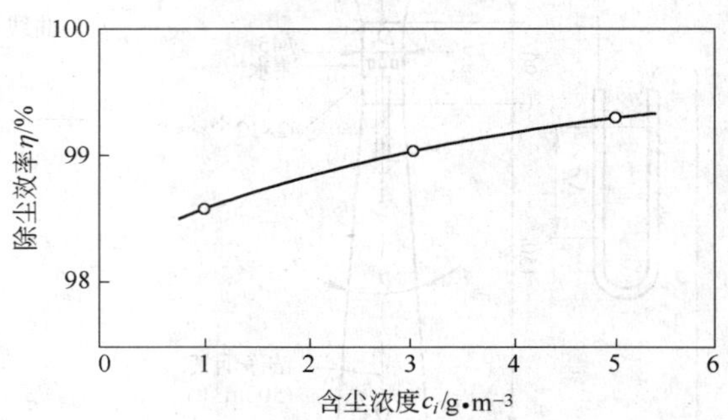

图2-17 含尘浓度和除尘效率

试样：硅质石粉（$d=1.4\mu\text{m}$，$S=2.6$）

运行条件：$\Delta p=7.5\text{kPa}$，$L=3\text{L/m}^3$

从以上数据来看，文丘里除尘器的除尘性能与袋式除尘器的除尘性能相近。如此高效除尘性能和简单结构，不仅减少安装面积，而且水滴能吸附并除去气体中的 SO_2 和 SO_3，这是文丘里除尘器的很大优点。其缺点是压力损失大，因此使动力费增加，另外它还需要污水处理装置，有时成为一个很大问题。

此外，在喷射式除尘器中，尘粒和水滴等接触较好，可以得到比文丘里除尘器更高的除尘效率，并兼有烟气增压器的作用，但由于用水量在 10L/m^3 以上，所以在处理烟气量大的场合，一般不采用。

2.3 湿式除尘器的应用

2.3.1 湿式除尘器选用注意事项

湿式除尘器的选择依据主要有以下几点：

（1）除尘效率。湿式除尘器效率高不高是选择的一项最重要的性能指标，一定状态下的气体流量、粉尘污染物性质、气体的状态对捕集效率都直接影响。根据计算：净化后烟气排放应满足环保要求。

（2）操作弹性。任一操作设备，都要考虑到它的负荷在超过或低于设计值时对捕集效率的影响如何；同样，还要掌握含尘浓度不稳定或连续地高于设计值时将如何进行操作。

（3）疏水性。湿式除尘器对疏水性粉尘的净化效率不高，一般不宜用于疏水性粉尘的净化。

（4）黏附性。湿式除尘器可净化黏附性粉尘，但应考虑冲洗和清理，以防堵塞。特别是使用喷嘴时要防止堵塞。

（5）腐蚀性。净化腐蚀性气体时应考虑防腐措施。

（6）耗水量和泥浆处理。应考虑除尘器耗水多少及排出的污水处理，水的冬季防冻措施等。泥浆处理是湿式除尘器必然遇到的问题，应当力求减少污染的危害程度。

（7）运行和维护。一般应避免在除尘器内部有运动或转动部件，注意气体通过流道断面不会引起堵塞。

2.3.2 石灰窑尾高温烟气湿法净化工程应用实例

回转窑湿法净化是作为窑点火、停窑和预热机以后的除尘设备发生故障时窑的排烟而设置的除尘系统。

窑内950℃的高温烟气由预热器的辅助烟囱引出，进入湿式除尘器的冷却器，在冷却器里经水冷却后降为300℃的烟气再进入文氏管洗涤器，而后再经分离器将气水分离，从分离器出口的气体温度是78℃，经湿式除尘器净化后的气体排入大气。泥浆则利用泥浆泵打入浓缩池，沉淀后的水循环使用。

2.3.2.1 系统组成

A 系统组成特点

除尘净化系统采用的湿式除尘系统由冷却器、文氏管除尘器、分离器和风机、水处理设备组成（图2-18）。其特点是：（1）这套湿式除尘器系统间隙操作，但保持随时可以开动；（2）在文氏管除尘器的喉部设有可调节的翻板阀，可以通过调整挡板的角度而使除尘器的压力损失接近所规定的值；（3）该除尘器使用特殊结构的喷嘴，不积滞灰尘，并且可以使用循环水净化烟气；（4）污水进入石灰窑公用水处理系统，不单设污水处理装置。

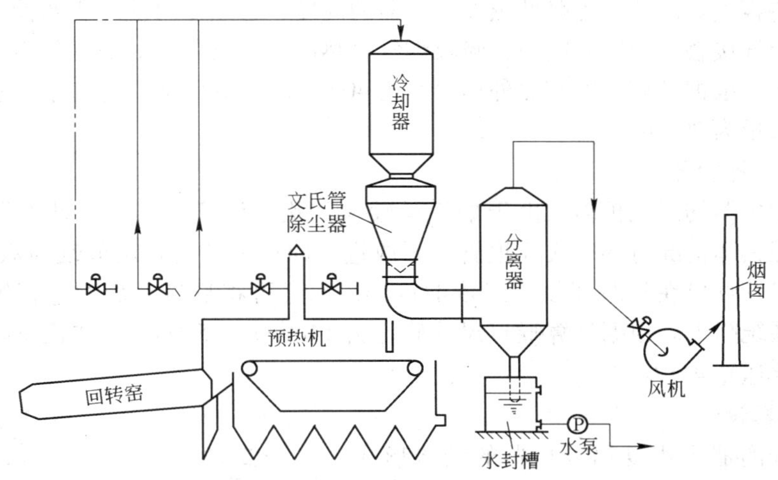

图2-18 除尘系统流程

B 湿式除尘器的主要技术参数

处理风量（标态）	88515m/h^3
入口烟气温度	300℃
烟气中粉尘成分	CaO、$CaCO_3$
烟气中粉尘密度	0.7t/m^3

入口烟气含尘浓度（标态）	5～20g/m^3
除尘器工作压力	－12.5kPa
除尘器阻力损失	5100Pa
除尘器出口烟气温度	80℃
出口烟气含尘浓度（标态）	小于100mg/m^3
设备静态漏风量	小于1%

2.3.2.2　工作原理

湿式除尘系统工作原理：石灰窑排出的300℃高温含尘烟气首先进入蒸发冷却器，把烟气温度降低。较低温度的烟气高速进入可调喉口文氏管，完成水滴对粉尘的有效捕集，含有水滴、粉尘的烟气在分离器进行水气分离，干净气体经风机由烟囱排放，分离出的含尘污水进入水处理系统处理。在净化过程中调径文氏管除尘效率大于99%，直流复挡分离器分离水滴效率大于97%，因此完全可以满足环保排放标准要求。

A　冷却器设计

冷却器的主要作用是将冷水直接雾化喷向高温烟气以降低烟气温度，在冷却降温的过程中同时有凝聚较粗尘粒的作用。因此设计要点是冷却计算。设计中入口烟气量（标态）按88515m^3/h、温度300℃来计算。

以冷却水为介质的蒸发冷却塔，烟气自冷却器的顶部或下部进入，由底部或顶部排出，喷雾装置设计为顺喷，即冷却水雾流向与气流相同。冷却器内断面气流速度宜取4.0m/s以下，以便烟气在塔内有足够的停留时间，使其水雾容易达到充分蒸发的目的。蒸发冷却器的有效高度决定于喷嘴喷入的水滴蒸发的时间，而蒸发时间取决于水滴粒径的大小和烟气热容量。因此，为降低蒸发冷却器的高度，必须尽可能减少水滴粒径，使其雾粒在与高温烟气接触的很短时间内，吸收烟气显热后全部汽化，并被烟气再加热而形成一种不饱和气体。根据计算，冷却器外形尺寸为4020mm×9100mm。冷却水用石灰厂已有的循环水，耗水量为20t/h。

B　文丘里除尘器

文丘里除尘器的形式很多，由于烟气量较大，此次计算中采用手动可调矩形文丘里管。依据工程具体情况对调径文丘里管做了改进，即把手动齿轮调节改为双向丝杠调节，从而使文丘里管喉口在长时间使用后依旧可调，而且可将喉口截面积进行细微准确的调节，以平衡系统阻力。根据计算喉口尺寸确定为1400mm×500mm。文丘里除尘器用水量为150t/h，水压0.4MPa。

C　分离器设计

设计中分离器采用复挡分离器的结构形式，如图2-19所示。

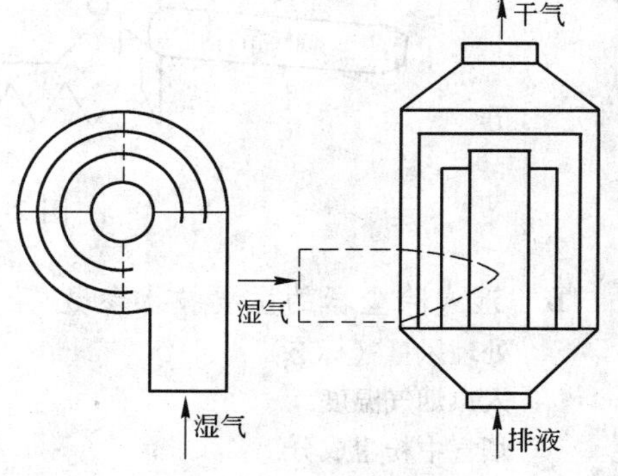

图2-19　复挡分离器

复挡分离器的除液滴机理与旋风除尘器相同，其构造是有多层同心圆挡板，工作原理是含有液滴的气体切向进入分离器后，分为几部分在挡板间的通道内旋转。在离心力的作用下，液滴甩向挡板并形成液膜顺着侧壁流下，液膜同时将液滴捕集下来。增加了挡板，即增大了接触面积，同时控制气流在分离器内只旋转 3/4 圈就排出系统，而液滴及液雾被捕集效率大大提高，故比单一旋风分离器压降小、效果好。

具体其外形尺寸 4020mm × 8855mm，内设三层挡板，进出口尺寸为进口 1620mm × 920mm，出口为 1820mm，进排气流速分别为 25m/s 和 20m/s。

D 污水处理

窑尾高温烟气净化的污水不单独处理，而是进入石灰焙烧污水处理系统。

石灰焙烧污水主要来源是原料洗涤，原石通过洗石机、振动筛和螺旋分级等设备的洗涤分级过程，把其中夹杂的泥沙洗到废水中。用水量按 1∶1 比例，即 1t 原石用 1t 水。设计规模为 180t/h，水洗后污水含泥沙浓度 3.5%。污水处理系统采用投药、混凝、浓缩、沉淀、脱水的处理方法。污水进入污水中间槽，由泥浆泵送入浓缩池，浓缩池的上清水流入贮水池用泵加压后供洗石机循环使用，浓缩的泥浆经泥浆泵送入高位泥浆分配槽后，自流进入转鼓真空过滤机进行脱水，产生的泥饼通过皮带输送机运至泥饼堆场以备外运。为了提高浓缩池的沉降性能，在浓缩池内投加高分子絮凝剂（PAM），其投药浓度约为 0.1%，投药量 1 ~ 5mg/L。

污水处理主要设备如下：

（1）浓缩池：大小（直径 × 周边水深）为 20m × 3.0m；

（2）转鼓真空过滤器：大小（直径 × 表面长度）为 3.0m × 4.88m，过滤面积 $48m^2$；

（3）真空泵：真空度 73.33kPa，抽气量为 $0.8m^3/(m^2 \cdot min)$。

设置石灰窑高温烟气的湿法净化系统的目的，在于防止回转窑点火、停窑和事故处理时高温烟气进入袋式除尘器烧毁、糊堵滤袋。回转窑投产运行结果表明，湿法除尘的烟气净化系统和水循环系统一次试车成功，运行正常，达到了预期目的。除尘系统排放气体含尘浓度小于 $50mg/m^3$，满足国家的环保要求。

2.3.3 钢渣处理湿法除尘工程应用实例

2.3.3.1 原始条件

钢渣处理装置是根据炼钢的需要设计的。每处理 1 炉钢渣大约需要 10 ~ 20min，冷却 10 ~ 15min 后处理下一炉。处理过程中尾气发生量 2 万 ~ 6 万 m^3/h(干)，温度 68 ~ 110℃，含湿量 13% ~ 15%，气流速度为 3 ~ 6m/s(干)，平均含尘浓度约为 $400mg/m^3$(干)。

渣处理装置排放尾气含尘粒径的分布情况如图 2-20 所示。处理后的数据汇总在表 2-2中。

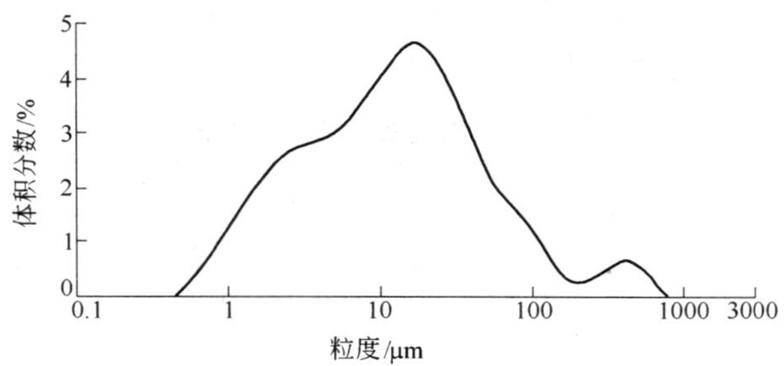

图 2-20 渣处理装置尾气夹带粉尘的粒度分布

表 2-2 粉尘粒度分析汇总

粒径/μm	各粒径所占的体积分数/%			平均值/%
	1号	2号	3号	
≤1	3.34	3.33	3.82	3.50
1~2	10.07	7.85	8.93	8.95
2~10	37.81	26.56	30.18	31.52
>10	48.81	62.26	57.05	56.04
合 计	100.03	100.00	99.98	100.00

粉尘粒径的这种分布基本符合喷雾除尘技术对粉尘粒径的要求，因此只要选用恰当的喷雾除尘工艺参数即可。

2.3.3.2 除尘工艺

除尘分前后两个阶段，第一阶段只在烟道内安装了喷嘴雾化除尘系统，即在尘发点附近的烟道部位，沿气流方向分别设置了一道环形的水喷嘴和一道环形气水喷嘴（图 2-21）保证喷射面完全覆盖气流截面，并均逆气体方向喷淋，以便增加水雾与粉尘的惯性碰撞效率，提高捕集大颗粒粉尘的效果，并适当冷却烟气，设计液气比为 0.80L/m³。

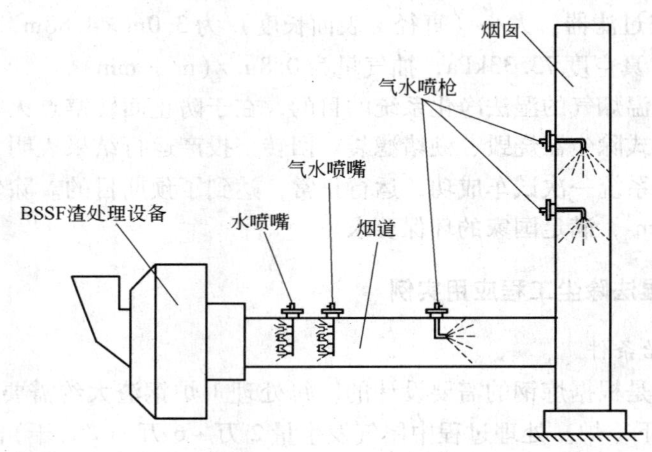

图 2-21 除尘系统布置示意图

第二阶段在保证烟道内喷嘴正常工作外，在烟道和烟囱中分别设了 1 根和 2 根气雾两相流喷枪，喷枪的喷头都分别位于烟道或烟囱中心，一顺两逆喷射，用于尾气中水雾微滴的长大、融并和冷却，总的液气比为 0.9L/m³。具体工艺参数见表 2-3。

表 2-3 除尘系统的工艺参数

参 数	数 值		
	水喷嘴	气水喷嘴	气水喷嘴
除尘水压/MPa	1.0	1.00	1.00
压缩空气压力/MPa	—	0.60	0.60
平均液气比/L·m^{-3}	—	0.79	0.84

当在烟道内增设常规雾化喷嘴，在平均液气比为0.79L/m³的条件下进行喷雾除尘，降尘效果明显。

当在烟囱上安装气雾两相流喷枪后，平均液气比增加到0.84L/m³，除尘效率从69%提高到94%，排放浓度被有效地控制在40mg/m³以下（均值26mg/m³），本除尘方案的配置不仅可以将大于10μm的粉尘全部捕集下来，就连10μm以下的粉尘捕集效率也能达到86%，相当于捕集了粒径大于1.5μm的所有粉尘颗粒，达到满意除尘的效果。

综上所述，渣处理装置排放尾气的粉尘是微米级的尘粒，10~600μm的粉尘超过一半，2~10μm的约占31%，小于1μm者不足4%，这种粒径分布较适合喷雾除尘技术。常规的水喷嘴能起到一定的抑尘作用，在平均液气比0.79L/m³时除尘效率只达到69%左右。在烟囱部位安装适量的气雾两相流喷枪，协同常规的水喷嘴在平均液气比0.84L/m³时，除尘效率可达94%，尾气粉尘浓度被控制在40mg/m³以下。

2.3.3.3 注意事项

渣处理装置尾气湿度大、粉尘粒径细小且浓度较高，一旦除尘系统与渣处理操作不同步，渣处理设备运行而喷雾除尘系统停止，粉尘就很容易在喷孔部位沉积、板结，轻则喷孔减小，重则喷头堵塞，严重影响雾化效果和除尘效率。鉴于此，一旦喷雾除尘系统投入运行，就必须加强标准化操作，确保每处理一炉钢渣都使用喷雾除尘系统；另外，最好通过旁路气体为喷枪和喷嘴提供少量的不间断气体，保证喷头内一直处于正压状态，避免粉尘侵入并堵塞喷孔。

2.4 湿式除尘器运行管理

湿式除尘器种类和构造相差很远，运行管理各不相同，本节按其分类分别加以介绍。

2.4.1 湿式除尘器运行

2.4.1.1 一般事项

（1）除尘系统开机前，应全面检查机、电、水、水位、密封等运行条件，符合要求后按开机程序启动。

（2）除尘系统的运行控制应与生产系统的操作密切配合，选择自动控制状态；系统风量不得超过额定处理风量；生产工况变化时，应通过水位调节保证正常运行和达标排放。

（3）操作工每班至少应巡回检查一次各部件，保持设备和现场的整洁，及时发现隐患，妥善处理。

（4）除尘器应在工艺设备停机后停止运行。除尘器停机后，其供水、排水系统还应运行一段时间，清洗除尘器、排水管道及排水设备内的沉淀。有冰冻季节的地方，除尘系统停车时，排水系统设备及管道中的冲洗水应完全放掉。

（5）湿式除尘系统单独设置的沉淀池应定期清除并妥善处理沉淀物。

（6）煤气净化系统湿式除尘器运行执行《工业企业煤气安全规程》、《转炉煤气净化回收技术规程》及《炼铁安全规程》的规定。

2.4.1.2 贮水式除尘器

（1）启动。贮水式除尘器在运行前首先要调整贮在除尘室内的水位。因为其除尘效果是依靠水膜来捕集粉尘的，所以一定要在充分确信水膜的形成状态之后再通过烟气，投入运行。

（2）运行。贮水除尘器在除尘室内存有一定量的水，此时控制水位的高低是影响除尘效果的决定因素。由于是循环使用，所以补给水量很小。图 2-22 是其中的一个例子。

溢流水量应当尽可能少一些。以较多的溢流水量运行时，被烟气带走的水滴就会增多，风机的工作就要恶化，所以将会降低除尘的性能。另外，从放水阀排出的废水量，则要尽可能控制到阀门不会引起堵塞那种程度的少量流水。如果排水过多，则引起水位降低，影响到形成洗涤排烟所必需的水滴或水膜。

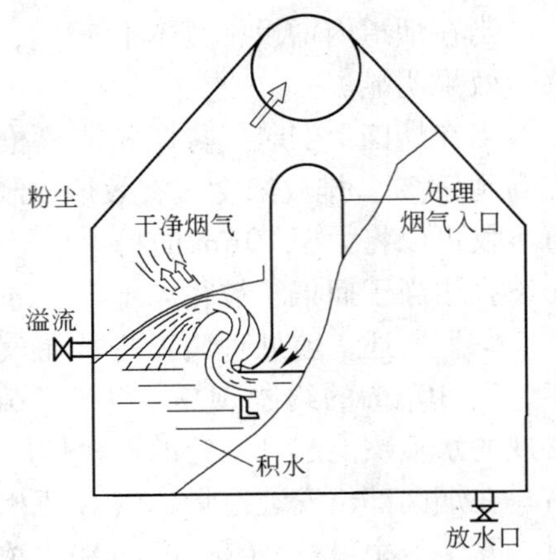

图 2-22　贮水式洗涤除尘器的溢流水与放水

另外，因为洗涤排烟时洗涤水往往是酸性的，所以为了防止装置被腐蚀，必须在运行过程中随时或连续地测定其 pH 值。

（3）停止。停止运行时首先要关闭给水阀门，而后停止吸风机，关闭放水阀。此外，当贮水式除尘装置长期停止运行时，要完全放出除尘室灰槽处的积水，如有可能，要加碱给以中和，以防止设备的腐蚀。

2.4.1.3　淋水式除尘器

（1）启动。淋水式除尘装置，是通过喷雾喷嘴供给洗涤水，然后通以烟气投入运行。

（2）运行。给水量、压力和耗电量均已载于生产提供的使用说明书的性能曲线，所以必须参考这些参数来运行。当给水量超过规定水量时将使电动机过负荷，不得超过规定的水量。

通常，增大给水量后即可提高除尘效率，可是动力费用将随之增加而产生压力将随之减少。此外，液气比是有限度的，当给水量增加到一定限度时就无助于提高除尘效率。

（3）停止。排烟发生设备停止运行以后，还要维持给水并使除尘器运行一段时间，以进行排烟的置换，并洗去附着在设备上的粉尘。另外，附着在喷嘴上的粉尘，也要在停运期间认真加于清除，以免成为下一次启动的障碍。

2.4.1.4　压水式除尘器

压水式除尘器中构造简单而效率最高的是文丘里除尘器，但其压力损失很大。

（1）启动。先从喉部供给洗涤水，然后通过排烟投入运行。与其他湿式除尘器一样，为了发挥高的除尘性能，要尽可能降低烟气温度来使用。因此，要充分注意排烟冷却装置的烟气温度再投入运行。

（2）运行。在粉尘比较细、粉尘浓度较高、粉尘有黏着性、排烟温度较高的情况下，文丘里除尘器的液气比取得比较大。因此，在注意粉尘的性状和烟气温度，经常以与之相适应的液气比来运行。因为喉部的烟气速度很高，喉部的磨损是剧烈的。

图 2-23 所示为喉部的烟气速度、液气比与压力损失的关系。

由图 2-23 可以看出，当以一定的液气比运行时，如果喉部磨损，则烟气速度降低，压力损失也将降低。文丘里除尘器的压力损失基本上与粉尘的粒度无关，而是取决于烟气速度。如果烟气速度降低，除尘器效率就会因而降低，所以在运行时必须注意压力差。

（3）停止。文丘里除尘器和气液分离器在排烟发生设备停运之后还要继续在空气负荷下运行片刻，把附着的粉尘和酸性洗涤水完全排除之后再使之停止。此外，在长期停止运行期间，必须要用碱性溶液来中和，以防止腐蚀。

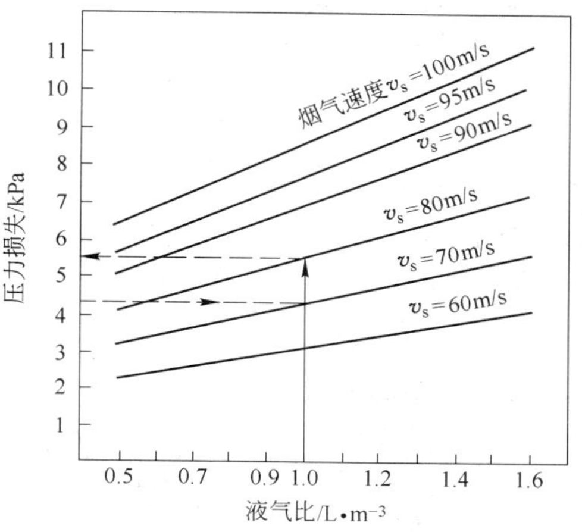

图 2-23　液气比与压力损失的关系

2.4.2　湿式除尘器维护

2.4.2.1　湿式除尘器一般维护

湿式除尘器的常见故障是设备腐蚀、磨损及给水喷嘴的堵塞等几种现象。

（1）在设备停运时，应检查设备腐蚀情况，对腐蚀部位进行修补，或更换备件。

（2）应经常注意除尘器挡板磨损情况，磨损严重时要及时更换。

（3）给水喷嘴的堵塞是经常发生的，维护中除优先选用不堵塞喷嘴外，还要对堵塞进行清理。为避免喷嘴堵塞还要注意循环水中不能有过多杂质，注意补给新水。

2.4.2.2　贮水式除尘器的维护

（1）除尘系统工作时，应使通过机组的风量保持在额定风量左右，且尽量减少风量的波动。

（2）经常注意各检查门的严密。

（3）根据机组的运行经验，定期地冲洗机组内部及自动控制装置中液位仪上电极杆上的积灰。

（4）在通入含尘气体时，不允许在水位不足的条件下运转，更不允许无水运转。

（5）经常保持自动控制装置的清洁，防止灰尘进入操作箱，发现自动控制系统失灵时，应及时检修。

（6）当出现过高（大于40mm）、过低（小于10mm）水位时，应及时检查水位控制装置，查明原因，排除故障。

（7）贮水式除尘器检修流程如图2-24和图2-25所示。

2.4.2.3　淋水式除尘器维护

（1）淋水式除尘器的供水量必须均匀，水量过小会影响除尘效果。

（2）淋水式除尘器要经常检查喷嘴使用情况，喷嘴净化水硬性粉尘时会造成结垢堵塞，应当尽量避免。

（3）为了避免喷嘴磨损可选用无堵塞型喷嘴。

（4）除尘器运行中可能出现喷嘴磨损。喷嘴磨损的典型特点为喷嘴的流量的增加，并伴有喷雾形状的普通破坏。椭圆形喷嘴口的平面扇形喷雾喷嘴磨损，会受到喷雾形状变窄的影响。对于其他喷雾形状的喷嘴类型，喷雾分布受损害而没有本质上改变覆盖面积。喷嘴流量的增加有时能通过设备工作压力的下降而识别，并应当及时更换喷嘴。

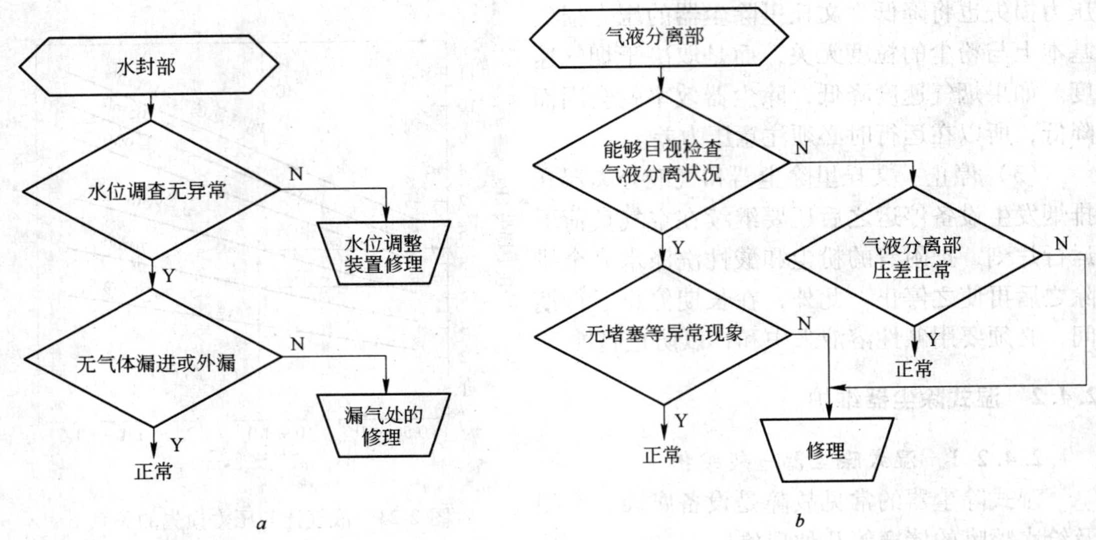

图 2-24 贮水式除尘器检修流程

a—贮水部分；*b*—脱水部分

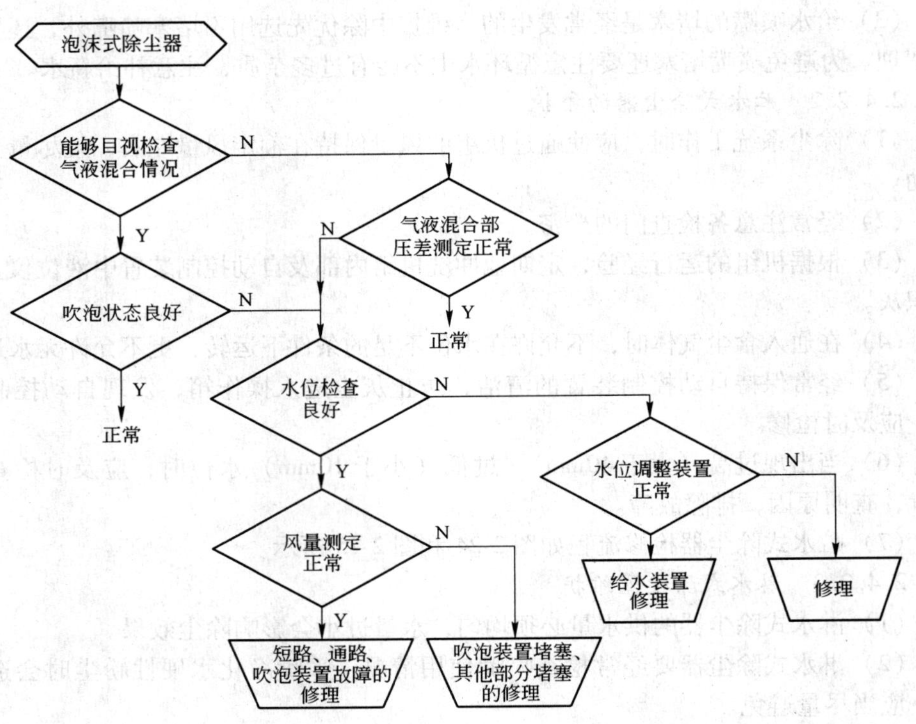

图 2-25 泡沫式除尘器检修流程

（5）淋水式除尘器维护检修流程如图 2-26 所示。

2.4.2.4 文丘里除尘器的维护

文丘里除尘器的检修流程如图 2-27 所示。常见故障及解决办法如下：

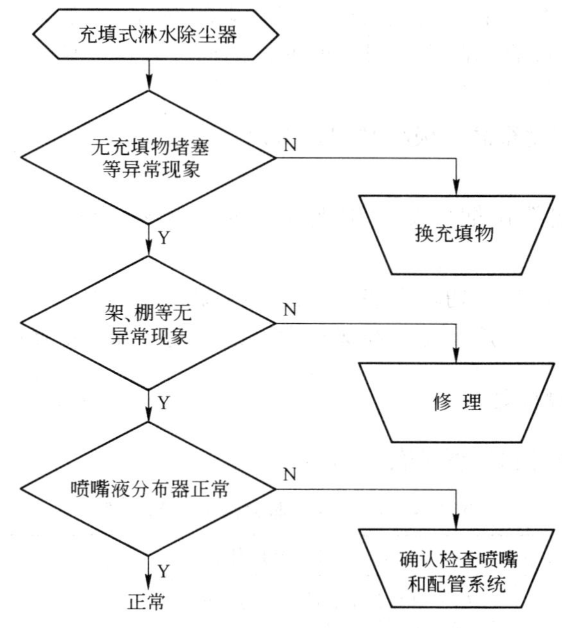

图 2-26 充填式淋水除尘器检修流程

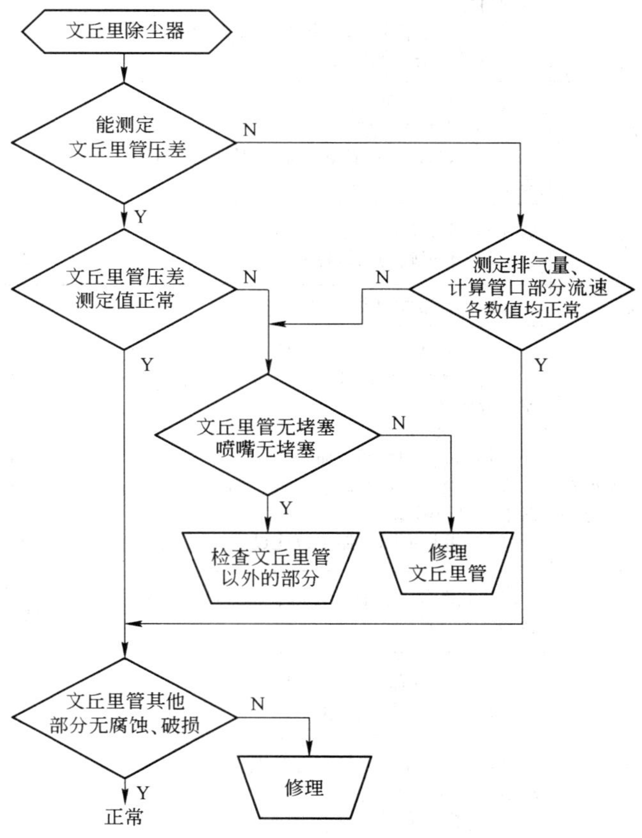

图 2-27 文丘里除尘器检修流程

(1) 对于设备的腐蚀，在设计时充分掌握排烟的性状，从而相应的选择材质，涂布适宜的衬料。有时要达到彻底的防腐是极困难的。因而在停运时要进行充分的检查，对腐蚀部位进行检修。

(2) 喉部的烟气速度很高，极易磨损，所以这一部分通常做成可以更换的，以便在磨损严重时更换备件。

(3) 给水喷嘴的端部在烟气侧发生涡流，因而容易被粉尘所堵塞，必须加以检查清理。

给水喷嘴堵塞和磨损是一切除尘装置、烟气冷却装置和烟气调湿装置的共同问题，是运行中经常发生的。所以一定要做成在运行中可以方便拆卸和更换的形式。

2.4.3 湿式除尘器故障处理

湿式除尘器故障分析和处理见表2-4。

表 2-4 湿式除尘器故障分析和处理

序 号	故障类型	可能的原因	处理方法
1	压降过高	(1) 和设计值相比气体速度过高 (2) 液气比过高 (3) 喉管速度过高。如果使用了节气闸，节气闸可能放在了关闭的位置 (4) 如果使用了填料塔，要对液速进行检查，以了解塔溢流情况	(1) 降风速 (2) 减洗涤水 (3) 打开调气阀 (4) 检查处理
2	固体物聚集	(1) 排污不足 (2) 洗涤液不足 (3) 如果使用了填料塔，固体物比估计的要多	(1) 补新水 (2) 补水 (3) 检查工艺流程
3	材料腐蚀	(1) 高氯化物含量 (2) 不正确的结构材料	(1) 加强防腐 (2) 改材料
4	磨 损	在内部需要抗磨损衬垫	改材料
5	出口温度过高	(1) 除尘器没有充满气体 (2) 检查系统设计是否具有达到饱和时所需要的液体量	(1) 回顾过程饱和度计算 (2) 补水
6	除尘器烟囱出现水雾（或者液体夹带物）	(1) 校验烟囱的流速 (2) 除雾器效率低下（或者如果夹带物有盐聚集时出现阻塞） (3) 填料塔除尘器中液速过高	(1) 降速 (2) 更换除雾器 (3) 减少洗涤水
7	仪表故障	以工艺和仪表设计为基础，检查单个仪表和控制器	校验或更换
8	通风机运行不正确	(1) 检查通风机设计特性 (2) 检查通风机平衡 (3) 检查通风机是否在运转曲线下工作 (4) 检查通风机是否安装在正确的位置，以及轴承是否正确上油 (5) 检查通风机找正 (6) 检查驱动器防护装置	(1)~(6)根据分析原因处理

续表 2-4

序　号	故障类型	可能的原因	处理方法
9	循环水泵故障	（1）检查水泵性能，包括泵曲线 （2）检查水泵找正 （3）检查密封圈的情况，确定是否需要维修 （4）检查密封水流量和压力特性（一些厂家的产品需要密封水） （5）检查喷嘴是否阻塞，阻塞造成静压比所要求的要高	（1）~（5）根据分析原因处理

3　机械除尘器

机械除尘器主要指重力除尘器、挡板除尘器和旋风除尘器。这些除尘器的共同特点是构造简单，无运动部件，容易操作和管理，因此，虽除尘效率不很高，仍多有采用。

3.1　重力除尘器

重力除尘器，适于捕集大于50μm粉尘粒子；设备较庞大，无运动部件，适合处理中等气量的常温或高温气体，多作为袋式除尘的预除尘使用。

3.1.1　重力除尘器工作原理

当气体由进风管进入降尘室时，由于气体流动通道断面积突然增大，气体流速迅速下降，粉尘便借本身重力作用，逐渐沉落，最后落入下面的集灰斗中，经输送机械送出。

图3-1为含尘气体在水平流动时，直径为d的粒子的理想重力沉降过程。

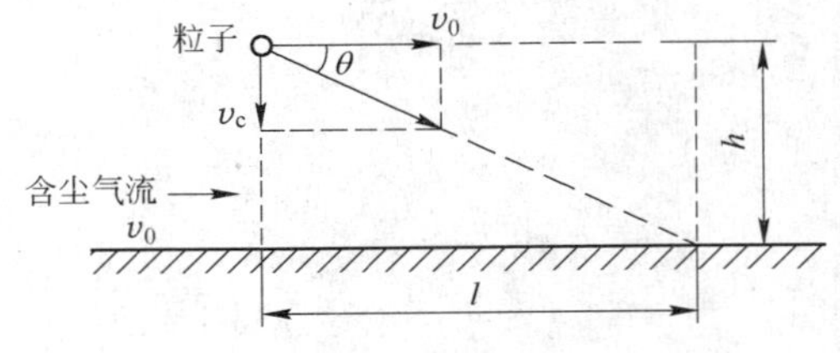

图3-1　粉尘粒子在水平气流中的理想重力沉降

由重力而产生的粒子沉降力F_g可用式（3-1）表示

$$F_g = \frac{\pi}{6}d^3(\rho_d - \rho_g)g \tag{3-1}$$

式中　F_g——粒子沉降力，kg·m/s；

d——粒子直径，m；

ρ_d——粒子密度，kg/m^3；

ρ_g——气体密度，kg/m^3；

g——重力加速度，m/s^2。

假定粒子为球形，粒径在3～100μm，且符合斯托克斯定律的范围内，则粒子从气体中分离时受到的气体黏性阻力F为

$$F = 3\pi\mu d v_g \tag{3-2}$$

式中　F——气体阻力，Pa；

μ——气体黏度，Pa·s；

d——粒子直径，m；

v_g——粒子分离速度，m/s。

含尘气体中的粒子能否分离取决于粒子的沉降力和气体阻力的关系，即$F_g = F_0$。由此得出粒子分离速度v_g。

$$v_g = \frac{d^2(\rho_d - \rho_g)g}{18\mu} \tag{3-3}$$

由式（3-3）可以看出，粉尘粒子的沉降速度与粒子直径、尘粒体积质量（$\rho_d g$）及气体介质的性质有关。当某一种尘粒在某一种气体中（即 ρ_d，ρ_g，μ 为常数），在重力作用下，尘粒的沉降速度 v_g 与尘粒直径平方成正比。所以粒径越大，越容易分离。反之，粒径越小，沉降速度变得很小，以至于没有分离的可能。球形尘粒的重力沉降速度见图 3-2。

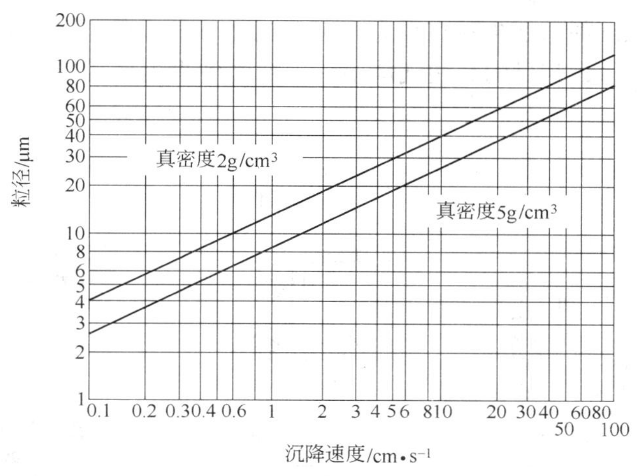

图 3-2　球形尘粒的重力自然沉降速度

在图 3-3 中，设烟气的水平流速为 v_0，尘粒 d 从高度 h 开始沉降，那么尘粒落到水平距离 L 的位置时，其 v_g/v_0 关系式为

$$\tan\theta = \frac{v_g}{v_0} = \frac{d^2(\rho_d - \rho_g)g}{18\mu v_0} = \frac{h}{L} \tag{3-4}$$

由式（3-4）看出，当重力除尘器内被处理的气体速度越低，重力除尘器的纵向浓度越大，沉降高度越低，就越容易捕集细小的粉尘。

重力除尘器有重力除尘室和多段重力除尘器之分，如图 3-3 所示。按气体流动方向可以分为水平气流重力除尘器和垂直气流重力除尘器两种。

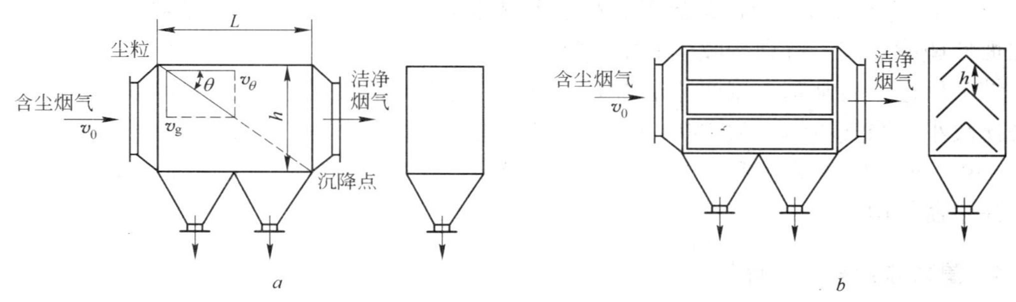

图 3-3　重力除尘器

a—重力除尘器；*b*—多层重力除尘器

3.1.2 重力除尘器的构造与性能

3.1.2.1 重力除尘器构造

水平气流重力除尘器的构造主要是由室体、进气口、出气口和集灰斗组成。含尘气体在室体内缓慢流动，尘粒借助自身重力作用被分离而捕集下来。

为了提高重力除尘器的除尘效率，有的在室内加装一些底板，如图 3-3 所示，其目的是降低高度加快尘粒沉降，使尘粒在重力作用下沉降下来。有的将水平重力除尘器改为垂直形式，如图 3-4 所示，其目的是使气体中的尘粒受到重力作用，与气体分开，使之沉降下来。

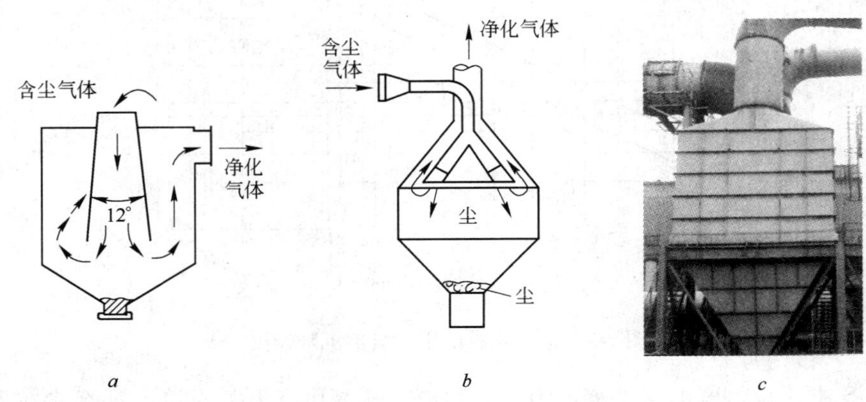

图 3-4 垂直重力除尘器

a—单向流；*b*—环向流通；*c*—外貌

3.1.2.2 技术性能

重力除尘器的技术性能可按下述原则进行判定：

（1）重力除尘器内被处理气体速度（基本流速）越低，越有利于捕集细小的尘粒，但装置相对庞大。

（2）基本流速一定时，重力除尘器的纵深越长，则收尘效率也就越高，但不能延长至 10m 以上。

（3）在气体入口处装设整流板，在重力除尘器内装设挡板，使沉降室内气流均匀化，增加惯性碰撞效应，有利于收尘效率的提高。

综上所述，通常基本流速选定为 1 ~ 2m/s，实用的捕集粉尘粒径为 40μm 以上，压力损失比较小，当气流温度为 250 ~ 350℃，气体在重力除尘器入口处和出口处的流速为12 ~ 16m/s 时，重力除尘器总阻力损失为 100 ~ 120Pa。重力除尘器在许多情况下作为多级除尘的预除尘器使用。

3.1.3 重力除尘器设计计算

3.1.3.1 设计计算

在设计重力除尘器时，应考虑如下两个问题：

（1）重力除尘器内气流应呈层流（雷诺数小于2000）状态，因为紊流会使已降落的粉尘二次飞扬，破坏沉降作用，重力除尘器的进风管应通过平滑的渐扩管与之相连。如受位置限制，应装设导流板，以保证气流均匀分布。如条件允许，把进风管装在除尘器上部，会收到意想不到的效果。

（2）保证尘粒有足够的沉降时间。即在含尘气流流经整个除尘器长度的这段时间内，保证尘粒由上部降落到底部。

尘粒在除尘器内停留时间按式（3-5）计算

$$t = \frac{h}{v_g} \leqslant \frac{L}{v_0} \tag{3-5}$$

式中 t——尘粒在重力除尘器内停留时间，s；

h——尘粒沉降高度，m；

v_g——尘粒沉降速度，m/s，可参考表3-1或由图3-5查出；

L——重力除尘器长度，m；

v_0——重力除尘器内气流速度，m/s。

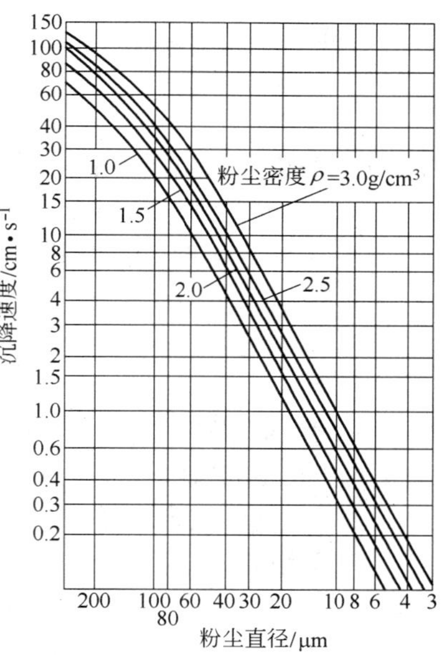

图3-5 粉尘粒径与沉降速度的关系

表3-1 空气中球形颗粒物的沉降速度

粒径/μm	沉降末速度/m·s⁻¹	粒径/μm	沉降末速度/m·s⁻¹
0.1	8.7×10^{-7}	10.0	3.0×10^{-3}
0.2	2.3×10^{-6}	20.0	1.2×10^{-2}
0.4	6.8×10^{-6}	40.0	4.8×10^{-2}
1.0	3.6×10^{-6}	100.0	2.46×10^{-1}
2.0	1.19×10^{-4}	400.0	1.67
4.0	6.0×10^{-4}	1000.0	3.82

注：粉尘颗粒密度为1000kg/m³，空气温度为20℃，压力为10^5Pa。

根据式（3-5），重力除尘器的长度与尘粒在除尘器内沉降高度应满足下列关系

$$\frac{L}{h} \geqslant \frac{v_g}{v_0} \tag{3-6}$$

重力除尘器的具体计算步骤如下：

（1）重力除尘器的截面积

$$S = \frac{Q}{v_0} \tag{3-7}$$

式中 S——重力除尘器截面积，m^2；

Q——处理气体量，m^3/s；

v_0——重力除尘器内气流速度，m/s，一般要求小于0.5m/s。

（2）重力除尘器容积

$$V = Qt \tag{3-8}$$

式中　V——重力除尘器容积，m^3；

Q——处理气体量，m^3/s；

t——气体在重力除尘器内停留时间，s，一般取30~60s。

（3）重力除尘器的高度

$$h = v_g t \tag{3-9}$$

式中　h——重力除尘器高度，m；

v_g——尘粒沉降速度，m/s，对于粒径为40μm的尘粒，可取v_g=0.2m/s；

t——气体在除尘器内停留时间，s。

（4）重力除尘器宽度

$$b = \frac{S}{h} \tag{3-10}$$

式中　b——重力除尘器宽度，m；

S——重力除尘器截面积，m^2；

h——重力除尘器高度，m。

（5）重力除尘器长度

$$L = \frac{V}{S} \tag{3-11}$$

式中　L——重力除尘器长度，m；

V——重力除尘器容积，m^3；

S——重力除尘器截面积，m^2。

3.1.3.2　设计计算注意事项

设计计算时应注意以下事项：

（1）设计的重力除尘器具体应用时往往有许多情况和理想的条件不符。例如，气流速度分布不均匀，气流是紊流，涡流未能完全避免，在粒子浓度大时沉降会受阻碍等。为了使气流均匀分布，可采取安装逐渐扩散的入口、导流叶片等措施。为了使除尘器的设计可靠，也有人提出把计算出来的末端速度减半使用。

（2）除尘器内气流呈层流状态，比紊流会避免已降落的粉尘二次飞扬，破坏沉降作用，除尘器的进风管应通过平滑的渐扩管与之相连。如受位置限制，在除尘器内设导流板，以保证气流均匀分布。

（3）保证尘粒有足够的沉降时间。即在含尘气流流经整个除尘器的这段时间内，保证尘粒由上部降落到底部。

（4）所有排灰口、门和孔都必须密闭，除尘器才能发挥应有的作用。

（5）除尘器的结构强度和刚度，按有关规范设计计算。

（6）重力除尘器内气体流速应低于表 3-2 的颗粒物初速度，如初速度未知可选用 3m/s。

表 3-2 一些常用物质的初速度

材 料	初速度/$m \cdot s^{-1}$	材 料	初速度/$m \cdot s^{-1}$
铝 屑	4.3	淀 粉	1.8
有色金属铸造粉尘	5.7	钢 粉	4.6
氧化铅	7.6	木 屑	3.9
石灰石	6.4		

3.1.3.3 计算

例 某含氧化锌悬浮物的空气，在高 5cm 的重力除尘器内停留 20s，求能沉积于除尘器底的氧化锌最小颗粒的尺寸。

氧化锌颗粒的沉降速度，由气体在除尘器停留的时间来计算。

$$v_s = H/t = 5/20 = 0.25\text{m/s}$$

查空气的动力黏度，50℃时为 $\mu = 1.96 \times 10^{-5}\text{Pa} \cdot \text{s}$，氧化锌的密度 $\rho_a = 5700\text{kg/m}^3$，用式（3-3）计算，即可得能沉集于重力除尘器底的氧化锌最小颗粒尺寸为

$$d = \sqrt{\frac{18\mu v_g}{(\rho_a - \rho_g)g}} = \sqrt{\frac{18 \times 1.96 \times 10^{-5} \times 0.25}{(5700 - 1.2) \times 9.81}} = 40\mu\text{m}$$

以上结果是以氧化锌颗粒从除尘器顶落底计算的，大于 40μm 的颗粒均可落至底部，小于 40μm 的颗粒，视其所处的高度而定，可能有极少数沉降于除尘器底，大部分被气流带走。

3.2 挡板除尘器

挡板除尘器是利用粉尘在运动中惯性力大于气体惯性力的作用，将粉尘从含尘气体中分离出来的设备。这种除尘器结构简单，阻力小，但除尘效率较低，一般用于一级除尘。

3.2.1 挡板除尘器工作原理

为了改善重力除尘器的除尘效果，可在除尘器内设置各种形式的挡板，使含尘气流冲击在挡板上，气流方向发生急剧转变，借助尘粒本身的惯性力作用，使其与气流分离。图 3-6 所示为含尘气流冲击在两块挡板上时尘粒分离的机理。当含尘气流冲击到挡板 B_1 上时，惯性大的粗尘粒（d_1）首先被分离下来。被气流带走的尘粒（d_2，且 $d_2 < d_1$），由于挡板 B_2 使气流方向转变，借助离心力作用也被分离下来。若设该点气流的旋转半径为 R_2，切向速度为 μ_1，则尘粒 d_2 所

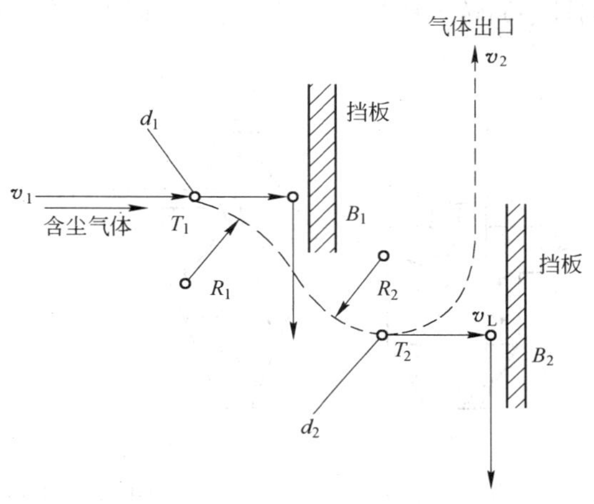

图 3-6 挡板除尘器的分离原理

受离心力与 $d_2^3 \cdot \frac{\mu_1^2}{R_2}$ 成正比。显然这种惯性除尘器，除借助惯性力作用外，还利用了离心力的作用。

3.2.2　挡板除尘器的结构

在除尘器内，主要是使气流冲击在挡板上再急速转向，其中颗粒由于惯性力作用，其运动轨迹就与气流轨迹不一样，从而使两者获得分离。气流速度高，这种惯性效应就大，所以这类除尘器的体积可以大大减少，占地面积也小，对细颗粒的分离效率也大为提高，可捕集到 10μm 的颗粒。300～600Pa 之间，根据构造和工作原理，挡板除尘器分为两种形式。

3.2.2.1　单板式除尘器结构

单板式除尘器的结构如图 3-7 所示，这种除尘器的特点是用一个或几个挡板阻挡气流的前进，使气流中的尘粒分离出来。该形式除尘器阻力较低，效率不高。

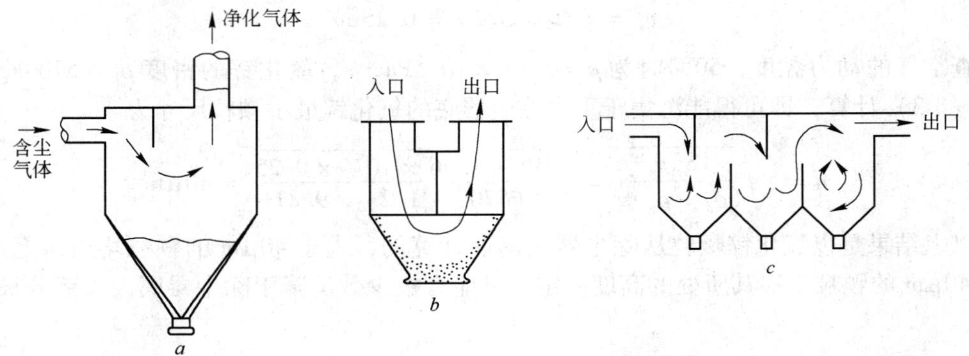

图 3-7　单板式除尘器结构示意图

a—普通单板；*b*—反转挡板单板结构；*c*—多冲击单板结构

3.2.2.2　多板式除尘器结构

多板式除尘器特点是把进气流用多个挡板分割为小股气流。为使任意一股气流都有同样的较小回转半径及较大回转角，可以采用各种挡板结构，最典型的如图 3-8 所示。

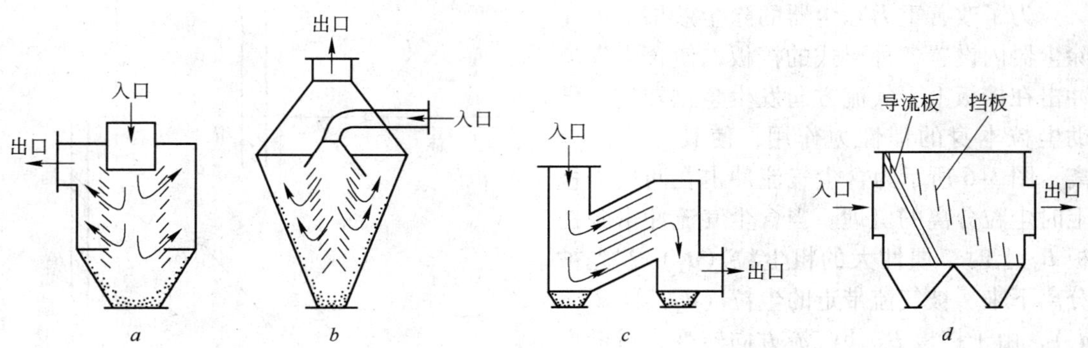

图 3-8　多板式除尘器结构

a—下行百叶式；*b*—上行百叶式；*c*—平行百叶式；*d*—带导流的平行百叶式

百叶挡板能提高气流急剧转折前的速度，可以有效地提高分离效率；但速度过高，会引起已捕集颗粒的二次飞扬，所以进口流速一般都选用 12～15m/s。

3.2.3　挡板除尘器的技术性能

3.2.3.1　设备压降

挡板式除尘器的设备压降依挡板的数量和形式不同而异，挡板除尘器压降按式(3-12)计算

$$\Delta\rho = \xi \frac{\rho_g v^2}{2} \tag{3-12}$$

式中　$\Delta\rho$——挡板除尘器压降，Pa；

ξ——阻力系数，可取 $\xi = 1 \sim 4$；

ρ_g——气体密度，kg/m^3；

v——除尘器入口速度，m/s。

3.2.3.2　除尘效率

挡板除尘器效率比重力除尘器高，比离心式除尘器低，当设备内流速为 1～2m/s 时，对 30～50μm 以上的尘粒，其除尘效率可达 50%～70%。挡板间隙不大，配置合理，除尘效率可到 85%，甚至更高。

对大型挡板除尘器而言，为了提高除尘效率，往往在挡板前增设导流装置，以便使气流均匀到挡板。这样挡板除尘器因增设导流装置，会效率稳定，运行可靠。

3.2.3.3　注意事项

注意事项如下：

（1）挡板除尘器可用于处理含尘气体在冲击或方向转变前的速度较高，方向转变的曲率半径越小时，其除尘效率越高，但阻力也随之而增大。

（2）含尘气体流动转向次数越多，除尘效率越高，阻力随之增大。

（3）挡板与气体流动方向夹角大，除尘效率高，除尘器阻力大。

3.3　离心式（旋风）除尘器

离心式除尘器是利用离心力从气体中除去粒子的设备，又称旋风除尘器。它和挡板式除尘器的区别在于，后者气流只是简单地从原来的路线上改变一下方向，或只做接近一圈旋转，而前者气流旋转则不止一圈。旋转气流中粒子受到的离心力比重力大得多。例如，小直径、高阻力的离心式除尘器的离心力比重力能够大 2500 倍，大直径、低阻力的最少也要大 5 倍。所以，离心式除尘器除去的粒子比重力除尘器除去的粒子要小得多。但离心除尘器的压力损失一般比重力除尘器和挡板除尘器的压力损失高，因而消耗的动力大。

由于离心式除尘器结构简单，没有运动部件，造价便宜，维护管理工作量极少，所以除单独使用外，还常用作袋式除尘器的预除尘器。

3.3.1 旋风除尘器工作原理

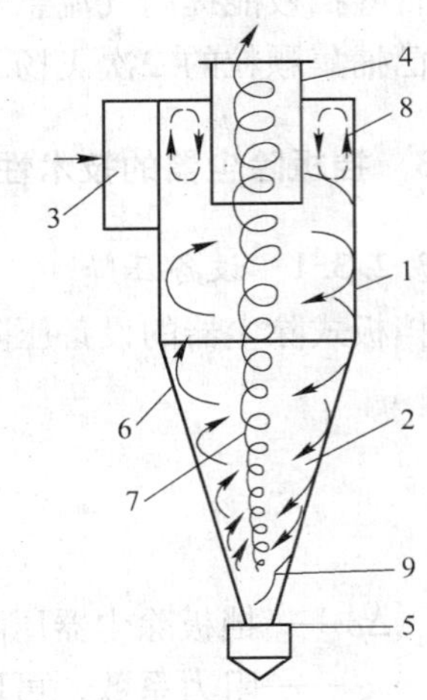

图 3-9 普通旋风除尘器的组成及内部气流

1—筒体；2—锥体；3—进气管；4—排气管；5—卸灰管；6—外旋流；7—内旋流；8—二次流；9—回流区

旋风除尘器由筒体、锥体、进气管、排气管和卸灰管等组成，如图 3-9 所示。离心式除尘器的工作过程是当含尘气体由切向进气口进入离心除尘器时气流将由直线运动变为圆周运动。旋转气流的绝大部分沿器壁自圆筒体呈螺旋形向下，朝锥体流动，通常称此为外旋气流。含尘气体在旋转过程中产生离心力，将相对密度大于气体的尘粒甩向器壁，尘粒一旦与器壁接触，便失去径向惯性力而靠向下的动量和向下的重力沿壁面下落，进入排灰管。旋转下降的外旋气体到达锥体时，因圆锥形的收缩而向除尘器中心靠拢。根据“旋转矩”不变原理，其切向速度不断提高，尘粒所受离心力也不断加强。当气流到达锥体下端某一位置时，即以同样的旋转方向从旋风分离器中部，由下反转向上，继续做螺旋性流动，即内旋气流。最后净化气体经排气管排出管外，一部分未被捕集的尘粒也由此排出。

自进气管流入的另一小部分气体则向旋风分离器顶盖流动，然后沿排气管外侧向下流动；当到达排气管下端时即反转向上，随上升的中心气流一同从排气管排出。分散在这一部分的气流中的尘粒也随同被带走。

3.3.2 旋风除尘器类型

旋风除尘器主要类型有：

(1) 以切向或轴向进气、气流反转排气的切流反转式旋风除尘器及其组合式除尘器；
(2) 以切向或轴向进气、直接排气的直流式旋风除尘器及其组合式除尘器；
(3) 以多股切向气流加强主气流旋转的旋流式除尘器。

这几种类型除尘器如图 3-10 所示。

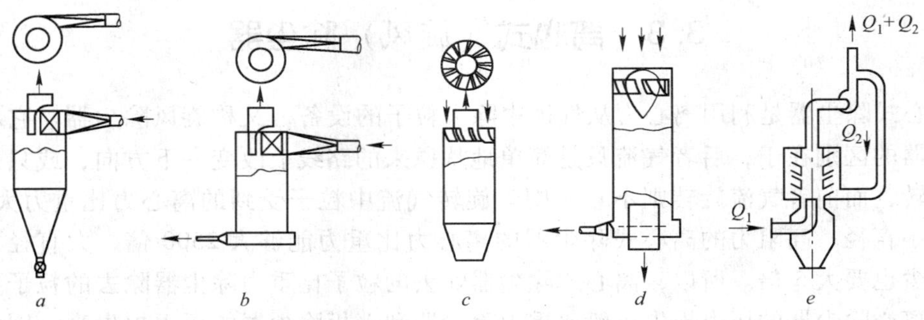

图 3-10 离心式除尘器的分类

图 3-10*a* 是采用切向进气获得较大的离心力，清除下来的粉尘由下部排出。这种除尘器是应用最多的旋风除尘器。

图 3-10b 是采用切向进气周边排灰，需要抽出少量气体另行净化。但这部分气量通常小于总气流量的 10%。这种旋风除尘器的特点是允许入口含尘浓度高，净化较为容易，总除尘效率高。

图 3-10c 形式的离心力较切向进气要小，但多个除尘器并联时（多管除尘器）布置很方便，因而多用于处理风量大的场合。

图 3-10d 这种除尘器既采用了并联，又有周边抽气排灰可提高除尘效率的优点。常用于卧式形式。

图 3-10e 是多股切向气流加强主气流旋转的旋流除尘器，它多用于化工生产中，很少用作预除尘器使用。

3.3.3　旋风除尘器技术性能

3.3.3.1　设备阻力

离心式除尘器的流体阻力由进口阻力、旋涡流场阻力和排气管阻力三部分组成。通常按式（3-13）计算

$$\Delta P = \xi \frac{\rho_2 v^2}{2} \tag{3-13}$$

式中　ΔP——旋风除尘器的流体阻力，Pa；

ξ——旋风除尘器的流体阻力系数，无因次；

v——旋风除尘器的流体速度，m/s；

ρ_2——烟气密度，g/m^3。

3.3.3.2　除尘效率

分级效率是按尘粒粒径不同来表示的收尘效率。分级效率能够更好地反映除尘器对某种粒径尘粒的分离捕集性能。

离心式除尘器的分级效率按式（3-14）估算，也可以按图 3-11 进行估算。

$$\eta_p = 1 - e^{-0.6932\frac{d_p}{d_{c50}}} \tag{3-14}$$

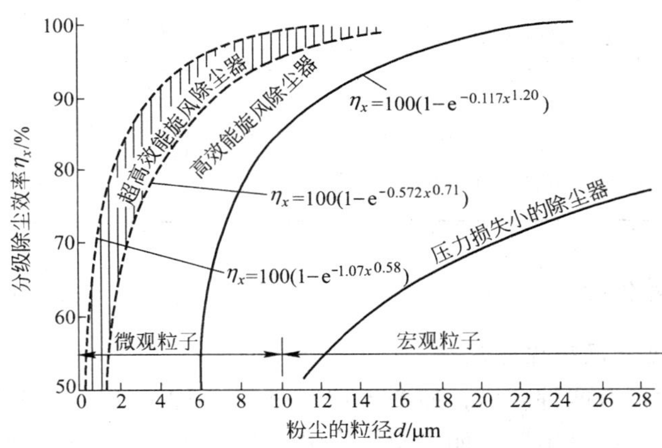

图 3-11　旋风除尘器的分级除尘效率

式中　η_p——粒径为 d_p 的尘粒的收尘效率,%；

d_p——尘粒直径，μm；

d_{c50}——旋风收尘器的50%临界粒径，μm。

除尘器的总收尘效率可根据其分级收尘效率及粉尘的粒径分布计算。

对式（3-14）积分，得到除尘器总除尘效率的计算式为

$$\eta = \frac{0.6932 d_t}{0.6932 d_t d_{c50}} \times 100\% \tag{3-15}$$

式中　η——除尘器的总收尘效率,%；

d_t——烟尘的质量平均直径，μm；

$$d_t = \frac{\Sigma n_i d_i^4}{\Sigma n_i d_i^3}$$

d_i——某种粒级烟尘的直径，μm；

n_i——粒径为 d_i 的烟尘所指的质量分数,%。

除尘器性能与各影响因素的关系见表3-3。

表 3-3　旋风除尘器性能与各影响因素的关系

变化因素		性能趋向	
		流体阻力	除尘效率
烟尘性质	烟尘密度增大	几乎不变	提　高
	烟尘粒度增大	几乎不变	提　高
	烟气含尘光浓度增加	几乎不变	略提高
	烟气温度增高	减　少	提　高
结构尺寸	圆筒体直径增大	降　低	降　低
	圆筒体加长	稍降低	提　高
	圆锥体加长	降　低	提　高
	入口面积增大（流量不变）	降　低	降　低
	排气管直径增加	降　低	降　低
	排气管插入长度增加	增　大	提高（降低）
运行状况	入口气流速度增大	增　大	提　高
	灰斗气密性降低	稍增大	大大降低
	内壁粗糙增加（有障碍物）	增　大	降　低

3.3.4　通用型旋风除尘器

3.3.4.1　通用型旋风除尘器规格

通用型旋风除尘器有两种规格，如图3-12所示，一种是切线入口形式的旋风除尘器，另一种是螺旋入口的旋风除尘器。如果旋风除尘器的筒体直径为 D，则其他各部分间的比例见表3-4。

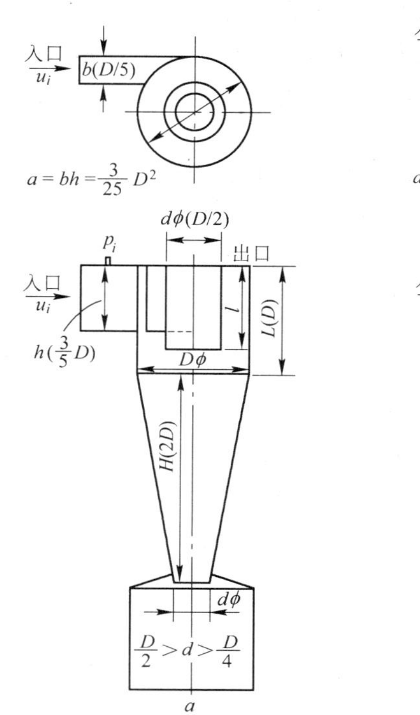

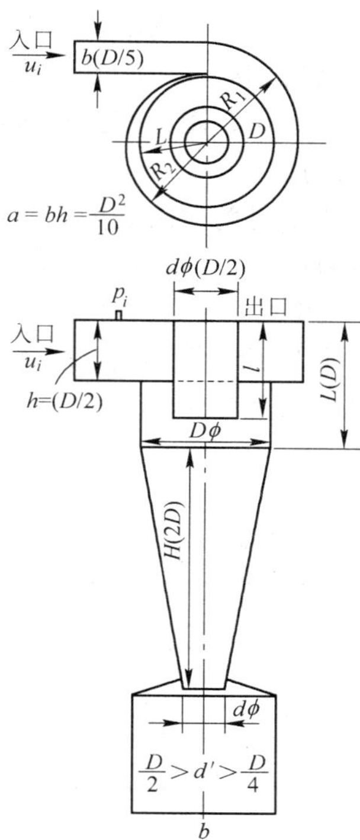

图 3-12 通用型旋风除尘器

a—切线入口式；*b*—螺旋入口式

表 3-4 通用型旋风除尘器各部分间的比例

序号	项 目	切线入口除尘器	螺旋入口除尘器	序号	项 目	切线入口除尘器	螺旋入口除尘器
1	直筒长	1*D*	1*D*	5	出口直径	0.5*D*	0.5*D*
2	锥体长	2*D*	2*D*	6	灰尘出口直径	0.25～0.5*D*	0.25～0.5*D*
3	入口高	0.6*D*	0～5*D*	7	内筒长	0.6～0.8*D*	0.6～0.8*D*
4	入口宽	0.2*D*	0.25*D*	8	内筒直径	0.5*D*	0.5*D*

3.3.4.2 通用型旋风除尘器性能

通用型旋风除尘器分离的最小粒径依除尘器的大小和粉尘密度变化很大。筒体直径越小，粒子密度越大，则旋风除尘器分离效率越高，如图 3-13 所示。图 3-13 是在常温常压空气下做出的曲线。如果这些条件变化，分离效率也有所不同。

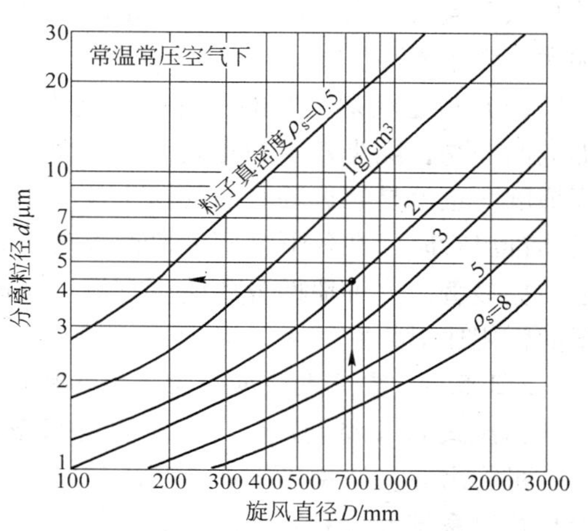

图 3-13 通用型旋风除尘器的分离粒径

3.3.5 直流式旋风除尘器

直流式旋风除尘器一般都作为预除尘器、火花捕集器使用，故作详细介绍。

3.3.5.1 工作原理

含尘气体从轴向入口进入导流叶片，由于

叶片导流作用气体做快速旋转运动，含尘旋转气流在离心力作用下，气流中的粉尘被甩到除尘器外圈，直至器壁中心，干净气体从排气管排出，粉尘集中到卸灰装置卸下。直流式旋风除尘器可以水平使用，阻力损失相对较低，配置灵活方便，使用范围较广。

3.3.5.2 构造特点

直流式旋风除尘器是为解决旋风除尘器内被分离出来的灰尘可能被旋转上升的气流带走而设计的。在这种除尘器中，绕轴旋转的气流只是朝一个方向做轴向移动，它包括四部分（图 3-14）：（1）筒体，一般为圆筒形；（2）入口，包含产生气体旋转运动的导流叶片组成；（3）出口，把净化后的气体和旋转的灰尘分开；（4）灰尘排放装置。直流式旋风除尘器内气流旋转形状如图 3-14 所示。

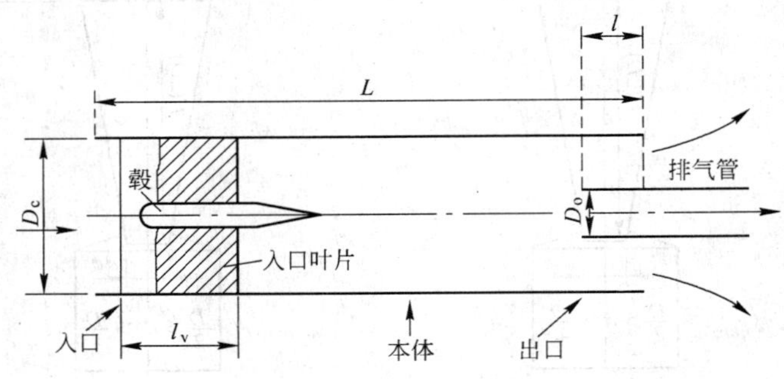

图 3-14 直流式旋风除尘器的基本形式

3.3.5.3 影响性能的因素

（1）负荷。直流式除尘器和回流式除尘器相比，它的除尘效率受气体流量变化的影响轻。对负荷的适应性比后者好。当气体流量下降到效果最佳流量的 50% 时，除尘效率下降 5%，上升到最佳流量的 125% 时，效率几乎不变。压力损失和流量大致成平方关系。

（2）叶片角度和高度。除尘器导流叶片设计是直流式旋风除尘器的关键环节之一，其最佳角度似乎是和气流最初的方向成 45°，因为把角度从 30°增加到 45°，除尘效率有显著的提高，再多倾斜 5°，对效率就无影响，而阻力却有所增加。如果把叶片高度降低（从叶片根部起沿径向方向到顶部的距离），由于环形空间变窄，以致速度增加，而使离心力加大，效率提高。

（3）排尘环形空间的宽度。除尘效率随着排气管直径的缩小，或者说随着环形空间的加宽而提高。除尘效率的提高，一方面是因为在除尘器截面上从轴心到周围存在着灰尘浓度梯度，也就是靠近轴心的气体比较干净；另一方面，靠近壁面运动的气体，在进入洁净气体排出管时，在环形空间入口形成灰尘的惯性分离，如果环形空间比较宽，气体的径向运动更显著，这种惯性分离就更有效。从排尘口抽气有提高除尘效率的作用，而且对细粒子的作用比对粗粒子大。

3.3.5.4 直流式旋风除尘器规格性能

直流式 PZX 型旋风除尘器主要由蜗壳、螺旋形斜板进风口、水平形倒锥体和具有减阻形扩张管组成。适用于工业部门净化含尘气体或回收物料。其优点是作为预除尘器时，便于与管道系统连接和安装。

直流式 PZX 型旋风除尘器主要性能见表 3-5，其外形尺寸见图 3-15 和表 3-6。

表 3-5 直流式 PZX 型旋风除尘器主要性能

项 目	型 号	流速/$m^3 \cdot h^{-1}$						
		16m/s	18m/s	20m/s	22m/s	24m/s	26m/s	28m/s
流量/$m^3 \cdot h^{-1}$	PZXϕ200	1800	2000	2300	2500	2700	2900	3200
	PZXϕ300	4100	4600	5100	5600	6100	6600	7100
	PZXϕ400	7200	8100	9000	9900	10900	11800	12700
	PZXϕ500	11300	12700	14100	15500	17000	18400	19800
	PZXϕ600	16300	18300	20300	22400	24400	26500	25800
	PZXϕ800	28900	32600	36200	39800	43400	47000	50600
	PZXϕ1000	45200	50900	56500	62200	67800	73500	79100
	PZXϕ1200	65100	73200	81400	89500	97700	105800	113900
	PZXϕ1400	88600	99700	110800	121900	132900	144000	155100
	PZXϕ1600	11580	130200	144700	159200	173600	188100	202600
	PZXϕ1800	146500	164800	183100	201400	219700	238100	256400
	PZXϕ2000	180900	203500	226100	248700	271300	293900	316500
阻力/Pa	PZXϕ200 ~ PZXϕ2000	150 ~ 200	200 ~ 260	240 ~ 310	300 ~ 360	350 ~ 410	400 ~ 460	480 ~ 550

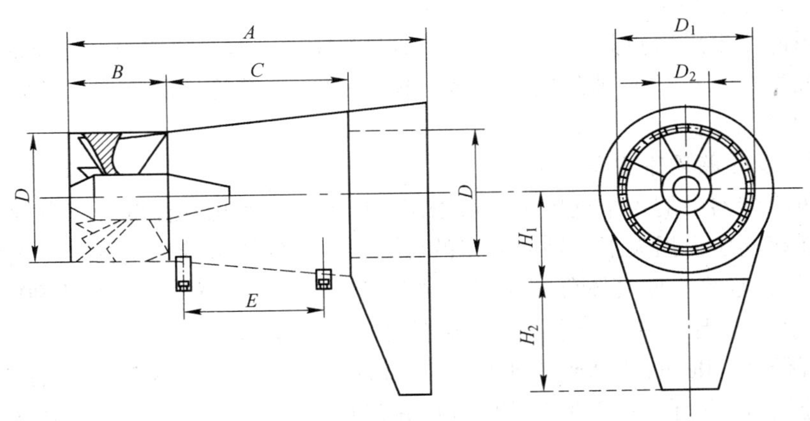

图 3-15 直流式 PZX 型旋风除尘器外形

表 3-6 直流式 PZX 型旋风除尘器外形尺寸 (mm)

型 号	D	D_1	A	B	C	D_2	E	H_1	H_2
PZXϕ200	200	280	580	160	270	140	210	170	190
PZXϕ300	300	380	820	260	410	210	315	275	285
PZXϕ400	400	480	1160	320	540	280	420	340	380
PZXϕ500	500	580	1450	400	675	350	825	425	475
PZXϕ600	600	680	1640	480	820	420	630	510	570
PZXϕ800	800	880	2320	640	1080	540	840	680	760

续表 3-6

型　号	D	D_1	A	B	C	D_2	E	H_1	H_2
PZXϕ1000	1000	1080	2900	800	1350	700	1050	850	950
PZXϕ1200	1200	1300	6280	960	1640	840	1260	1020	1140
PZXϕ1400	1400	1500	4060	1120	1840	980	1470	1140	1330
PZXϕ1600	1600	1700	4640	1280	2160	1080	1680	1360	1520
PZXϕ1800	1800	1900	5220	1440	2430	1260	1890	1530	1710
PZXϕ2000	200	2100	5800	1600	2700	1400	2100	1700	19900

注：PZX 型除尘器咨询请与作者联系。

这种除尘器的阻力较低，流量减少不大时除尘效率不会降低。使用于磨损较大的情况时，加耐磨内衬后其内净尺寸应不变。长时间于低负荷运行，不会积尘，高负荷运行增加阻力不多。为保证正常运行，含尘浓度大时应采用耐磨材料制作。

3.3.6　多管旋风除尘器

3.3.6.1　多管旋风除尘器的特点

多管旋风除尘器是指多个旋风除尘器并联组成一体并共用进气室和排气室，以及共用灰斗，而形成多管除尘器。多管旋风除尘器中每个旋风子应大小适中，数量适中，内径不宜太小，因为太小容易堵塞。

多管旋风除尘器的特点是：（1）因多个小型旋风除尘器并联使用，在处理风机同风量情况下除尘效率较高；（2）节约安装占地面积；（3）多管旋风除尘器比单管并联使用的除尘装置阻力损失小。

3.3.6.2　多管旋风除尘器构造

多管旋风除尘器中的各个旋风子一般采用轴向入口，利用导流叶片强制含尘气体旋转流动，因为在相同压力损失下，轴向入口的旋风子处理气体量约为同样尺寸的切向入口旋风子的 2 ~ 3 倍，且容易使气体分配均匀，轴向入口旋风子的导流入口角为 90°，出口角为 40° ~ 50°，内外直径比在 0.7 以上，内外筒长度比为 0.6 ~ 0.8。

旋风子直径有 100mm、150mm、200mm、250mm 几种，以直径为 250mm 的旋风子使用较普遍。轴向进气的旋风子的导流叶片有螺旋形和花瓣形两种，切向进气有多种（图 3-16）。

多管除尘器中各个旋风子的排气管一般是固定在一块隔板上，这块板使各根排气管保持一定的位置，并形成进气室和排气室之间的隔板。

多个旋风除尘器共用一个灰斗，容易产生气体倒流。所以有些多管除尘器被分隔成几部分，各有一个相互隔开的灰斗。在气体流量变动的情况下，可以切断一部分旋风子，照样正常运行。

灰斗内往往要储存一部分灰尘，实行料封，以防止排尘装置漏气。为了避免灰尘堆积过高，堵塞旋风子的排尘口，灰斗应有足够的容量，并按时放灰；或者采取在灰斗内装设料位计，当灰尘堆积到一定量时给出信号，让排尘装置把灰尘排走。一般，灰斗内的料位应低于排尘管下端，至少为排尘管直径 2 ~ 3 倍的距离。灰斗壁应当和水平面大于安息角的角度，以免灰尘在壁上堆积起来。

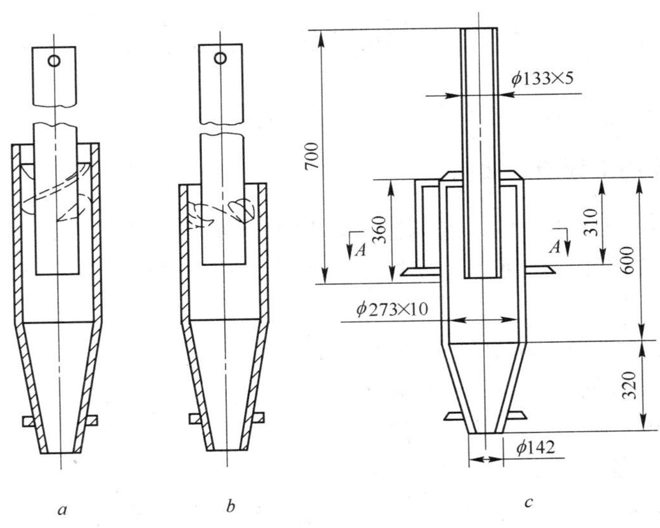

图 3-16　多管旋风除尘器的旋风子

（单位：mm）

a—螺旋形旋风子；*b*—花瓣形旋风子；*c*—切向进气旋风子

在多管旋风除尘器内旋风子有各种不同的布置方法，如图 3-17 所示。图 3-17*a* 为旋风子垂直布置在箱体内；图 3-17*b* 为把旋风子倾斜布置在箱体内；图 3-17*c* 为在箱体内增加了有重力除尘作用的空间，减少旋风子的入口浓度负荷。

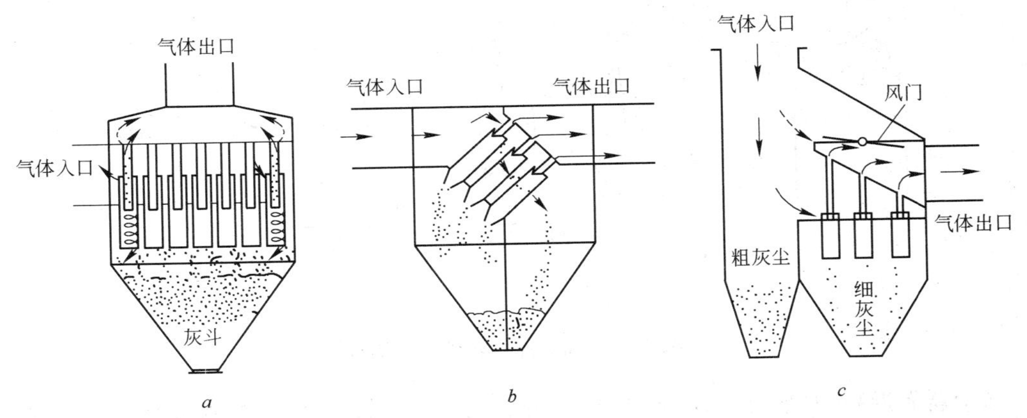

图 3-17　多管除尘器的布置形式

a—旋风子垂直布置；*b*—旋风子倾斜布置；*c*—有预除尘作用

3.3.6.3　多管旋风除尘器的性能

多管旋风除尘器是由若干个旋风子组合在一个壳体内的除尘设备。这种除尘器因旋风子直径小，除尘效率较高；旋风子个数可按照需要组合，因而处理量大。多管旋风除尘器的除尘效率，轴向流的约为 80% ~85%，切向流的约达 90% ~95%。

3.4　机械除尘器的应用

机械除尘器因构造简单、无运动部件、投资不多，所以得到广泛应用。

3.4.1　重力除尘器的工程应用实例

由于重力除尘器的效率较低，而国家的环保要求日益严格，所以限制了其应用范围。但作为高效除尘器的预除尘器或单独使用的除尘器，其许多优点是显而易见的。重力除尘器在许多行业有着应用。

3.4.1.1　重力除尘器在高炉煤气净化中的应用

高炉煤气除尘设备的第一级，不论高炉大小普遍采用重力除尘器。从高炉炉顶排出的高炉煤气含有较多的 CO、H_2 等可燃气体，可作为气体燃料使用。

高炉煤气除尘设备一般采用下述流程：

（1）高炉煤气→重力除尘器→文氏管洗涤液→静电除尘器。

（2）高炉煤气→重力除尘器→一次文氏管洗涤器→二次文氏管洗涤器。

（3）高炉煤气→重力除尘器→袋式除尘器。

图 3-18 示出了高炉煤气除尘净化流程。

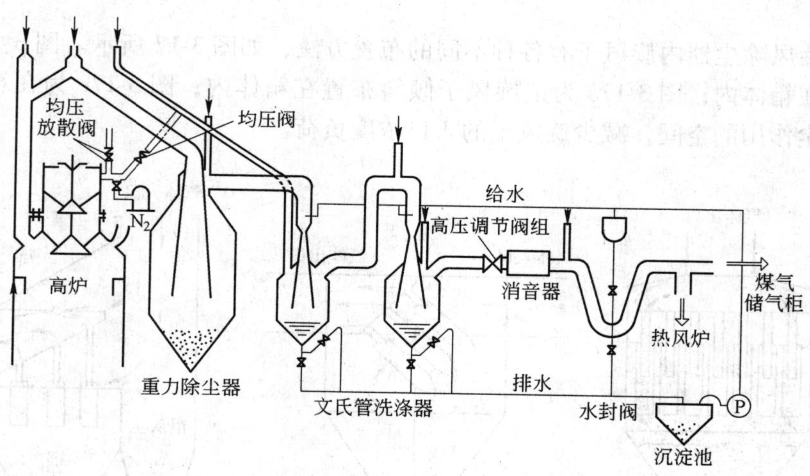

图 3-18　高炉煤气除尘净化流程

除尘器靠近高炉煤气设施布置或在一列高炉旁布置时，一般布置在铁罐线的一侧。重力除尘器应采用高架式，清灰口以下的净空应能满足火车或汽车通过的要求。设计重力除尘器时可参考下列数据：

（1）除尘器直径必须保证煤气在标准状况下的流速不超过 0.6 ~ 1.0m/s。

（2）除尘器直筒部分的高度，要求能保证煤气停留时间不小于 12 ~ 15s。

（3）除尘器下部圆锥面与水平面的夹角应做成大于 50°。

（4）除尘器内喇叭口以下的积灰体积应能具有足够的富余量（一般应满足 3 天的积灰量）。

（5）在确定粗煤气管道与除尘器直径时，应验算使煤气流速符合表 3-7 所列的流速范围。

表 3-7 重力除尘器及粗煤气管道中煤气流速范围

部 位	煤气流速/m · s^{-1}	部 位	煤气流速/m · s^{-1}
炉顶煤气导出口处	3 ~ 4	下降总管	7 ~ 11
导出管和上升管	5 ~ 7	重力除尘器	0.6 ~ 1
下降管	6 ~ 9		

（6）下降管直径按 15℃时煤气流速 10m/s 以下设计。

（7）除尘器内喇叭管垂直倾角 5° ~ 6.5°，下口直径按除尘器直径 0.55 ~ 0.7 倍设计，喇叭管上部直径长度为管径的 4 倍。

高炉重力除尘器及粗煤气系统见图 3-19。某些高炉重力除尘器及粗煤气管道尺寸见表 3-8。

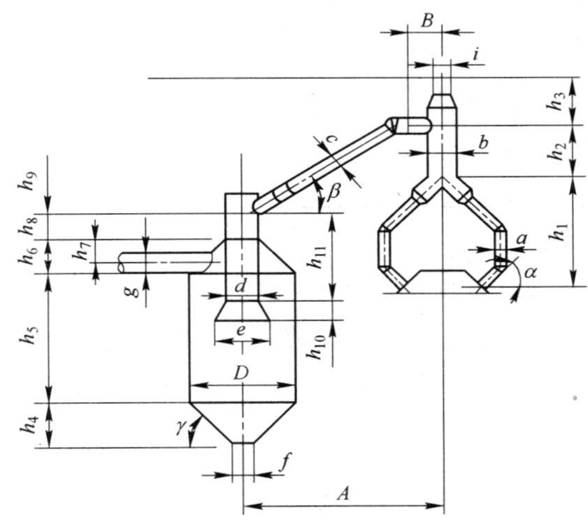

图 3-19 高炉重力除尘器及粗煤气系统示意图

表 3-8 某些高炉重力除尘器及粗煤气管道尺寸

除尘器尺寸代号	高炉有效容积								
	50m^3	100m^3	255m^3	620m^3	1000m^3	1513m^3	2000m^3	2025m^3	2516m^3
除尘器									
内径/mm	3500	4000	5882	7750	8000	10734	11754	11744	13000
外径/mm	3516	4016	5894	8000	8028	11012	12012	12032	13268
喇叭管直径 d									
内径/mm	960	1100	2000	2510	3200	3274	3400	3270	3274
外径/mm	976	1112	2016	2550	3240	3524	3524	3520	3500

续表 3-8

除尘器尺寸代号	高炉有效容积								
	$50m^3$	$100m^3$	$255m^3$	$620m^3$	$1000m^3$	$1513m^3$	$2000m^3$	$2025m^3$	$2516m^3$
喇叭管下口 e									
内径/mm	1300	1600	2920	3760	3700	3274	—	3270	3274
外径/mm	1312	1612	2936	3800	3740	3524	—	3520	3500
排灰口 f									
外径/mm	600	600	502	850	1385	967	内 940×2	600	890
煤气出口 g									
内径/mm	614	704		2180		2274	2620	2450	3000
外径/mm	630	720		2200		2520	2644	2700	3226
h_5/mm	2155	2300	40000	4263	3958	5961	6576	6640	7300
h_6/mm	5600	6000	7000	10000	11484	12080	10451	13400	13860
h_7/mm	1500	1500	2380	5050	4000	5965	8610	8245	7596
h_8/mm	800	750	1250	2000		2986	2926	3960	2926
h_9/mm	700	600	1270	2500	3400	2339	2339	2330	1639
h_{10}/mm	2500	3000	4000	6000	10000	13594	13596	15500	—
h_{11}/mm	200	2000	2573	5000	0	0		15500	—
γ				65°4′	50°		50°		60°

3.4.1.2　重力除尘器在冶炼厂的应用

某铅冶炼厂 6.24m^2 铅鼓风炉产生的烟气，第一除尘设备为重力除尘器，见图 3-20。其有效断面积为 30m^2，长为 28m。进入除尘器的烟气参数如下：烟气量 18000～20000m^3/h，烟气温度 150～350℃，烟气含量 20～30g/m^3。

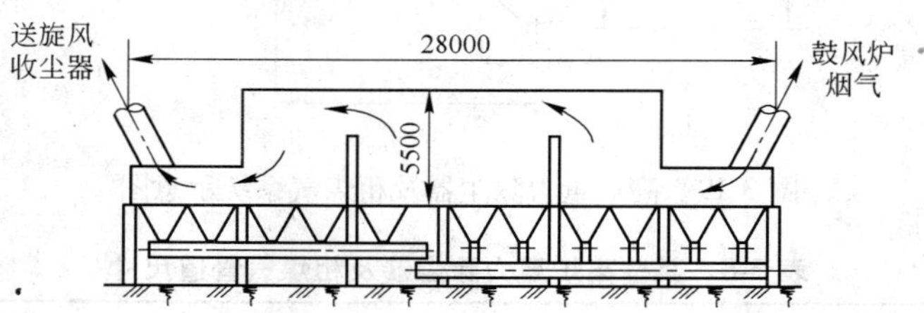

图 3-20　铅冶炼厂重力除尘器实例
（单位：mm）

烟尘粒度组成如下：

粒度/μm	74	37	20	10	<10
组成/%	17.4	24.9	30.7	15.2	11.8

重力除尘器使用效果良好，除尘效率稳定。操作指标如下：

烟气平均流速	0.25m/s	烟气停留时间	100s
流体阻力	118～177Pa	收尘效率	50%

重力除尘器收集的烟尘粒度分布如下：

粒度/μm	74	37	20	10	<10
组成/%	25.8	36.9	27.4	6.4	3.5

3.4.2 挡板除尘器的工程应用实例

挡板除尘器单独使用较少，但和其他除尘方式结合使用的场合较多，单独使用一般除尘效率都不高。

3.4.2.1 在纯碱生产中的应用

某纯碱生产厂原有的磨粉系统包括1台气流磨和袋式除尘装置。随着市场需求的增加，该厂决定扩大生产能力。但若全面更新生产设备所需的投资是巨大的，于是，决定在原有的气流磨之前加装1台预磨粉机，同时在袋式除尘装置之前加装新的除尘器，以降低袋式除尘器的负荷。鉴于原有的磨粉系统空间有限，于是该厂在袋式除尘器之前安装了2台ADM-200型挡板除尘器，以较少的投资很好地完成了原有生产线的改造。实际运行结果表明，系统改造后产量提高50%，布袋负荷大大降低（80%的粉尘被挡板除尘器收集），同时，系统清理频率由原来的每周2次降低为每周1次，大大提高了有效工作时间。

3.4.2.2 余热回收系统的应用

烧结厂环式冷却机废气系统，从余热回收区（环式冷却机上部的两个排气筒）抽出的废气经挡板除尘器净化，进入余热锅炉进行热交换，锅炉排出的150～200℃的低温烟气再经双吸入后弯型循环风机返回至环式冷却机1～7号风箱间的连通管，废气循环使用。用循环风机入口阀门来调节烟气量。此外，系统中设有一台常温风机，其作用是余热回收设备运行时补充系统漏风量，启用该风机以保证环式冷却机的正常生产并使环式冷却机卸出的冷烧结矿温度低于150℃。系统流程如图3-21所示。

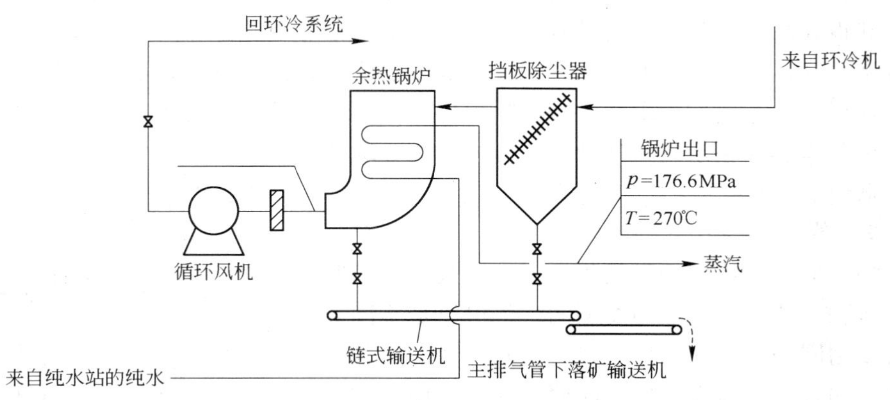

图3-21 烧结主排气余热回收流程

挡板除尘器由壳体、挡板、框架等部分组成，挡板是用连续排列的两列角钢制成，挡板前有气流分布板，主要指标为处理风量506000m³/h，除尘效率60%。设备阻力小于300Pa，耐温150℃。

3.4.3 旋风除尘器应用

3.4.3.1 选用注意事项

(1) 旋风除尘器净化气体量应与实际需要处理的含尘气体量一致。选择除尘器直径时应尽量小些，如果要求通过的风量较大，可采用若干个小直径的旋风除尘器并联为宜。

(2) 旋风除尘器入口风速要保持 18 ~23m/s，低于 18m/s，其除尘效率下降；高于 23m/s，除尘效率提高不明显，但阻力损失增加，耗电量增加很多。

(3) 选择除尘器时，要根据工况考虑阻力损失及结构形式，尽可能使之动力消耗减少。

(4) 处理高温气体时，要注意保温，防止结露。假如粉尘不吸收水分、露点为 30 ~50℃时，除尘器的温度应高出露点温度 40 ~50℃。

(5) 旋风除尘器结构的密闭要好，确保不漏风。尤其是负压操作，更应注意卸料锁风装置的可靠性。

(6) 易燃易爆粉尘（如煤粉）应设有防爆装置。防爆装置的通常做法是在入口管道上加一个安全防爆阀门。

(7) 当粉尘黏性较小时，最大允许含尘质量浓度与旋风筒直径有关，即直径越大其允许含尘质量浓度也越大。具体的关系见表 3-9。

表 3-9 旋风除尘器直径与允许含尘质量浓度关系

旋风除尘器直径/mm	800	600	400	200	100	60	40
允许含尘质量浓度/$g \cdot m^{-3}$	400	300	200	150	60	40	20

(8) 作为袋式除尘器的预除尘器，对小型袋式除尘器选通用型旋风除尘器为宜，对于大中型袋式除尘器选轴向进气的直流式旋风除尘器为宜。

3.4.3.2 旋风除尘器的串联和并联使用

为了获得较高的净化效率或处理较大的气体量时，旋风除尘器可以串联或并联使用。当净化效率较高，而采用一般净化方式又不能满足要求时，可将两台或三台旋风除尘器串联使用，这种组合方式称为串联式旋风除尘器组；当处理较大量含尘气体时，可将若干个小直径旋风除尘器并联使用，这种组合方式称为并联式旋风除尘器组。

A 串联使用

旋风除尘器串联使用的目的是提高净化效果。串联使用的旋风除尘器，可以是同类型的，也可以是不同类型的；可以用同一直径的，也可以用不同直径的。其中以同类型、同直径旋风除尘器串联使用效果最差，故较少采用。串联方式以组成机组形式为最好，可以减少阻力消耗。

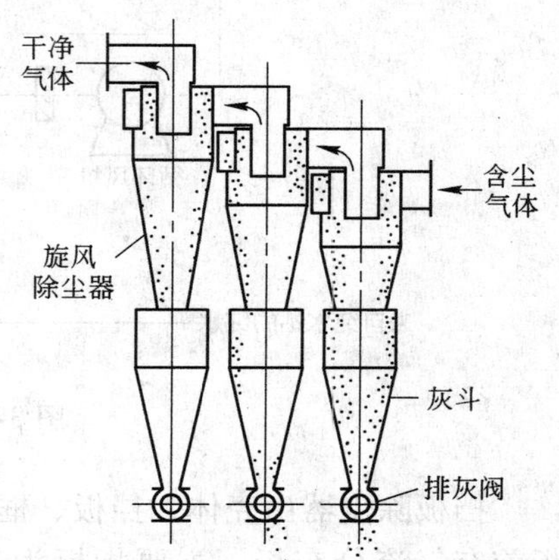

图 3-22 三级串联式旋风除尘器

图 3-22 为同直径、不同锥体长度的三级串联旋风除尘器机组示意图。这种组合方式的优点是布置紧凑，阻力消耗较小。第一节的锥体部长度较短，可捕集粗颗

粒粉尘，第二、第三级锥体部长度逐级增长，可逐级捕集较细颗粒的粉尘。

旋风除尘器串联使用的布置和设计原则是：

（1）一般应将高效率除尘器作为后级。

（2）配置上力求紧凑，管道连接方便，阻力消耗小。

（3）气体处理量决定于第一级旋风除尘器的处理量。

（4）总阻力为气体流程上的所有除尘器阻力和连接件阻力的总和。但是应考虑除尘器连接处的结构和复杂气流的影响。选择通风机时，其阻力损失应将上述总阻值增加10%～20%，对于分开串联设置并连接件结构较复杂者取其上限值，对于串联器组及连接较简单者取其下限值。

（5）除尘总效率计算式为

$$\eta = \eta_1 + \eta_2(1 - \eta_1) \tag{3-16}$$

式中 η_1——第一级除尘器的效率（按进入粉尘负荷计算），%；

η_2——第二级除尘器的效率（按离开第一级除尘器的粉尘负荷计算），%；

η——总除尘效率，%。

为了处理高粉尘负荷，旋风除尘器也可以和其他除尘设备串联使用，如用作织物过滤器，电除尘器和湿式除尘器的前级预除尘器。

B 并联使用

在下列几种情况下，旋风除尘器可以并联使用（见图3-23）：

（1）为了满足必须处理的气体量，提高净化效率，可将若干个小直径旋风除尘器并联使用，使压力损失不致太大。

（2）在气体变化比较大的情况下，当气体负荷减少时，可以停止部分除尘器的使用，以保持原有的除尘效率。

（3）有时为了适应系统增加处理的气体量，可采用增添除尘器，与原有的除尘器并联使用的办法，以保持效率与阻力不变。

（4）切断一部分旋风除尘器进行维修而不影响整个系统的运行。

图3-23 旋风除尘器并联使用

旋风除尘器并联使用的方法有两种：（1）单体并联组合式，即把几个单筒旋风除尘器并联使用；（2）整体并联组合式，即多管除尘器（如3.3.6节所述）。

单体并联组合式旋风除尘器组可分为上下错列并联式和平列并联式两种。

单体并联组合式旋风除尘器组的旋风筒数不宜过多，一般不超过8个。除尘器组的阻力为单体旋风筒的阻力损失的1.1倍。气体总处理量为单台除尘器处理风量之和。

3.4.3.3 旋风除尘器的应用

A 作污染控制设备

旋风除尘器作为主要的污染物排放控制设备，可用于许多工业领域。在木工加工领域及木材处理中，旋风除尘器常用作主要的空气污染控制设备。在金属打磨、切割领域及塑料制品生产领域，也有大量的旋风除尘器用于同样目的。作为主要的颗粒物控制设备，旋风除尘器也大量应用于小型锅炉的除尘设备。对是否适合使用旋风除尘器作为一个工业应用过程中的污染物控制设备进行事先的考查评估是非常必要的，若采用旋风除尘器所带来的效益大且能满足环保要求，那才有必要使用旋风除尘器，否则，就没有必要使用旋风除尘器。此外，还必须要尽量收集准确数据，验证采用旋风除尘器合理可靠。下面介绍旋风除尘器在切样机除尘中的应用。

（1）除尘工艺。切样机在钢材切割过程中，随着高速飞转的砂轮片切割样钢，损耗的砂轮片颗粒和铁屑形成尘源。除尘工艺流程如图 3-24 所示。将吸尘罩与切样机出口连上，然后通过管道连接第一级除尘设备沉降箱和第二级除尘设备 XLP/B 型旋风除尘器，除尘后配置离心通风机和排放烟囱。

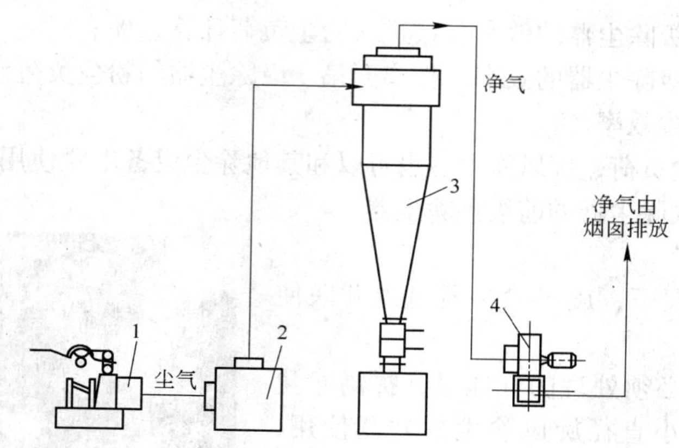

图 3-24　切样机除尘系统

1—切样机；2—沉降箱；3—旋风除尘器；4—通风机

（2）切样机除尘系统主要技术参数如下：

系统风量	6500m³/h
管道设计风速	25m/s
入口含尘质量浓度	1000mg/m³
沉降箱外形尺寸	800mm × 800mm × 800mm
旋风除尘器型号	XLP/B-8. 2
通风机功率	10kW
总除尘效率	95%

（3）XLP/B-8. 2 旋风除尘器外形尺寸为 ϕ820mm × 3600mm；入口尺寸为 490mm × 245mm。其技术性能如下：

除尘器处理风量	5030 ~ 8380m³/h
除尘器阻力系数	5. 68
入口风速	12 ~ 20m/s
出口排放质量浓度	50mg/m³
本体质量	242kg

（4）除尘系统的特点有以下几点：

1）切样机除尘系统为二级除尘系统，二级除尘设备均为机械式除尘器，设备无运动部件，故障少，便于维护管理。

2）第二级除尘设备选用 XLP/B 性旋风除尘器，其特点是适于清除气体中非纤维性及非黏着性干燥粉尘，设备结构简单，操作方便，阻力较小，效率较高。

3）沉降箱和旋风除尘器都要求密封性好，特别是取灰口和法兰连接处不得漏气，否则会影响吸尘罩风量和除尘效果。

B 生产过程应用旋风除尘器

旋风除尘器在整个工业工艺过程使用非常广泛。在这些领域中，旋风除尘器已经成为整个行业领域中的一个组成部分，并且已经延伸到生产过程。尽管此应用与空气污染控制领域的应用并不完全相同，但对旋风除尘器应用来说，其具体特点有许多共同之处。工业过程中旋风除尘器作为分离设备的应用实例有许多。旋风除尘器作为处理设备，常与其他干燥、冷却及磨粉系统配合使用。旋风除尘器在粉体工业应用成为必不可少的设备。

在许多的工业处理系统中，旋风除尘器用在产品回收方面比其他分离设备更为合理。

C 将旋风除尘器用作预除尘器

旋风除尘器在环保领域最普遍的应用之一就是作为其他污染物控制设备的预除尘器。在每个实际应用中的使用原因有所不同，最常见的是将旋风除尘器用作袋式除尘器、电除尘器或其他颗粒物控制设备之前预除尘器。

通常，对用作预除尘器的旋风除尘器的性能要求比其他应用要低一些。甚至在有些情况下，旋风除尘器一直在降级使用，或者其使用的实际效率受到简化，作为预除尘器的旋风除尘器，对其选择的依据通常是以其价格、尺寸、能耗及制造成本为基础。

D 作为液体分离器使用

工业领域中也大量地应用旋风除尘器来除去气流中携带的小液滴。此类应用中，最常见的是用作气旋式除尘器。通常，此类设备都是直流式旋风除尘器，而非逆流式旋风除尘器。液滴有一些独特性质，会影响到离心分离对其进行的收集，设计中要注意。

E 用作火花捕集器使用

虽然火花捕集器有多种形式，但用直流式 PZX 型除尘器便于和管道连接，投资较少，安装方便，节省空间，分离最小火花颗粒直径约 50μm，阻力仅 300～400Pa，非常可靠。下面介绍火花捕集器在钢厂除尘中的应用。

某不锈钢工程袋式除尘系统，烟气流量 $Q=270000\text{m}^3/\text{h}$，烟气温度 300～350℃，颗粒密度 $\rho_p=2100\text{kg/m}^3$，为防止火花进入除尘系统烧毁滤袋，试选择 1 台直流式旋风除尘器作为袋式除尘器的预除尘器，兼作火花捕集器，并计算分离最小颗粒的粒径。

根据处理烟气量计算得出，选用 ϕ2000 直流式旋风除尘器 1 台，其尺寸为入口和出口直径 $D_c=2\text{m}$，长度 $L=5.8\text{m}$，设毂的外径 $D_b=0.7\text{m}$，分离室长度 $l_s=1.6\text{m}$，出口管长度 $l=1.4\text{m}$，叶片角度 $\alpha=45°$。

根据计算，预除尘器可以分离的最小颗粒为 41.4μm，能避免火花颗粒进入袋式除尘器，作为火花捕集器捕集火花颗粒是安全可靠的。同时它具有将高浓度含尘气体进行预除尘作用。

3.5 机械除尘器运行管理

机械除尘器相对容易使用与管理，但如果疏于管理就会严重影响其性能的发挥，达不到设置机械除尘的目的。

3.5.1 机械除尘器运行

3.5.1.1 *启动前的检查*

机械除尘器启动前应检查：

(1) 机械除尘器启动时要清扫堆积的粉尘。

(2) 检查除尘器安装结合部的气密性；检查除尘器（组）与风道结合部、除尘器与灰斗结合部、灰斗与排灰装置、输灰装置结合部的气密性。要确保没有足以影响除尘器性能的漏灰、漏气现象。

(3) 检查完毕后，关小风机挡板，以免送风机过负荷。启动送风机、无异常现象，逐渐开大挡板，使除尘器通过规定数量的含尘气体。

3.5.1.2 *运行注意事项*

运行过程中应注意：

(1) 注意磨损部分的变化。机械除尘器最容易被粉尘磨损的部位是与高速含尘气体相碰撞的外筒的内壁。

(2) 注意检查气体温度的变化。气体温度降低时（系统运行或停炉所致），容易造成粉尘的附着、堵塞和腐蚀。

(3) 注意压差变化和排出烟色状况。因磨损和腐蚀而使除尘器穿孔和导致粉尘堆积，于是除尘器效率下降，排出烟气恶化，压差发生变化。

(4) 注意检查旋风除尘器各连接部位的气密性，检查气体流量和含尘浓度的变化。

3.5.1.3 *停车*

为了防止粉尘的附着、堆积或腐蚀，在系统停止运行之后，应继续维持机械除尘器运行一段时间，直至器内完全被空气置换以后方可停止除尘器运行。

3.5.2 机械除尘器维护

3.5.2.1 *防止除尘器的磨损、腐蚀和堵塞*

在机械除尘器的维护中应注意防止除尘器的磨损、腐蚀和堵塞等。

预防和减轻磨损的措施有：

(1) 防止排灰口堵塞，确保排灰畅通。

(2) 防止过多的气体倒流入排灰口处。

(3) 选择适当进气速度，防止速度过大。

(4) 在含尘气流剧烈冲击部位使用可以更换的抗磨板。

(5) 采用耐磨衬里。例如器体内壁衬以铸石板、陶瓷板、敷设耐磨涂料或选择耐磨性较好的钢材等。

(6) 经常注意检查除尘器有无因磨穿而漏气现象，并及时采取修补措施。

除尘器的积灰堆聚往往是造成堵塞的重要原因之一。而造成壁面积灰的主要原因，是尘粒带有水分，或除尘器壁面因水汽冷凝而潮湿所致。其消除的办法应采用隔热保温，或对除尘器壁加热，以保持粉尘干燥。

3.5.2.2　检查事项

为了保证除尘器的正常运行和技术性能，在停运时必须进行下列的检查：

(1) 消除附着的粉尘，清除风道和灰斗内堆积的粉尘。

(2) 修补磨损和腐蚀引起的穿孔，并将修补处打磨光滑。

(3) 检查各结合部位的气密性，必要时更换密封材料。

(4) 有保温时要检查、修复隔热保温设施，以保证含尘气体中水汽不致凝结。

(5) 检查排灰锁风装置的动作和气密性，并进行必要的调整。

(6) 检查输灰装置。

3.5.2.3　旋风除尘器维修

与其他设备的故障维修相同，若出现问题时，首先要对设备有非常清楚的了解，根据这些知识绝大多数旋风除尘器问题都可以查找出来，并予以解决，见表3-10。旋风除尘器检修流程见图3-25。

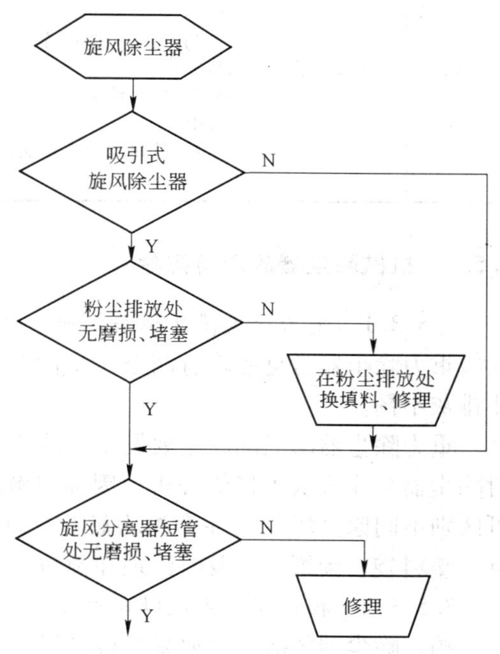

图3-25　旋风除尘器检修

表3-10　旋风除尘器可能存在的问题及解决方法

序　号	故障现象	存在的问题	解 决 方 法
1	效率过低	(1) 初始设计或选型不合理 (2) 有气体泄漏进入旋风除尘器中 (3) 内部故障或堵塞 (4) 管道的入口设计欠妥当	(1) 若要求的性能改善幅度较小或接受较高的功率变化 ΔP 时，可以对现有的旋风除尘器进行重新设计，若需要对除尘效率进行大幅度改进时，则需对旋风除尘器进行更换 (2) 对泄漏处进行修理并确保气体阀运转正常，并进行合理的气封处理 (3) 移除故障，若发生持续堵塞，可考虑重新制造或设法确定出一些根本性的问题和原因，并予以解决，如凝结问题及排放口直径太小等问题 (4) 重新设计并予以更换
2	压降过高	(1) 管道系统或风机初始设计不当而导致的气流速度过高 (2) 因风机选用不当使得风速过高 (3) 在到达旋风除尘器之前，可能有气体泄漏进系统中 (4) 旋风除尘器内部阻塞 (5) 旋风除尘器设计不合理	(1) 除非这种情况引起处理过程中的故障，否则，可以不用管它 (2) 更换风机或增加额外的流速限制设施，以降低流速以及旋风除尘器的功率 (3) 对管道系统或罩壳的泄漏之处进行修理 (4) 清理内部阻塞 (5) 重新设计或更换旋风除尘器

续表 3-10

序　号	故障现象	存在的问题	解 决 方 法
3	压降过低	（1）由管道系统或风机初始设计不恰当而导致的气流速率过低 （2）气体泄漏进旋风除尘器总装置中 （3）空气泄漏进下流型系统部件中 （4）旋风除尘器初始设计不正确	（1）改变风机操作或用大一点的风机替换。以更高功率 ΔP 的部件重新设计，以减少压降。请参见风机可能出现的问题 （2）修理 （3）修理 （4）若效率损失不大，则不用管它，若除尘效率损失到很低，则要改造除尘器

3.5.3　机械除尘器故障与排除

3.5.3.1　重力除尘器故障与排除

重力除尘器常见故障有两个，一是因漏风引起除尘效率下降，二是立式重力除尘器灰斗排灰不畅。

重力除尘器漏风问题主要发生在除尘器进口或出口附近，应根据情况进行密封处理。对除尘器灰斗排灰不畅要分析原因加以解决。灰斗棚灰分为压缩拱、楔性拱、黏性拱等，可区别不同原因增加灰斗激振力解决。此外，有时除尘灰中含有杂物如电焊头、螺栓螺母、塑料袋、废纸等应及时清理和预防。

3.5.3.2　挡板除尘器故障与排除

挡板除尘器的故障主要是挡板磨损，造成效率下降。对这类故障要更换挡板，对磨损的挡板最好不用补焊的方法，这样会影响除尘效果。

挡板除尘器的另一类故障是挡板堵塞，因小型挡板除尘器板缝距离窄，容易积灰和堵死，对这类故障要经常清理，不可以随意放大板距或更改挡板形状。

3.5.3.3　旋风除尘器故障与排除

旋风除尘器故障分析与排除方法见表 3-11。

表 3-11　常见故障分析与排除方法

序　号	故障现象	原　因	排 除 方 法
1	壳体纵向磨损	（1）壳体过度弯曲而不圆，造成局部凸块 （2）内部焊接焊珠未磨光滑 （3）焊接金属和基底金属硬度差异较大，邻近焊接处的金属因退火而软于基底金属	（1）矫正，清除凸形 （2）打磨光滑，且和壳内壁表面一样光滑 （3）尽量减小硬度差异
2	壳体横向磨损	（1）壳体连接处的内表面不光滑或不同心 （2）不同金属的硬度差异	（1）处理连接处内表面，保持光滑和同心度 （2）减少硬度差异
3	圆锥体下部和排尘口磨损，排尘不良	（1）倒流入灰斗气体增至临界点 （2）排灰口堵塞或灰斗粉尘装得太满	（1）防止气体流入灰斗或料腿部 （2）疏通堵塞，防止灰斗中粉尘沉积到排尘口高度

续表 3-11

序号	故障现象	原因	排除方法
4	气体入口磨损	原因同壳体磨损	（1）对于切向收缩入口式除尘器，消除方法同壳体磨损的预防措施 （2）对于平置入口式除尘器，可在易磨损部位设置能更换的抗磨板
5	排气管磨损	排尘口堵塞或灰斗中积灰过满	疏通堵塞，减少灰斗积灰高度
6	壁面积灰严重	（1）壁面表面不光滑 （2）微细尘粒含量过多 （3）气体中水汽冷凝	（1）处理内表面 （2）定期用大气或压缩空气引进灰斗，使气体从灰斗倒流一段时间，清理壁面 （3）隔热保温或对器壁加热
7	排尘口堵塞	（1）大块物料式杂物进入 （2）灰斗内粉尘堆积过多	（1）及时检查、消除 （2）采用人工或机械方法保持排尘口清洁，以使排灰畅通
8	进气和排气通道堵塞	排气管内外侧的积灰	检查压力变化，定时吹灰处理或利用清灰装置清除积灰
9	排气浓度高而压差增大	（1）含尘气体性状变化或温度降低 （2）烟尘未排出，造成筒体尘灰堆积	（1）提高温度 （2）消除积灰
10	排气浓度高而压差减小	（1）内筒被粉尘磨损穿孔，使气体发生旁路 （2）叶片磨坏 （3）外筒被粉尘磨损，或焊接不良使外筒磨损穿孔 （4）灰斗下端气密性不良，有空气由该处漏入	（1）修补穿孔 （2）修补或更换 （3）修补 （4）检查并处理

4 袋式除尘器

袋式除尘器是指利用纤维性滤袋捕集粉尘的除尘设备。袋式除尘器的突出优点是除尘效率高，属高效除尘器，除尘效率一般大于99%。运行稳定，不受风量波动影响，适应性强，不受粉尘比电阻值限制。因此，应用中备受青睐。

4.1 袋式除尘器的分类、工作原理与性能

现代工业的发展，对袋式除尘器的要求越来越高，因此在滤料材质、滤袋形状，清灰方式、箱体结构等方面也不断更新发展。在除尘器中，袋式除尘器的类型最多，根据其特点可进行不同的分类。

4.1.1 袋式除尘器分类

4.1.1.1 按除尘器的结构形式分类

袋式除尘器的结构示意简图如图4-1所示。

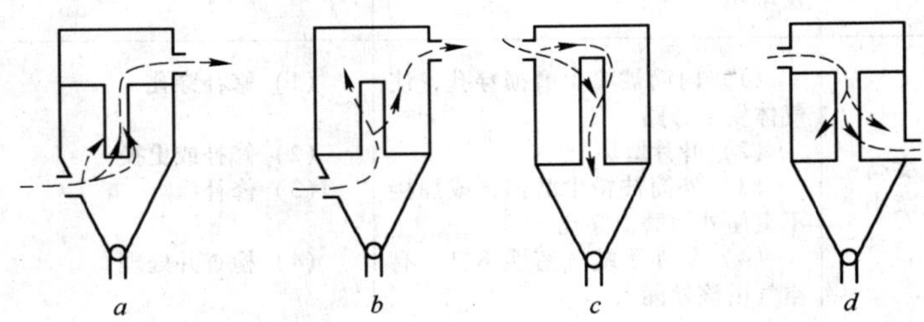

图4-1 袋式除尘器的结构
$a \sim d$ 为不同的结构形式

除尘器的分类，主要是依据其结构特点，如滤袋形状、过滤方向、进风口位置以及清灰方式进行分类。

A 按过滤方向分类

按过滤方向分类，可分为内滤式袋式除尘器和外滤式袋式除尘器两类。

（1）内滤式袋式除尘器。图4-1中 b、d 为内滤式袋式除尘器，含尘气流由滤袋内侧流向外侧，粉尘沉积在滤袋内表面上，优点是滤袋外部为清洁气体，便于检修和换袋，甚至不停机即可检修。一般机械振动、反吹风等清灰方式多采用内滤形式。

（2）外滤式袋式除尘器。图4-1中 a、c 为外滤式袋式除尘器，含尘气流由滤袋外侧流向内侧，粉尘沉积在滤袋外表面上，其滤袋内要设支撑骨架，因此滤袋磨损较大。脉冲喷吹、回转反吹等清灰方式多采用外滤形式。扁袋式除尘器大部分采用外滤形式。

B　按进气口位置分类

按进气口位置分类，可分为下进风袋式除尘器和上进风袋式除尘器两类。

（1）下进风袋式除尘器。图4-1*a*、*b*为下进风袋式除尘器，含尘气体由除尘器下部进入，气流自下而上，大颗粒直接落入灰斗，减少了滤袋磨损，延长了清灰间隔时间，但由于气流方向与粉尘下落方向相反，容易带出部分微细粉尘，降低了清灰效果，增加了阻力。下进风袋式除尘器结构简单，成本低，应用较广。

（2）上进风袋式除尘器。图4-1*c*、*d*为上进风袋式除尘器，含尘气体的入口设在除尘器上部，粉尘沉降与气流方向一致，有利于粉尘沉降，除尘效率有所提高，设备阻力也可降低15%～30%。

4.1.1.2　按除尘器内的压力分类

按除尘器内的压力分类，可分为正压式除尘器、负压式除尘器和微压式除尘器三类，见表4-1。

表4-1　袋式除尘器按工作压力分类

类　别	图　形	说　明
正压式（压入式）	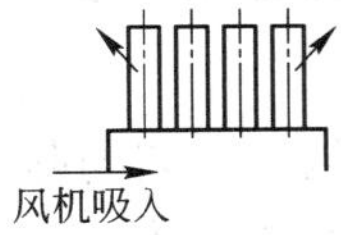 风机吸入	烟气由风机压入，除尘器呈正压，粉尘和气体可能逸出，污染环境，外壳可视情况考虑密闭或敞开，适用于含尘浓度很低的工况，否则风机磨损
负压式（吸出式）	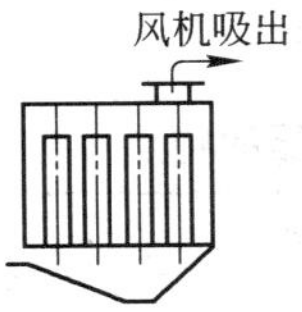 风机吸出	烟气由风机吸出，除尘器呈负压，周围空气可能漏入设备，增加了设备和系统的负荷，外壳必须密闭，负压式是最常用的形式
微压式	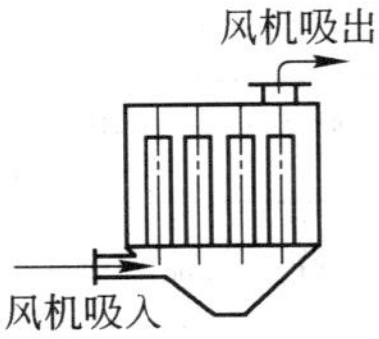 风机吸出 风机吸入	除尘器进出口均设风机，烟气由前风机压入，后风机吸出，除尘器呈微负压，有少量空气漏入设备，设备和系统的负荷增加不大。设计中应注意两台风机的匹配

（1）正压式除尘器。正压式除尘器风机设置在除尘器之前，除尘器在正压状态下工作。由于含尘气体先经过风机，对风机的磨损较严重，因此不适用于高浓度、粗颗粒、高硬度、强腐蚀性的粉尘。

（2）负压式除尘器。负压式除尘器风机置于除尘器之后，除尘器在负压状态下工作。由于含尘气体经净化后再进入风机，因此对风机的磨损很小，这种方式采用较多。

（3）微压式除尘器。微压式除尘器在两台除尘器中间，除尘器承受压力低，运行较稳定。

4.1.1.3　按滤袋形状分类

按滤袋形状袋式除尘器分为四类，即圆形袋除尘器、扁袋除尘器、双层袋除尘器和菱形袋除尘器，袋形及特点见表 4-2。

表 4-2　袋式除尘器按滤袋形状分类

类　别	图　形	特　点
圆　袋		普通型，普遍使用，清灰较易，外滤式的直径为 $\phi120 \sim \phi160$mm，内滤式的直径为 $\phi200 \sim \phi300$mm 或更大，它是应用最广泛的滤袋形式
扁　袋		袋宽 35 ~ 50mm，面积 1 ~ 4m^2，可以排得较密，单位体积内过滤面积较大，为外滤式，有框架，主要用于回转反吹清灰方式和侧插袋安装方式
双层圆筒		为在圆袋基础上增加过滤面积将长袋折成双层，可增加面积近一倍（主要用在脉冲袋上）。主要用于反吹清灰方式
菱形袋		较普通圆形过滤体积小，可在同样箱体内增加过滤面积，只适用于外滤式

4.1.1.4　*按清灰方式分类*

清灰方式是决定袋式除尘器性能的一个重要因素，它与除尘效率、压力损失、过滤风速及滤袋寿命均有关系。国家颁布的袋式除尘器的分类标准就是按清灰方式进行分类的。按照清灰方式，袋式除尘器可分为五大类：机械振动类、分室反吹类、振动反吹类、脉冲喷吹类、喷嘴反吹类。各类除尘器的特点见表 4-3。

表 4-3　袋式除尘器的特点

类　别		优　点	缺　点	说　明
自然落灰人工拍打		设备结构简单，容易操作，便于管理	过滤速度低，滤袋面积大，占地大	滤袋直径一般为 300 ~ 600mm，通常采用正压操作，捕集对人体无害的粉尘，多用于中小型工厂
机械振打	机械凸轮（爪轮）振打	清灰效果较好，与反气流清灰联合使用效果更好	不适于玻璃布等不抗褶的滤袋	滤袋直径一般大于 150mm，分室轮流振打
	压缩空气振打	清灰效果好，维修量比机械振打小	同上，工作受气流限制	滤袋直径一般为 220mm，适用于大型除尘器
	电磁振打	振幅小，可用玻璃布	清灰效果差，噪声较大	适用于易脱落的粉尘和滤布
反向气流清灰	下进风大滤袋	烟气先在斗内沉降一部分烟尘，可减少滤布的负荷	清灰时烟尘下落与气流逆向，又被带入滤袋，增加滤袋负荷	低能反吸（吹）清灰大型的为二状态清灰和三状态清灰，上部可设拉紧装置，调节滤袋长度，袋长8 ~ 12m
	上进风大滤袋	清灰时烟尘下落与气流同向，避免增加阻力	上部进气箱积尘须清灰	低能反吸，双层花板，滤袋长度不能调，滤袋伸长要小
	反吸风带烟尘输送	烟尘可以集中到一点，减少烟尘输送	烟尘稀相运输动力消耗较大，占地面积大	长度不大，多用笼骨架或弹簧骨架高能反吸
	回转反吹	用扁袋过滤，结构紧凑	机构复杂，容易出现故障，需用专门反吹风机	用于中型袋式除尘器，不适用于特大型或小型设备，忌袋口漏风
	停风回转反吹	离线清灰效果好	机构复杂，需分室工作	用于大型除尘器，清灰力不均匀

续表 4-3

类别		优 点	缺 点	说 明
脉冲喷吹	中心喷吹（行喷）	清灰能力强，过滤速度大，不需分室，可连续清灰	要求脉冲阀经久耐用	适于处理高含尘烟气，滤袋直径120～160mm，长度2000～6000mm或更长，须笼骨架
	环隙喷吹	清灰能力强，过滤速度比中心喷吹更大，不需分室，可连续清灰	安装要求更高，压缩空气消耗更大	适于处理高含尘烟气，滤袋直径120～160mm，长2250～4000mm，须笼骨架
	回转喷吹	滤袋长度可加大至9000mm，占地减少，过滤面积加大	消耗清灰高压空气量相对较大，要求脉冲阀要好	滤袋同心圆布置，多为扁形，用喷吹管喷吹，安装要求严格
	整室喷吹（气箱）	减少脉冲阀个数，每室1～2个脉冲阀，换袋检修方便，容易	清灰能力稍差，不适合大型除尘器	喷吹在滤袋室排气清洁室，滤袋≤2450mm为宜，且每室滤袋数量不能多
喷嘴反吹	气环移动清灰	与其他清灰方式比，滤袋过滤面积处理能力最大	滤袋和气环摩擦损坏滤袋，传动箱和软管存在耐温问题	适用于含尘大的烟气，烟气走向为内滤顺流式，袋直径一般为200～450mm，不分室，应用很少

4.1.1.5 袋式除尘器术语

袋式除尘器的术语及含义见表4-4。

表 4-4 袋式除尘器的术语及含义

术 语	含 义	英文用语
袋式除尘器	用纤维性滤袋捕集粉尘的除尘器，也称布袋过滤器	bag filter (fabric collector bag house)
滤 料	在袋式除尘器中起滤尘作用的织物过滤元件，以条计	filter bag
滤料单重	单位面积滤料的重量，以 g/m^2 计	weight per unit fabrio area
过滤面积	起滤尘作用的滤料有效面积，以 m^2 计	filtration area
过滤速度	含尘气体通过滤料有效面积的表观速度，以 m/min 计	filtration velocity
处理风量（入口风量）	进入袋式除尘器的含尘气体工况流量，以 m^3/h 或 m^3/min 计	gas handling volume (inlet gas flow rate)
压力损失（设备阻力）	气流通过袋式除尘器的流动阻力，即入口与出口处气流的平均风压之差，以 kPa 计	pressure loss
漏风率	漏入或漏出袋式除尘器本体的风量与入口风量（均折算为标准状态风量）的比率，以百分数计	air leak percentage
除尘器气密性	在除尘器所在进、出口法兰被密封条件下，当壳体内外压差达到规定值后的气体泄漏率	airtightness of dust collector
耐压强度	以不引起箱体有可见变形为条件，袋式除尘器箱体能承受的正压或负压限度，以 kPa 计	withstanding pressure
入口粉尘浓度	入口含尘气体的单位标志体积中所含固体颗粒物的质量，以 g/m^3 干气体或 mg/m^3 干气体计	inlet dust concentration

续表 4-4

术 语	含 义	英文用语
试验粉尘的粒径分布（空气动力径）	多分散相试验粉尘中，各粒级粉尘的分布情况，可用分布曲线表示，有累积分布（筛上或筛下积累）和频率分布两种表示方法。粒径以 μm 表示，分布率以质量百分数表示	paticle size distribution of test dust
试验粉尘的中粒径 d_{p50}	粉尘粒径分布曲线上，累积分布率为 50% 点所对应的粒径	d_{p50} of test dust
除尘率 η（除尘效率）	袋式除尘器捕集的粉尘量与入口总粉尘量的比率，以百分数计	collection efficiency
穿透率 P（通过率）	袋式除尘器出口的粉尘量与入口总粉尘量的比率，以百分数计。$P=1-\eta$	penctrating
清灰方法	为使袋式除尘器的压力损失保持在正常范围，利用机械的或空气动力等手段，以清除滤袋所捕集粉尘的各种方法	bag cleaning
气布比	单位面积滤料所通过的空气量，也称负荷	air-to-cloth ratio (specific gas flow rate)
排放浓度	单位体积的排放气体中所含有害物质的质量	emission concentration
钢耗量	在额定进风速度条件下，除尘器本体质量（在进、出口法兰之间，排灰口法兰以上的，不包括支架和保温层，包括必要的工艺性扶梯平台的设备质量）与处理气体量（或过滤面积）之比	consumption of metal required
能 耗	除尘器正常运行时所消耗的各种能量（水、电、油、压缩空气、蒸汽等）及克服其阻力所消耗的能量	power consumption
设备质量	除尘器在进、出口法兰之间，下至排灰口法兰以上的整体质量，不包括运行时机体内的灰、水	mass of dust collector
除尘器的接口尺寸（连接尺寸）	包括除尘器进、出口法兰、排灰口法兰的位置、连接孔数量位置以及有关尺寸，基础尺寸，除尘器的电源、气源、水源的连接位置以及有关尺寸	joint dimension of dust collector

4.1.2 袋式除尘器工作原理

4.1.2.1 过滤机理

当含尘气体进入袋式除尘器通过滤料时，粉尘被阻留在其表面，干净空气则透过滤料的缝隙排出，完成过滤过程。过滤技术是袋式除尘器的基本原理。完成过滤的主要有纤维过滤、薄膜过滤和粉尘层过滤。袋式除尘器是纤维过滤、薄膜过滤与粉尘层过滤的组合，它的除尘机理是筛滤、惯性碰撞、钩附、扩散、重力沉降和静电等效应综合作用的结果。

（1）筛滤效应。当粉尘的颗粒直径较滤料纤维间的空隙或滤料上粉尘间的孔隙大时，粉尘被阻留下来，称为筛滤效应。对织物滤料来说，这种效应是很小的，只是当织物上沉积大量的粉尘后，筛滤效应才充分显示出来。

（2）碰撞效应。当含尘气流接近于滤料纤维时，气流绕过纤维，但 1μm 以上的较大颗粒由于惯性作用，偏离气流流线，仍保持原有的方向，撞击到纤维上，粉尘被捕集下来，称为碰撞效应。

(3) 钩附效应。当含尘气流接近于滤料纤维时，细微的粉尘仍保留在流线内，这时流线比较紧密。如果粉尘颗粒的半径大于粉尘中心到达纤维边缘的距离，粉尘即被捕获，称为钩附效应，又称拦截效应。

(4) 扩散效应。当粉尘颗粒极为细小（0.5μm 以下）时，在气体分子的碰撞下偏离流线做不规则运动（亦称布朗运动），这就增加了粉尘与纤维的接触机会，使粉尘被捕获。粉尘颗粒越小，运动越剧烈，从而与纤维接触的机会也越多。

碰撞、钩附及扩散效应均随纤维的直径减小而增加，随滤料的孔隙率增加而减少，因而所采用的滤料纤维愈细，纤维愈密实，滤料的除尘效率愈高。

(5) 重力沉降。颗粒大、相对密度大的粉尘，在重力作用下而沉落下来，这与在重力除尘器中粉尘的运动机理相同。

(6) 静电作用。如果粉尘与滤料的荷电相反，则粉尘易于吸附于滤料上，从而提高除尘效率，但被吸附的粉尘难于被剥落下来。反之，如果两者的荷电相同，则粉尘受到滤料的排斥，效率会因此而降低，但粉尘容易从滤袋表面剥离。

4.1.2.2 不同滤料除尘机理的差异

(1) 织物滤料的孔隙存在于经、纬纱之间（一般线径 300 ~ 700μm，间隙 100 ~ 200μm），以及纤维之间，而后者占全部孔隙的 30% ~50%。开始滤尘时，气流大部分从经、纬纱之间的小孔通过，只有小部分粉尘穿过纤维间的缝隙，粗颗粒尘便嵌进纤维间的小孔内，气流继续通过纤维间的缝隙，此时滤料即成为对粗、细粉尘颗粒都有效的过滤材料，而且形成称为“初次粉尘层”或“第二过滤层”的粉尘层，于是粉尘层表面出现以强制筛滤效应捕集粉尘的过程，此外，在气流中粉尘的直径比纤维细小时，碰撞、钩附、扩散等效应增加，除尘效率提高。

(2) 针刺毡或针刺毡滤料，由于本身构成厚实的多孔滤床，可以充分发挥上述效应，但“第二过滤层”的过滤作用仍很重要。

(3) 覆膜滤料，其表面上有一层人工合成的，内部呈网格状结构的，厚 50μm、每平方厘米含有 14 亿个微孔的特制薄膜，显然其过滤作用主要是筛滤效应，故称为表面过滤。

4.1.2.3 合理的清灰周期

袋式除尘器在实际运行中，随着滤袋粉尘层的增加，需要对滤料进行周期性的清灰。随着捕集粉尘量的不断增加，粉尘层不断增厚，其过滤效率随之提高，除尘器的阻力也逐渐增加，而通过滤袋的风量则逐渐减小，这时，需要对滤袋进行清灰处理，既要及时、均匀地除去滤袋上的积灰，又要避免过度清灰，使其能保留“一次粉尘层”，保证工作稳定和高效率，这对于孔隙较大的或易于清灰的滤料更为重要。

4.1.3 袋式除尘器的性能参数

袋式除尘器性能参数包括处理气体流量、除尘效率、排放浓度、压力损失（或称阻力）、漏风率、耗量等见表 4-5。若对除尘装置进行全面评价，不仅包括这些性能指标还应包括除尘器的安装、操作、检修的难易、运行费用等。

表 4-5　袋式除尘器性能参数

序　号	技术性能	检测方法	序　号	技术性能	检测方法
1	处理风量（m^3/h）	皮托管法	4	除尘效率（%）	重量平衡法
2	漏风率（%）	风量平衡法	5	排放浓度（mg/m^3）	滤筒计重法
3	设备阻力（Pa）	全压差法	6	钢耗量（kg/m^2）	加工计重法

4.1.3.1　处理气体流量

处理气体流量是表示除尘器在单位时间内所能处理的含尘气体的流量，一般用体积流量 Q（单位为 m^3/s 或 m^3/h）表示。

实际运行的除尘器由于不严密而漏风，使得进出口的气体流量往往并不一致。通常用两者的平均值作为设计除尘器的处理气体流量，即

$$Q = \frac{1}{2}(Q_1 + Q_2) \tag{4-1}$$

式中　Q——处理气体流量，m^3/h；

Q_1——除尘器进口气体流量，m^3/h；

Q_2——除尘器出口气体流量，m^3/h。

在选用除尘器时，其处理气体流量是指除尘器进口的气体流量，不考虑漏风率；在选择风机时，其处理气体流量对正压系统（风机在除尘器之前）是指除尘器进口气体流量，对负压系统（风机在除尘器之后）是指除尘器出口气体流量，此时已考虑漏风率。

4.1.3.2　设备阻力

袋式除尘器的设备阻力是表示能耗大小的技术指标，可通过测定设备进口与出口气流的全压差而得到（单位为 Pa）。其大小不仅与除尘器的种类和结构形式有关，还与处理气体通过时的流速大小有关。通常设备阻力与进出口气流的动压成正比，即

$$\Delta P = \xi \frac{\rho v^2}{2} \tag{4-2}$$

式中　ΔP——含尘气体通过除尘器设备的阻力，Pa；

ξ——除尘器的阻力系统；

ρ——含尘气体的密度，kg/m^3；

v——除尘器进口的平均气流速度，m/s。

由于除尘器的阻力系数难于计算，且因除尘器的不同差异很大，所以除尘器总阻力还常用式（4-3）表示

$$\Delta P = p_1 - p_2 \tag{4-3}$$

式中　p_1——设备入口全压，Pa；

p_2——设备出口全压，Pa。

设备阻力，实质上是气流通过设备时所消耗的机械能，它与通风机所耗功率成正比，所以设备的阻力越小越好。多数袋式除尘器的阻力损失在 2000Pa 以下。

4.1.3.3　除尘效率

除尘效率是指含尘气流通过除尘器时，在同一时间内被捕集的粉尘量与进入除尘器的

粉尘量之比，用百分率表示，也称除尘器全效率，通常以 η 表示。除尘效率是除尘器的重要技术指标。

除尘器效率计算如图 4-2 所示。

若除尘器本身的漏风率 φ 为零，即 $Q_1 = Q_2$，效率计算式如下

$$\eta = \left(1 - \frac{\rho_2}{\rho_1}\right) \times 100\% \qquad (4\text{-}4)$$

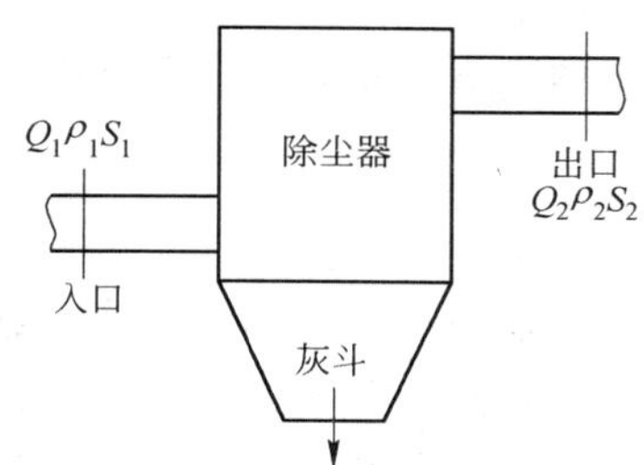

图 4-2　除尘器效率计算示意图

通过称重利用式（4-4）可求得总除尘效率，这种方法称为质量法，在实验室以人工方法供给粉尘研究除尘器性能时，用这种方法测出的结果比较准确。在现场测定除尘器的总除尘效率时，通常先同时测出除尘器前后的空气含尘浓度，再利用上式求得总除尘效率，这种方法称为浓度法。由于含尘气体在管道内的浓度分布既不均匀又不稳定，因此在现场测定含尘浓度要用等速采样的方法。

有时由于除尘器进口含尘浓度高，或者其他原因，在袋式除尘器前增设预除尘器时，根据除尘效率的定义，两台除尘器串联时的总除尘效率为

$$\eta_{1\text{-}2} = \eta_1 + \eta_2(1 - \eta_1) = 1 - (1 - \eta_1)(1 - \eta_2) \qquad (4\text{-}5)$$

式中　η_1——第一节除尘器的除尘效率；

η_2——第二节除尘器的除尘效率。

例如，有一个两级除尘系统，除尘效率分别为 50% 和 99%，用于处理起始含尘浓度为 8g/m^3 的粉尘，试计算该系统的总效率和排放浓度。

解：该系统的总效率为

$$\eta_{1\text{-}2} = \eta_1 + (1 - \eta_1)\eta_2 = 0.5 + (1 - 0.5) \times 0.99 = 0.995 = 99.5\%$$

根据上式，经两级除尘后，从第二级除尘器排入大气的气体含尘浓度为

$$\rho_2 = \rho_1 \times (1 - \eta_{1\text{-}2}) = 8000 \times (1 - 0.995) = 40 \quad (\text{mg/m}^3)$$

4.1.3.4　除尘器排放浓度

A　排放浓度

当排放口前为单一管道时，取排气筒实测排放浓度为排放浓度。

B　粉尘透过率和排放速率

除尘效率是从除尘器捕集粉尘的能力来评定除尘器性能的，在《大气污染物综合排放标准》（GB 16297）中是用未被捕集的粉尘量（即 1h 排出的粉尘质量称为排放速率）来表示除尘效果。未捕集的粉尘量占进入除尘器粉尘量的百分数称为透过率（又称为穿透率或通过率）。

可见除尘效率与透过率是从不同的方面说明同一个问题，但是在某些情况下，特别是对高效除尘器，采用透过率可以得到更明确的概念。例如有两台在相同条件下使用的除尘器，第一台除尘效率为 99.9%，第二台除尘效率为 99.0%，从除尘效率比较，第一台比第二台只高 0.9%；但从透过率来比较，第一台为 0.1%，第二台为 1%，相差达 10 倍，说明从第二台排放到大气中的粉尘量要比第一台多 10 倍。因此，从环境保护角度来看，用透过率来评价除尘器的性能更为直观，用排放速率表示除尘器效果更实用。

4.1.3.5　除尘器漏风率

袋式除尘器的漏风率可用式（4-6）表示

$$\varphi = \frac{Q_2 - Q_1}{Q_1} \times 100\% \tag{4-6}$$

式中　φ——除尘器的漏风率，%；

Q_1——除尘器的进口气体量，m^3/h；

Q_2——除尘器的出口气体量，m^3/h。

漏风率是评价除尘器结构严密性的指标，它是指设备运行条件下的漏风量与入口风量的比值。应指出，漏风率因除尘器内负压程度不同而各异，国内大多数厂家给出的漏风率是在任意条件下测出的数据，因此缺乏可比性，为此，必须规定出标定漏风率的条件。袋式除尘器标准规定：以净气箱静压保持在 -2000Pa 时测定的漏风率为准。其他除尘器尚无此项规定。

除尘器漏风率的测定方法有风量平衡法、碳平衡法等。

4.1.3.6　壳体耐压强度

耐压强度作为指标在国外产品样本并不罕见。由于除尘器多在负压下运行，往往由于壳体刚度不足而产生壁板内陷情况，在泄压回弹时则砰砰作响。这种情况凭肉眼是可以觉察的，故袋式除尘器规定耐压强度即为操作状况下发生任何可见变形时滤尘箱体所指示的静压值，是除尘器设计必须考虑的问题。

除尘器耐压强度应大于风机的全压值。这是因为除尘器工作压力虽然没有风机全压值大，但是考虑到除尘管道堵塞等非正常工作状态，所以设计和制造除尘器时应有足够的耐压强度。如果除尘器中粉尘、气体有燃烧、爆炸可能，则耐压强度还要更大。在标准中没有这些规定，在使用中则应注意这些问题。

4.1.3.7　设备钢耗

耗钢量是指除尘器本体每 $1m^2$ 过滤面积的钢材消耗量，也称钢耗率（单位为 kg/m^2）。耗钢量对不同的袋式除尘器是不一样的。耗钢量的多少与除尘器的结构设计、耐压程度、清灰方式等因素有关。但笔者认为应从工程实际出发，根据设计需要确定合适的耗钢量指标。因除尘器单薄引发的事故屡见不鲜。

4.2　简易袋式除尘器

简易袋式除尘器是指用手动、振动和自然清灰的除尘设备。简易袋式除尘器的优点是结构简单、寿命长、维护管理方便，防尘效率能满足一般使用要求；缺点是过滤风速低、占地面积大。除尘器可因地制宜地设计成各种形式，如图 4-3 所示。由于上进风的气流与粉尘降落方向一致，除尘效果要比下进风形式好，简易袋式除尘器适用于中、小型除尘系统。

4.2.1　简易袋式除尘器

4.2.1.1　滤袋的长径比

滤袋的长径比 ε 即滤袋长度与滤袋直径之比值，在袋式除尘器的设计中，也是一个重要的参数。长径比 ε 的大小，表明每个滤袋处理风量的能力。当滤袋直径一定时，ε 大，每个滤袋的处理能力大，因而除尘设备的结构就紧凑。长径比的选择，应考虑过滤风速、气体含尘浓度、清灰方式、滤袋材质和工艺布置的空间条件等因素。

当过滤风速一定时，每个滤袋入口处的含尘空气流速可用式（4-7）表示

$$v = 4\varepsilon \cdot v_F \tag{4-7}$$

式中 v——滤袋入口处的含尘气体流速，m/min；

ε——长径比；

v_F——滤袋过滤风速，m/min。

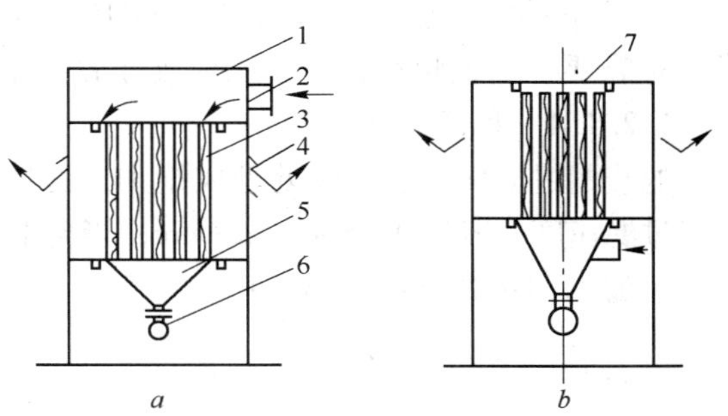

图 4-3 简易袋式除尘器

a—上进风式；*b*—下进风式

1—气体分配室；2—尘气室；3—滤袋；4—净气出口；5—灰斗；6—卸灰装置；7—滤袋吊架

入口速度大，袋口阻力就大，特别是含尘浓度高时更容易磨损滤袋。因此，当过滤风速高时，长径比不能太大。

长径比大时，滤袋负荷大，特别是含尘浓度高时滤袋负荷更大，所以必须考虑滤袋材质，即滤袋径向抗折强度。径向抗折强度小的 ε 值不宜过大，反之，可取大的长径比。

长径比的大小还应考虑清灰方式，采用简易滤袋清灰的清灰方式，长径比不宜过大，否则滤袋下部清灰效果不好。

长径比的大小直接影响着除尘器的外形结构。长径比大，占地面积可以小，而高度增加。长径比小，高度可以降低，而袋数和占地面积需要增加，管理维护也较复杂。因此，在选择长径比时必须综合考虑以上因素。根据现有实际除尘器的使用情况，简易袋式除尘器推荐长径比为 10～20。

4.2.1.2 滤袋材质

滤袋的材质和选用注意事项将在 4.5 节做详细介绍，这里需要指出的是，简易袋式除尘器材质多用薄型滤料，较少用针刺滤料。在薄型滤料中如果用于糖厂、奶粉厂和面粉厂等食品行业，尽可能用棉、麻、丝织物，以免化纤品进入食品影响人体健康。在其他行业则可用化纤织物。

4.2.1.3 滤袋的悬挂

滤袋都是采用将端头固定的办法安装的。因此滤袋的端头要求有足够的抗拉和抗折强度。对于玻璃纤维滤袋的端头要进行处理，一般常用的方法是在滤袋端头做成双层布或三层布，加层后使用效果较好。

（1）上口的挂法。由于除尘器一般较高，为悬挂和更换滤袋方便，对于上进风袋式除尘器的上口和下进风袋式除尘器的上口的悬挂方法如图 4-4 所示。

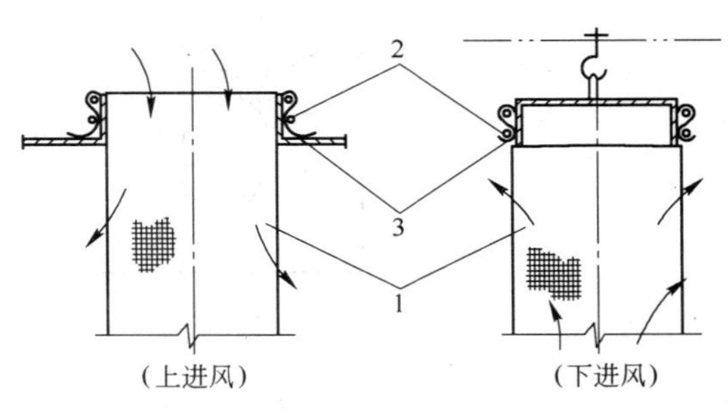

图 4-4 滤袋上口挂法

1—滤袋；2—扎丝；3—固定圈

（2）下口的挂法。上口悬挂完毕的滤袋要适当用力拉紧后才能安装下口。一般安装完毕的布袋要呈垂直状态，用手压扁放开后自然恢复成圆筒形即可。

4.2.1.4　过滤面积

滤袋的过滤面积取决于处理风量和过滤速度。简易袋式除尘器过滤面积按过滤风速确定，过滤速度一般为0.25～0.5m/min，当含尘浓度高或不易脱落的粉尘过滤速度应取低值。

过滤面积按式（4-8）计算

$$A = \frac{Q}{v_F} \tag{4-8}$$

式中　A——过滤面积，m^2；

Q——处理风量，m^3/min；

v_F——过滤速度，m/min。

滤袋条数按式（4-9）计算：

$$N = \frac{A}{\pi dL} \tag{4-9}$$

式中　N——滤袋条数，条；

A——过滤总面积，m^2；

d——滤袋直径，一般取120～300mm；

L——滤袋长度，一般取2～4m。

4.2.1.5　操作制度的选择

简易袋式除尘器正压操作比较多，这是因为正压操作对围护结构严密性要求低，但气体含尘浓度高时存在着风机磨损的问题。如果风机并联，当一台停止运行时会产生倒风冒灰现象。负压操作要求有严密的外围结构。

清灰方式都靠间歇操作停风机时滤袋自行清灰，必要时也可辅以人工拍打清灰或者设计手动清灰装置。

4.2.1.6　除尘器的平面布置

袋式除尘器滤袋平面结构布置尺寸如图4-5、图4-6所示。

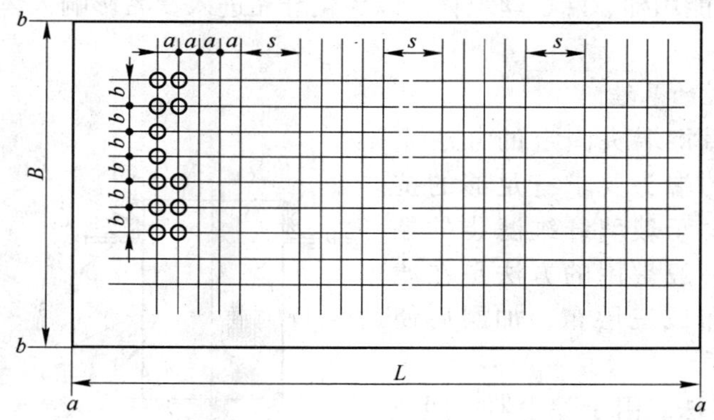

图4-5　除尘室滤袋平面结构布置尺寸（一）

a，b—滤袋间的中心距，取 $d+(40\sim60)$，mm；

s—相邻两组通道宽度，$s=d+(600\sim800)$，mm

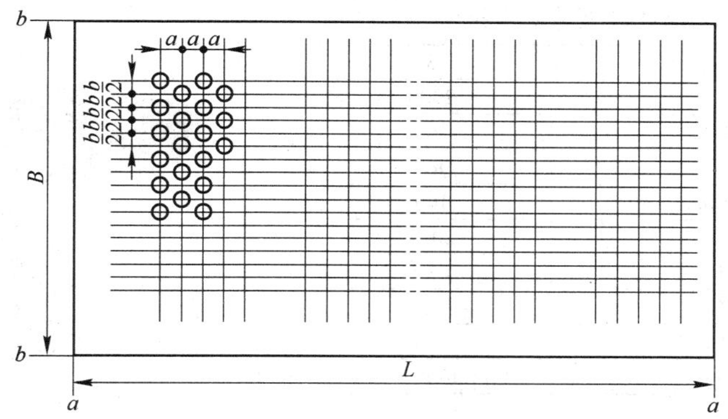

图 4-6 除尘室滤袋交错结构布置尺寸（二）
图中符号同图 4-5

除尘器总高度 H，可按式（4-10）计算

$$H = L_1 + h_1 + h_2 \qquad (4\text{-}10)$$

式中 H——除尘室总高度，m；

L_1——滤袋层高度，m，一般为滤袋长度加吊挂件高度；

h_1——灰斗高度，m，一般需保证灰斗壁斜度不小于50°；

h_2——灰斗粉尘出口距地坪高度，m，一般由粉尘输送设备的高度所确定。

技术性能：初含尘浓度可达5g/m³；净化效率大于99%；压力损失约为200～600Pa。

4.2.1.7 设计注意事项

（1）滤袋层和气体分配层应设检修门，检修门尺寸为600mm×1200mm。

（2）除尘器内壁和地面应涂刷油漆，以利清扫。

（3）除尘器设置采光窗或电气照明。

（4）正压操作时，除尘室排出口的排风速度为3～5m/s；负压操作时，排风管的设置应使气流分布均匀。

（5）除尘室的结构设计应考虑滤袋容尘后的质量，一般取2～3kg/m²。

4.2.2 人工振打袋式除尘器

4.2.2.1 圆袋除尘机组

圆袋除尘机组的外形尺寸如图4-7所示，其性能分别见表4-6和表4-7。

表 4-6 L-3HCI 圆袋除尘机组

处理风量/m³·h⁻¹	1500
资用压力/Pa	>200
功率/kW	2.2
吸入口直径 φ/mm	140
噪声/dB(A)	≤80
除尘效率/%	>99.9
体积（长×宽×高）/mm×mm×mm	823×560×2720

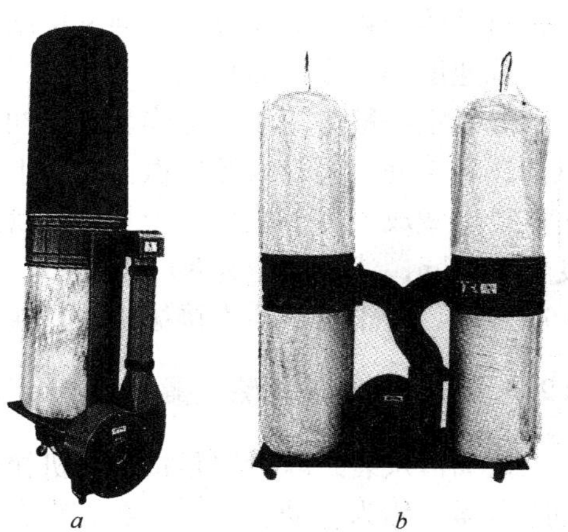

图 4-7 圆袋除尘机组的外形
a—L-3HCI 圆袋除尘机组；
b—L-5.5HCI 圆袋除尘机组

表 4-7 L-5.5HCI 圆袋除尘机组

功率/kW	3
转速/r · min^{-1}	2900
布袋过滤面积/m^2	6
电压/V	380
吸入口直径 ϕ/mm	160
风量/m^3 · h^{-1}	2000
资用压力/Pa	>200
除尘效率/%	>99.9
噪声/dB(A)	≤80
体积(长×宽×高)/mm×mm×mm	500×1350×2000

图 4-8 便携式扁袋除尘机组

1—吸尘管；2—风机；3—手柄；4—滤袋

4.2.2.2 便携式扁袋除尘机组

便携式扁袋除尘机组是利用微型汽油机为动力和扁形手动清灰滤袋组成的机组，其主要特点是，质量较轻、携带方便，可以清洁公园、街道、院落、车站等处散落的垃圾、树叶、纸屑和某些尘土、杂物等。其主要组成如图 4-8 所示，技术性能见表 4-8。该机组采用单汽缸二冲程发动机，油箱容积 400^3cm。

表 4-8 便携式扁袋除尘机组技术性能

机型	风量/m^3 · h^{-1}	吸口速度/m · s^{-1}	功率/kW	声压级 L_p/dB	振动/m · s^{-2}	质量/kg
BG55	730	63	0.7	91	4.1	4.1
BG65	730	78	0.7	90	4.0	4.1
BG85	780	82	0.8	89	4.0	4.2
SH55	730	63	0.7	91	4.0	5.1
SH85	780	82	0.8	90	4.0	5.4

4.2.2.3 自然落灰袋式除尘器

自然落灰袋式除尘器（图 4-9）结构简单，管理方便，易于施工，适用于小型企业，但过滤速度小，占地面积大。

滤袋室一般为正压式操作，外围可以敞开或用波纹板围挡。为了便于检查滤袋和通风，在若干滤袋间设人行通道。滤袋上部固定在框架上，下部固定在花板的系袋圈上，滤袋直径可做成上下一般大；为了便于落灰，也可做成上小下大（相差一般小于 50%），长度为 3～6m，滤袋间距为 80～100mm。滤袋室上部设天窗或排气烟囱，以排放经过滤后的干净气体，粉尘经灰斗直接排出。灰斗排出的粉尘可用手推车拉走。

4.2.3 振动清灰袋式除尘器

振动清灰袋式除尘器是指采用机械或手工振打装置振打滤袋，用以清除滤袋上的粉尘的除尘器，称为振动袋式除尘器。它有两种类型：一种为连续型；另一种为间歇型。其区别是：连续使用的除尘器把除尘器分隔成几个分室，其中一个分室在清灰时，其余分室则继续除尘；间歇使用的除尘器则只有一个室，清灰时就要暂停除尘，因此，除尘过程是间歇性的。

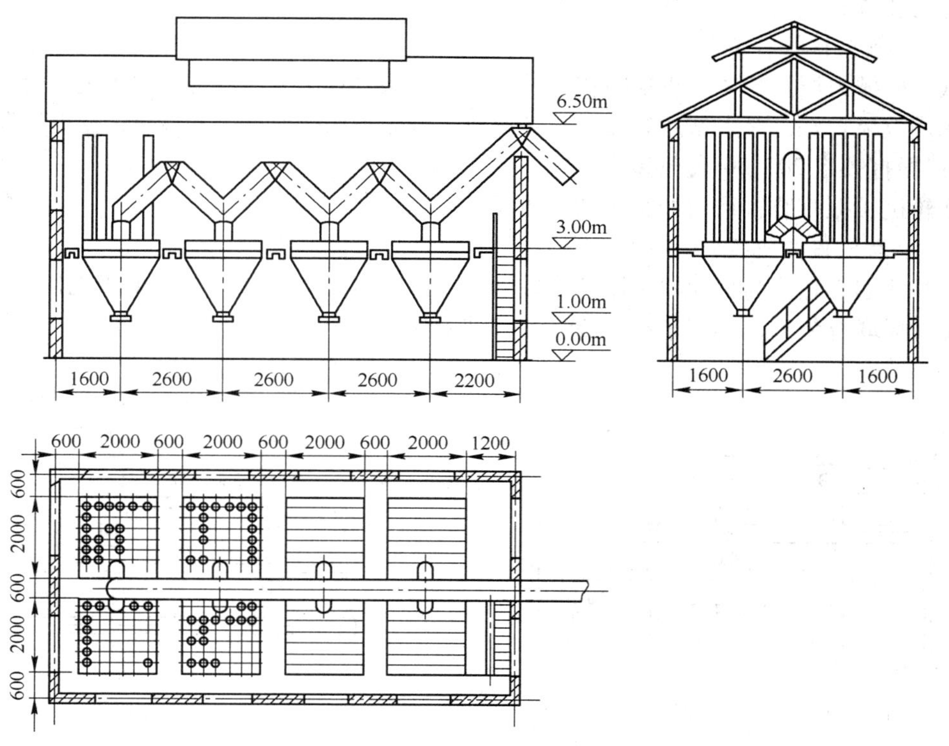

图 4-9　自然落灰袋式除尘器

4.2.3.1　分类

振动清灰袋式除尘器按清灰方式分为七类，见表 4-9。

表 4-9　机械振动袋式除尘器的分类

序　号	名　称	定　　义
1	低频振动	振动频率低于 60 次/min，非分室结构
2	中频振动	振动频率为 60 ~ 700 次/min，非分室结构
3	高频振动	振动频率高于 700 次/min，非分室结构
4	分室振动	各种振动频率的分室结构
5	手动振动	用手动振动实现清灰
6	电磁振动	用电磁振动实现清灰
7	气动振动	用气动振动实现清灰

表 4-9 中低频振动是指以凸轮机构传动的振打式清灰方法，振打频率不超过 60 次/min；中频振动是指以偏心机械传动的摇动式清灰方法，摇动频率一般为百次/min；高频振动是指用电动振动器传动的微振幅清灰方法，一般配用 8 级、4 级和 2 级电机（或者使用电磁振动器），其频率均在 700 次/min 以上。

4.2.3.2　振打装置

微型机械振动袋式除尘器的构造与其他清灰方式的袋式除尘器一样，由箱体、框架、滤袋、灰斗等组成，其区别在于清灰装置不同。振打袋式除尘器清灰装置有手工振动装置、电动装置和气动装置，其中电动类装置有以下四种。

A　凸轮机械振打装置

依靠机械力振打滤袋，将黏附在滤袋上的粉尘层抖落下来，使滤袋恢复过滤能力。对小型滤袋效果较好，对大型滤袋较差。其参数一般为：振打时间 1～2min；振打冲程 30～50min；振打频率 20～30 次/min。

凸轮机械振打装置结构如图 4-10 所示。

B　电动机偏心轮振打装置

以马达偏心轮作为振动器，振动滤袋框架，以抖落滤袋上的烟尘。由于无冲程，所以常与反吹风联合使用，适用于小型滤袋，其结构如图 4-11 所示。

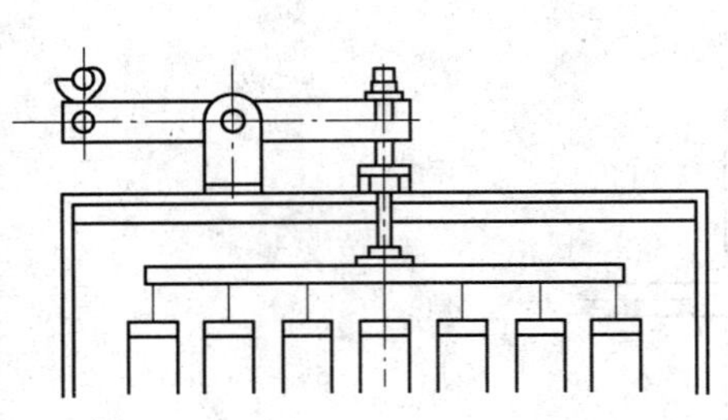

图 4-10　凸轮机械振打装置

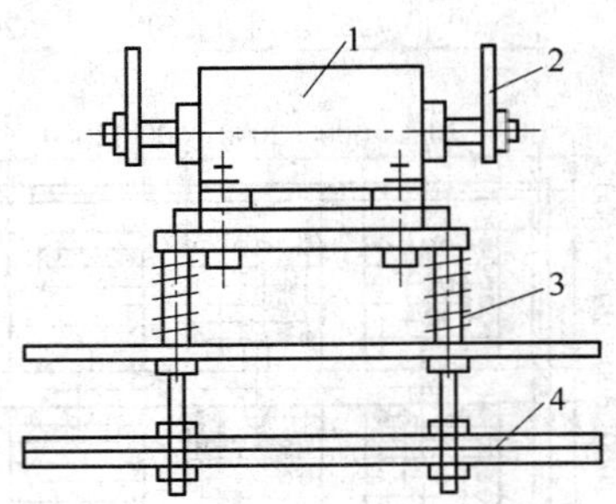

图 4-11　电动机偏心轮振打装置
1—电动机；2—偏心轮；3—弹簧；4—滤袋吊架

C　横向振打装置

依靠马达、曲柄和连杆推动滤袋框架横向振动。该方式可以安装滤袋时适当拉紧，不致因滤袋松弛而使滤袋下部受积尘冲刷磨损，其结构如图 4-12 所示。

D　振动器振打装置

振动器振打清灰是最常用的振打方式（图 4-13）。这种方式装置简单，传动效率

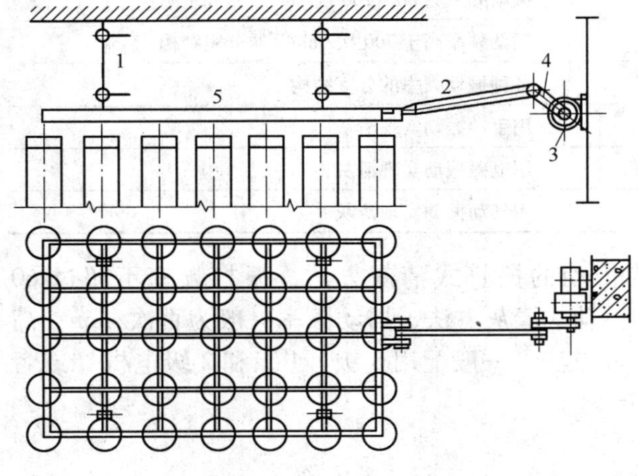

图 4-12　横向振打装置
1—吊杆；2—连杆；3—马达；4—曲柄；5—框架

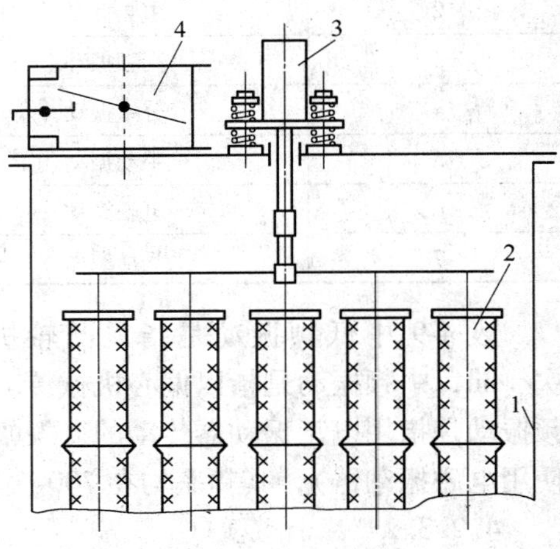

图 4-13　振动式除尘器
1—壳体；2—滤袋；3—振动器；4—配气阀

高。根据滤袋的大小和数量，只要调整振动器的激振力大小就可以满足机械振打清灰的要求。

4.2.3.3 工作原理

图 4-14 所示为袋式除尘器结构简图。含尘气体进入除尘器后，通过并列安装的滤袋，粉尘被阻留在滤袋的内表面，净化后的气体从除尘器上部出口排出。随着粉尘在滤袋上的积聚，含尘气体通过滤袋的阻力也会相应增加。当阻力达到一定数值时，要及时清灰，以免阻力过高，造成除尘效率下降。图 4-14 所示的除尘器就是通过凸轮振打机构进行清灰的。

含尘气体中的粉尘被阻留在滤袋表面上的这种过滤作用通常是以筛滤、惯性、碰撞、直接拦截和扩散等几种除尘机理的综合作用而实现的。

振动清灰是指利用机械振动或摇动悬吊滤袋的框架，使滤袋产生振动而清灰的方法。常见的三种基本方式如图 4-15 所示。图 4-15*a* 是水平振动清灰，有上部振动和中部振动两种方式，靠往复运动装置来完成。图 4-15*b* 是垂直振动清灰，它一般可利用偏心轮装置振动滤袋框架或定期提升滤袋框架进行清灰。图 4-15*c* 是机械扭转振动清灰，即利用专门的机构定期地将滤袋扭转一定角度，使滤袋变形而清灰。也有将以上几种方式复合在一起的振动清灰，使滤袋做上下、左右摇动。

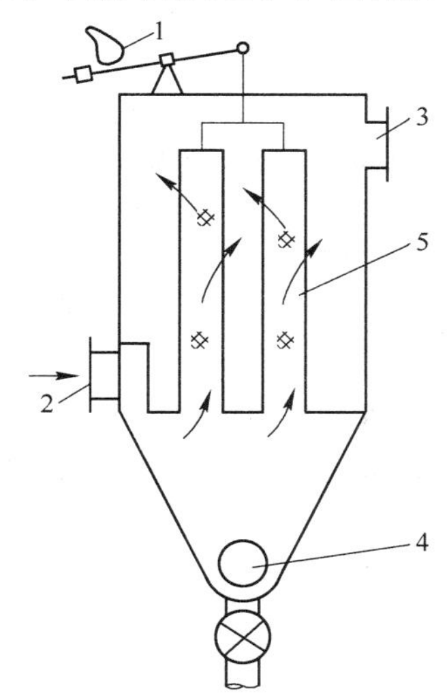

图 4-14 袋式除尘器结构简图

1—凸轮振打机构；2—含尘气体进口；3—净化气体出口；4—排灰装置；5—滤袋

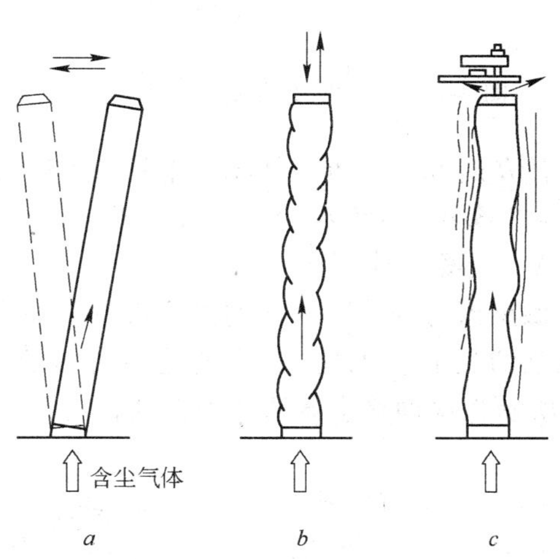

图 4-15 机械清灰的振动方式

a—水平振动；*b*—垂直振动；*c*—机械扭转振动

振打清灰时为改善清灰效果，要求停止过滤情况下进行振动。但对小型除尘器往往不能停止过滤，除尘器也不分室。因而常常需要将整个除尘器分隔成若干袋组或袋室，顺次地逐室清灰，以保持除尘器的连续运转。

振打清灰方式的特点是构造简单，运转可靠，但清灰强度较弱，故只能允许较低的过滤风速，例如一般取 0.6～1.0m/min。振动强度过大对滤袋会有一定的损伤，增加维修和换袋的工作量。这正是机械清灰方式逐渐被其他清灰方式所代替的原因。

振打清灰原理是靠滤袋抖动产生弹力使黏附于滤袋上的粉尘及粉尘团离开滤袋降落下来的，抖动力的大小与驱动装置和框架结构有关。驱动装置动力大，框架传递能量损失小，则机械清灰效果好。

荷尘滤布的阻力是滤布和残留粉尘层阻力的总和，这些粉尘残留量和比率，是由滤布、粉尘性质和数量、清除灰尘的能量等决定。机械振动清除灰尘时振打机构的振动次数和残留粉尘量的关系如图 4-16 所示。振动次数一次，振动幅度小的话，则残留粉尘量大，阻力也大。振动清灰压降周期如图 4-17 所示。

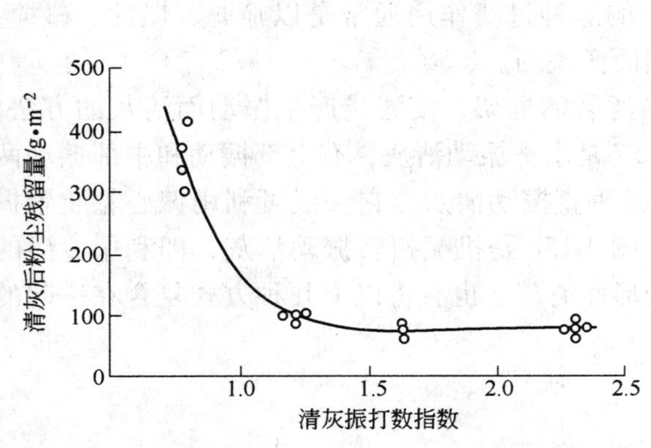

图 4-16　振动次数和残留粉尘量的关系

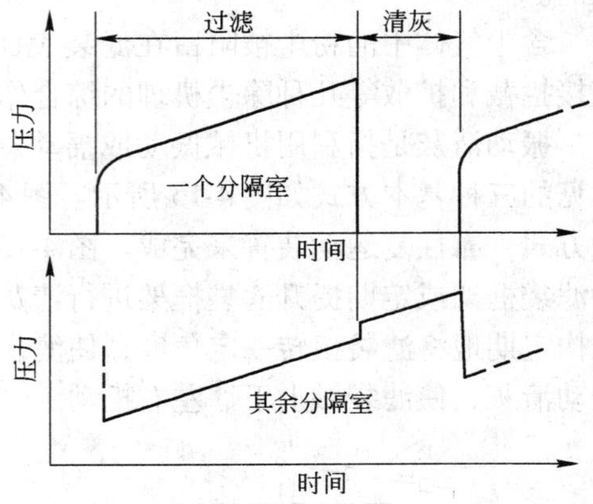

图 4-17　振动清灰压降周期

清灰时间延长可以使滤布上的粉尘层稳定在一定数值而不再增加。

4.2.3.4　微型振动袋式除尘器

A　主要设计特点

微型振打袋式除尘器的主要设计特点是过滤面积小于 20m²，因此采用机械振动或手动振动清灰十分合理。如果把它设计成脉冲喷吹清灰或反吹风清灰显然是不合理的。图 4-18所示为这种除尘器的应用实例。

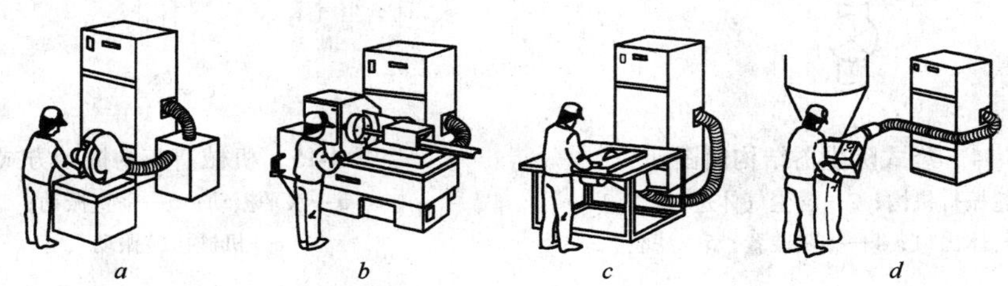

图 4-18　微型机械振打袋式除尘器应用实例

a—研磨作业；*b*—切削作业；*c*—裁断作业；*d*—装袋作业

B　工作原理

微型振打袋式除尘器都是把除尘器滤袋、振动机构和风机装在一个箱体内，组成除尘机组。工作时风机启动，吸入口依靠风机静压把尘源灰尘吸进除尘机组。含尘气体经滤袋过滤，干净气体从机组上口排出。滤袋靠手动振动机构定时清灰。

C 性能和外形尺寸

VNA 型微型机械振动除尘器性能如表 4-10 和图 4-19 所示，外形尺寸如图 4-20 所示。

表 4-10 微型振打除尘器性能

型号		VNA-15			VNA-30			VNA-45			VNA-60		
功率		0.75			1.5			2.2			3.7		
集尘机	风量/$m^3 \cdot min^{-1}$	0	7.5	12	0	15	28	0	22	40	0	30	55
	静压/kPa	2.55	1.77	0.69	2.55	2.26	1.27	2.55	2.35	1.37	2.94	2.65	1.47
噪声/dB(A)		65±2									68±2		
过滤面积/m^2		4.5			9			13.5			18		
组数/个		1			2			3			4		
形状		缝制扁袋											
振动方式		手动振动方式			手动振动方式（自动振动方式）								
贮灰量/L		18			25			36			50		
吸入口直径 ϕ/mm		127			150			200			200		
外形尺寸 $W \times D \times H$ /mm×mm×mm		650×400×1205			650×650×1492			850×650×1542			1100×700×1652		
质量/kg		90			140			175			260		

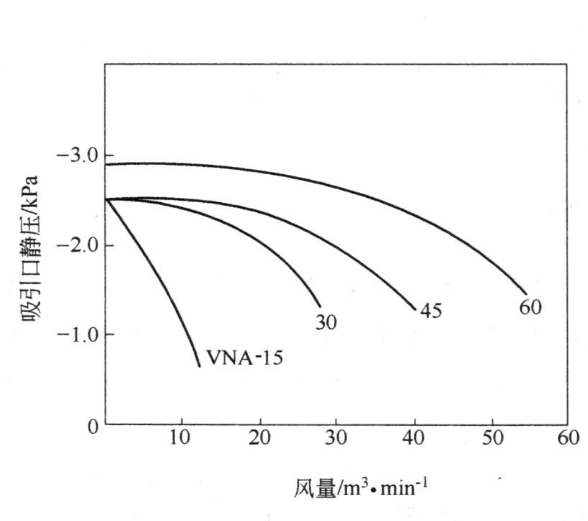

图 4-19 除尘器性能曲线

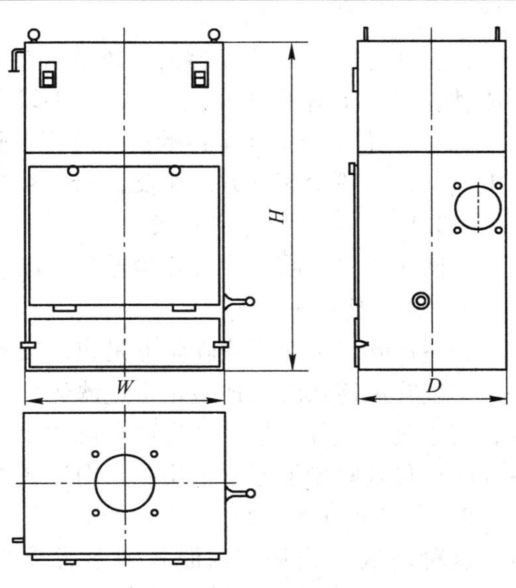

图 4-20 微型振打除尘器外形尺寸

4.2.3.5　简易振打清灰的袋式除尘器

图4-21所示为机械振打清灰的袋式除尘器，滤袋下部固定在花板上，上部吊挂在水平框架上。含尘气体由下部进入除尘器，通过花板分配到各个滤袋内部（内滤式）。通过滤袋净化后由上部排出。其主要设计特点是清灰时，通过手摇振动机构，使上部框架水平运动，将滤袋上的粉尘脱落，掉入灰斗中。

由于手动清灰，所以滤袋直径取150～250mm，长度以2.5～5m为宜。由于清灰强度不大，滤袋寿命较长，一般可达5年以上。这种除尘器过滤风速不宜太高，一般为0.5～0.8m/min阻力不高，约400～800Pa。除尘器的入口含尘浓度不能高，通常不超过3～5g/m³。

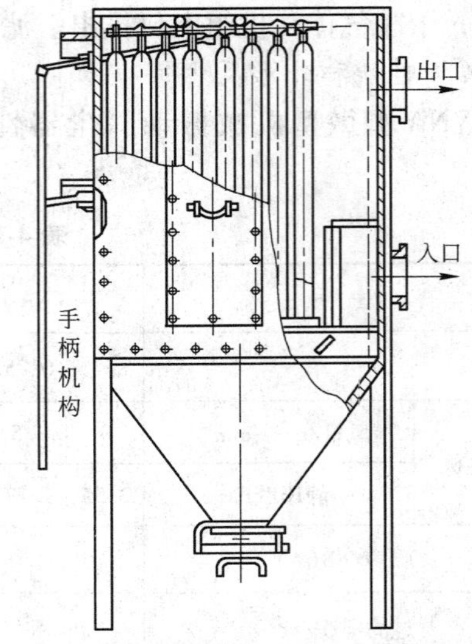

图4-21　机械振打清灰的袋式除尘器

4.3　反吹风袋式除尘器

尽管脉冲喷吹袋式除尘器具有过滤风速高、清灰能力强等优点，但是在处理大烟气量且无压缩空气气源时，仍有采用反吹风袋式除尘器的。

4.3.1　反吹风袋式除尘器分类

4.3.1.1　按进气方式分类

反吹风袋式除尘器按进气方式分为上进风反吹风袋式除尘器和下进风反吹风袋式除尘器。

（1）上进风袋式除尘器的进风总管在除尘器的上部。气流进到袋室后在滤袋内自上向下流动，与粉尘落下方向一致，如图4-22所示。

（2）下进风袋式除尘器的进风总管在除尘器灰斗位置，气流进到袋室后在滤袋内自下向上流动，与粉尘落下方向相反，如图4-23所示。

4.3.1.2　按清灰方式分类

按清灰方式反吹风袋式除尘器分为以下三类。

A　分室反吹风清灰

分室反吹风清灰袋式除尘器是应用较多的除尘器，其特点是把除尘器分成若干室，当一个室反吹风清灰时其他室正常过滤运行。分室反吹风袋式除尘器分为正压式和负压式两种，其中负压式优点较多。这两种除尘器的清灰和过滤状态如图4-24和图4-25所示。分室反吹风袋式除尘器通常采用圆袋内滤式工作。

B　气环反吹风清灰

这种清灰方式是在内滤式圆形滤袋的外侧，贴近滤袋表面设置一个中空带缝隙的圆环，圆环可上下移动并与压气或高压风机管道相接。由圆环内向的缝状喷嘴喷出的

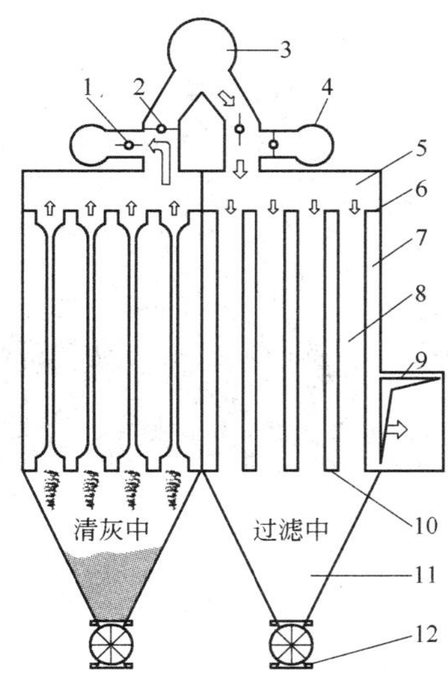

图 4-22　上进风反吹风袋式除尘器

1—反吸风阀；2—进风阀；3—进风管道；4—反吸风管；5—进风室；6—上花孔板；7—袋室；8—滤袋；9—排风管道；10—下花孔板；11—灰斗；12—星形卸灰阀

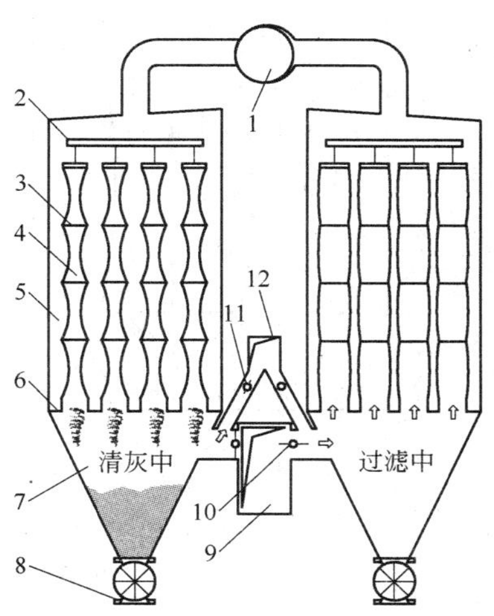

图 4-23　下进风反吹风袋式除尘器

1—排风总管；2—滤袋吊架；3—防瘪环；4—滤袋；5—袋室；6—下花板孔；7—灰斗；8—星形卸灰阀；9—进风总管；10—进风阀；11—反吸风阀；12—反吸风管

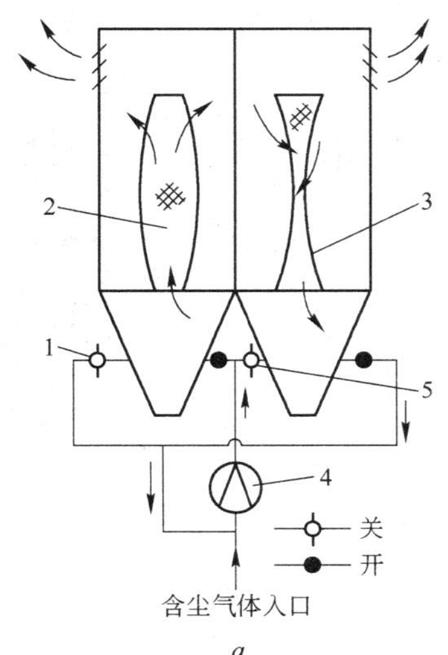

a

b

图 4-24　正压反吹风袋式除尘器

a—原理；*b*—外貌

1—二次蝶阀；2—布袋（过滤时）；3—布袋（清灰时）；4—引风机；5— 一次蝶阀

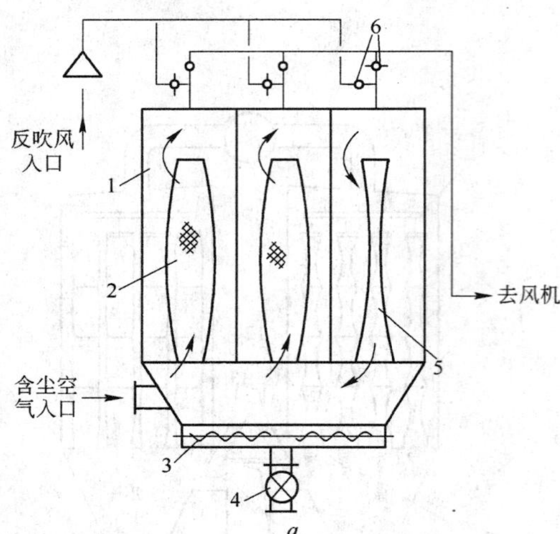

图 4-25　负压反吹风袋式除尘器

a—原理；*b*—外貌

1—除尘器壳体；2—布袋（过滤时）；3—螺旋输送机；4—旋转卸灰阀；5—布袋（清灰时）；6—反吹风切换阀

高速气流，将沉积于滤袋内侧的粉尘清落，如图 4-26 所示。

C　回转脉动反吹风清灰式

这是使反吹清灰方式的反向气流产生脉动动作的清灰方式（图 4-27）。其构造较复杂，要设有能产生脉动作用的机构，清灰作用较强。这种反吹风袋式除尘器不分室扁袋外滤式较多。

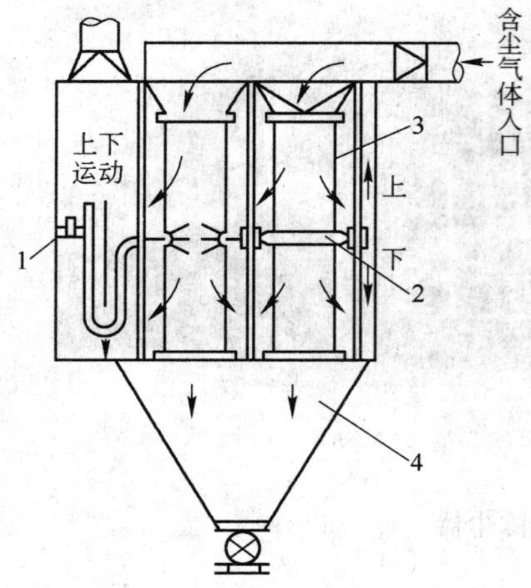

图 4-26　气环反吹风清灰方式示意图

1—反吹风机；2—气环；3—滤袋；4—灰斗

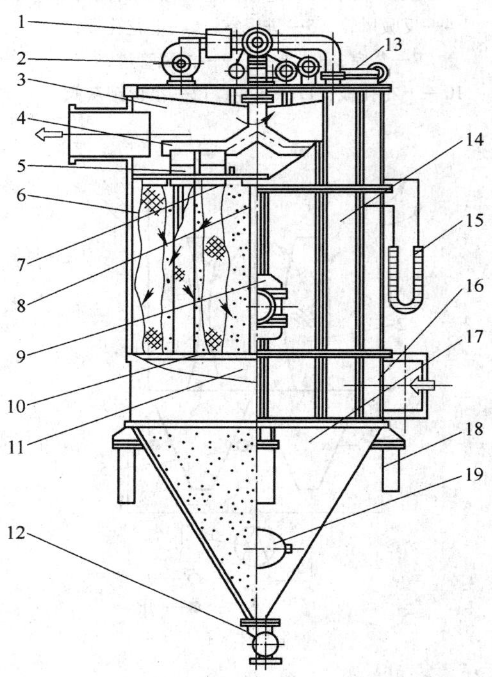

图 4-27　脉动反吹风清灰方式示意图

1—反吹风清灰机构；2—反吹风机；3—清洁室；4—回转臂；5—切换阀机构；6—扁布袋；7—花板；8—撑柱；9—中人孔门；10—固定架；11—旋风圈；12—星形卸灰阀；13—上人孔门；14—过滤室；15—U 形压力计；16—蜗形入口；17—集灰斗；18—支柱；19—观察孔

4.3.2　反吹风袋式除尘器工作原理

负压下进风反吹风袋式除尘器工作原理如图 4-28 所示。

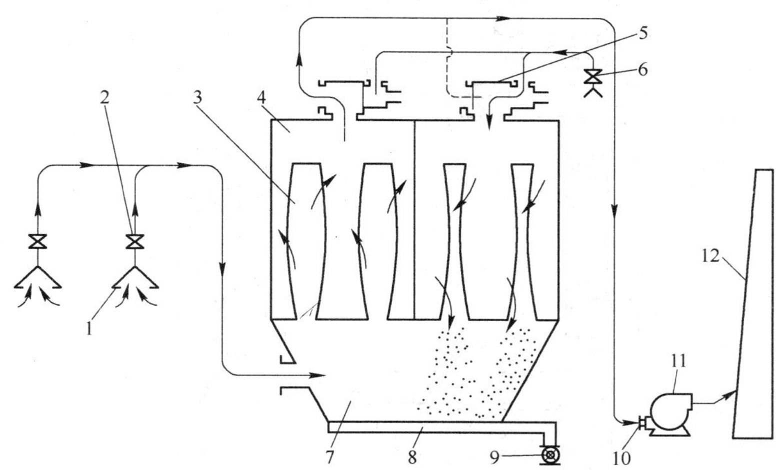

图 4-28　反吹风袋式除尘器工作原理

1—集尘罩；2—调风阀；3—滤袋；4—袋室；5—换向阀；6—调节阀；7—灰斗；8—输灰机；9—卸灰阀；10—风机阀；11—风机；12—排气筒

从集尘罩吸入的含尘气体由下部进入袋室，经过滤料过滤后的气体由上部排风管经风机和烟囱排入大气。经一定时间过滤后，阻力达到某一设定值便进行反吹风清灰，使滤布“再生”。反吹风清灰也称逆气流清灰，也可称缩袋清灰。它主要是通过三通换向阀门的启闭组合来改变滤袋内外压力的方法，即产生与过滤气流方向相反的反吹气流。由于反向气流的作用，将圆筒形滤袋压缩成星形断面或一字形断面，当重新恢复过滤时产生振动而使附积的粉尘层脱落。反吹气流的静压作用是使滤袋变形引起滤袋附积粉尘脱落，反吹气流的速度也是导致粉尘层崩落的因素。这种清灰方法有时会产生局部脱落，即斑状剥落。

4.3.3　反吹风袋式除尘器结构

反吹风袋式除尘器结构如图 4-29 所示，由箱体、框架、反吹机构、走梯平台、控制装置等部分组成，其结构特点如下。

4.3.3.1　滤袋室的布置

A　袋室的分室

反吹风袋式除尘器为了在清灰时仍然工作，采用将除尘器分为若干小室，实行逐室停风反吹。分室时 4～8 室为单排布置，6～20 室采用双排布置。

B　袋室的布置

滤袋室的布置首先必须满足过滤面积的要求。在过滤面积满足要求的前提下，主要考虑在维修方便的条件下尽量使滤袋布置紧凑，以减少占地面积。

滤袋的中心距如下：

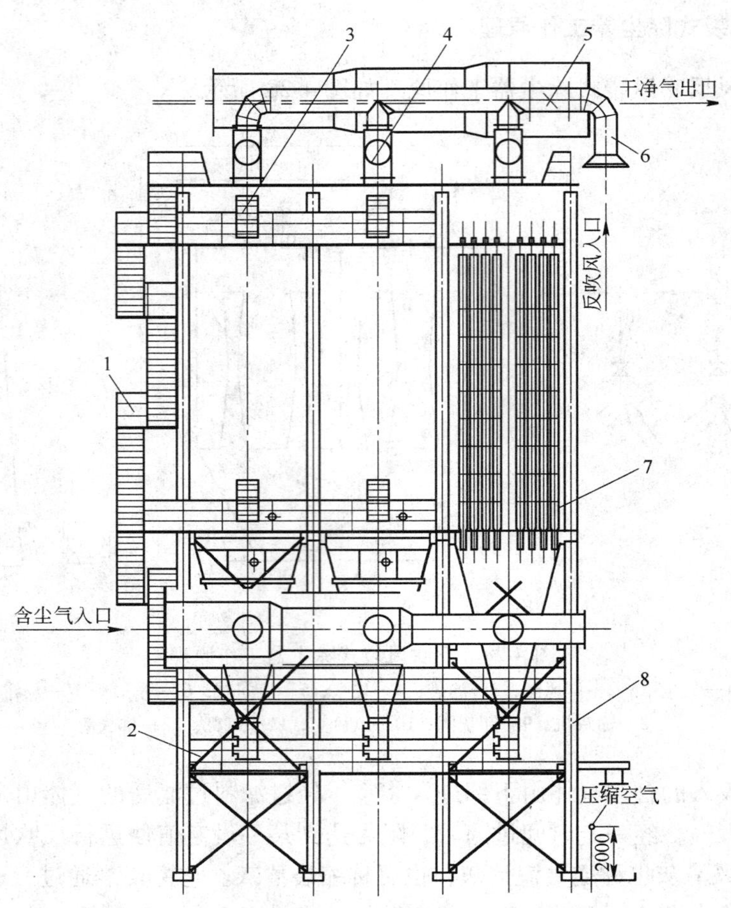

图 4-29　反吹风袋式除尘器结构

1—走梯；2—平台；3—检修门；4—三通换向阀；5—气动密封阀；6—反吹机构；7—箱体；8—框架

ϕ200mm 滤袋，中心距取 250 ~ 280mm；

ϕ250mm 滤袋，中心距取 300 ~ 350mm；

ϕ300mm 滤袋，中心距取 350 ~ 400mm。

滤袋的排数按滤袋的直径大小确定，当袋室中间有检修通道时，对于 ϕ200mm 直径滤袋，一般不超过三排。对于 ϕ300mm 直径滤袋，则不超过两排。当滤袋室两侧设有检修通道时，滤袋排数可采用四排或六排。每排滤袋横向根数，可根据实际需要确定。检修通道通常取 300 ~ 600mm（滤袋间净距离或滤袋到壁板净距离）。

回转反吹风袋式除尘器采用圆形滤袋室，由于圆形滤袋室的结构强度比方形大，结构简单，一般可不要框架结构。更主要的是圆形室便于回转臂旋转清灰。采用矩形滤袋室时布置如图 4-30 所示。图 4-30*a* 所示仅设边部通道，图 4-30*b* 所示在中间和边部均有通道。

C　滤袋尺寸

滤袋尺寸主要是确定直径和长度。

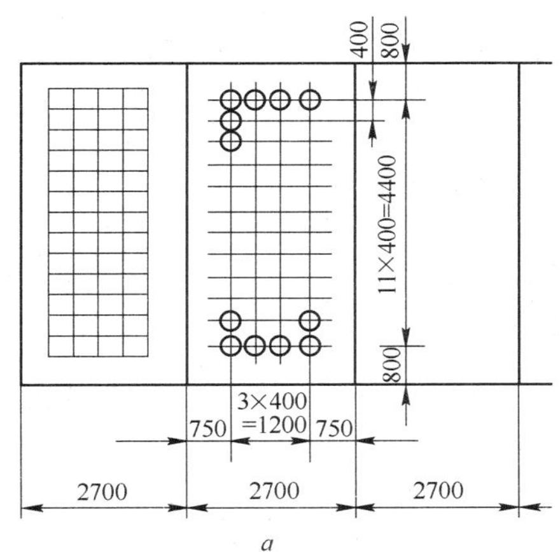

a

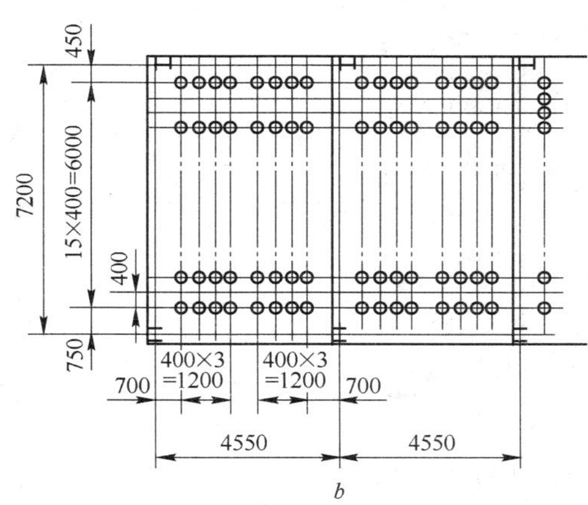

b

图 4-30 矩形袋式除尘器布置

a—仅设边部通道；*b*—设中间和边部通道

滤袋直径一般都在 $\phi100\sim400$mm 范围内。内滤式滤袋的长度按滤袋长度与直径的比即长径比确定。长径比一般可取（5 ~ 40）∶1，常用的为（15 ~ 35）∶1。长径比取高值时，可使除尘器高度增加，减少占地面积。

滤袋长径比除考虑平面布置，还应考虑到袋口风速。因为对于一定直径的滤袋，滤袋越长，每根滤袋的风量越大，气流上升速度大，滤袋粉尘不容易降落下来，从而造成对滤袋的磨损。锅炉除尘袋口风速取 1 ~ 1.2m/s。

滤袋长径比（L/D）与袋口气速的关系为

$$v_r = 4v_c\left(\frac{L}{D}\right) \tag{4-11}$$

式中 v_r——袋口风速，m/s；

v_c——过滤风速，m/s；

L——滤袋长度，m；

D——滤袋直径，m。

4.3.3.2 灰斗

反吹风袋式除尘器的灰斗与其他形式除尘器灰斗有三点不同，一是装在灰斗上的花板要设防涡流接管（图 4-31），对进到滤袋的气流进行导流；二是在灰斗的下部设防搭棚板（图 4-32）预防灰斗粉尘出现搭桥现象；三是反吹风袋式除尘器灰斗的卸灰阀应采用双层卸灰阀，以防卸灰阀漏风造成反吹清风效果欠佳。此外，有经验的设计者往往把灰斗进气口对面的壁板加厚，避免浓度高或磨损性强的粉尘把该处的壁板磨坏影响使用。

4.3.3.3 反吹风清灰结构

反吹风清灰结构是除尘器正常运行的重要环节。装置清灰结构由切换阀门及其控制系统组成。清灰结构设计的原则是：与除尘器匹配，结构简单可靠，动作速度快，清灰效果好。

对切换阀门的基本要求是：阀座密封性好，切换速度快。在正常工况条件下，大都采

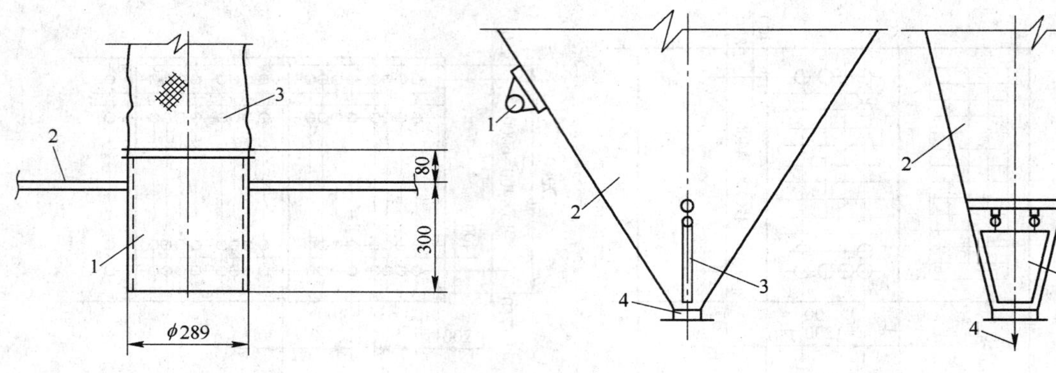

图 4-31　袋口防涡流接管

1—防涡流短管；2—花板；3—布袋

图 4-32　防搭棚板

1—振动机；2—灰仓；3—防搭棚板；4—排灰口

用平板阀，依靠用硅橡胶密封圈，实现弹性密封；在高温工况条件下（大于150℃），宜采用鼓形阀，利用鼓形曲面与平面阀座刚性密封。切换时间与动力装置及阀体大小有关，一般以2～5s为宜。气动装置的推杆速度快，所以多采用气动方式，随着高速电动缸产品的成熟，也有用电动方式。

反吹风袋式除尘器的清灰结构有以下四种形式。

A　三通换向阀

三通换向阀有三个进出口，除尘器滤袋室正常除尘过滤时，气体由下口至排气口，反吹口关闭。反吹清灰时，反吹风口开启，排气口关闭，反吹气流对滤袋室滤袋进行反吹清灰。三通换向阀工作原理如图4-33所示。三通阀是最常用的反吹风清灰机构形式。这种阀的特点是结构合理，严密不漏风（漏风率小于1%），各室风量分配均匀。

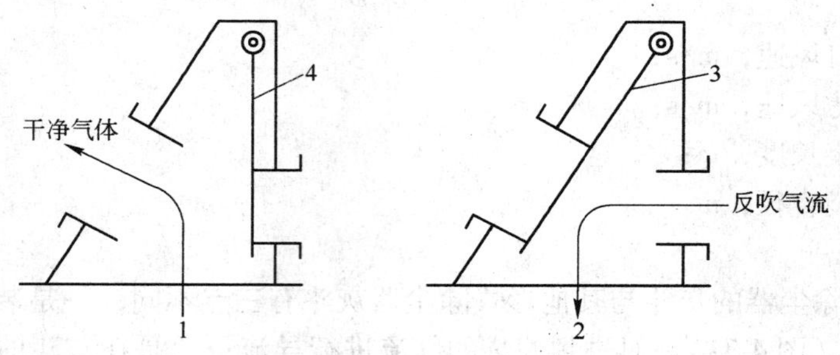

图 4-33　三通换向阀工作原理图

1，2—滤袋室；3，4—阀板

B　一、二次挡阀

图4-34所示为利用一次挡板阀和二次挡板阀进行反吹风袋式除尘器的清灰工作是清灰机构的另一种形式。除尘器某袋滤室除尘工作时，一次阀打开，二次阀关闭，吹清灰时，一次阀关闭，二次阀打开，相当于把三通换向阀一分为二。一、二次挡板阀的结构形式有两种，一种与普通蝶阀类似，但要求阀关闭后严密，漏风率小于5%。另一种与三通

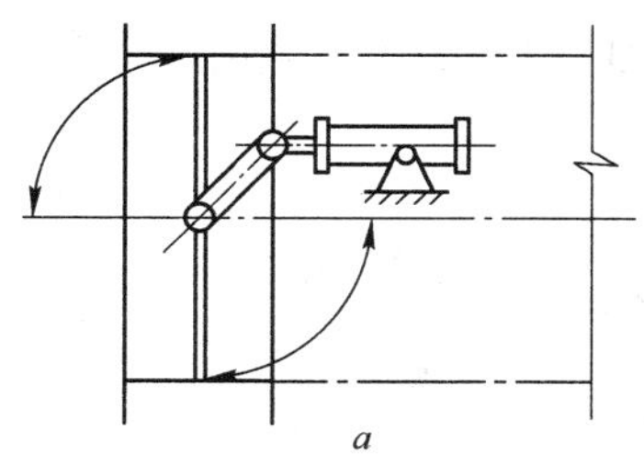

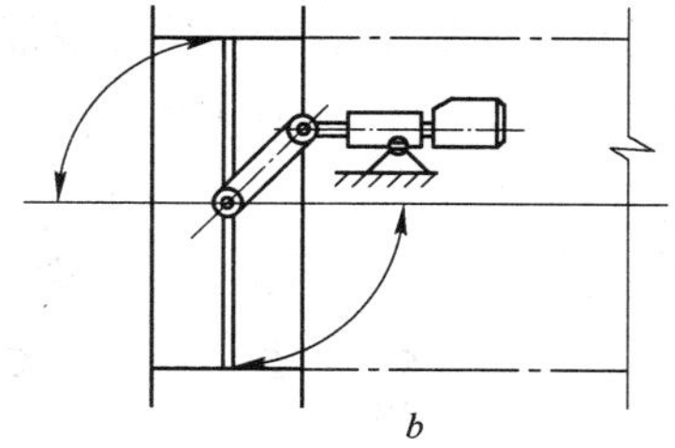

图 4-34 一、二次挡板阀

a—气动挡板阀；*b*—电动挡板阀

换向阀类似，只是把 3 个进出口改为 2 个进出口，这种阀的漏风率小于 1%。

C 回转切换阀

回转切换阀由阀体、回转喷吹管、回转机构、摆线针轮减速器、制动器、密封圈及行程开关等组成。回转切换阀工作原理如图 4-35 所示。当除尘器进行分室反吹时，回转喷吹管装置在控制装置作用下，按程序旋转并停留在清灰布袋室风道位置。此时滤袋处于不过滤状态，同时反吹气流逆向通过布袋，将粉尘清落。

D 盘式提升阀

用于反吹风袋式除尘器的盘式提升阀有两类，一类是用于负压反吹风袋式除尘器，结构同脉冲除尘器提升阀，其外形如图 4-36 所示。另一类是用于正压反吹风袋式除尘器，有三个进出口。这两类阀的共同特点是靠阀板上下移动开关进出口，构造简单，运行可靠，检修维护方便。

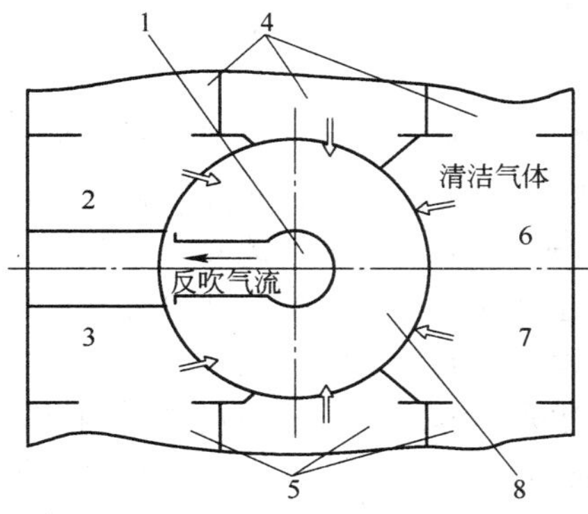

图 4-35 回转切换阀工作原理

1—回转切换阀；2，3，6，7—风道；4，5—滤袋室；8—阀体

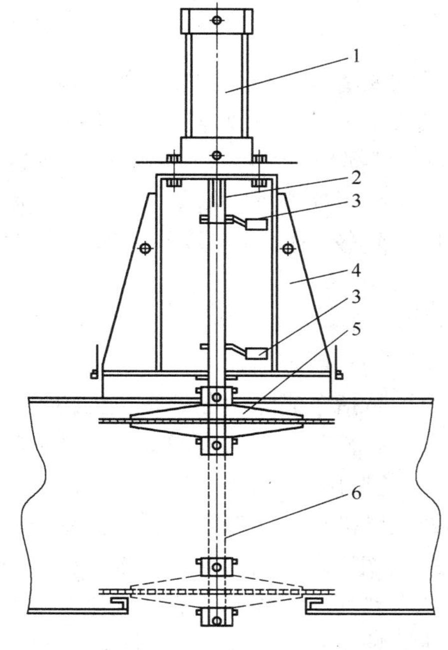

图 4-36 盘式提升阀外形

1—气缸；2—连杆；3—行程开关；4—固定板；5—阀；6—导轨

4.3.4 反吹风袋式除尘器清灰装置

4.3.4.1 清灰机理

反吹风清灰的机理，一方面是由于反向的清灰气流直接冲击尘块；另一方面由于气流

方向的改变，滤袋产生胀缩变形而使尘块脱落。反吹气流的大小直接影响清灰效果。

反吹风清灰过程如图 4-37 所示。

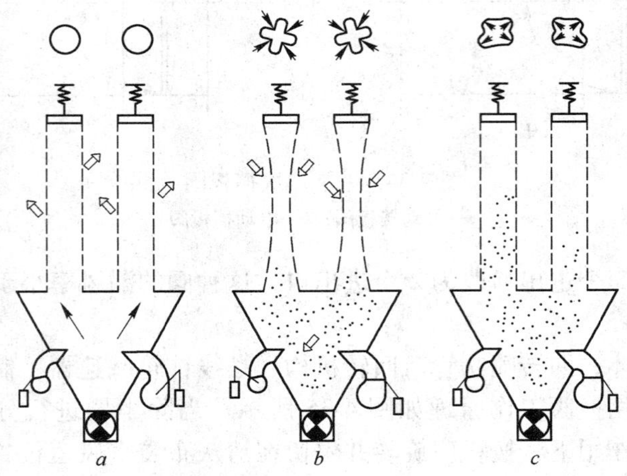

图 4-37 反吹风清灰方式

a—过滤；*b*—反吹；*c*—沉降

反吹风清灰在整个滤袋上的气流分布比较均匀。振动不剧烈，故过滤袋的损伤较小。反吹风清灰多采用长滤袋（4 ~ 12m）。由于清灰强度平稳，过滤风速一般为 0.6 ~ 1.2 m/min，且都是采用停风清灰，此时滤袋不再进行过滤除尘。

采用高压气流反吹清灰，如回转反吹袋式除尘器清灰方式在过滤工作状态下进行清灰也可以得到较好的清灰效果，但需另设中压或高压风机。这种方式可采用较高的过滤风速。

4.3.4.2 清灰方法

A 负压清灰

负压是指布袋除尘器处在风机的负压端，这种除尘器通常采用下进风上排风内滤式结构，且其有相互分隔的袋滤室。当某一袋滤室清灰时，通过控制机构先关闭该室的出风口阀门，同时打开反吹风管的进风阀门，使该袋滤室与室外大气相通。此时由于其他各袋滤室都处在风机负压状态下运行，而待清灰的袋滤室在大气压力的作用下使室外空气经反吹风管进入该室。反吹风气流被吸入滤袋内，并沿着含尘气流过滤时相反的方向，经进气管道被吸入到其他袋滤室。清灰气流通过滤袋时，使滤袋压瘪，通过控制机构控制阀门的启闭，使滤袋反复胀瘪数次，抖动滤袋，更有利于粉尘的脱落，提高了清灰效果。图 4-38 为负压大气反吹清灰。

负压清灰构造的除尘器用于高温含尘气体净化时，由于反吹风吸入环境空气的温度较低，容易使高温气体在袋滤室或灰斗内冷却到露点温度以下，使滤袋或器壁出现结露、糊袋现象，严重时会影响除尘器的正常运行，在潮湿地区应用更应注意。这种负压吸入大气反吹风清灰的除尘器装置宜用于常温含尘气体的处理。

B 正压循环烟气清灰

正压是指布袋除尘器处在风机的正压端。这种除尘器通常是下进风内滤直排式结构，

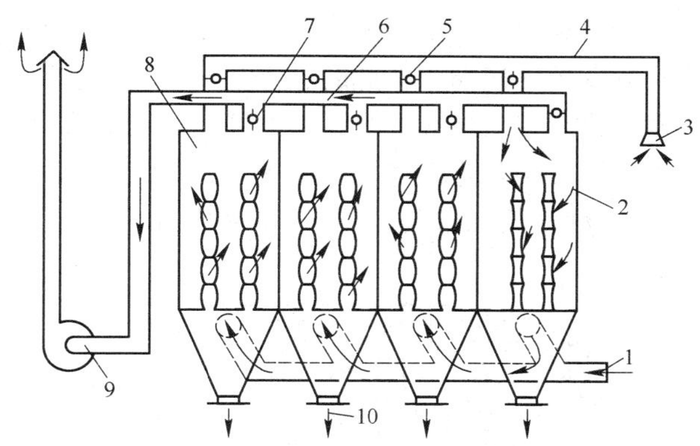

图 4-38 负压大气反吹清灰示意图

1—含尘气体入口；2—袋滤室清灰状态；3—反吹风吸入口；4—反吹风管；5—反吹风进气阀；
6—净气排风管；7—净气出风口阀门；8—袋滤室过滤状态；9—引风机；10—排尘口

每一组袋滤室是相通的，它们之间没有隔板。当某一袋滤室需要清灰时，首先关闭该组滤袋的烟气入口阀门，同时打开反吹风管的阀门。由于反吹风管与系统引风机的负压端相通，在风机负压的作用下，待清灰的滤袋内亦处于负压状态，这样滤室内净化后的烟气被吸入到该组滤袋内，使该组滤袋变瘪。同样，通过控制有关阀门的启闭，使滤袋出现数次的胀瘪，更有助于滤袋内壁粉尘的脱落，达到清灰目的。从滤袋脱落的粉尘，一部分落入灰斗，小部分微尘随反吹气流经风机负压端的反吹管道，与含尘烟气汇合后通过风机进入其他袋滤室再净化处理。图 4-39 为正压布袋循环烟气反吹风清灰。

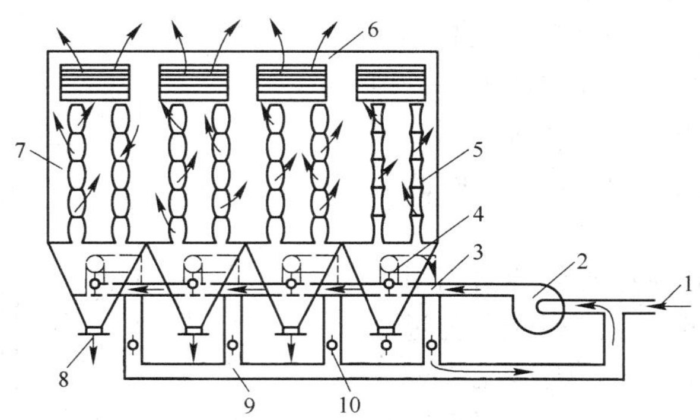

图 4-39 正压布袋循环烟气反吹风清灰示意图

1—含尘气体入口；2—风机；3—含尘烟气管道；4—烟气入口阀门；5—袋滤室清灰状态；
6—净气排出口；7—袋滤室过滤状态；8—排尘口；9—反吹风管道；10—反吹风阀门

正压循环烟气清灰构造的除尘器由于利用系统内的循环烟气反吹清灰，避免了反吹风引起的袋滤室内结露、糊袋现象。这种反吹清灰方式的除尘系统一般宜用来处理高温烟气，系统风机的压力要求在 4kPa 以上。

C 负压循环烟气清灰

负压循环烟气清灰构造的除尘器通常也是下进风上排风内滤式，各袋滤室之间设有隔板，使各袋滤室成为相互独立的小室。除尘器处在系统风机的负压端，反吹风管与系统风机出口的正压端相连。当某一袋滤室需要清灰时，先关闭该袋滤室与风机负压端相连的净气出口阀，然后打开反吹风管的进气阀门，此时，循环烟气在风机正压的作用下，经反吹风管进入该滤袋室，实现反吹清灰。从滤袋上脱落的粉尘大部分在灰斗内沉降，未沉降下来的微尘在风机负压的作用下，经含尘烟气入口被吸出，与含尘烟气混合后被吸入相邻各室再次进行净化。图 4-40 所示为负压布袋循环烟气反吹风清灰。

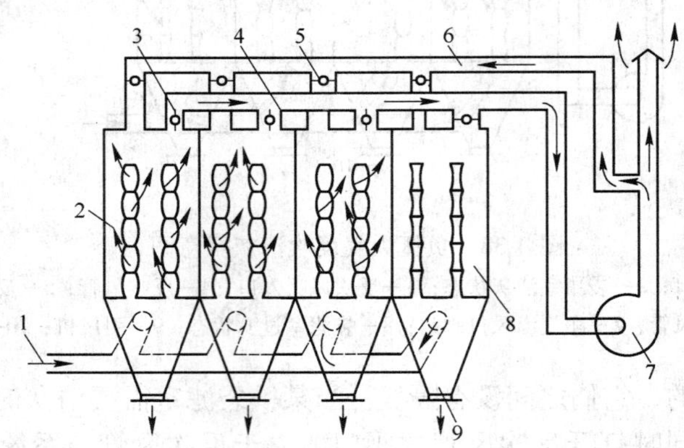

图 4-40　负压布袋循环烟气反吹风清灰示意图

1—含尘气体入口；2—袋滤室过滤状态；3—净气排出口；4—净气管道；5—循环烟气反吹风阀门；6—循环烟气管道；7—风机；8—袋滤室反吹清灰状态；9—排尘口

D　正压上进风反吹清灰

正压上进风反吹清灰式除尘器工作原理如图 4-41 所示。含尘气体由上部进入各小袋室，经过滤料过滤后的净化气体由下部排风管经烟囱排入大气。经一定时间过滤后，阻力达到某设定值便进行反吹清灰，使滤布“再生”。

反吹风清灰主要是通过阀门的启闭组合来改变滤袋内外压力的方法，即产生与过滤气流方向相反的气流。由于反向气流（或逆压）的作用，将圆筒形滤袋压缩成星形断面（有的呈一字形断面），反吹气流的作用是引起滤袋附积粉尘脱落的一个原因，由于滤袋变形是导致的粉尘层崩落的另一个原因。

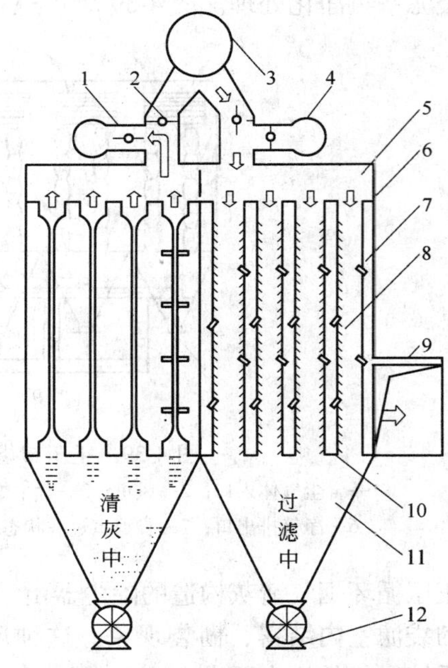

图 4-41　正压上进风反吹风袋式除尘器工作原理

1—反吸风阀；2—进风阀；3—进风管道；4—反吸风管；5—进风室；6—上花孔板；7—袋室；8—滤袋；9—排风管道；10—下花孔板；11—灰斗；12—星形卸灰阀

反吹风机的抽吸作用使滤袋内外压差发生改变，滤袋受压变瘪，当滤袋恢复过滤时，由于产生抖动，实现了清灰过程。工作过程如下：当进风阀 2 关闭，反吸风阀 1 开启时，由于反吸（吹）风机的作用改变了滤袋 8 内压力，滤袋被压缩变瘪，经 10s 后，反吸风阀1关闭，进风阀2开启，此时滤袋8被吹胀并发生抖动，粉尘抖入灰斗，实现清灰目的。

4.3.4.3　反吹风清灰制度

目前反吹（吸）风袋式除尘器的清灰制度，通常分为二状态清灰和三状态清灰两种方式。现以反吹风内滤袋式除尘器为例说明如下：

（1）二状态清灰。反吹风内滤袋式除尘器正常运行时，含尘气体由内向外通过滤袋，使滤袋呈鼓胀状态。当滤袋内沉积的粉尘足够厚，需要清灰时，由于关闭该室的净气排气口，打开反吹风口，使滤袋内侧处于负压状态，从滤袋外向内吸入反吹风气体（室外空气或循环烟气），使滤袋变瘪，从而使沉积在滤袋内侧的粉尘抖落。采用这种清灰制度，滤袋呈“鼓胀吸瘪”两个状态达到清灰目的，通常称为“二状态清灰法”。目前国内大多数反吹（吸）风袋式除尘器都采用这种方法。图4-42所示为二状态清灰过程。

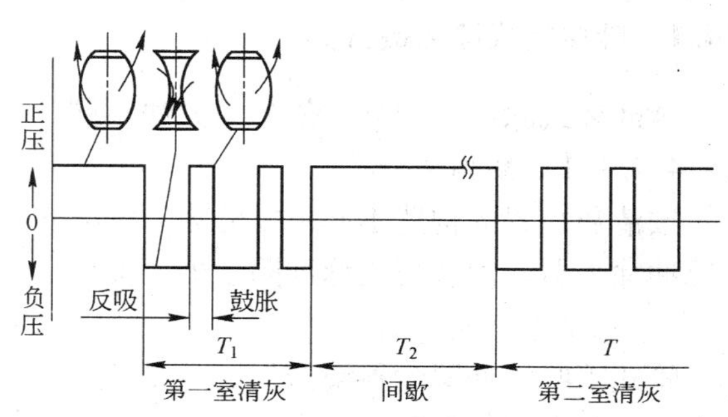

图4-42　二状态清灰过程示意图

（2）三状态清灰。在反吸风式大型袋式除尘器中，一般滤袋都很长（5～10m）。若采用二状态清灰制度，由于反吹吸瘪状态时间短，从滤袋上抖落的粉尘还来不及全部降至灰斗，吸瘪动作结束，即转入鼓胀的过滤状态，从而使未落至灰斗的粉尘随过滤气流重新沉积在滤袋上。滤袋越长这种现象越严重。

在二状态清灰的基础上，于吸瘪动作结束后，增加一般自然沉降的时间，这就形成了“三状态清灰法”。三状态清灰法可以克服二状态清灰出现的粉尘再返回滤袋沉积现象。

自然沉降可分集中自然沉降和分散自然沉降两种方式。集中自然沉降是在该袋滤室清灰的最后一次吸瘪动作结束后，同时关闭该室排风口和反吹风口的阀门，使滤袋室内暂时处于无流通气流的静止状态，为粉尘沉降创造良好条件。集中自然沉降时间一般为60～90s。分散自然沉降是在袋滤室每一次吸瘪动作以后，安排一段沉降时间，以便粉尘降落。分散自然沉降时间一般为30～60s。图4-43所示为集中自然沉降的三状态清灰过程。图4-44所示为分散自然沉降的三状态清灰过程。

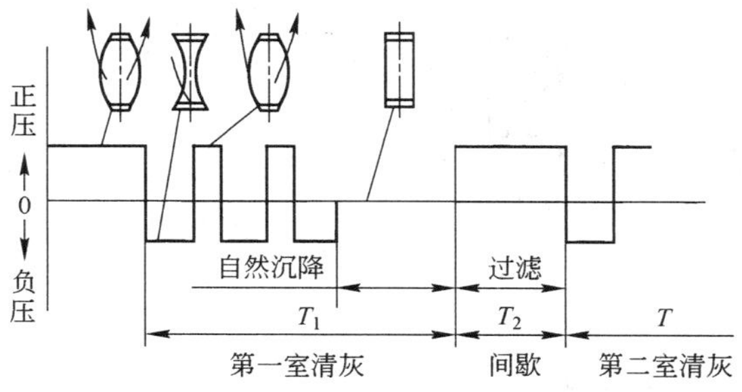

图4-43　集中自然沉降的三状态清灰过程示意图

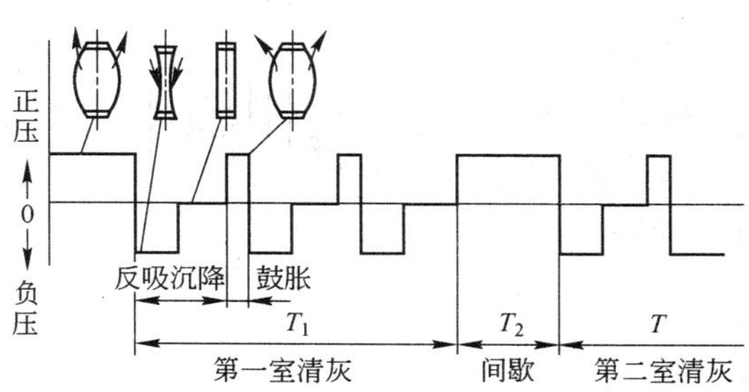

图4-44　分散自然沉降的三状态清灰过程示意图

4.4 脉冲袋式除尘器

脉冲袋式除尘器是20世纪50年代美国人莱因豪尔（Rei-nhauer）发明的，它是一种周期地向滤袋内喷吹压缩空气来达到清除滤袋积灰的袋式除尘器。它属于高效除尘器，净化效率可达99%以上，压力损失约为1200～1500Pa，过滤负荷较高，滤布磨损较轻，使用寿命较长，运行稳定可靠，已得到普遍采用。清灰需要有压气源作清灰动力，消耗一定能量。

4.4.1 脉冲袋式除尘器分类

脉冲袋式除尘器的分类依分类方法不同，可以分成以下几种。

4.4.1.1 按构造分类

按清灰装置的构造不同可以分为管式喷吹脉冲除尘器、箱式喷吹脉冲除尘器、移动喷吹脉冲除尘器、回转喷吹脉冲除尘器四类。

A 管式喷吹脉冲除尘器

管式喷吹脉冲除尘器清灰时，压缩空气由滤袋口上部的喷吹管的孔眼直接喷射到滤袋内。在滤袋口有的装设文氏管进行导流，有的不装置文氏管，但要求喷吹管孔与滤袋中心在一条垂直线上，管式喷吹（图4-45）是最常用的一种清灰方式。其特点是容易实现所有滤袋的均匀喷吹，滤袋清灰效果好。

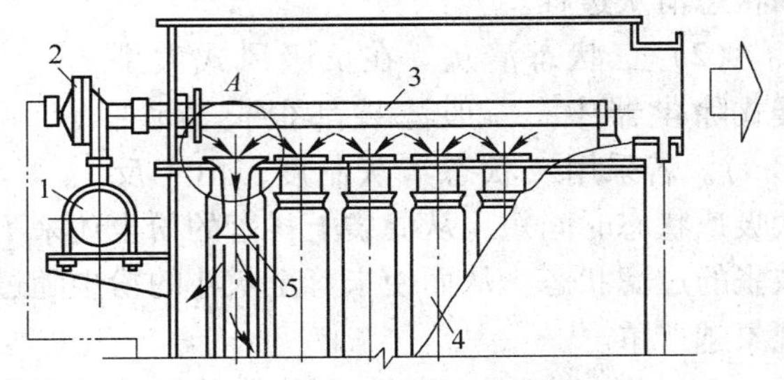

图4-45 管式喷吹示意图

1—气包；2—脉冲阀；3—喷吹管；4—滤袋；5—文氏管

B 箱式喷吹脉冲除尘器

箱式喷吹是一个袋室用一个脉冲阀喷吹，不设喷吹管，一台除尘器分为若干个袋室。每个袋室配若干个脉冲阀，如图4-46所示。箱式喷吹的最大优点是喷吹装置简

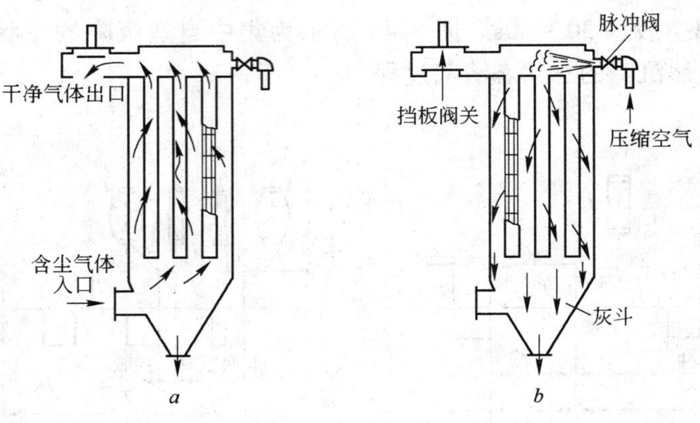

图4-46 箱式喷吹示意图

a—过滤；*b*—清灰

单，换袋维修方便。但单室滤袋数量受限制。如果滤袋数量过多，会影响滤袋的清灰效果。

C　移动喷吹脉冲除尘器

由一个脉冲阀与一根活动管和数个喷嘴组成一个移动式喷吹头，每组滤袋对应装有一个相互隔开的集气室，当喷头移动到某一集气室时，打开脉冲阀，高压由喷嘴喷入箱内，然后分别进入每条滤袋进行清灰，如图4-47所示。其特点是用一套喷吹装置喷吹若干排滤袋。移动喷吹虽然可以减少喷吹管的数量，但对喷吹管的加工和安装精度要求较严格，维修也不甚方便。

D　回转喷吹脉冲除尘器

由一个大型通过旋转总管对滤袋（通常为扁袋）进行脉冲喷吹，其结构与回转反吹风袋式除尘器近似，区别在于：(1)使用了脉冲阀间断清灰；(2)设有分气箱；(3)分室停风脉冲清灰。其结构如图4-48所示。

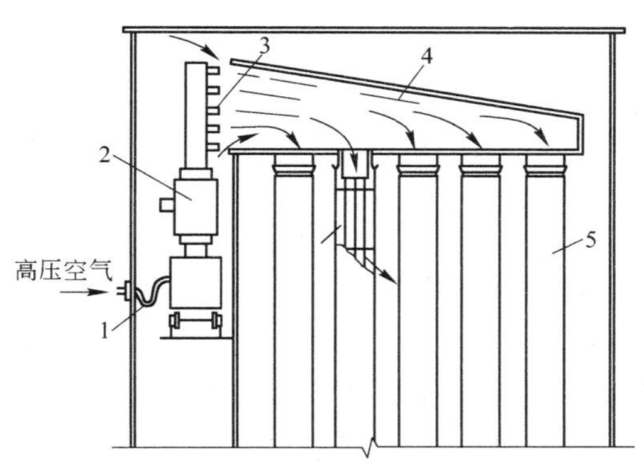

图4-47　移动喷吹示意图

1—软管；2—喷吹箱；3—喷嘴；4—集合箱；5—滤袋

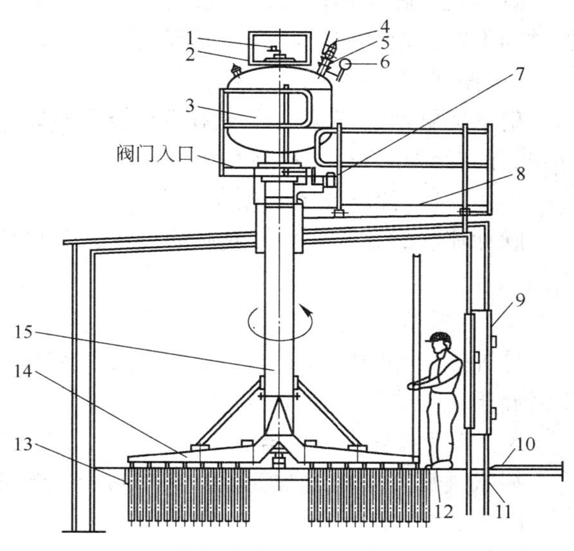

图4-48　上部箱体结构

1—电磁阀；2—膜片；3—气包；4—隔离阀；5—单向阀；6—压力表；7—驱动电动机；8—顶部通道；9—检查门；10—通道；11—外壳；12—花板；13—滤袋；14—喷吹管；15—喷吹总管

4.4.1.2　按喷吹压力分类

脉冲袋式除尘器按压缩空气喷吹压力大小可以分为高压喷吹脉冲除尘器和低压喷吹脉冲除尘器。虽然这种区别不明显且不够科学，但习惯上仍存在这种区分方法。

A　高压喷吹脉冲除尘器

高压喷吹是指除尘器分气包的工作压力超过0.5MPa时所用的清灰压力，高压喷吹的工作压力通常在0.6～0.7MPa。高压喷吹的特点是用较小的气量达到较好的清灰效果，特别是除尘器在处理高温烟气时，这一效果更为明显。高压喷吹所用的分气包体积小，喷吹管细，喷吹脉冲阀多采用直角阀是它的另一个特点。

B　中压喷吹脉冲除尘器

中压喷吹的分气包工作压力为0.25～0.5MPa，中压喷吹时，达到同样的清灰效果需要气体量较大，在处理高温烟气时，由于喷吹气量较大且温度较低，有可能在袋口形成结露现象。中压喷吹的优点在于当压缩空气管网压力低时，亦能适应管网压力进行清灰作业。

C 低压喷吹脉冲除尘器

低压喷吹的分气包工作压力小于0.25MPa，也可用高压风机供气。

4.4.1.3 按滤袋形状分类

按滤袋形状脉冲除尘器可分为圆筒袋脉冲袋式除尘器和扁平袋脉冲袋式除尘器。此外还有菱形袋脉冲袋式除尘器。

A 圆筒袋脉冲袋式除尘器

脉冲袋式除尘器使用的滤袋多数为圆筒形，其直径范围 $\phi80 \sim \phi180$mm，用于特殊场合时则不在此范围内。圆筒形滤袋缝制方便，袋笼制作和安装容易。

B 扁平袋脉冲袋式除尘器

扁平袋脉冲袋式除尘器使用的滤袋有两类：一类是侧插式扁平袋，另一类是上插式梯形袋，前者袋小且扁，后者袋大且长。

4.4.1.4 按脉冲喷吹流向分类

脉冲喷吹袋式除尘器按其脉冲喷吹方向与过滤气流的方向可分为逆喷式、顺喷式及对喷式三种。

A 逆喷式袋式除尘器

这种除尘器喷吹气流的方向与过滤气流的方向相反。为设计和操作方便，绝大多数除尘器属于逆喷式袋式除尘器。

B 顺喷式袋式除尘器

喷吹气流方向与过滤气流方向相同。一般设计成两种气流均自上向下流动。

C 对喷式袋式除尘器

脉冲喷吹气从滤袋的上下两端对喷于袋内，对喷可提高清灰效果，加长滤袋的长度。

4.4.1.5 按喷吹方式分类

脉冲喷吹袋式除尘器按其喷吹方式不同，可分为在线喷吹和离线喷吹两种。

A 在线喷吹袋式除尘器

在线喷吹是将袋式除尘器的所有滤袋安置在一个箱体内，滤袋排列成数排，清灰时滤袋逐排喷吹，此时袋式除尘器内的其余各排滤袋仍在过滤状态下，为此也称在线清灰。在线喷吹时，虽然被清灰的滤袋不起过滤作用，但因喷吹时间很短，而且滤袋依次逐排地清灰，几乎可以将过滤作用看成是连续的，因此可以不采取分室结构。但对大中型除尘器即使在线喷吹，为了检修方便也采用分室结构设计。

B 离线喷吹袋式除尘器

离线喷吹是将袋式除尘器分成若干个滤袋室,然后逐室进行喷吹清灰,清灰时该室即停止过滤,故又称停风喷吹。在线喷吹时,与被清灰滤袋相邻的滤袋尚处于过滤状态,清下的粉尘易被相邻滤袋再吸附,致使清灰不够彻底;而离线喷吹是停止过滤状态下进行喷吹清灰,因而清灰彻底。同时离线清灰时,喷吹用压缩空气压力在达到同样清灰效果的情况下比较低。

4.4.1.6 按清灰方式分类

脉冲袋式除尘器按清灰方式分为十类，见表4-11。

表 4-11　脉冲袋式除尘器按清灰方式分类

序　号	名　称	定　　义
1	逆喷低压脉冲	低压喷吹，喷吹气流与过滤后袋内净气流向相反，净气由上部净气箱排出
2	逆喷高压脉冲	高压喷吹，喷吹气流与过滤后滤袋内净气流向相反，净气由上部净气箱排出
3	顺喷低压脉冲	低压喷吹，喷吹气流与过滤后袋内净气流向一致，净气由下部净气箱排出
4	顺喷高压脉冲	高压喷吹，喷吹气流与过滤后袋内净气流向一致，净气由下部净气箱排出
5	对喷低压脉冲	低压喷吹，喷吹气流从滤袋上下同时射入，净气由净气箱排出
6	对喷高压脉冲	高压喷吹，喷吹气流从滤袋上下同时射入，净气由净气箱排出
7	环隙低压脉冲	低压喷吹，使用环隙形喷吹引射器的逆喷脉冲式
8	环隙高压脉冲	高压喷吹，使用环隙形喷吹引射器的逆喷脉冲式
9	分室低压脉冲	低压喷吹，分室结构，按程序逐室喷吹清灰，但喷吹气流只喷入净气箱，不直接喷入滤袋
10	长袋低压脉冲	低压喷吹，滤袋长度超过 5.5mm 的逆喷脉冲式

4.4.2　脉冲袋式除尘器工作原理

脉冲袋式除尘器一般采用加圆形滤袋，按含尘气流运动方向分为侧进风、下进风两种形式。这种除尘器通常由上箱体（净气室）、中箱体、灰斗、框架以及脉冲喷吹装置等部分组成。其工作原理如图 4-49 所示。

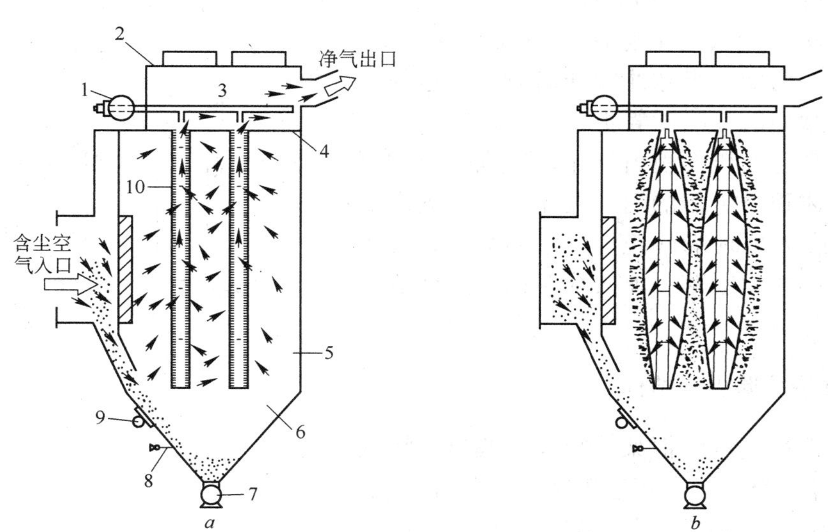

图 4-49　脉冲除尘器工作原理

a—过滤状态；*b*—清灰状态

1—脉冲阀；2—净气室；3—喷吹管；4—花板；5—箱体；6—灰斗；7—回转阀；8—料位计；9—振打器；10—滤袋

工作时含尘气体从箱体下部进入灰斗后，由于气流断面积突然扩大，流速降低，气流中一部分颗粒粗、密度大的尘粒在重力作用下，在灰斗内沉降下来；粒度细、密度小的尘粒进入滤袋室后，通过滤袋表面的惯性、碰撞、筛滤、拦截和静电等综合效应，使粉尘沉降在滤袋表面上并形成粉尘层。净化后的气体进入净气室由排气管经风机排出。

袋式除尘器的阻力值随滤袋表面粉尘层厚度的增加而增加。在此过程中除尘器进行过滤的任一时间的阻力 ΔP 值，可以由式（4-12）求出

$$\Delta P = \mu v_c (A + B\rho v_0 v_c t) \tag{4-12}$$

式中　v_c——过滤风速，m/s；

μ——气体动力黏度系统，Pa·s；

ρv_0——气体初始含尘量，kg/m^3；

A，B——系数，取决于滤料的孔隙率、几何特性和气体动力特性，其值用试验的方法确定；

t——时间，s。

当其阻力值达到某一规定值时，必须进行喷吹清灰。

在给定除尘器压降 Δp_{min} 的情况下，由式（4-13）可以求出必需的清灰周期 t_p

$$t_p = \Delta p / \mu v_c - A / (B v_c - \rho v_0) \tag{4-13}$$

式中符号意义同式（4-12）。

但是应当指出，为达到较高的气体除尘效率，在清灰时从滤料上只是破坏和去掉一部分粉尘层，而不是把滤袋上的粉尘全部清除掉。

脉冲喷吹的清灰是由脉冲控制仪（或 PLC）控制脉冲阀的启闭，当脉冲阀开启时，气包的压缩空气通过脉冲阀经喷吹管上的小孔，向滤袋口喷射出一股高速高压的引射气流，形成一股相当于引射气流体积若干倍的诱导气流，一同进入滤袋内，使滤袋内出现瞬间正压，急剧膨胀；沉积在滤袋外侧的粉尘脱落，掉入灰斗内，达到清灰目的。

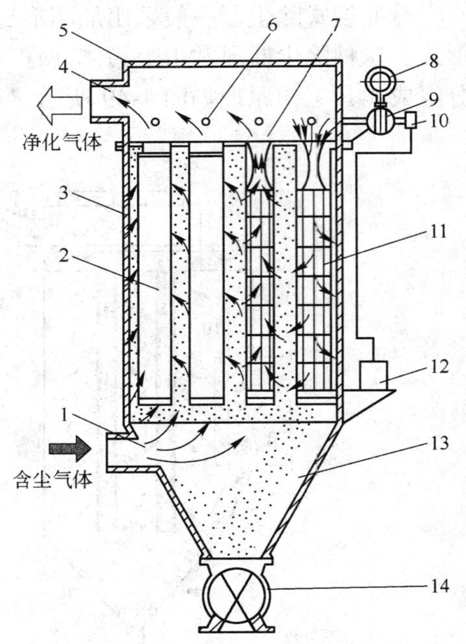

图 4-50　脉冲袋式除尘器

1—进气口；2—滤袋；3—中部箱体；4—排气口；5—上箱体；6—喷射管；7—文氏管；8—空气包；9—脉冲阀；10—控制阀；11—框架；12—脉冲控制仪；13—灰斗；14—排灰阀

4.4.3　脉冲袋式除尘器结构

脉冲袋式除尘器由框架、箱体、滤袋、清灰装置和压缩空气装置、差压装置和电控装置组成，如图 4-50 所示。脉冲袋式除尘器与其他袋式除尘器的主要区别是清灰装置。

4.4.3.1　框架

脉冲袋式除尘器的框架由梁、柱、斜撑等组成，框架设计的要点在于要有足够的强度和刚度

支撑箱体、灰重及维护检修时的活动荷载，并防范遇到特殊情况如地震、风雪灾害不至于损坏。

4.4.3.2 箱体

脉冲袋式除尘器的箱体分为滤袋室和洁净室两大部分，两室由花板隔开。在箱体设计中主要是确定壁板和花板，壁板设计要进行详细的结构计算，花板计算除了参考同类产品外基本是凭设计者的经验。

花板是指开有大小相同安装滤袋孔的钢隔板。在花板设计中主要是布置滤袋孔的距离，该间距与袋径、袋长、粉尘性质、过滤速度等因素有关。例如，某台除尘器，其袋中心距离壁板为250mm，喷吹管上喷吹孔距离为20mm，袋直径为160mm，长度为6m。由于袋与袋之间距离只有40mm，滤袋底部相互碰撞磨损，在运行数月后部分滤袋底部破裂。

如果袋与袋之间的距离太靠近，不但会产生以上问题，还会令箱体内气流上升速度太快，导致烟气排放量增加，滤料的局部过滤负荷太高和清灰力度不够。

根据经验，袋与袋之间的边缘根据滤袋长度、气流上升速度综合考虑后设计，至少大于滤袋直径的2/5（不小于40mm）。上例中应把喷吹管上的滤袋数量从16条减少到14条，每个袋长度增加到6.9m，喷吹孔距离增大到280mm，除尘器的过滤面积和壳体尺寸不变。这样设计更合理可靠。

图4-51所示为两种花板的示意图。花板孔均匀布置适用于中小型脉冲除尘器，疏密布置适用于大中型脉冲除尘器。

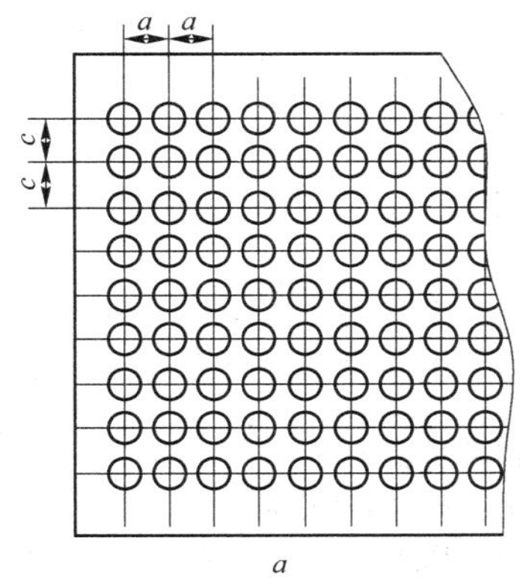

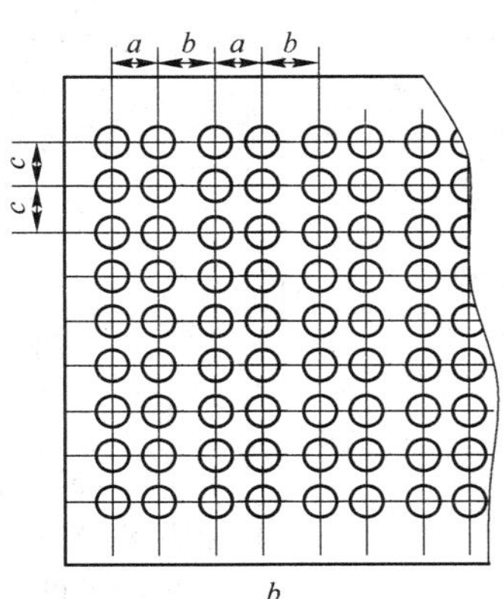

图4-51 花板示意图

a—均匀布置；*b*—疏密布置

花板设计注意事项：

（1）花板既要承受系统负压，又要承受滤袋、粉尘层及袋笼的重量，花板如有变形可能影响滤袋的垂直度及袋口处的密封效果，设计在花板下部应做加强处理。

（2）除尘器花板应光洁平整，不应有挠曲、凹凸不平等缺陷，其平面度偏差不大于花板长度的20%。花板孔径周边要求光滑无毛刺，用弹性胀圈固定滤袋的花板孔径公差为$\phi^{+0.3}_{-0}$mm。

（3）花板孔径加工后安装位置与理论位置偏差应小于 1.5mm。平面度偏差不大于花板长度的 20%。

4.4.4　脉冲袋式除尘器清灰装置

脉冲袋式除尘器的清灰装置由脉冲阀、喷吹管、贮气包、诱导器和控制仪等几部分组成。

脉冲袋式除尘器清灰装置工作原理如图 4-52 所示。脉冲阀一端接压缩空气包，另一端接喷吹管，脉冲阀背压室接控制阀，脉冲控制仪控制着控制阀及脉冲阀开启。当控制仪无信号输出时，控制阀的排气口被关闭，脉冲阀喷口处于关闭状态；当控制仪发出信号时控制排气口被打开，脉冲阀背压室外的气体泄掉压力降低，膜片两面产生压差，膜片因压差作用而产生移位，脉冲阀喷吹打开，此时压缩空气从气包通过脉冲阀经喷吹管小孔喷出（从喷吹管喷出的气体为一次风）。当高速气流通过文氏管诱导了数倍于一次风的周围空气（称为二次风）进入滤袋，造成滤袋内瞬时正压，实现清灰。

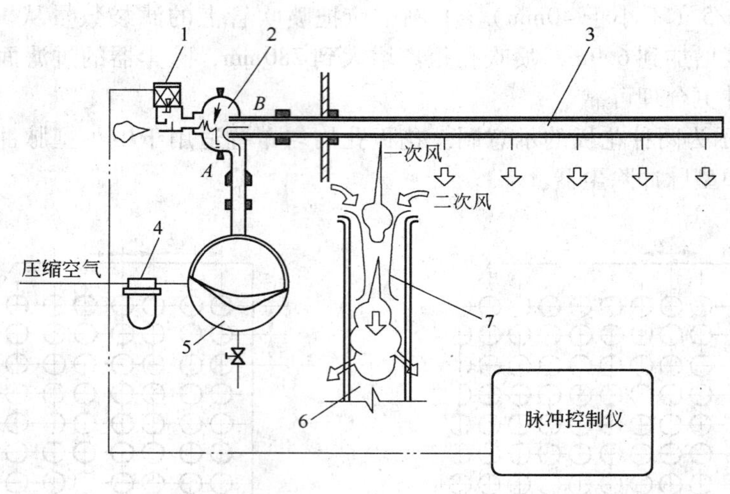

图 4-52　脉冲袋式除尘器清灰装置

1—控制阀；2—脉冲阀；3—喷吹管；4—空气过滤器；
5—气包；6—滤袋；7—文氏管诱导器

4.4.4.1　脉冲阀

脉冲阀是脉冲喷吹清灰装置的执行机构的关键部件，主要分为直角式、淹没式和直通式三类，每类有 6 个规格，接口为 20～76mm(0.75～3in)。每个阀一次喷吹耗气量 30～600m^3/min(0.2～0.6MPa)。值得注意的是国产脉冲阀的工作压力直角式阀和直通阀是 0.4～0.6MPa，淹没式阀是 0.2～0.6MPa；进口产品不管哪一种，工作压力范围均是 0.06～0.86MPa，两类阀没有承受压力和应用压力高低之区别。

4.4.4.2　喷吹管

喷吹管是一根无缝耐压管，上面按滤袋多少开有若干喷吹孔口。喷吹管的技术要点在于喷吹管直径、开孔数量、开孔大小及喷吹中心到滤袋口距离要相互匹配。如果设计和选用不当会影响清灰效果。为保证清灰效果，这些参数可以通过试验确定，也可以通过实践经验选取。一般认为喷吹孔口应小于18个，开孔为ϕ8~32mm，喷吹管距袋口200~400mm为宜。

喷吹管距袋口的距离是设计脉冲袋式除尘器的重要尺寸，它与喷吹管结构、滤袋大小、粉尘性质等诸多因素有关，所以设计时应予重视。

(1) 根据滤袋数量确定喷吹管长度。

(2) 喷吹管的壁厚应根据其长度和材质（硬度）确定，保证不会由于自重而弯曲变形。

(3) 高效率清灰系统喷吹管上安装超音速导流喷嘴，防止喷吹气流的偏中心现象发生。

(4) 如果不安装导流喷嘴，只在喷吹孔下焊接一节短管，不能克服喷吹气流的偏中心现象，而且会由于超音速喷吹气流与管道之间的摩擦而产生阻力。

(5) 为了保证脉冲气流量进入第一个滤袋和最后一个滤袋的差别在±10%以内，同一条喷吹管上的孔径可能会不同。一般是远离气包的喷吹孔比靠近气包的喷吹孔径小0.5~1.0mm。喷吹孔直径是确定脉冲喷吹系统的清灰压力和气体流量的主要参数。

(6) 根据气包压力、脉冲阀阻力、喷吹管尺寸、喷吹孔数量等因素，脉冲气流的膨胀角度一般为20°左右。必须结合滤袋口径，根据设计师的经验和实验数值，确定喷吹管离花板的最佳距离，保证喷吹气流可以覆盖整条滤袋长度。

4.4.4.3 诱导器

诱导器有两类，一类是装在滤袋口的文氏管（图4-53*a*），另一类是装在喷吹管上的诱导器（图4-53*b*）。前者已在脉冲除尘器上应用多年，因阻力偏大，在大型脉冲除尘器上已较少采用；后者近年来开发很快，其优点是可以弥补压缩空气气源压力不足或压力不稳定，另外，也有不少不装诱导器的脉冲除尘器，但从理论上讲，装诱导器比不装要好。

(1) 埋入式文丘里的安装将导致接近滤袋口的滤料在200~400mm的高度内无法清灰。没有安装文丘里时的引流气量与喷吹压缩气量比值大约为6:1，安装文丘里后的引流气量与喷吹压缩气量比值大约是2:1。

(2) 文丘里的主要功能是保证喷吹压力，把自然扩散气流集中起来，在文丘里底部圆周形成最大压力气流，有效地把清灰压力传动到滤袋底部。

(3) 对粉尘黏性强、滤料阻力比较高或滤袋比较长的除尘器，安装文丘里将提高清灰效率达30%以上。因此，安装文丘里可以增加清灰面积（滤袋长度或数量）

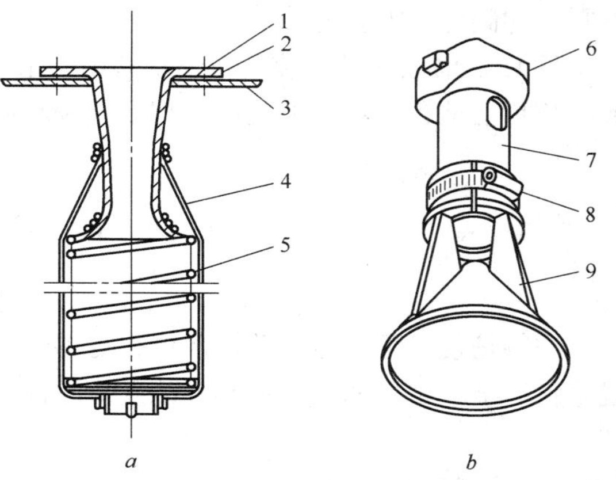

图4-53 诱导器外形

a—装在滤袋口的文氏管；*b*—装在喷吹管上的诱导器

1—文氏管；2—橡皮垫片；3—多孔板；4—滤袋；5—框架；6—固定卡；7—引射管；8—卡箍；9—导流器

或者缩小脉冲阀口径，以节省设备造价。

（4）由于文丘里管的出口直径缩小，经过滤料的气流将在文丘里的缩颈口局部加速穿过花板，这会使除尘器的总体阻力增加。

4.4.4.4 贮气包

贮气包外形有方形和圆形两种，其用途在于使脉冲阀供气均匀和充足。贮气包的具体大小取决于贮气量的多少和脉冲阀安装尺寸，贮气包属压力容器，制造完成后应做耐压检验，试验压力是工作压力的 1.25～1.5 倍为宜。

（1）设计圆形或方形截面积气包时必须考虑安全和质量要求。用户可参照行业标准《袋式除尘器安全要求脉冲喷吹类袋式除尘器分气箱》（JB/T 10191）设计。

（2）气包必须有足够容量，满足喷吹气量。一般在脉冲喷吹后气包内压降不超过原来贮存压力的 30% 为宜。

（3）气包的进气管口径尽量选大，满足补气速度。对大容量气包可设计多个进气输入管路。

（4）对于大容器气包，可用 ϕ76mm 管道把多个气包连接成为一个贮气回路。

（5）阀门宜安装在气包的上部或侧面，避免气包内的油污、水分经过脉冲阀喷吹进滤袋。

（6）每个气包底部必须带有自动（即两位两通电磁阀）或手动油水排污阀，周期性地把容器内的杂质向外排出。

（7）如果气包按压力容器标准设计，并有足够大容积，其本体就是一个压缩气稳压气罐。

当气包前另外带有稳压罐时，需要尽量把稳压罐位置靠近气包安装，防止压缩气在输送过程中经过细长管道而损耗压力。

（8）气包在加工生产后，必须用压缩气连续喷吹清洗内部焊渣，然后再安装阀门。在车间测试脉冲阀，特别是 ϕ76mm 淹没式阀时，必须保证气包压缩气的压力和补气流量，否则脉冲阀将不能打开或者漏气。

（9）如果在现场安装后，发现阀门的上出气口漏气，那就是因为气包内含有杂质，导致小膜片上堆积铁锈不能闭阀，需要拆卸小膜片清洗。

4.5 除尘用滤料

滤料是袋式除尘器的关键部位，滤料性能的优劣直接影响袋式除尘器除尘效果。本节就滤料纤维、主要滤料、滤料性能及应用注意事项进行介绍。

4.5.1 滤料纤维

4.5.1.1 滤料纤维及分类

滤料纤维的品种很多，如图 4-54 所示，可以分为天然纤维、普通合成纤维、高性能纤维、玻璃纤维和金属纤维等类别，每一个类别又可分为若干种。

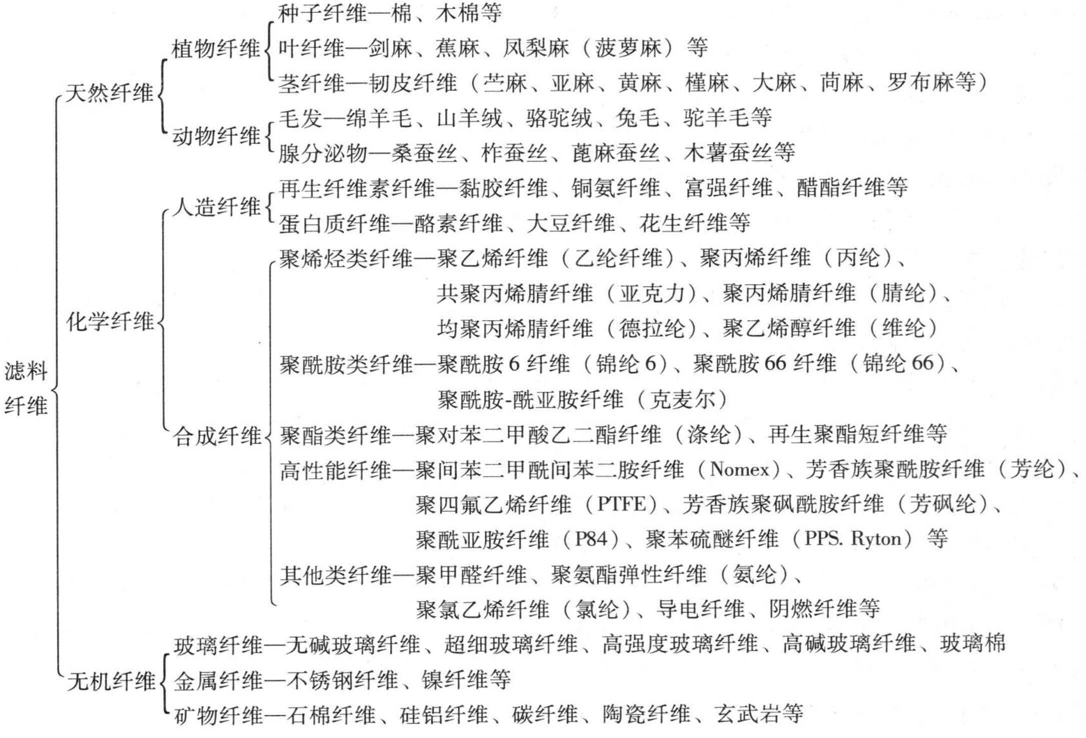

图 4-54 滤料纤维分类

4.5.1.2 滤料纤维特性

（1）聚酯（涤纶）。聚酯在环保领域应用广泛，尤以涤纶针刺过滤毡的应用为甚，是袋式除尘器使用的主要滤料。聚酯的特点是：常温性能好，能连续在130℃下工作；弹性回复性能好，断裂伸长率为30% ~40%；其耐磨及耐热性能优于尼龙，强度较高，在150℃空气中加热1000h 稍有变色，强度下降不超过50%；耐酸和弱碱，化学性能稳定。聚酯是热塑料纤维，能压光、烧毛，但聚酯不耐强碱，容易水解。

（2）聚酰胺（锦纶）。其强度高，耐磨性能优于天然纤维；表面光滑，弹性好，耐连续的屈曲；耐碱，但不耐浓酸。尼龙的极限使用温度为90 ~95℃。

（3）美塔斯。美塔斯具有良好的耐温性能及化学性能，可在200℃干燥条件下连续运行，耐折，耐磨，耐酸性能强于尼龙，它能耐氟化物。在常温下耐碱性强，但在高温下则易被溶解。但美塔斯属水解性纤维，当烟气中水分含量大于20%、遇高温或化学成分（尤其是 SO_x）时，美塔斯会很快发生水解。

（4）聚丙烯（丙纶）。它在合成纤维中是最轻的，也是比较便宜的一种，强度相当于尼龙和涤纶。聚丙烯限氧指数 19，能在90℃、潮湿环境里连续运行而不改变其性能，软化温度 150℃。聚丙烯具有良好的耐酸、耐碱性能，耐磨性好，弹性回复率高，具有比涤纶纤维更加优异的耐酸、耐碱性能及较低的软化点，且耐一般有机溶剂，是一种优良的热塑性纤维，后处理效果好。但聚丙烯耐氧化性能弱，且耐热性能较差，容易受光、热等影响而产生分解，大多数情况下会因氧化而降解。

（5）聚丙烯腈（腈纶）。其耐磨性不如其他合成纤维，强度也较低，其耐热不如涤纶。试验证明，它能在125℃热空气下维持32天强度不变。能耐酸，但耐碱性较差。

（6）共聚丙烯腈（亚克力）。共聚丙烯腈不会水解，在温度低于125℃时，对有机溶剂、氧化剂、无机及有机酸具有良好的抵抗力。共聚丙烯腈不是产自缩聚型聚合体，常用来取代有水解问题的纤维，即在低温、潮湿及有化学腐蚀的场合来取代聚酯。而丙烯腈的共聚物不耐水解，所以不能在过滤用途中用它来取代均聚体。

（7）聚苯硫醚（Ryton，也叫PPS）。聚苯硫醚纤维是一种耐高温合成纤维，具有优异的耐热性能，熔点285℃，常用温度190℃，瞬间耐温可达230℃。此外，它具有优良的阻燃性，限氧指数34～35，正常大气条件下不助燃；其化学性能与尺寸的稳定性等也相当优异，能抵御酸、碱和氧化剂的腐蚀（仅次于聚四氟乙烯纤维），可以在恶劣的工况下保持良好的过滤性能，并达到理想的使用寿命；PPS纤维最突出的优点是不会水解，可在潮湿、腐蚀性环境下运行。但PPS的抗氧化性能差，当氧含量达到12%时，操作温度应小于140℃，否则PPS会因氧化而迅速降解。

（8）聚亚酰胺（P84）。P84纤维具有优良的耐高温性能，可在260℃下连续运行，瞬间工作温度可达280℃。P84纤维很细，其纤维表面积大，孔隙微小，粉尘只能停留在滤毡表面而不能穿入毡中，逆洗压力小，运行阻力低，滤饼弹脱效率得以明显改善；P84纤维具有较强的阻尘与捕尘能力，并能捕获微小粉尘，从而提高了过滤效率；由于P84纤维的不规则截面，纤维具有较强的抱合缠结力，与玻璃纤维相比，P84纤维的化学性能、强度、耐磨折性、使用寿命等显著提高。但P84纤维不耐水解。

（9）聚四氟乙烯(Teflon,也叫PTFE)。聚四氟乙烯纤维是当今化学性能最好、抗水性、抗氧化能力最强的纤维。它具有优良的高温及低温性能,熔点327℃,瞬间耐温可达300℃;该纤维还具有良好的过滤效率及清灰性能，阻燃性好、阻力低、使用寿命长。但价格昂贵。

（10）玻璃纤维。玻璃纤维是无机纤维中应用较广的一种，它高温性能突出且价格低廉。玻璃纤维还耐腐蚀（除氟氢酸外，能抵抗大部酸，但不耐强碱及高温下的中碱）；其抗拉强度很高，但不耐磨，性脆，耐曲挠性能差。工业上使用的玻璃纤维滤料一般都经过改性处理，它的表面光滑，其流体阻力小，容易清灰，因此得到广泛地应用。

（11）金属纤维。金属制成的纤维，特点是耐温可达500℃，其导电性最好，又可洗刷，使用寿命长。不锈钢纤维的商品名为450。

4.5.2　滤布织造和整理

4.5.2.1　机织滤料

机织滤料编织方法主要有平织法、斜纹织法、缎子织法等，如图4-55所示。

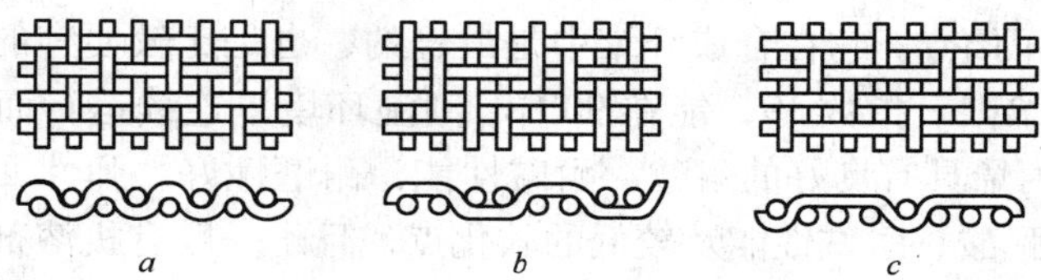

图4-55　滤布编织方法

a—平纹编织；*b*—斜纹编织；*c*—缎纹编织

（1）平纹滤布。由经纬纱上下交错编织而成。滤布无方向性，结构紧密。除尘效率高，阻力损失大。

（2）斜纹滤布。由两根以上的经线和纬线交错编织而成。滤布表面呈斜纹状，故称斜纹滤布。其除尘效率及阻力损失介于平纹滤布与缎纹滤布之间。

（3）缎纹滤布。由一根纬线和五根以上的经线交错编织而成。其特点是阻力损失小，透气性好，但除尘效率低。

玻璃纤维和729滤料均属机制滤料。

4.5.2.2　针刺滤料

针刺滤料有多种原料、多种用途、多种规格的针刺滤料。针刺毡滤料具有以下特点：

（1）针刺毡滤料中的纤维三维结构，这种结构有利于形成粉尘层，捕尘效果稳定，因而捕尘效率高于一般织物滤料。

（2）针刺滤料，孔隙率高达70%～80%，为一般织造滤料的1.6～2.0倍，因而自身的透气性好、阻力低。

（3）生产流程简单（图4-56），便于监控和保证产品质量的稳定性。

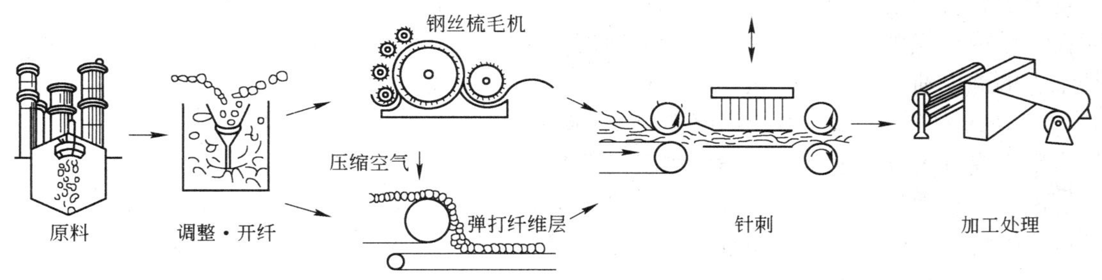

图4-56　针刺滤料生产流程

脉冲袋式除尘器多用针刺滤料。

4.5.2.3　合成纤维织物的后处理

合成纤维织物滤料和毡滤料制成后，还需要进行后整理，以稳定尺寸，改善性能，提高质量，从而扩大其应用范围。后整理主要有以下几种，可根据需要选用。

A　热定型处理

目的是消除滤料加工过程中残存的应力，使滤料获得稳定的尺寸和平整的表面。因为滤料尺寸如不稳定，则滤袋在使用中就会发生变形，从而增加滤袋与框架的磨损或使滤袋框架难以抽出，还可能导致内滤式滤袋下部弯曲积尘。热定型一般在烘燥机中进行。确定热定型温度有两个原则：一是高于滤料所用纤维的玻璃化温度，但要低于其软化点温度；二是略高于滤料能在几分钟之内耐受的最高温度。

B　热轧光处理

在针刺毡的后整理中，热轧光机应用越来越多，通过热轧可使针刺毡滤料表面光滑、平整、厚度均匀。热轧机有钢—棉两辊和钢—棉—钢三辊轧机两种。三辊轧机工作面在上钢辊与棉辊之间，下钢辊仅对棉辊起平整作用。因为工作一定时间后，棉辊上会有轧痕出现，需要用钢辊连续地将棉辊表面轧平。如系两辊轧机，轧机运转一定时间后，为消除棉轧表面的轧痕，应让轧机在不进步的情况下空车运转一段时间。采取深度的热轧技术可制成表面极为光滑且透气均匀的针刺毡，这种滤料的初阻力虽略有增加，但粉尘不易进入滤料深层，因而容易清灰，有助于降低袋式除尘器的工作阻力和提高滤袋的寿命。

C　烧毛处理

滤料的烧毛工艺与普通纺织品的烧毛工艺一样，燃料都是利用煤气。通过烧毛可将悬浮于滤料表面的纤毛烧掉，改善表面结构，有助于滤料的清灰。但是，表面部分纤维的不均匀熔融有可能形成熔结斑块反而不利滤尘。由于热轧光等技术同样可使滤料表面光滑且比较均匀，因此，除特殊情况（如对耐高温滤料或无热压设备时）外，不一定都需要进行烧毛整理。

D　抗静电处理

目前，国内外有很多用以解决滤料静电吸附性的途径，归纳起来大致有两大类：

（1）使用改性涤纶。通过一定的化学处理，涤纶改变它的疏水性，使之产生离子，将积聚的静电荷泄漏，使纤维及其织物具有耐久的抗静电性能。

其抗静电机理为：在共纺丝过程中，经混炼形成的抗静电剂和涤纶（PET）混炼物均匀地分散，抗静电剂中的一组分子的微纤状态沿着纤维轴间分布，且因微纤之间有连接，便在纤维内形成由里向外的吸湿、导电通道，且易与另一组亲水性基团相结合，将积聚于纤维上的静电荷泄漏而达到抗静电的目的。

（2）纺入金属纤维。滤料用不锈钢纤维同化学纤维混纺合成的纱为原料，由于不锈钢纤维具有良好的导电性能与化学纤维混纺后具有永久的抗静电性能。

不锈钢金属纤维（4～20μm）具有良好的导电性能，且容易和其他纤维进行混纺，它具有挠性好，力学性能、导电性能好，耐酸碱及其他化学腐蚀，耐高温等特点。

不锈钢金属纤维主要技术性能：

容重/$g \cdot cm^{-3}$	7.96～8.02
纤维束根数/$根 \cdot 束^{-1}$	10000～25000
纤维束不匀率/%	≤3
单纤维室温电阻/$\Omega \cdot cm^{-1}$	220～50
初始模量/$kg \cdot cm^{-2}$	10000～11000
断裂伸长率/%	0.8～1.8
耐热熔点/℃	1400～1500

E　拒水拒油处理

拒水拒油就是指在一定程度上滤料不被水或油润湿。从理论上讲，液体 B 是否能够润湿固体 A 是由液体表面张力和固体临界表面张力决定的。如果液体表面张力大于固体临界表面张力则液体不能浸润固体。反之液体表面张力小于固体临界表面张力则能浸润固体。

根据上述分析，若想让滤料具有拒水防油性，必须要使它的表面张力降低，降到小于水和油的表面张力，才能达到预期目的。拒水拒油整理有两种方法：一种是涂敷层，即是用涂层的方法来防止滤料被水或油浸湿；另一种是反应型，即使防水防油剂与纤维大分子结构中的某些基团起反应，形成大分子链，改变纤维与水油的亲和性能，变成拒水拒油型。前者一般会使产品丧失透气性能，后者只是在纤维表面产生拒水拒油性，纤维间的空隙并没有被堵塞，不影响透气性能，这正是过滤材料所要求的。因此一般采用反应型整理方法。

需要指出的是，拒水和防水是完全不同的两个概念。拒水整理是使织物产生防止被水润湿的效果，整理后的织物存在敞开的孔隙，允许水和空气通过，故又称透气的防水整理；而防水整理则是在织物表面涂上一层不透水、不溶水的涂层薄膜，织物上的孔隙全被填塞，即使在较高的静水压力下也不能透过，故又称不透气的防水整理。

F 涂层处理

通过涂层可改变非织造物的单面、双面或整体的外观、手感和内在质量，也可使产品性能满足某些特定的（如使针刺毡变挺可折叠成波浪型做滤筒用）要求。

4.5.2.4 玻璃纤维织物的后处理

玻璃纤维针刺毡是专为处理高温气体的脉冲喷吹袋式除尘器设计的，制造过程中使用了比例相当高的树脂、黏合剂。因为在高温下树脂软化，毡子就容易弯曲，于是滤袋便具有清灰所需的柔软性；如温度低于90℃，则此种柔软性就会消失。因为在常温下玻纤针刺毡比较硬，所以在制作、包装和安装时要注意防止产生裂缝或小孔。

为改善玻璃纤维滤料在酸性或碱性环境中，其强度、耐折、耐磨等性能不受影响；改善玻璃纤维的曲挠性，使其满足袋式除尘器反吹风清灰或脉冲清灰工作的要求，提高滤料表面的疏水性，使其具备抗结露能力。

表面处理技术属于软技术，形成以硅油为主，以硅油、石墨、聚四氟乙烯为主，以耐酸耐碱为主等，玻璃纤维表面处理的种类及性能见表4-12。

表4-12 玻璃纤维表面处理的种类及性能

种 类	表面浸渍剂	耐温性/℃	抗化学侵蚀性	粉尘剥落性	抗折强度	成 本
标准有机硅	有机硅（唯一的）	220	尚好	好	尚好	一般
特级有机硅	有机硅＋聚四氟乙烯	240	尚好	极好	尚好	较高
Graf-O-Sil	有机硅＋石墨＋聚四氟乙烯	280	好	好	好	较高
新的表面浸渍剂		7250	极好	极好	极好	很好

缝制玻璃纤维滤袋的玻璃纤维缝纫线也需经特殊的表面化学处理。

4.5.2.5 覆膜滤料

覆膜滤料是在织造滤料或非织造滤料表面覆盖一层聚四氟乙烯薄膜而成的。覆膜的目的是形成表面过滤，只让气体通过滤料，而把气体中含有的粉尘留在滤料表面。

覆膜滤料性能优异，其过滤方法是膜表面过滤，近100%截留被滤物。覆膜滤布成为粉尘与物料过滤和收集以及精密过滤方面不可缺少的新材料，其优点是：

（1）表面过滤效率高。通常工业用滤材是依赖在滤材表面先建立一次粉尘层进行有效过滤，建立有效过滤时间长（约需整个滤程的10%），阻力大，效率低，截留不完全，损耗也大，过滤和反吹压力高，清灰频繁，能耗较高，使用寿命不长，设备占地面积大。

使用覆膜滤布，粉尘不能透入滤料，只是表面过滤，无论是粗、细粉尘，全部沉积在滤料表面，即靠膜本身孔径截留被滤物，无初滤期，开始就是有效过滤，近百分之百的时间处于有效过滤。

（2）低压、高通量连续工作。传统的深层过滤的滤料，一旦投入使用，粉尘穿透，建立一次粉尘层，透气性便迅速下降。过滤时，内部堆积的粉尘造成阻塞现象，从而增加了除尘设备的阻力。

覆膜滤料以微细孔径及其不黏性，使粉尘穿透率近于零，投入使用后提供极佳的过滤效率，当沉积在覆膜滤料表面的粉尘达到一定厚度时，就会自动脱落，易清灰，使过滤压力始终保持在很低的水平，空气流量始终保持在较高水平，可连续工作。

(3) 容易清灰。任何一种滤料的操作压力损失直接取决于清灰后残留在滤料表面上、下的粉尘量。覆膜滤料清灰容易，具有非常优越的清灰特性，每次清灰都能彻底除去尘层，滤料内部不会产生堵塞，不会改变孔隙率和质密度，能经常维持于较低压力损失工作。

(4) 寿命长。覆膜滤料无论采用什么清灰机制，都可以发挥其优越的特性，是一种将除尘器设计机能完全过滤作用的过滤材料，因而成本低廉。覆膜滤料是一种强韧而柔软的纤维结构，与坚强的基材复合而成，所以有足够的机械强度，加之有卓越的脱灰性，降低了清灰强度，在低而稳的压力损失下，能长期使用，延长了滤袋寿命。

目前复合方法有胶复合和热复合两种方式。

(1) 胶复合，这是较初级的复合方式，复合强度低，易脱膜，寿命短，由于胶渗透，导致透气性差，不宜清灰，削弱了 PTFE 的优越性能；

(2) 热复合，这是一种最先进的复合方式，能完整地保持 PTFE 的优越性能，但对热复合技术要求严格。

应当特别指出的是，对琢磨性特别强的粉尘不适宜用覆膜滤料，如炭粉、氧化铝粉、铁矿烧结粉尘等。因为这些琢磨性强的粉尘会在短时间内把膜磨破，使其失去原有性能。

4.5.3 常用滤料性能

4.5.3.1 常用滤料性能

常用滤料性能见表 4-13。

表 4-13 针刺毡性能指标

名　称	材　质	厚度 /mm	克重 /g·m^{-2}	透气性 /m^3·(m^2·s)$^{-1}$	断裂强度/kg		断裂伸长率/%		使用温度 /℃
					经向	纬向	经向	纬向	
美塔斯	芳纶基布纤维	1.6	500	11～19	>900	>1100	<30	<30	180～200
芳纶过滤毡	芳族聚酰胺	1.6	500	80～100	>1200	>1000	<20	<50	204
芳纶防静电过滤毡	芳族聚酰胺导电纱	1.6	500	80～100	>1200	>1000	<20	<50	204
芳纶覆膜过滤毡	芳族聚酰胺 PTFE 微孔膜	1.6	500	60～80	>1200	>1000	<20	<50	204
PPS 过滤毡	聚苯硫醚	1.7	500	80～100	>1200	>1000	<30	<30	190
PPS 覆膜过滤毡	聚苯硫醚 PTFE 微孔膜	1.8	500	70～90	>1200	>1000	<30	<30	190
P84 过滤毡	聚酰亚胺	1.7	500	80～100	>1400	>1200	<30	<30	240
P84 过覆膜过滤毡	聚酰亚胺 PTFE 微孔膜	1.6	500	70～90	>1400	>1200	<30	<30	240
亚克力过滤毡	共聚丙烯腈	1.6	500	80～100	>1100	>900	<20	<20	160

续表 4-13

名称	材质	厚度/mm	克重/g·m^{-2}	透气性/m^3·(m^2·s)$^{-1}$	断裂强度/kg		断裂伸长率/%		使用温度/℃
					经向	纬向	经向	纬向	
亚克力覆膜过滤毡	共聚丙烯腈 PTFE 微孔膜	1.6	500	70~90	>1100	>900	<20	<20	160
涤纶过滤毡	涤纶	1.6	500	80~100	>1100	>900	<35	<55	130
涤纶覆膜过滤毡	涤纶 PTFE 微孔膜	1.6	500	70~90	>1100	>900	<35	<55	130
涤纶防静电过滤毡	涤纶导电纱	1.6	500	80~100	>1100	>900	<35	<55	130
涤纶防静电覆膜过滤毡	涤纶、导电纱 PTFE 微孔膜	1.6	500	70~90	>1100	>900	<35	<55	130
丙纶过滤毡	丙纶	1.7	500	80~100	>1100	>900	<35	<35	90
玻璃针刺毡	玻璃纤维	2	850	80~100	>1500	>1500	<10	<10	240
复合玻纤针刺毡	玻璃纤维 耐高温纤维	2.6	850	80~100	>1500	>1500	<10	<10	240
玻美氟斯过滤毡	无碱基布	2.6	900	15~36	>1500	>1400	<30	<30	240~320
PTFE	超细 PTFE 纤维	2.6	650	70~90	>500	>500	≤20	≤50	250

4.5.3.2 覆膜滤料性能

DGF 覆膜滤料的孔径分别为 0.5μm、1μm、3μm（一般指平均孔径），以适应不同粒径的粉尘和物料。表 4-14 是该系列覆膜滤料的性能。

表 4-14 DGF 覆膜滤料基本性能

产品名称	型号	温度持续(瞬间)/℃	耐无机酸	耐有机酸	耐碱性
薄膜/聚丙烯针刺毡	DGF-202/PP	<90/(100)	很好	很好	很好
薄膜/涤纶纺布	DGF-202/PET	<130/(150)	良好	良好	一般
薄膜/抗静电涤纶纺布	DGF-202/PET/E	<130/(150)	良好	良好	一般
薄膜/涤纶针刺毡	DGF-202/PET	<130/(100)	良好	良好	一般
薄膜/抗静电涤纶针刺毡	DGF-202/PET/E	<130/(100)	良好	良好	一般
薄膜/偏芳族聚酰胺(NO)	DGF-204/NO	<180/(220)	一般	一般	一般
薄膜/玻璃纤维	DGF-205/GR	<260/(300)	良好	一般	一般
薄膜/聚酰亚胺(P-84)	DGF-206/PI	<240/(260)	良好	良好	一般
薄膜/聚苯硫醚(Ryton)	DGF-207/PPS	<190/(200)	很好	很好	很好
薄膜/均聚苯烯腈(DT)	DGF-208/DT	<125/(140)	良好	良好	一般
拒水防油涤纶纺布	DGF-202/PET/W	<130/(150)	良好	良好	一般
拒水防油抗静电涤纶纺布	DGF-202/PET/E/W	<130/(150)	良好	良好	一般
拒水防油涤纶针刺毡	DGF-202/PET/W	<130/(150)	良好	良好	一般
拒水防油抗静电涤纶针刺毡	DGF-202/PET/E/W	<130/(150)	良好	良好	一般

4.5.4　滤料选用原则

袋式除尘器的滤料一般根据含尘气体的性质、粉尘的性质及除尘器的清灰方式进行选择，选择时应遵循下述原则：

（1）滤料性能应满足生产条件和除尘工艺的一般情况和特殊要求。

（2）在上述前提下，应尽可能选择使用寿命长的滤料，这是因为使用寿命长不仅能节省运行费用，而且可以满足气体长期达标排放的要求。

（3）选择滤料时对各种滤料排序综合比较，不应该用一种所谓“好”滤料去适应各种工况场合。

（4）在气体性质、粉尘性质和清灰方式中，应抓住主要影响因素选择滤料，如高温气体、易燃粉尘等。

4.5.4.1　根据含尘气体性质选择滤料

含尘气体的性质对除尘效果影响较大，选择滤料时应注意。

A　气体温度

含尘气体温度选用滤料的重要因素。根据气体温度，可将滤料分为常温滤料（适用于温度低于130℃的含尘气体）和高温滤料（适用于温度高于130℃的含尘气体）。为此，应根据烟气温度选用合适的滤料。

滤料的耐温有连续长期使用温度及瞬间短期温度两种，连续长期使用温度是指滤料可以适用的、连续运转的长期温度，应以此温度来选用滤料；瞬间短期温度是指滤料每天不允许超过10min的最高温度，时间过长，滤料就会老化或软化变形。

B　气体湿度

对于相对湿度在80%以上的高湿气体，又处于高温状态时，气体冷却会产生结露现象，特别是在含SO_3的情况下。产生结露现象，不仅会使滤袋表面结垢、堵塞，而且会腐蚀结构材料，因此需注意。对于含湿气体在选择滤料时应注意以下几点：

（1）含湿气体使滤袋表面捕集的粉尘润湿黏结，尤其对吸水性、潮解性和湿润性粉尘，会引起糊袋，为此应选择锦纶和玻璃纤维等表面滑爽、长纤维、易清灰的滤料，并宜对滤料使用硅油、碳氟树脂做浸渍处理，或在滤料表面使用丙烯酸、聚四氟乙烯等物质进行涂布处理。

（2）当高温和高湿同时存在时会影响滤料的耐温性，应尽可能避免使用锦纶、涤纶、亚酰胺等水解稳定性差的材料。

（3）对含湿气体宜采用圆形滤袋，尽量不采用形状复杂、布置十分紧凑的扁形滤袋和菱形滤袋（塑烧板除外）。

（4）除尘器含尘气体入口温度应高于气体露点温度10～30℃。

C　气体的化学性质

在各种炉窑烟气和化工废气中，常含有酸、碱、氧化剂、有机溶剂等多种化学成分，而且往往受温度、湿度等多种因素交叉影响。因此应根据气体不同的化学性质。选用合适的滤袋材料。

4.5.4.2　根据粉尘性质选择滤料

粉尘的性质是选择滤料时需要重点考虑的因素之一。

A　粉尘的湿润性和黏着性

当湿度增加后，吸湿性粉尘粒子的凝聚力、黏性力随之增加，流动性、荷电性随之减小，黏附于滤袋表面，使清灰失效。更有些粉尘，如 CaO、$CaCl_2$、KCl、$MgCl_2$、Na_2CO_3 等吸湿后发生潮解，糊住滤袋表面，使得除尘效率降低。对于湿润性、潮解性粉尘，在选用滤料时应注意选用光滑、不起绒和憎水性的滤料，其中以覆膜滤料和塑烧板为最好。对于黏着性强的粉尘应选用长丝不起绒织物滤料，或经表面烧毛、压光、镜面处理的针毡滤料。

B　粉尘的可燃性和荷电性

对于可燃性和荷电性的粉尘如煤粉、焦粉、氧化铝粉和镁粉等，宜选择阻燃滤料和导电滤料。

C　粉尘的流动性和摩擦性

粉尘的流动性和摩擦性较强时，会直接磨损滤袋，降低使用寿命。对于磨损性粉尘宜选用耐磨性好的滤料。一般来说，化学纤维的耐磨性优于玻璃纤维，膨化玻璃纤维的耐磨性优于一般玻璃纤维，细、短、卷曲型纤维的耐磨性优于粗、长、光滑性纤维。对于普通滤料表面涂覆、压光等后处理也可提高其耐磨性。

4.5.4.3　根据清灰方式选择滤料

不同清灰方式的袋式除尘器因清灰能量、滤袋形变等的不同特性，宜选用不同结构品种的滤料。

A　机械振动类袋式除尘器

此类除尘器的特点是振动粉尘层的力量较小而次数较多，为使能量易传播，保证过滤面上振击力足够，应该选择薄而光滑，质地柔软的滤料。例如化纤缎纹或斜纹织物，厚度 0.3～0.7mm，单位面积质量 300～350g/m²，过滤速度 0.6～1.0m/min；对小型机组提高到 1.0～1.5m/min。

B　分室反吹类袋式除尘器

此类除尘器属于低动能清灰类型，滤料可选用薄型滤料，如 729、MP922 等，这类滤料质地轻柔、容易变形且尺寸稳定。对于分室反吹袋式除尘器，无论是内滤还是外滤，滤料的选用都无差异。大中型除尘器优于选用缎纹（或斜纹）机织滤料，在特殊场合也可选用基布加强的薄型针毡滤料。小型除尘器优先选用耐磨性、透气性好的薄型针毡滤料，单位面积质量 350～400g/m²，也可用纬二重或双重织物滤料。

C　脉冲喷吹类袋式除尘器

此类除尘器属于高动能清灰类型，通常采用带框架的外滤圆袋或扁袋，因此应选用厚实、耐磨、抗张力强的滤料。可优先选用化纤针刺毡或压缩毡滤料。

4.6　袋式除尘器的工程应用

应用袋式除尘器时一定要考虑影响因素，根据工程需要精心选择、精心设计、精心管理。

4.6.1　袋式除尘器选用考虑因素

4.6.1.1　处理风量

袋式除尘器的处理风量必须满足系统设计风量的要求，并考虑管道漏风系数。系统风量是连续的、间断的，还是波动的，应按最高风量选用袋式除尘器。高温烟气中应按烟气温度折算到工况风量来选用袋式除尘器。

4.6.1.2　气体的组成

气体的含水量，决定了露点的高低。

如果被处理气体中含有可燃性、腐蚀性以及有毒性气体，必须掌握气体的化学成分。

对于可燃气体，如CO等，当其与氧共存时，有可能构成爆炸性混合物。应采用气密封性高的圆筒形结构，并采取防爆措施及选用防静电滤料。在进入除尘器前设置防燃措施。

对于腐蚀性气体，如氧化硫、氯及氯化氢、氟与氟化氢、磷酸气体等，需根据腐蚀气体的种类选择滤料、壳体材质及防腐方法等。

4.6.1.3　烟气含尘浓度

烟气的入口含尘浓度对袋式除尘器的压力损失和清灰周期、滤料和箱体的磨损及排灰装置的能力等均有较大影响，浓度过大时应设预除尘和降低过滤速度等措施。

4.6.1.4　粉尘特性

（1）粒径分布。粉尘中的细微部分对于袋式除尘器的除尘效果和压力损失影响较突出；而在入口含尘浓度高和粉尘硬度大时，粗颗粒粉尘对滤袋和壳体等的磨损影响较显著。

（2）粒子形状。通常在过滤特殊形状的粉尘时，才考虑此因素。例如纤维性粉尘，因容易凝聚成絮状物而难以被清离滤袋，因而袋式除尘器应采用宽袋距外滤式或大直径的内滤式滤袋。适当降低过滤风速，并采用特殊清灰措施。

（3）粒子的密度。粉尘假密度越小，清灰便越困难，因而必须适当降低过滤风速。此外，假密度直接影响卸灰装置的能力。

（4）附着性和凝聚性。它对袋式除尘器的清灰效果和除尘效果有较大影响。

（5）吸湿性和潮解性。具有较强吸湿性和潮解性的粉尘，极易在滤袋表面吸湿而固化或潮解成稠状物，致使袋式除尘器压力损失增大而不能工作。在过滤这些粉尘时，必须采取包括加热保温在内的措施。

（6）磨琢性。磨琢性强的粉尘系指硬度高且粒度粗的粉尘，它们容易磨损滤袋和壳体等，应降低过滤速度减轻其危害。

（7）荷电性。容易带电的粉尘常使清灰困难，因而选择过滤风速必须适当。若粉尘可能因静电发生的火花而引起爆炸，则应采取防静电措施。

（8）爆炸性、可燃性。爆炸性粉尘应采取同可燃气体一样的防爆防火措施。

4.6.1.5　使用温度

袋式除尘器的使用温度受以下两个条件的制约：

（1）滤料材质所允许的长期使用温度和短期最高使用温度，一般应按长期使用温度采取。

（2）为防止结露，烟气温度所允许的最低限度，一般应保持除尘器内的烟气温度高于露点15～20℃。

对于高温尘源，必须将含尘气体冷却至滤料能承受的温度以下及防火花措施，如高温烟气中含有大量水分子和SO_x，在确定袋式除尘器的使用温度时，应特别注意露点温度。

在净化温度接近露点的高温气体时，应以间接加热或混入高温气体等方法降低气体的相对湿度，以防结露，影响袋式除尘器的使用。

4.6.1.6 设备阻力

每一类袋式除尘器都有其一定的阻力范围，从节约能源考虑应选用低阻除尘器。

4.6.1.7 工作压力

一般情况下，要求袋式除尘器的耐压强度应超过风机的最高工作压力，中小型除尘系统，一般为3～5kPa，当采用罗茨鼓风机为动力时，要求压力为15～50kPa，在少数场合（例如高炉煤气净化），要求的耐压超过10^5Pa。对高压工况应在除尘器结构设计和清灰方式上做周全考虑。

4.6.1.8 工作环境

室外安装袋式除尘器时，应考虑相应的电气系统防护等级及采取防雨措施。

袋式除尘器设在有腐蚀性的气体或粉尘的环境中，或者在海岸近旁或船上，则应仔细选择除尘器的结构材质和防腐涂层。

袋式除尘器用于寒冷地带，若以压缩空气清灰或采用气缸驱动方式，则要对压缩空气管道进行保温甚至拌热。

4.6.2 高炉煤气除尘工程应用

高炉在冶炼过程中产生大量含有CO和粉尘的高温荒煤气，其热值一般在8737.6～12560.4kJ/m^3，属低热值煤气，与转炉煤气一样已成为钢铁企业重要的二次能源，如不治理回收，既污染环境，危害身心健康，又浪费能源。

早期高炉煤气的净化主要采用洗涤塔、文氏管等湿法洗涤除尘。虽然达到了煤气净化的目的，但湿法存在许多难于解决的弊病，如耗水量大、废气中含有CN^-、S^{2-}、酚类及铅、锌等重金属，难于处理；净化系统设备繁杂；洗涤设备腐蚀结垢严重；煤气湿热不能回收；煤气中含水分较多造成热值下降等缺点，阻碍了湿法净化工艺的应用。因此高炉煤气干法越来越受到人们的重视。

4.6.2.1 煤气的性质和粉尘特点

高炉荒煤气的产生是由于碳在高炉中还原铁及不完全燃烧形成的，因此其主要可燃成分为CO，但由于空气中N_2含量占主导地位，因此高炉荒煤气中主要成分是N_2，其次是CO。其主要成分见表4-15。

表4-15 高炉煤气性质

煤气成分/%	CO	CO_2	H_2	CH_4	C_mH_n	N_2
	15～20	22～26	12	0.3	0.1	55～60
煤气温度/℃	100～250（除尘器入口）					
	炉顶荒煤气：正常为200～300，瞬间为500					
煤气压力/MPa	0.02～0.45					
热值/J·m^{-3}	2000～31000					

高炉煤气中的粉尘，主要是冶炼过程中煤气夹带及金属蒸发冷凝物，其主要成分是SiO_2，粉尘颗粒细小且黏，粉尘主要成分见表4-16。

表 4-16　粉尘主要成分

		SiO_2	CaO	MgO	Al_2O_3	Fe_2O_3	烧失量
粉尘成分/%		17 ~ 25	11 ~ 15	3 ~ 8	10 ~ 15	5 ~ 15	11 ~ 15
粉尘颗粒	μm	5	5 ~ 10	10 ~ 20	20 ~ 30	40 ~ 50	50
	%	15	8	10	3	3	56
粉尘堆积密度/$t \cdot m^{-3}$		0.20 ~ 0.45					

4.6.2.2　除尘工艺流程

如图 4-57 所示，高炉煤气净化系统主要由重力除尘装置、袋式除尘器、氮气喷吹装置、输灰装置等组成。净化流程是从高炉出来的高温荒煤气进入重力除尘装置，由于气流速度降低，故大颗粒粉尘首先被除掉，荒煤气在这里有两个作用，其一除去部分大颗粒粉尘（往往带有火星），降低了荒煤气中粉尘浓度，又保护了后部滤袋的安全；其二降低了荒煤气温度。经过初步净化的粗煤气经过袋式除尘器净化后进入煤气柜，主要作为高炉热风炉燃料，剩余部分用于其他场合。

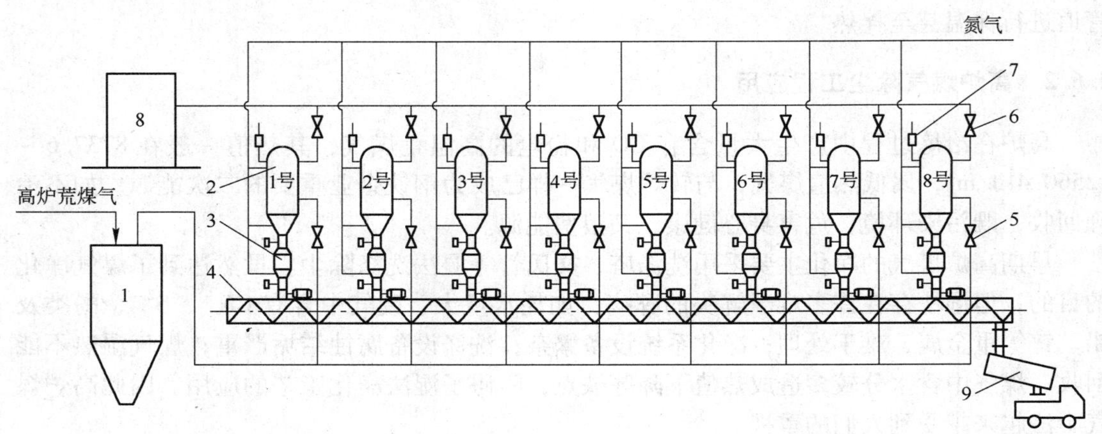

图 4-57　煤气净化工艺流程

1—重力除尘器；2—袋式除尘器；3—中间灰仓；4—输送机；5—进口隔断阀；6—出口隔断阀；7—放散阀；8—煤气柜；9—料仓

当高炉煤气温度高于 250℃时，高温炉炉顶放散煤气或喷水降温，以保护滤袋安全。由于国内部分铁矿石中含有金属锌伴生矿（约 30%），而锌在高炉风蒸发变成气态锌，离开高炉冷却后又冷凝成微小颗粒，这些微小的锌颗粒遇到空气后马上反应生成 ZnO 并放热燃烧。因此收集下来的粉尘在离开煤气净化系统前应与空气隔离，并用湿式排灰机将其成球后外排，以防在净化系统附近燃烧造成整个系统的安全隐患。

4.6.2.3　袋式除尘器主要技术参数

袋式除尘器是煤气净化系统关键设备，其运行好坏直接影响到热风炉燃烧，从而影响高炉的正常运行。

高炉煤气从高炉出来时压力很高，故煤气净化系统采用正压式，由于袋式除尘器处于正压状态，所以除尘器的外壳采用圆截面多箱结构（共 8 箱体），如图 4-57 所示。

每台除尘器主要技术参数如下：

处理荒煤气量：平均 106000m^3/h，最大 130000m^3/h

过滤面积：共计 3760m^2，单箱 470m^2

过滤风速：0.45～0.79m/min

除尘器壳体规格：ϕ3424×12，H=15.45m

滤袋数量：192 条

滤袋材质：氟美斯针刺毡

滤袋规格：ϕ130mm×6000mm

粗煤气温度：100～250℃，最高 400℃

煤气压力：高压为 0.12～0.15MPa，常压为 0.03MPa

设备阻力：1200～1800Pa

脉冲阀数量：17 个

压缩空气耗量：15m^3/min

压缩空气压力：0.2～0.4MPa

入口荒煤气含尘量：常压为 12g/m^3，高压为 6g/m^3

出口净煤气含量：小于 10mg/m^3

4.6.2.4 使用效果

(1) 净化后煤气中含尘浓度平均低于 10mg/m^3，保证了净煤气质量，延长了热风炉寿命。

(2) 用氟美斯滤料其使用寿命可达 2 年以上。

(3) 用氮气喷吹清灰使系统更安全可靠，比早期的放散反吹简单，操作方便，同时改善了周围环境。

(4) 除尘阻力连续稳定在 1500Pa 以下，清灰后阻力降到 800～1000Pa。

(5) 由于采用干法净化，热风炉送风温度提高约 60℃，有效地降低了高炉焦比。

4.6.2.5 注意事项

(1) 煤气温度不易控制，底部灰斗排灰不畅，排灰阀堵塞现象易发生。

(2) 干法净化工艺在大型炉（超过 1000m^3）应用的问题有箱体过多，占地面积大，布置和维护都不方便等。

(3) 袋式除尘器用于净化可燃气体时要有一系列安全措施。

4.6.3 湿法除尘改为袋式除尘工程应用实例

年用精煤为 228.2 万 t 的某焦炉有 100 孔炭化室，每孔有装煤口 5 个。装煤车向 5 个装煤口同时装煤时，每个装煤口会散发出大量高温烟尘、焦油物质的煤气，产生烟气量为 735m^3/min。技术改造前为湿法除尘净化，改造后为干法除尘净化，技术改造成效显著，达到节能、减排、降噪三个目的。

4.6.3.1 原烟气净化系统

(1) 烟气净化工艺流程。装煤车湿法烟气净化工艺流程如图 4-58 所示。

(2) 除尘系统设备。除尘系统废气处理设备性能见表 4-17。

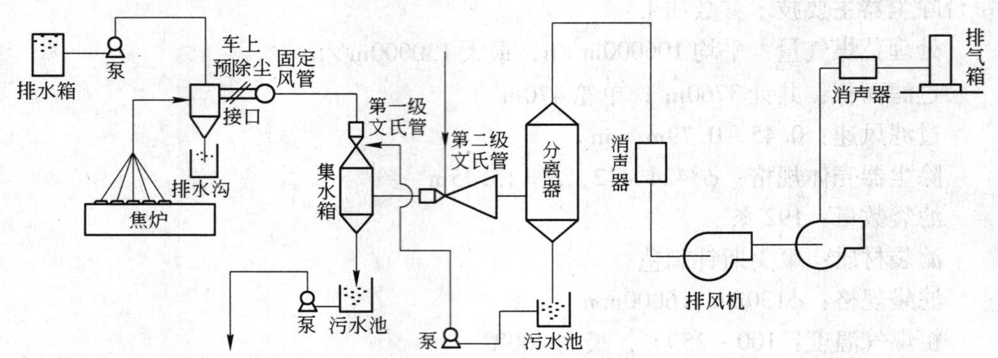

图 4-58　装煤车除尘工艺流程

表 4-17　废气处理设备性能

名　称	参数、规格
一　文	反射式，阻力损失 1960Pa，耗水 50t/h
二　文	反射式，阻力损失 23520Pa，耗水 50t/h
弯头脱水器	ϕ3430mm × 9810mm
旋风脱水器	1537mm × 880mm × 6070mm
风　机	单吸离心风机 2 台串联，总风量 1400m^3/min，总静压 29792Pa
电机（2 台）	总容量 1410kW，前级 660kW，后级 750kW
车上预除尘器	喷淋式除尘器，旋风脱水器，除尘后出口烟气含尘质量浓度 2 ~ 3g/m^3

（3）治理效果。通过车上的预除尘器和地面的二级洗涤，经测定，烟气排放含尘浓度能达到国家标准要求，最高 30mg/m^3。二文洗涤水处理系统收集的煤泥，全部回收供炼焦设备煤车间制成型煤用。

虽然改造前也能满足环保要求，但存在以下 3 个问题：

（1）焦煤车在 5 个装煤口装煤时，烟尘是阵发性的，仅需 108min，而装煤车集尘系统的风机每日连续运转 18h，风机的电机总容量为 1410kW，虽可变速，但耗电量仍相当大，运行费用比较高。

（2）由于采用双文除尘系统，其净化效率虽较高，但文氏管喉口流速高、阻力大（约 4kPa），运行时噪声高达 90dB 以上。

（3）由于湿式除尘器，排放烟气仍然有一定水分，粉尘黏性大，烟气在调整通过风机时，其叶轮容易磨损，影响使用寿命。

4.6.3.2　节能改造

针对以上问题，对上述湿法净化系统进行了技术改造。技改的关键是把阻力很高、耗能很大的二级文氏管湿法除尘系统改造为干法除尘系统。在装煤车上设有抽烟气套罩和烟气导通管，在立柱上设水平集尘干管和对接阀组，装煤时烟尘经套罩导管，对接阀组进入集尘干管，再进入地面站脉冲袋式除尘器净化，净化后经风机、消声器、排气筒排入大气中，回收的粉尘由抽吸压送罐车运出。净化系统如图 4-59 所示。

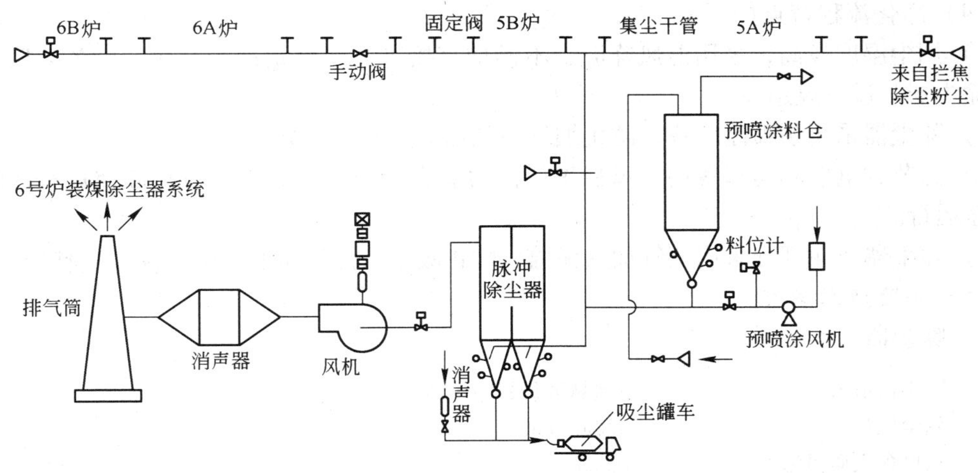

图 4-59　装煤干法除尘系统

（1）净化原理。如图 4-59 所示，装煤车处散发的含有焦油物质和粉尘的烟气靠风机负压进入烟气管道。在烟气进入袋中除尘器之前的管道内喷入焦粉，用焦粉吸附烟气中的焦油物质。吸附焦油后的焦粉和粉尘一同进入袋式除尘器过滤，在过滤过程中有一部分未被吸附的焦油物质会在滤袋表面的粉尘层进一步得到吸附净化。完全净化后的气体经风机、排气筒排入大气。焦粉的供给由预喷涂料仓、预喷涂风机和相应的管道和阀门来完成。

袋式除尘器滤袋上的粉尘、焦粉层定期清灰落入灰斗，经卸灰阀和吸引装置用吸尘罐车运走。

（2）净化设备。净化设备包括除尘器、离心风机机组。除尘器为脉冲袋式除尘器。进风为侧进风式并有挡板，当烟气中大颗粒进入后流速变低，在挡板处即可被分离，烟气进入除尘器后与滤袋外层粉尘接触，烟气中焦油被粉尘吸附，粉尘被过滤，净化后经风机、消声器、排气筒排入大气中，滤袋上粉尘层积存到一定厚度除尘器阻力较大时，在装煤间歇风机低速运行状态下，自动开启清灰装置，空气对布袋进行逆向喷吹清灰，被清除灰尘落入除尘器下部灰斗中，为防止设备黏结或结露，除尘器灰斗部分有蒸汽加热保温措施。离心风机为引进设备，配有调速型液力偶合器，装煤车装煤时风机高速运行，而在装煤间歇时风机低速运行，可以节省运行电费。

与二级文丘里湿式净化相比较，采用的不燃烧法干式净化不仅简化了工艺流程，更大幅度地降低了系统的耗能。改造前一套装煤除尘系统风机总容量为 1400kW，总循环用水量为 100t/h，其中耗水量约为 20t/h，改造后干法净化不需要用水，节省了大量污水处理装置和费用。因此，装煤车采用干法不燃烧方式除尘成功，为其他焦化厂装煤除尘积累了宝贵的经验。

（3）预喷涂装置。预喷涂装置包括贮灰仓、罗茨风机、管道。为防止烟气中的焦油黏结除尘器滤袋，在除尘器入口管设置的预喷涂装置采用焦粉为预涂料，通过预喷涂装置送入除尘管道并均匀涂在滤袋外层，烟气进入除尘器后与滤袋接触过程中焦油被粉尘吸附，当粉尘层达到一定厚度时对滤袋进行清灰，清灰后再进行预喷涂，以便进行下一炉装煤除尘。

（4）净化流程特点如下：

1）烟尘湿度较高，采用混风降温，不燃烧直接进入地面站进行净化，设备采用低压脉冲除尘器，过滤风速高。

2）除尘器采用预喷涂装置，防止烟气中焦油物质黏结滤袋。

3）为节省电能和运行费用，风机采用液力偶合器调整，装煤时风机高速运行，间歇时低速运行。

4）除尘器灰斗部分采用蒸气加热保温，防止吸附焦油物质的粉尘与灰斗壁黏接。

（5）主要技术参数：

1）除尘器

除尘器形式	双室脉冲袋式除尘器
除尘风量	$1230m^3/min$
入口含尘质量浓度	$10g/m^3$
出口含尘质量浓度	$<30g/m^3$
过滤面积	$862m^2$
设备阻力	<1.9kPa
过滤风速	1.43m/min
滤袋数	352 条
滤袋材质	防静电聚酯毡

2）离心风机

风量	$1230m^3/min$
压力	4.9kPa
温度	<130℃
配电机功率	200kW

3）液力偶合器

最高转速	1480r/min
最低转速	450r/min

4）预喷涂风机　1台

风量	$15m^3/min$
压力	14.7kPa
配电机功率	7.5kW

5）贮料仓　$15m^3$

综上所述，装煤车烟气净化是焦炉烟气污染控制的重要环节。过去采取湿法净化，系统运行阻力高，耗能多、噪声大，而且用水需要补充和处理。经过技术改造，采用干法净化系统，可以节能80%，每小时节电1100kW·h，节水100t/h，噪声由90dB降为50dB，节能效果和环境效益十分显著。

节能技术改造的关键技术是向含有焦油物质和粉尘的烟气内预喷焦粉，用它将烟尘中的焦油物质吸附掉，最后用脉冲袋式除尘器除尘净化，粉尘排放质量浓度小于20mg/m^3。

4.6.4 静电除尘改为袋式除尘工程应用实例

烧结机日产量的提升，除尘器入口浓度相应的增加，烧结机机尾电除尘器的粉尘排放浓度有时不能满足除尘标准（80mg/m^3）的要求，所以控制并降低烧结机机尾除尘系统的粉尘排放浓度和排放总量已势在必行。

为满足粉尘达标排放的要求，把静电除尘器改造为脉冲袋式除尘器，可以满足污染物排放标准，减少大气污染物的总量排放。把静电除尘器改造成袋式除尘器有许多技术难题，其中主要有气流分布、滤袋选择和在线检修等技术问题。

4.6.4.1 机尾静电除尘器存在的问题

烧结机的产量已由原设计的12852t/d，扩容增产到16500～17000t/d。由于日产量的上升，静电除尘器的入口含尘浓度已从原设计（标态）的15g/m^{3}上升到23～30g/m^3。另外烧结机机尾静电除尘器投产至今已有10多年，设备老化严重，已影响到静电除尘器除尘效率的正常发挥。实测结果显示，静电除尘器的排放浓度严重超过排放标准。根据静电除尘器和袋式除尘器分离粉尘粒子机理和效率的不同（图4-60），把电除尘改造成袋式除尘后可以解决排放超标问题。

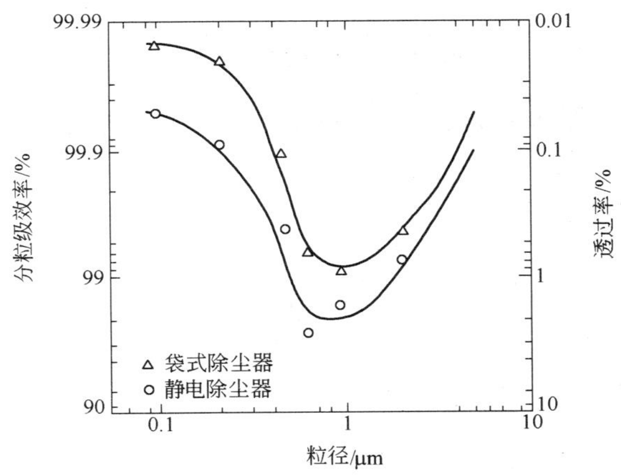

图4-60 袋式除尘器和静电除尘器的分级效率

烧结机机尾静电除尘器改为袋式除尘器主要改造内容如下：

（1）将原静电除尘器本体改造为袋式除尘器，满足环保要求，控制污染物排放总量；改造中要拆除电除尘极板极线，并成功布置滤袋。

（2）改造除尘风机机组满足袋式除尘系统的要求；

（3）输灰系统满足实际输灰能力的需要；

（4）设备基础和相应的供配电、仪表、通信等配套设施改造。

4.6.4.2 除尘工艺流程

烧结机机尾系统包括烧结机的头部原料转运、尾部成品落料与环冷机的给、卸料点等32个吸尘点。含尘气体经设置在各吸尘点上的吸尘罩，通过除尘风管，进入机尾静电除尘器进行净化。净化后的气体经双吸入式风机、消声器，最后由烟囱排至大气。该设备收集的粉尘，经链板输送机、斗式提升机至粉尘槽内。粉尘的去向有两条，一是经加湿机加湿后，落至粉尘皮带机上送往返矿系统再利用；二是由槽车接送至小球团系统进行造球后再利用。机尾除尘系统如图4-61所示。

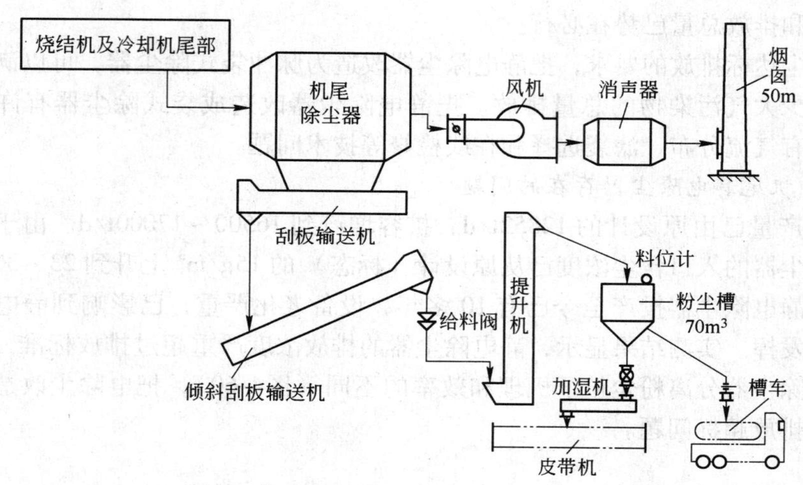

图 4-61　机尾除尘系统

烧结机机尾静电除尘器作为烧结工艺的配套除尘设备与烧结机同步投产运行，主要除尘设备及其设计参数如下：

（1）静电除尘器(EP)

烟气处理风量	$90\times10^4m^3/h$
烟气温度	165℃
入口含尘浓度(标态)	$15g/m^3$
出口含尘浓度(标态)	$\leqslant100mg/m^3$
入口烟气压力	-2.5kPa;
粉尘堆积密度	$1.0\sim2.0t/m^3$
除尘器流通面积	$312.5m^2$
电场数	3个

（2）主风机

风量	$90\times10^4m^3/h$
风压	3kPa(165℃)
电机功率	1500kW
转速	580r/min

4.6.4.3　气流分布技术

静电除尘器改为袋式除尘器的除尘设备是多单元组合袋式除尘设备，但是它又不同于单台设备，特别要重视其组合后的气流分布的技术性能，如果仅仅是简单的组合，其净化和除尘效果反而会出现不如单台设备。同时，静电除尘器的气流是水平运动，而袋式除尘器的气流是水平运动和垂直运动组合，且主要是垂直运动。因此，气流分布技术的难度必须引起足够的重视。气流分布有如下目的：

（1）避免进入除尘器的含尘气流对滤袋的直接冲刷，组织进入除尘器的含尘气流向滤袋舱室均匀输送和分配，这样才可以利用全部滤袋有效工作。

（2）控制关键部位的气流速度，包括滤袋迎风速度、袋底水平流速、过滤空间上升流速、烟气通道内的流速；以便预分离较粗颗粒尘。同时使气流顺畅、平缓、降低气流局部阻力。

（3）除尘器各灰斗存灰量保持均匀，避免除尘器灰斗空间产生涡流，消除粉尘二次飞扬。

（4）清灰气流自上而下的进入滤袋空间，促进粉尘沉降。

机尾静电除尘器改为袋式除尘器属于大型袋式除尘设备，进出风总管关系到除尘设备的气流分布、各过滤袋室阻力是否均匀，如果没有有效组合，往往受粉尘的惯性作用，会出现沿气流方向进入后端滤袋比前端滤袋粉尘浓度大的现象。如果采用风管调节阀，由于烧结机尾粉尘是琢磨性强的粉尘，运行中很容易造成阀板磨损，从而起不到调节风量的作用。为了解决进风总管风量分配问题，技术改造中采取以下措施：一是采用类似于挡板除尘器的挡板，使过滤袋室气流减少干扰；二是采用降低总管风速，减小粉尘的惯性作用，有利于气流均匀分布；三是采用均布分流隔板装置，机械地使气流均匀分布，如图4-62所示。

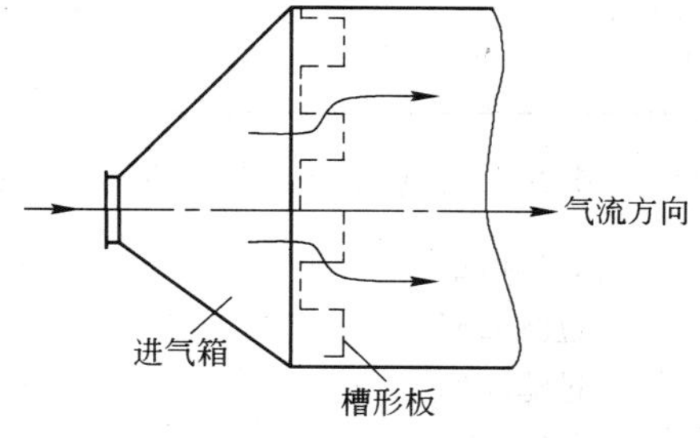

图4-62 均布分流装置

4.6.4.4 滤料选用

烧结机尾静电除尘改为袋式除尘的主要目的是使除尘系统排出的粉尘浓度达到本厂的排放标准。所以，一台袋式除尘器设备的除尘效率至关重要。高除尘效率需要优良的过滤材料来保证。袋式除尘器的进步主要是过滤材料的进步。除尘设备的除尘效率与排放浓度与滤料材质密切相关，烧结机尾过去一直沿用静电除尘器，改为袋式除尘器后如何选用滤料成为关键技术之一。除尘设备的滤料在20世纪70年代采用729滤料较多，但效果不理想。目前，滤料材质主要选用聚酯针刺毡滤布，规格为500～650mg/m^2。随着覆膜滤料的技术发展，采用覆膜滤料在其他工业流程中表现出优良的性能。但根据国内外试验技术资料，对于烧结粉尘的袋式除尘器，在使用初始阶段，覆膜滤料显示出低排放浓度的功能，在一个月内或稍长一点时间，覆膜滤料较聚酯针刺毡粉尘排放浓度逐渐接近，以后，覆膜滤料较聚酯针刺毡粉尘排放浓度逐渐增大，形成这种现象的根本原因是烧结粉尘琢磨性很强，在粉尘附着层落下的过程中会形成冲刷覆膜层的现象，最终导致覆膜失效。所以覆膜滤料不适应于烧结机尾烟气净化系统使用。

为了使机尾烟气净化系统达到低排放浓度，采用了一种高密面层550g/m^{2}聚酯针刺毡滤料，其性能见表4-18。

表 4-18 涤纶针刺毡滤料特性参数

特 性	项 目		ZLN-D 550
形态特性	单位面积质量/g·m^{-2}		550
	厚度/mm		2.1
	体积密度/g·m^{-3}		0.262
	孔隙率/%		81
强力特性	断裂强度(5cm×20cm)/N	经	1070
		纬	1500
伸长特性	断裂伸长率/%	经	22
		纬	27
透气性	透气性	cm^3·(cm^2·s)$^{-1}$	300
		m^3·(m^2·min)$^{-1}$	18
	透气性偏差/%		±15
使用特性	使用温度/℃	连 续	<110
		瞬 间	<120
	耐酸性		良
	耐碱性		一般

4.6.4.5 改造后袋式除尘器主要技术参数

处理风量	100×10^{4}m^3/h
过滤面积	16620m^2
过滤风速	1.00m/min,离线检修时 1.50m/min
分室数	3 室
滤袋数量	5040 条
滤袋规格	ϕ150mm×7000mm
滤袋材质	聚酯涤纶针刺毡(单位克重不小于 550g/m^2)
脉冲阀规格、数量	76mm 淹没式,360 只
气源压力	0.4~0.6MPa
耗气量(标态)	8m^3/min
进口含尘浓度(标态)	25~30g/m^3
出口排放浓度(标态)	不大于 35mg/m^3
设备阻力	不大于 1500Pa
设备耐压	-80kPa
静态漏风率	不大于 2%

4.6.4.6 改造后效果

改造后的效果见表 4-19。从表 4-19 可以看出，静电除尘器改造为袋式除尘器后，除尘系统总风量增加 10%，排放浓度降低二分之一，平均为 18.75mg/m^3，完全可以满足国家环保标准。

表 4-19 EP“电改袋”前后监测数据比较

项　目	改造前				改造后
	2006.1	2006.4	2007.1	2007.3	2007.6
出口流量(标态)/$m^3 \cdot h^{-1}$	12349	11009	11362	12682	12443
出口含尘浓度(标态)/$mg \cdot m^{-3}$	45.7	47.8	44.6	20.2	17.3

烧结厂机尾除尘包括引进技术一直沿用静电除尘器。把静电除尘器改造为袋式除尘器取得成功，使除尘器的排放浓度减少 50% 以上。

4.7 袋式除尘器运行管理

袋式除尘器的运行管理比其他除尘器重要和复杂，这是因为袋式除尘器运行受影响因素多和运行经验起重要作用的缘故。因此，运行管理者应根据除尘器的具体情况进行有针对性的管理。

4.7.1 袋式除尘器性能判断

判断袋式除尘器性能和运行状况主要有三种指标：

（1）根据除尘器的设计要求达到国家排放浓度标准。

（2）除尘器运行阻力一般保持在 1.5kPa 以下（反吹风袋式除尘器在 2kPa 以下）。

（3）滤料工作寿命达到 2 年以上。

4.7.1.1 排放浓度达标

绝大多数脉冲袋式除尘器排放浓度是能够达到国家标准的，排放不达标往往是下述情况造成的：

（1）花板处漏风，花板边部焊缝有小孔或花板孔与滤袋配合欠佳。

（2）除尘器总风道斜隔板漏风。

（3）滤袋质量差或滤袋破损。

（4）旁通烟道阀门关闭不严密，有串风现象。

4.7.1.2 运行阻力正常

袋式除尘器的长期运行设备阻力超过设计值属于不正常状况，在多数情况下，除尘器投入运行的一两个月之内阻力都很低，一般都能正常运行。这种情况可延续 6 ~ 12 个月，等半年或 1 年之后许多袋式除尘器阻力上升明显，有的超过正常值。造成这种情况最普遍的原因，就是清灰系统失效，即喷吹进滤袋的压缩气清灰力量不能有效地把黏附在滤袋上的灰尘清除掉，使除尘器的阻力升高，滤料糊袋。而令清灰系统失效的最主要原因，就是电磁脉冲阀的质量问题。其他原因包括滤袋选用不恰当或加工质量差，产生水解、酸解、温度过高、覆膜剥落、滤袋破裂等现象；入口烟气浓度、露点、花板的开孔间距、花板孔径没有控制好；壳体和灰斗的设计和制造工艺不佳，产生漏气等现象，或缺乏设备运作阶段的维护管理。所以高质量的除尘器其标志是：

（1）清灰性能好，所用清灰装置设计科学合理，所选脉冲阀耐压能力强；喷吹气量大；喷吹压力上升速度快，隔膜材料耐用；产品质量统一性高，能够把有效的清灰压力喷吹到长袋袋底（特别是6m以上长滤袋）。

（2）选用滤料透气性好、耐腐蚀、耐磨损、适合现场工艺要求，例如温度、化学侵蚀等。滤料以高质量缝制技术加工而成的滤袋。

（3）能够满足喷吹效果的大容量、高压力气包，且配置了压力表、安全阀和操作灵活的排污阀等配件。

（4）操作简易，使现场负责人能够简便快速地根据工艺需要修改喷吹参数的清灰控制系统（例如单片机和PLC等）。控制系统需要配备在线阻力压差、入口温度、喷吹时间，以及排放浓度等参数和报警线的显示与记录系统。

4.7.1.3　滤袋寿命长

滤袋寿命正常情况为2~5年，如果滤袋使用时间过短，则不仅增加换袋费用，还会影响除尘器的良好运行。影响滤袋寿命的原因有两个方面，第一是滤袋本身的质量问题，有些产品质量低劣，以次充好，严重影响其使用寿命。第二是滤袋的使用条件变坏，影响其使用寿命。判定滤袋使用寿命可用经验式（4-14）表示

$$y = A - Cv_f^n \tag{4-14}$$

式中　y——滤袋使用寿命，a；

A——滤袋质量系数，取7~12；

C——滤袋使用条件影响系数，在5~7范围，影响大取大值；

v_f——过滤速度，m/min；

n——经验指数，取1~1.5。

滤袋使用条件影响因素如下：

（1）滤袋积灰。运行中由于细灰颗粒嵌入滤袋深处，使得滤袋的透气性受到影响。随着运行时间增长，细灰颗粒嵌入滤袋的数量不断增加，滤袋的压差不断升高，清灰频率增加，到后期，清灰已失去作用。

造成滤袋积灰的原因有烟气过滤速度快、烟气中含尘量高、不正常的清灰频率和强度等。滤袋高压差运行是造成积灰的主要因素。所以滤袋压差是判断其寿命的重要指标。

（2）高频清灰。为使滤袋的压差保持在设计值运行，要定期对滤袋表面的飞灰进行清理，但清灰方式或清灰系统的参数对滤袋的寿命有较大的影响。脉冲清灰系统破坏滤袋的机理主要是冲刷磨损。通过高倍放大镜下对运行一段后的旧袋与新袋的比较可以看出，旧袋表面须状物明显增多，厚度减小。反吹频率和强度、破坏性清灰是影响布袋寿命的主要原因。

（3）袋笼不良。袋笼焊接时形成的锋利毛刺或焊渣掉入袋中，或其他锐器造成的滤袋轻微损伤，均可造成运行时滤袋的撕裂，使泄漏和排放浓度增大。

由于结构问题（袋笼歪斜变形，滤袋缝制时的缺陷）使滤袋与袋笼间配合不当，以及过滤速度偏高也是造成磨损破坏的原因。

（4）烟气性质。当高温烟气的含氧量较高时，一些品种的滤料将被氧化，使得强度减弱，易破裂，经原始工艺处理所形成的固有性能指标逐渐降低，寿命的折损将越来越快。

当排烟温度低于露点时，会出现结露现象，使得滤袋的特性指标下降，严重引起滤袋表面积灰板结甚至随同滤床一同脱落，严重影响滤袋的使用寿命。

（5）粉尘性质。有些琢磨性粉尘如焦粉、氧化铝粉、烧结矿粉等也会直接影响滤袋使用寿命。

4.7.2 袋式除尘器运行

4.7.2.1 试运行注意事项

（1）试运转前必须对各项必备条件进行检查，确认落实工具、材料及人员等。明确各专业责任分工及专职岗位责任。

（2）参加试车人员要掌握试运转要领书、试运转精度表及有关试运的技术资料，严守操作规程，坚守工作岗位。

（3）爱护设备人人有责，发现设备有故障时，应设法解决，大故障要向指挥者报告，以便采取应急措施，防止设备损坏和人身事故的发生。

（4）试运转周围设专人警戒，不允许非试车人员靠近或进入试车现场。避免任何安全事故的发生。

（5）风机在启动运转前，除操作人员外，一律远离风机和旋转体5m以外，待确认风机运转正常后，方可靠近。

（6）对试运转的各考核项目要做好详细记录，以便准确无误地完成试运转精度表的填写确认工作。

（7）凡未提及有关注意事项，在试运转过程中可以随时制定加以补充。

4.7.2.2 无负荷各设备单体试运行

（1）电磁脉冲阀、挡板阀、手动阀、卸灰阀应在通电情况测试调好，进行单机试运转，检查行程时间、气压等指标是否达到限位要求，阀门密封程度有无漏气现象，气缸工作有无杂音和异常现象，并做好记录。

（2）检查所有阀门的执行机构动作是否灵活、运行可靠。

（3）压缩空气配管系统进行通气试压，试验压力为工作压力的1.25倍，检查进行装置上的气水分滤器、调压阀、油水分离器和有关阀门、管路运转是否正常，有无漏气和堵塞现象，油雾器喷雾状态是否正常。

（4）压缩空气配管系统通气前应将水平干管排泄阀打开，以排出管路内油污、杂物等，清洗干净后关闭排泄阀。

（5）将测压系统各导管末端排泄阀打开，接通差压计，检查管路通气是否畅通，检查差压变送器工作是否可靠。

（6）将振动器用手转动20～30圈，再接通电源检查振动器是否正常。如振力过大或过小，则要调整偏心块，直至激振力正常。

（7）将脉冲清灰装置打开检查脉冲阀动作是否正常，各脉冲参数调节是否方便。

4.7.2.3 试运行总体流程

试运行总体流程如图4-63所示。

4.7.2.4 袋式除尘器初期运行

袋式除尘器的初期运行，是指启动后两个月之内的运行。这两个月之内是袋式除尘器容易出毛病的时期，只有在充分注意的情况下有问题及其排除，才能达到稳定运行的目的。

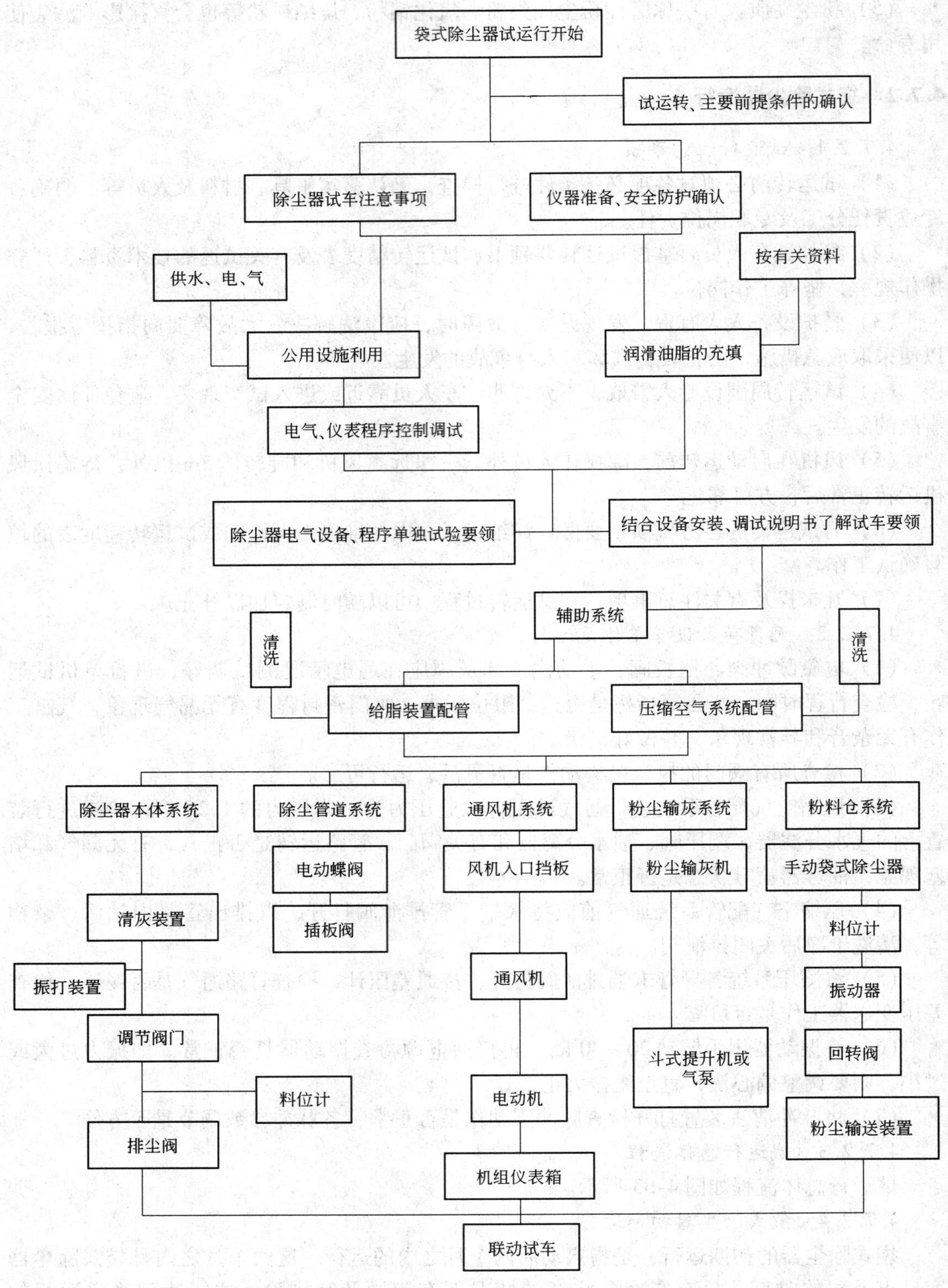

图 4-63 除尘器系统试车流程

（1）处理风量。为了稳定滤袋的压力损失，运行初期往往采用大幅度提高处理风量的办法，让气体顺利流过滤袋。此时如果风机的马达过载，可用总阀门调节风量。因为这种情况快则几分钟，慢则好几天才能恢复正常。所以，在开始时最好用压力表进行观察，也可以从控制盘上电流表的读数推算出相应的风量值。

（2）温度调节。用袋式除尘器处理常温气体一般不成问题，但处理高温高湿气体时，初始运行，若不预热，滤袋容易潮湿，网眼会严重堵塞，甚至无法运行。另外，滤袋若不充分干燥，往往会出现结露现象。准确预测袋式除尘器的露点是困难的，因此必须注意由于结露而造成的滤袋网眼堵塞和除尘器机壳内表面的腐蚀问题。

（3）除尘效率。滤袋形成一层粉尘吸附层后，滤袋的除尘效率应当更好。这时，由于初期处理风量增加，袋式除尘器处于不稳定状态。因而测定除尘效率最好从运行若干天或一个月后进行较好。在稳定状态下，颗粒很细的低浓度粉尘其效率一般应在99.5%以上。

（4）粉尘的排出。收集在灰斗中的粉尘，既可以自动排出也可以手动排出，但必须按规定的顺序排出。运转初期，经常1天到数天都不排灰，这些粉尘黏附在布袋上，一直达到除尘器的最大容尘量为止，此后按顺序排出。粉尘的排出周期不正确，就不能形成稳定的运转制度。一般当回收的粉尘量过多的时候，多是因为最初设计的预定值不正确。如达不到灰尘量的预定值，开始时就必须不断的取出灰尘以控制回收量的多少。同时利用测定除尘效率得到的数据，按式（4-15）可求粉尘量

$$M = 60 \times 10^{-3} \rho_{i} Q \tag{4-15}$$

式中 M——粉尘量，kg/h；

ρ_i——入口含尘质量浓度，g/m^3；

Q——处理风量，m^3/min。

设粉尘的堆积密度为ρ_B，由式（4-16）可求得粉尘容积V(m^3/h)

$$V = \frac{M}{\rho_B} \tag{4-16}$$

因为，一般粉尘的ρ_B在1.5~0.5之间，由此可粗略的估计出V值，以决定应该处理的粉尘的周期和数量大概数。

（5）维持正常阻力。袋式除尘器借以压力计判断压差大小，反映正常运转时的压差数值。如压差增高意味着滤袋堵塞、滤袋上有水汽冷凝、清灰机构失败、清灰周期太长、脉冲清灰空气气压力过低、灰斗积灰过多以致堵塞滤袋、气体流量增多等。而压差降低则可能意味着出现了滤袋破损或松脱、入风侧管道堵塞或阀门关闭，箱体或各分室之间有泄漏等。袋式除尘器初期运行分室阻力很低是正常现象。

4.7.2.5 袋式除尘器日常运行

袋式除尘器正常运行后要做好以下工作：

（1）定时记录除尘器的进出口压差、除尘器前的压力、入口气体温度、主要电机的电压和电流等各项参数。

（2）若除尘系统设有气体流量仪表，应定时记录处理气体流量。若未设气体流量仪表，可根据上述记录的各参数判断流量变化与否；进而判断系统运转是否正常。当除尘器

进出口压差与正常值相差很大时，应查找原因，及时排除可能的故障。

(3) 当除尘器入口气体温度超过限定值时，紧急冷风阀自动打开混入冷风或停止系统引风，以防止因超过滤袋的耐热限度而烧坏滤袋；在相反情况下，应注意防止温度低于露点温度，而导致水分在除尘器内凝结，防止水蒸气冷凝对滤袋造成堵塞是确保袋式除尘器正常运行的条件之一，通常要求进入袋式除尘器的烟气温度应高于烟气露点温度20℃以上。

(4) 运行过程中应尽量减少漏入系统的空气量，消除滤料的静电效应，防止可燃气体可能引起的燃烧或爆炸。

(5) 经常注意排气含尘情况。若除尘系统设有含尘浓度检测仪表或漏袋检测仪表，应按时检测并做好记录。若未设检测仪表，则应按时观察烟气出口的颜色，并据以判断是否排气超标。

4.7.2.6　停止运行时管理

(1) 当袋式除尘器长时间停止运行时，必须注意滤袋室内的结露。滤袋室内的结露是高温气体冷却引起的，因此要在系统冷却之前，把含湿气体排出去，通入干燥的空气。在寒冷地区，由于周围环境温度低，也能引起这种现象。为了防止结露，在完全排出系统中的含湿气体后，最好把箱体密封，也可以不断地向滤袋室送进热空气。

(2) 袋式除尘器在长时间停止运行时，要注意风机的清扫、防锈等工作，特别要防止灰尘和雨水等进入电动机转子和风机、电动机的轴承部分。

(3) 有冰冻季节的地方，部分冷却水等的冻结可能引起意想不到的事故，所以，除尘系统停车时，冷却水必须完全放掉。

(4) 停车后，管道和灰斗内积尘要清扫掉，清灰机构与驱动部分要注意注油。如果是长期停车时，还应取下滤袋，放在仓库中妥善保管。

(5) 考虑到以上问题，在停止运转期间内，最好能定期进行短时间的空车运转。

4.7.3　袋式除尘器维护

4.7.3.1　维护要点

设备点检是对设备维护的一种新式管理方法，目前尚无国家标准和行业标准。不同企业对不同设备可能有不同的设备点检方法，下面介绍一家钢铁企业袋式除尘器的点检要点，见表4-20。

表4-20　袋式除尘器点检要点

序号	部位	项目	点检内容	点检标准
1	滤室差压计	各室滤袋	压差显示	滤袋阻力≥2000Pa
		差压计管道	阻塞状况	管道无阻塞，差压计准确
		橡皮管	是否老化	无损坏、老化、漏气或脱落
		滤袋室	积灰	无积灰
			滤袋脱落	无脱落
		脉冲阀	漏　气	电磁阀磁化、膜片破损、气压不够
		一次、二次风阀	密封件	无脱落
		双层卸灰阀	漏　气	无漏气，密封无脱落
		差压计本体	功能是否正常	(1) U形差压计液位鲜明 (2) 定期加显示液
			精　度	计量确认良好，定期送检确认

续表 4-20

序 号	部 位	项 目	点检内容	点 检 标 准
2	滤 袋	状 况	破 损	无破损、袋根部无撕裂和脱线
			夹箍结合状态	良 好
			松紧度	符合规定要求
			袋帽磨损	无异常磨损
		倾向管理	压力差	在规定压力范围内，做好滤袋更换，寿命记录
			滤袋室积灰	应无明显积灰
3	双重阀	阀 体	开闭状态	正 常
		阀 板	损坏、变形	无损坏、变形
		阀杆轴封	密封情况	无漏气、漏灰
		气动推杆	动作状态	正常、无漏气、磨损、关闭到位
		密封垫	损坏情况	无脱落、损坏
		气缸软管	漏气、老化	无漏气、老化
		润 滑	给脂状态	自动给脂良好
		电磁阀	工作状况	动作正常
4	一次风阀	风 阀	开闭状况	关闭到位
	二次风阀	阀 板	损坏变形	无损坏和变形
		气 缸	动 作	动作正常，无漏气和磨损
		密封垫	损坏状况	无脱落和破坏
		胶 管	漏气、老化	无老化，无漏气
		电磁阀	漏气、老化	无老化，无漏气
5	灰斗卸料器	料位计	信 号	信号发出正常
		卸料器	状 态	运行正常，无异物卡住
6	脉冲阀	阀 体	运行状态	开闭灵活
		膜 片	老化、磨损	无老化、磨损
		脉冲控制仪	状 态	准确可靠、可调整

注：1. 运转中点检内容：各类阀门、排灰装置、管道、差压计等设备和检测仪器。

2. 停运时点检内容：除尘器各室内部状况，排灰装置的内部磨损状况。

4.7.3.2 维护检修流程

袋式除尘器维护检修流程如图 4-64 所示，压缩空气系统检修流程如图 4-65 所示。

4.7.4 袋式除尘器故障与排除

4.7.4.1 排气浓度超标

（1）滤袋破损：检查破损滤袋。个别破损可临时封住袋口，破损多则更换。

（2）滤袋脱落：检查并重新装好滤袋。

（3）滤袋安装不善，滤袋绑扎不紧，导致滤袋与顶盖间或滤袋与底部连接导管间存在

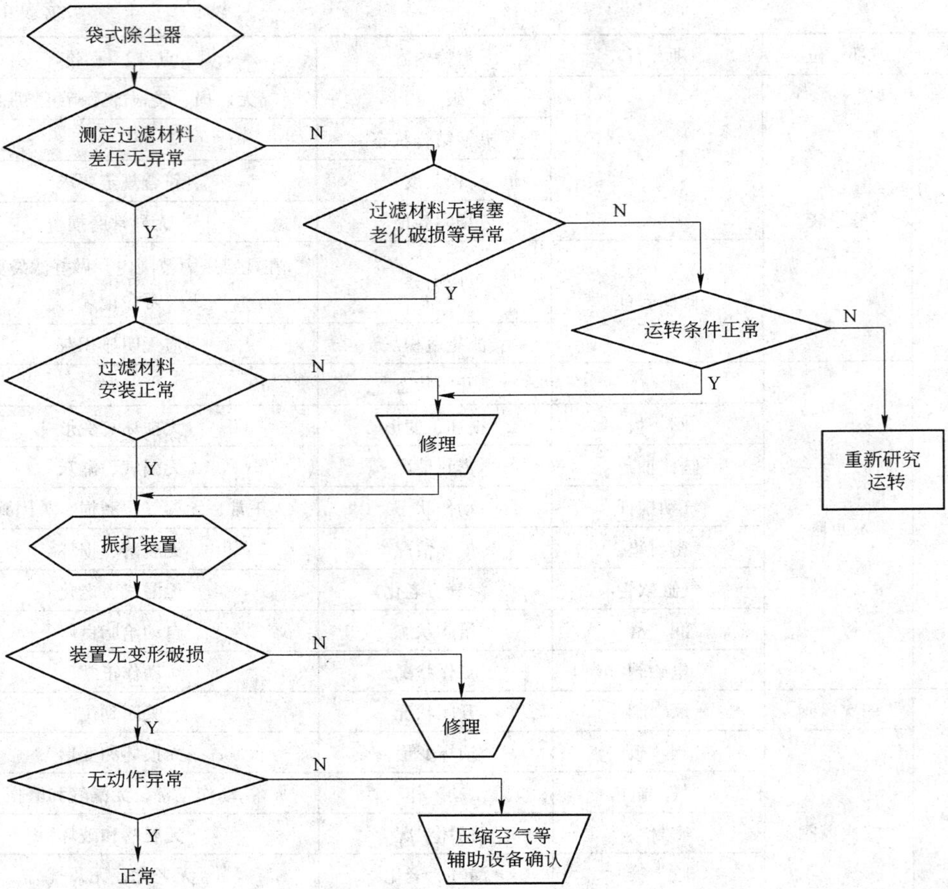

袋式除尘器
测定过滤材料
差压无异常
N
Y
过滤材料无堵塞
老化破损等异常
N
Y
运转条件正常
N
Y
过滤材料
安装正常
N
Y
修理
重新研究
运转
振打装置
装置无变形破损
N
Y
修理
无动作异常
N
Y
正常
压缩空气等
辅助设备确认

图 4-64　袋式除尘器检修流程

空气压缩机
压力计正常
N
Y
压力计正常
N
Y
清洁空气进入口
空气过滤器
N
Y
清扫过滤器
或重换
确认配管系
统无泄漏
压力计重换
储气箱内无漏处
N
Y
正常
清除泄漏

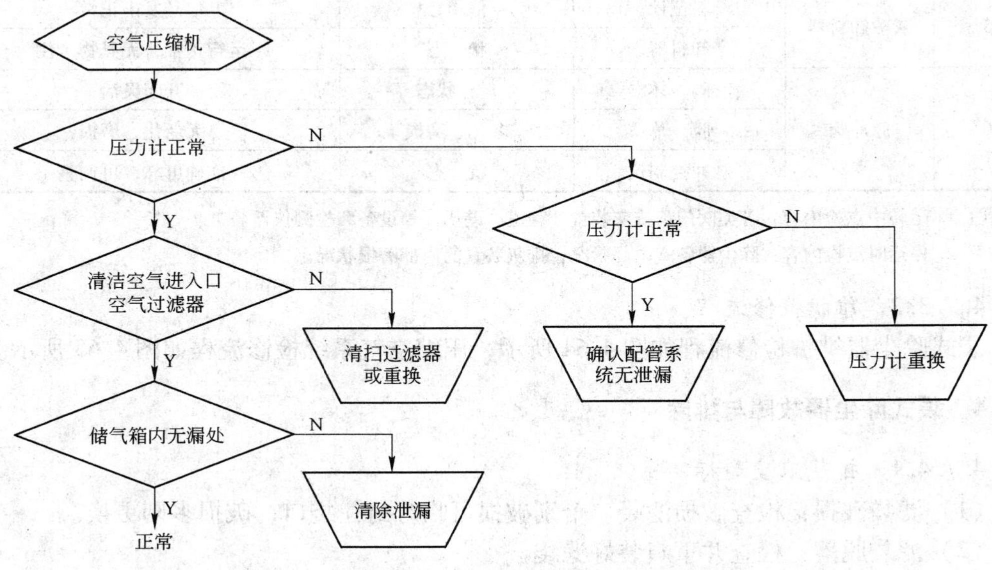

图 4-65　压缩空气装置检修流程

间隙：检查并重新装好滤袋。

（4）花板破裂导致泄漏：停止部分或全部除尘器的工作，修补花板。

（5）分支管道开启，或关闭不严：关闭分支管道；若阀门不严则及时修理。

（6）风道隔板泄漏：检查并封死。

4.7.4.2 除尘器设备阻力明显高于正常值

除尘器设备阻力的变化可由连接进出口的压力计反映出来。常见故障原因及其处理办法：

（1）滤袋堵塞：

1）含湿气体结露，使粉尘在袋口黏结：以加热、保温等措施，提高箱体内温度，或更换滤袋。

2）漏水使滤袋潮湿：补漏，使箱体密封。

3）粉尘吸湿性强，在滤袋上产生黏结：采取加热保温措施。

（2）滤袋使用时间过长：更换滤袋。

（3）过滤风速过高（设计选型不合理）：增加过滤面积。

（4）处理风量过大，由于调节阀门开启过大，或位于入口管段的各种阀门（冷风阀、换向阀、反吹阀等）漏气所致：调节或修理阀门。

（5）连接压力计的管路堵塞或一根连管脱落：检查压力计进出口及连接管路，疏通或更换。

（6）清灰周期过长：调整清灰程序控制器，使清灰周期缩短。

（7）清灰强度不足。对于反吹风袋式除尘器，反吹风量太小，清灰时间不够，三通阀关闭不严；对脉冲除尘器喷吹压力过低，喷吹时间过短：调整清灰程控仪和清灰装置，检查脉冲阀能力。

（8）清灰机构出现故障：及时修理。

（9）灰斗积存大量粉尘：查明原因及时排除。

4.7.4.3 除尘器阻力明显低于正常值

（1）过滤风速选定过低：可继续运行。

（2）处理风量过小，可能因风机调节阀门开启过小，或管道堵塞所致：调节阀门开启程度，疏通管道。

（3）压力计的连接管路堵塞，或一根连管脱落：检查压力计进出口及连接管路，疏通或更换管路。

（4）清灰周期过短：调整清灰程控器，使清灰周期延长。

（5）滤袋严重破损或滤袋脱落：检查滤袋，更换或调整滤袋。

（6）除尘器漏风严重：找出漏风点处理。

（7）卸灰阀漏风严重：找出漏风点处理。

4.7.4.4 清灰机构故障

（1）振动清灰方式。分室阀门关闭不严：检查修理。

（2）振动电机或气动。振动机构及传动件损坏或螺丝松动：更换损坏零件，紧固螺丝。

（3）反吹清灰方式、反吹-振动联合清灰方式：

1）换向阀门关闭不严：及时检查和修理。

2）反吹阀门开启过小：及时检查调整或修理。

3）反吹阀门和管道被粉尘等堵塞：及时疏通。

4）反吹风量调整阀门开启过小或损坏：调节开启位置或修理。

5）反吹风机损坏：修理或更换。

（4）脉冲喷吹清灰方式：

1）脉冲阀关闭迟缓，甚至处于常开状态，导致稳压气包内压力过低。

其原因为：节流孔堵塞、弹簧失效、控制阀损坏、膜片上的垫片脱落、膜片破损。

处理方式：疏通节流孔、重新安装膜片、更换弹簧、更换或修理控制阀、更换膜片。

2）脉冲阀开启迟缓，甚至处于常闭状态，导致清灰无力或完全不能清灰。

其原因为：排气孔堵塞、膜片与垫片的紧固螺栓松动、膜片有砂眼或微小破口、控制阀失灵、弹簧太硬、程控仪信号中断。

处理方式：疏通排气孔、紧固螺栓、更换膜片、更换控制阀、更换弹簧、接通程控仪信号输出通路。

3）脉冲阀与喷吹管之间漏气过大或完全脱落：重新装好喷吹管。

4）清灰程序控制仪工作失常或损坏：及时检查修理。

（5）回转反吹脉冲反吹清灰方式：

1）反吹管路漏气：加强密封。

2）传动机构损坏：及时修理及更换零件。

3）脉冲阀阀片磨损：更换阀片。

4.7.4.5　滤袋破损的几种情况

（1）滤袋安装位置不当，导致滤袋之间或滤袋与箱体板壁间摩擦：检查并调整间距。

（2）粉尘直接冲刷滤袋：检查含尘气体入口，调整导流装置；若有破损及时修理。

（3）破损滤袋得不到及时更换而使邻近滤袋被吹漏：及时找出并更换破损滤袋。

（4）外滤式滤袋因框架质量不好而破损：消除框架的毛刺；采用节点少或经过喷涂、电镀的框架。

（5）火星进入箱体烧坏滤袋：设置预除尘器，若已有预除尘器，则可避免火星进入箱体。

（6）可燃性粉尘或气体燃烧爆炸而烧坏滤袋：控制气体中的含氧浓度；控制可燃粉尘或气体的浓度；防止空气流入除尘系统；防止火星落入；对滤袋采取除静电措施。

（7）积于滤袋上的箱体内的可燃粉尘燃烧：不使空气漏入除尘器；在需要打开箱体时，务必先使其充分冷却，或向箱体内充入一定蒸气。

（8）水解及酸、碱的腐蚀：加强保温加热措施，尽量降低腐蚀作用。

4.7.4.6　灰斗中积存大量粉尘的情况

（1）排灰不及时：增加排灰次数。

（2）排灰口漏风：增设排灰阀，若已有排灰阀，则应增强排灰阀密封性。

（3）排灰机构动作不良：检查并及时修复。

（4）粉尘在灰斗下部架桥：用振动器、空气炮或人工敲击的方法使其松动。

（5）粉尘潮湿而产生附着，甚至黏结：疏通排灰口，清除积灰，然后对灰斗采取保温或加热措施。

4.7.5 脉冲阀故障与排除

（1）脉冲阀漏气或不能快速关闭的现象、原因及解决方法见表4-21。

表4-21 脉冲阀漏气或不能快速关闭的现象、原因及解决方法

序号	现 象	常见原因	解决方法
1	个别脉冲阀在安装后常开，从阀门出气口通过喷吹管漏气； 电磁线圈发烫	（1）线圈常通电 （2）推杆磁化	（1）用电表测量线圈是否常通电，检查脉冲信号控制系统，以更正错误接线或PLC编程出错 （2）推杆去磁或更换
2	个别脉冲阀在安装后常开，从阀门出气口通过喷吹管漏气； 电磁线圈没有通电	（1）大隔膜破裂 （2）大隔膜垫片或者出气口端面之间有焊渣、杂物，不能密封 （3）隔膜垫片或者出气口端面的表面有凹孔，密封不严 （4）气包中的喷吹管有破洞（淹没式阀门安装），导致气体不经过阀门而直接灌入喷吹管	（1）更换膜片 （2）清除杂物 （3）更换膜片或者整个脉冲阀 （4）修补或更换喷吹管
3	个别脉冲阀在通电后，阀门关不严，隔膜不能复位从阀门出气口通过喷吹管漏气； 电磁线圈发烫	脉冲宽度的控制时间过长，线圈长时间通电，产生电磁记忆现象，导致电磁先导阀内的推杆不能复位，膜片不能关闭，气包内剩余压力太低，补气不足	（1）检查脉冲宽度的输入，调节脉冲宽度范围为50～200ms （2）更换掉已经产生电磁记忆的电磁先导阀线圈
4	个别脉冲阀在安装后从阀门大排气孔漏气； 电磁线圈没有通电	（1）推杆被撞歪，小隔膜与其上盖受到损坏 （2）推杆内的小弹簧错位被卡死 （3）电磁阀“O”形圈遗失，导致阀体不能密封 （4）小隔膜破损 （5）小出气孔道上有裂缝，导致气体从裂缝中漏出	（1）更换推杆，如有必要，更换整个小膜片的上盖 （2）拆开推杆组，重新安装推杆内的小弹簧。或更换推杆组件 （3）更换推杆组件，里面包括“O”形圈 （4）更换小隔膜 （5）更换整个阀门的小隔膜阀盖
5	双闷头阀门进出口处漏气	（1）阀门连接喷吹管的闷头内固定铁环遗失，导致压不紧闷头密封圈 （2）双闷头连接阀门的连接管没有插到阀体内的台阶	（1）向经销商索取，补齐闷头内固定铁环 （2）插入连接管到阀体内的台阶，使之密封良好，然后拧紧闷头
6	阀门受腐蚀破裂后漏气	现场为易腐蚀环境，选择铝合金的阀门壳体材质不正确	选用具有耐腐蚀的不锈钢脉冲阀

（2）脉冲阀通电后不能打开的现象、原因及解决方法见表4-22。

表 4-22　脉冲阀通电后不能打开的现象、原因及解决方法

序号	现　象	常 见 原 因	解 决 方 法
1	个别阀门通电后打不开； 电磁线圈不动作	（1）供电电压不匹配 （2）脉冲宽度太短，导致阀门开启时间太短 （3）电磁线圈没有供电或烧毁 （4）推杆被撞歪，小隔膜与其上盖受到损坏 （5）推杆内的小弹簧错位被卡死	（1）检查脉冲控制信号的电压是否与电磁线圈上的电压匹配；特别是直流电压，是否由于连接电线太长太细而出现电压衰减，不能启动线圈；更换脉冲控制系统 （2）根据实际情况增加脉冲宽度，建议调节为 100 ~ 200ms （3）确定有供电信号到电磁线圈。如有必要，更换线圈 （4）更换推杆，如有必要，更换整个小膜片上盖 （5）拆开推杆组件，重新安装推杆内的小弹簧或更换推杆组件
2	个别阀门通电后打不开，电磁线圈推杆有动作声音，但阀门不能喷吹	（1）压缩气质量差，现场没有安装水、油污分离三联件，气包下没有排污阀或排污阀很久没有打开过；水和杂物进入阀门，堵死小隔膜导气针和小排气孔 （2）气包压力太低，膜片上下没有足够压差启动喷吹	（1）必须把压缩气质量处理好；连接冷冻干燥，安装三联件，气包安装自动或手动排污并定期管理维护；然后拆卸脉冲阀的所有膜片，检查是否已经破裂需要更换，清洁脉冲阀内部管路，或者更换全部脉冲阀 （2）提高气包压力到 0.1MPa 以上
3	个别阀门通电后喷吹声音很弱	（1）有些厂家在大排气孔处安装了消声器，时间长久积累的粉尘堵塞消声器上的网孔，造成出气孔堵塞 （2）压力太低	（1）拆卸消声器，仔细清洗网孔；或者更换、拆除消声器 （2）增加气包压力
4	在冰点以下寒冷环境运行，脉冲阀不动作	电磁阀推杆内部结冰，不能动作	（1）采用带恒温加热丝的电磁阀组装盒用气控安装脉冲阀 （2）局部向电磁线圈喷吹热气，使环境温度升高到冰点以上
5	气控阀工作不正常	连接电磁组装盒中的先导阀与气控脉冲阀之间的输气管太长，或者堵塞	改变组装盒安装位置，使输气管长度在 1m 以下

4.7.6　滤袋的失效与防范

除尘器滤袋提前失效的原因主要有物理性失效和化学性失效。

4.7.6.1　物理性失效与防范

A　机械磨损

除尘器设计选型不当或结构设计不合理均可造成除尘系统阻力过高、滤袋处于超负荷工况运行或袋笼毛刺多，滤袋与袋笼配合不当，磨损加剧，造成滤料提前失效。解决这一

问题的办法是：正确设计选型；除尘器结构设计合理；严格袋笼及滤袋的加工工艺；设计时应对滤袋加工工艺有严格要求，袋笼必须由自动对焊设备进行多点同时焊接，确保袋笼平直和每根筋之间平行度以及端面垂直度，这样既保证了袋笼基本尺寸，又保证了焊点光滑无毛刺，对滤料无损伤。同时滤袋的加工除了要保证缝线牢固、平直，保证一定的缝合宽度外，还要严格控制尺寸误差，确保滤袋与袋笼的良好配合。对于合成纤维毡滤料，一般滤袋内径可比袋笼外径大5mm，例如ϕ130的滤袋，袋笼外径一般设计为ϕ125，而对于玻璃纤维滤料来说，二者直径的差值要减小至2～3mm，安装时感到有一定的摩擦阻力，而不是能很轻松地放下去。

同时，合理设置清灰周期，既能节约能源，又能成少清灰对滤袋的冲击，在保证系统阻力基本稳定的情况下，适当减少清灰次数、清灰气源压力，只要保证袋底的清灰压力大于收尘器的设计预期阻力即可，太大会造成不必要的过度冲击，太小造成清灰不彻底。在除尘器运行过程中，由于滤袋（尤其是玻璃纤维毡滤料）的阻力会随着时间推移而增加，清灰气源的压力也应随之调高。

B 气流吹坏

由于气流原因吹坏滤袋的现象是经常发生的。

（1）喷吹气流吹坏滤袋。脉冲清灰气流速度高、能量大，当喷吹孔与滤袋口不对正，或者喷吹气流歪斜，往往因气流原因吹坏滤袋的袋口部分，明显的表征是袋口一边坏而另一边完好，这种现象常发生在不耐折的玻璃纤维滤袋。解决办法是改进喷吹管，使喷吹气流对准滤袋口并垂直向下吹。

对于较长的玻璃纤维滤袋，喷吹气流要有导流装置，保证高压气流对准滤袋正中，而不是直接冲击滤袋而对滤袋造成破坏。同时喷吹管上不同位置的孔径大小应随着距气包距离的远近而不同，保证不同位置的滤袋清灰动能基本相等。

（2）进气气流吹坏滤袋。对脉冲除尘器当袋室是从灰斗部分进气时，往往由于进气气流不均匀，在气流涡流区形成滤袋互相碰撞，把滤袋磨破。磨破滤袋常发生在远离进气口的位置或中间位置，解决办法是设计合理的导流板，均布气流。除尘器入口烟气要均匀地分到各滤袋，防止负荷不均匀而使部分滤袋过负荷运行。

（3）对反吹清灰的袋式除尘器进气气流吹坏滤袋往往发生在滤袋吊挂松弛的情况下。吊挂松弛造成滤袋下部1m左右部位褶皱，气流上升时对滤料形成冲刷，时间长了粉尘磨坏滤袋。遇到这种情况应及时拉紧滤袋，拉力为300N。

（4）不管哪一种除尘器上升气流过大，都会对滤袋下部造成含尘气流的冲刷导致滤袋破坏，设计除尘器时必须控制气流上升速度。根据不同的粉尘性质，设计不同的气流上升速度。

4.7.6.2 化学性失效与防范

A 水解失效

水解失效是造成滤袋毁坏的常见原因，它指的是一定条件下，滤料发生了水解反应引起自身分解并形成新的化合物的过程。以缩聚型聚合体生产的合成纤维是不耐水解的，这些缩聚型聚合体包括聚酯（涤纶）、尼龙、聚亚酰胺（P84）及美塔斯（MATAMEX）、诺梅克斯（NOMEX）及康耐克斯（CONEX）等。许多生产工艺在高温下产生的湿气及化学品形成了理想的水解条件，高温、湿气及化学品这三种因素必须都存在，才能激活水解。

对聚酯而言，损坏的最常见原因是水蒸气环境下的水解，尤其是温度升高并伴碱环境下的水解侵蚀。美塔斯属水解性纤维，潮湿环境下遇高温或化学成分（尤其 SO_x）会很快发生水解。因此，美塔斯不适合在高硫煤的电厂烟气净化中使用。

共聚丙烯腈（亚克力）、PPS 纤维、PTFE 纤维不是产自缩聚型聚合体，是目前最耐水解的滤料，常用来取代有水解问题的纤维。如当美塔斯纤维在高于 135℃ 下水解时，用 PPS 纤维来替代；聚酯在低于 120℃ 以下水解时，常用共聚丙烯腈（亚克力）来替代。

B 氧化失效

氧化失效是造成滤袋毁坏的另一常见原因，它指的是在一定条件下，物质分子或离子因氧化反应失去电子的过程。滤料的氧化侵蚀主要受氧含量及高温的影响，氧来自空气或氧化物（如 NO_x）。在化纤滤料中，易被氧化的滤料有聚丙烯（丙纶）、聚苯硫醚（PPS）等。聚丙烯（丙纶）氧指数 19，损坏的常见原因是因氧化而降解，聚丙烯纤维在稍微升高的温度（大于 90℃）会因氧化而降解。因此，聚丙烯只能在低温（小于 88℃）条件下使用。

聚苯硫醚（PPS）抗氧化性能差，当烟气中 O_2 含量小于 10%、NO_2 含量小于 600mg/m^3 时，连续工作温度可达 190℃；当 O_2 含量达 12% 时，操作温度只能控制在 140℃ 以下。O_2 含量越高，操作温度应越低，否则，滤料会因氧化侵蚀而迅速降解。

C 超温失效

当烟气温度超过滤袋能耐的温度时，滤袋会提前失效损坏。例如涤纶滤袋可在 110℃ 温度长期使用，而在 150℃ 下经受 1000h 后，它只能保持原来强度的 50%；丙纶的长期使用温度为 85 ~ 95℃，当温度超过 145 ~ 150℃ 就会软化损坏。所以每种滤料都不能超过其使用温度，否则会提前损坏。

按滤袋的耐温情况使用，对除尘器用户来说要十分注意。对于灼热大颗粒烧坏滤袋的情况，必须在除尘器前设火花捕集器。

严防长时间超温作业。滤料要在一定的温度下使用，长时间超温运行，将影响滤袋的使用寿命，因此要采取适当有效措施控制除尘器进口温度。除尘器前的冷风阀要定期检修，确保灵敏可用。

D 腐蚀失效

腐蚀失效是滤料常见的失效形式，它通常指的是滤料遇酸、碱产生化学反应的过程。滤料的材质决定了其对酸、碱不同的耐受程度，超过一定限度，其强度削弱、寿命缩短。目前，市面上销售的滤料几乎都经过特殊的表面处理，经处理后的滤料不同程度地增强了抗腐蚀能力。

PTFE（聚四氟乙烯）、聚苯硫醚（PPS）具有极为优异的耐腐蚀性能，能在有腐蚀的烟气条件使用而保持良好的过滤性能。

5 静电除尘器

静电除尘器是利用静电力(库仑力)将气体中的粉尘或液滴分离出来的除尘设备,也称电除尘器、电收尘器。1907 年美国人科特雷尔(Cottroll)成功地把静电除尘器用于生产中。静电除尘器在冶炼、水泥、煤气、电站锅炉等工业中得到了广泛应用。

静电除尘器与其他除尘器相比其显著特点是，几乎对各种粉尘、烟雾等，直至极其微小的颗粒都有很高的除尘效率；即使高温、高压气体也能应用；设备阻力低（100 ~ 300Pa），耗能少；维护检修不复杂。

5.1 静电除尘器分类、工作原理与性能

5.1.1 静电除尘器分类

5.1.1.1 按清灰方式不同分类

按清灰方式不同可分为干式静电除尘器、湿式静电除尘器、雾状粒子静电除雾器和半湿式静电除尘器等。

A 干式静电除尘器

在干燥状态下捕集烟气中的粉尘，粉尘沉积在收尘极板上，借助机械振打、电磁振打、声波等清灰方式除尘称为干式静电除尘器。这种除尘器的清灰方式有利于回收有价值粉尘，但是容易造成粉尘二次飞扬，所以，设计干式静电除尘器时，应充分考虑粉尘二次飞扬问题。现大多数除尘器都采用干式清灰方式。干式静电除尘器如图 5-1 所示。

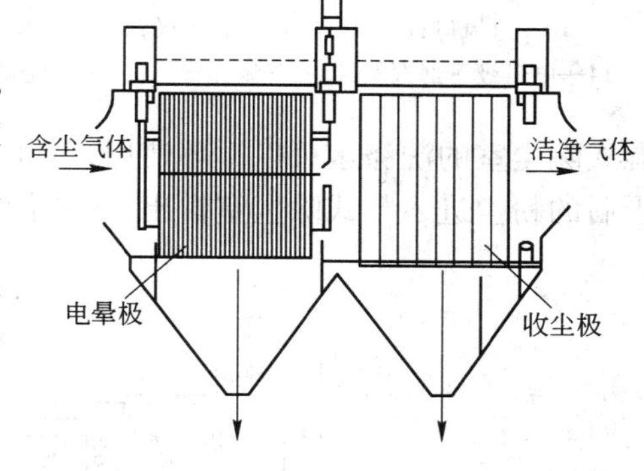

图 5-1 干式静电除尘器

B 湿式静电除尘器

对收尘极捕集到的粉尘，采用水喷淋溢流或用适当的方法在收尘极表面形成一层水膜，使沉积在除尘器上的粉尘和水一起流到除尘器的下部排出，采用这种清灰方式的除尘器称为湿式静电除尘器，如图 5-2 所示。湿式静电除尘器不存在粉尘二次飞扬的问题，但是极板清灰排出的水需要处理，否则会造成二次污染，且容易腐蚀设备。

C 雾状粒子静电除雾器

用静电除尘器捕集像硫酸雾、焦油雾那样的液滴，捕集后呈液态流下并除去。这种除尘器如图 5-3 所示，它也属于湿式静电除尘器的范围。

D 半湿式静电除尘器

兼收干式和湿式静电除尘器的优点，出现了干、湿混合式静电除尘器，也称半湿式静电除尘器，其构造系统是，高温烟气先经两个干式除尘室，再经湿式除尘室经烟囱排出。

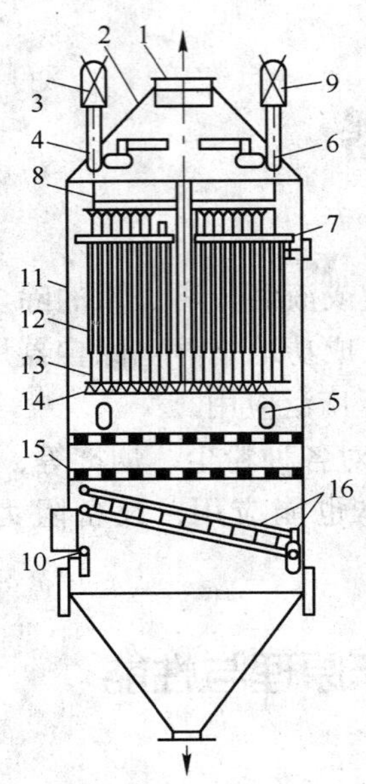

图 5-2　湿式静电除尘器

1—节流阀;2—上部锥体;3—绝缘子箱;4—绝缘子接管;
5—人孔门;6—电极定期洗涤喷水器;7—电晕极悬吊架;
8—提供连续水膜的水管;9—输入电源的绝缘子箱;
10—进风口;11—壳体;12—收尘极;13—电晕极;
14—电晕极下部框架;15—气流分布板;16—气流导向板

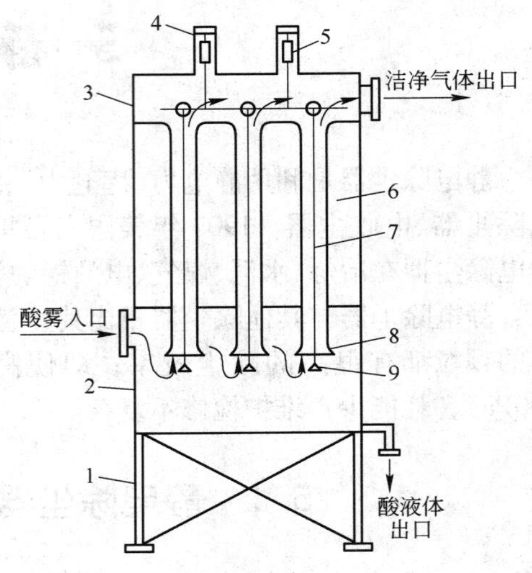

图 5-3　硫酸雾静电除雾器

1—钢支架；2—下室；3—上室；
4—空气清扫绝缘子室；
5—高压绝缘子；6—铅管；7—电晕线；
8—喇叭形入口；9—重锤

湿式除尘室的洗涤水可以循环使用，排出的泥浆，经浓缩池用泥浆泵送入干燥机烘干，烘干后的粉尘进入干式除尘室排出，如图 5-4 所示。

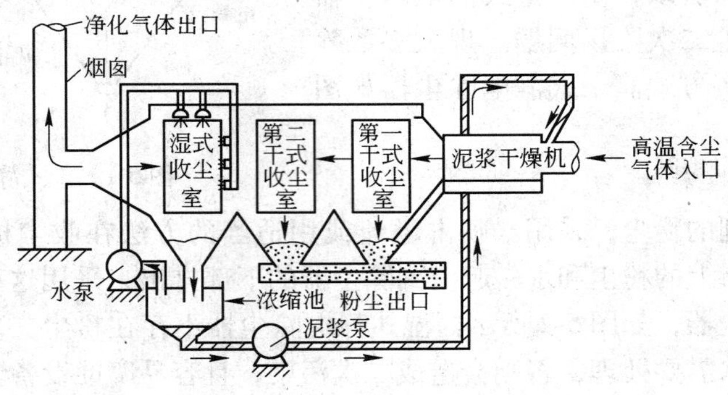

图 5-4　半湿式除尘器系统

5.1.1.2　按气体在静电除尘器内的运动方向分类

按气体在静电除尘器内的运动方向可分为立式静电除尘器和卧式静电除尘器。

A　立式静电除尘器

气体在静电除尘器内自下而上做垂直运动的称为立式静电除尘器。这种静电除尘器适用于气体流量小，除尘效率要求不高，粉尘性质易于捕集和安装场地较狭窄的情况下，如图 5-5 所示。实质上图 5-2 和图 5-3 所示的除尘器也属于立式静电除尘器的范围，一般管式静电除尘器都是立式静电除尘器。

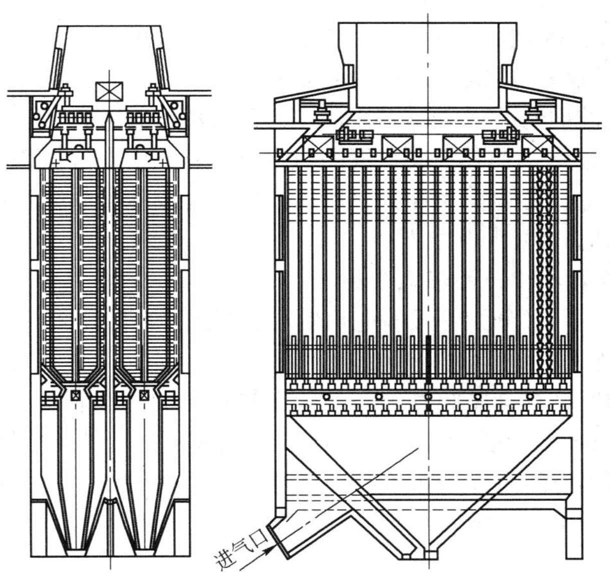

图 5-5　立式静电除尘器简图

B　卧式静电除尘器

气体在静电除尘器内沿水平方向运动的称为卧式静电除尘器，如图 5-6 所示。图 5-1

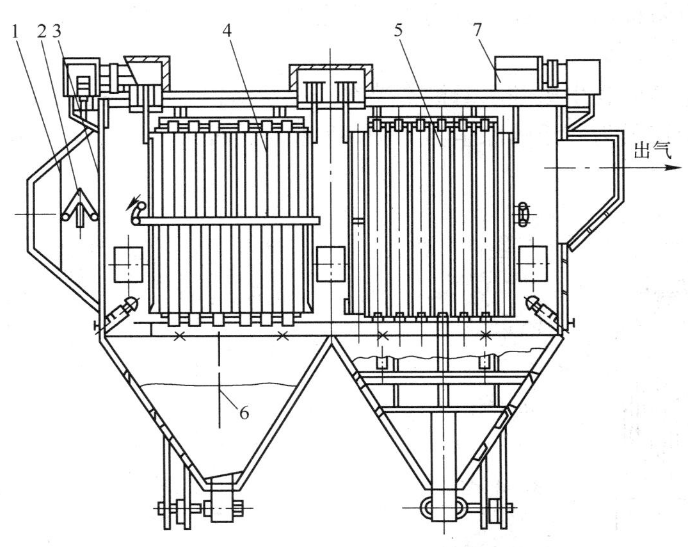

图 5-6　卧式静电除尘器简图

1—气体分布板；2—分布板振打装置；3—气孔分布板；
4—电晕极；5—收尘极；6—阻力板；7—保温箱

所示的除尘器也是卧式静电除尘器。

卧式静电除尘器与立式静电除尘器相比有以下特点：

（1）沿气流方向可分为若干个电场，这样可根据除尘器内的工作状态，各个电场可分别施加不同的电压以便充分提高电除尘的效率。

（2）根据所要求达到的除尘效率，可任意延长电场长度，而立式静电除尘器的电场不宜太高，否则需要建造高的建筑物，而且设备安装也比较困难。

（3）在处理较大的烟气量时，卧式静电除尘器比较容易地保证气流沿电场断面均匀分布。

（4）各个电场可以分别捕集不同粒度的粉尘，这有利于有价值粉料的捕集回收。

（5）占地面积比立式静电除尘器大，所以旧厂扩建或除尘系统改造时，采用卧式静电除尘器往往要受到场地的限制。

5.1.1.3　按除尘器收尘极的形式分类

按除尘器收尘极的形式分为管式静电除尘器和板式静电除尘器。

A　管式静电除尘器

管式静电除尘器就是在金属圆管中心放置电晕极，而把圆管的内壁作为收尘的表面。管径通常为 150 ~ 300mm，管长为 2 ~ 5m。由于单根通过的气体量很小，通常是用多管并列而成。为了充分利用空间可以用六角形（即蜂房形）的管子来代替圆管，也可以采用多个同心圆的形式，在各个同心圆之间布置电晕极。管式静电除尘器一般适用于流量较小的情况，如图 5-7 所示。

B　板式静电除尘器

板式静电除尘器的收尘极板由若干块平板组成，为了减少粉尘的二次飞扬和增强极板的刚度，极板一般要轧制成各种不同的断面形状，电晕极安装在以每排收尘极板构成的通道中间。

5.1.1.4　按收尘极和电晕极的不同配置分类

按收尘极和电晕极的不同配置分为单区静电除尘器和双区静电除尘器。

A　单区静电除尘器

单区静电除尘器的收尘极和电晕极都装在同一区域内，含尘粒子荷电和捕集也在同一区域内完成。是应用最为广泛的除尘器。图 5-8 所示为板式单区静电除尘器结构。

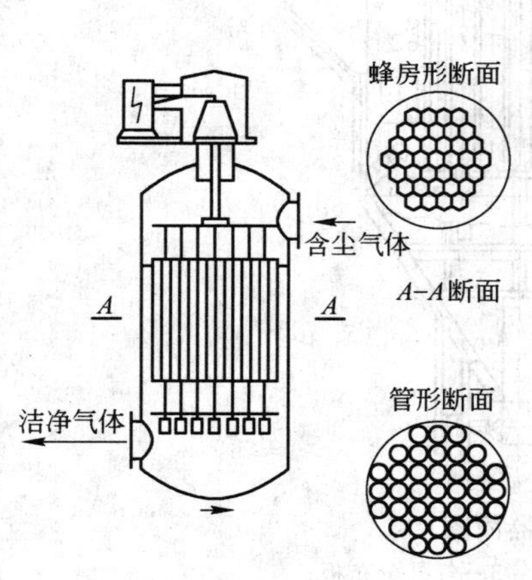

图 5-7　管式静电除尘器

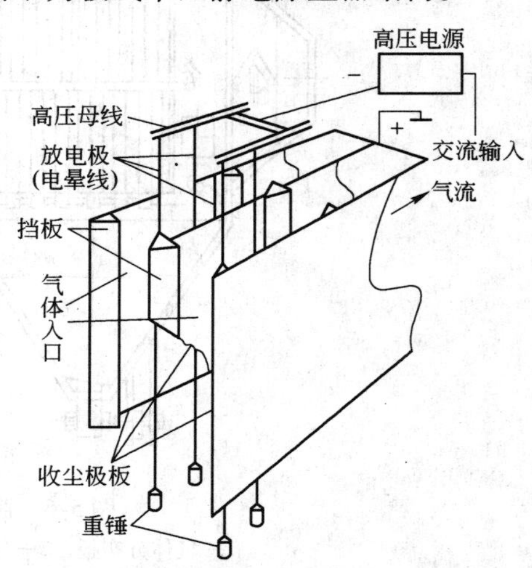

图 5-8　板式单区静电除尘器结构示意图

B 双区静电除尘器

双区静电除尘器的收尘极系统和电晕极系统分别装在两个不同区域内，前区安装放电极称为放电区，粉尘粒子在前区荷电；后区安装收尘极称为收尘区，荷电粉尘粒子在收尘区被捕集，图5-9所示为双区静电除尘器结构。双区静电除尘器主要用于空调净化方面。

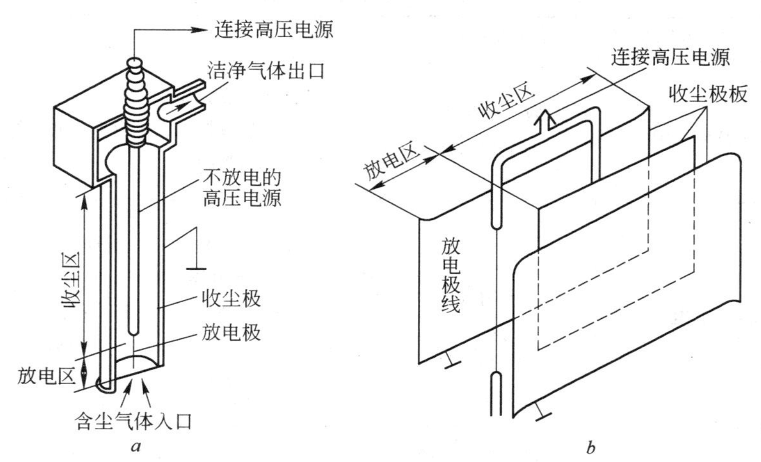

图5-9 双区静电除尘器结构示意图
a—单管双区静电除尘器；*b*—板式双区静电除尘器

5.1.1.5 按振打方式分类

按振打方式可分为侧部振打静电除尘器和顶部振打静电除尘器。

A 侧部振打静电除尘器

这种除尘器的振打装置设置于除尘器的阴极或阳极的侧部，称为侧部振打静电除尘器，应用较多的均为侧部挠臂锤振打，为防止粉尘的二次飞扬，在振打轴的360°上均匀布置各锤头获得不造成同时振打引起的二次飞扬。其振打力的传递与粉尘下落方向成一定夹角。

B 顶部振打静电除尘器

振打装置设置除尘器的阴极或阳极的上部，称为顶部振打静电除尘器。应用较多的顶部振打为刚性单元式且引到除尘器顶部振打的传递效果好，且运行安全可靠、检修维护方便，如图5-10所示。

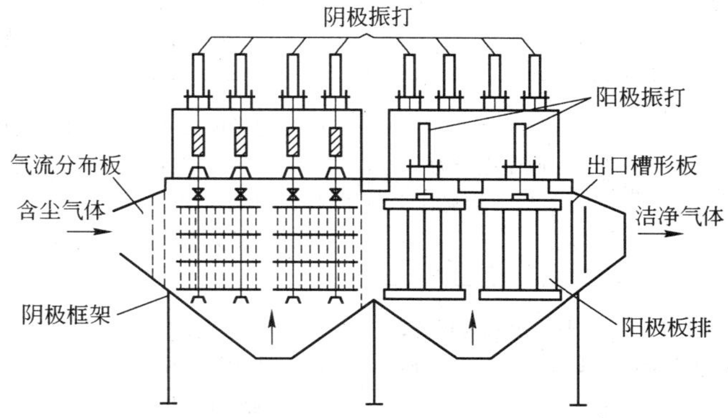

图5-10 BE型顶部电磁锤振打电除尘器示意图

5.1.1.6　各类型静电除尘器的应用特点

静电除尘器的类型很多，但大多数是利用干式、板式、单区卧式、侧部振打或顶部振打静电除尘器，各类型静电除尘器的特性和应用特点见表5-1。

表5-1　静电除尘器的特性和应用特点

分类方式	设备名称	主要特性	应用特点
按除尘器清灰方式分类	干式静电除尘器	收下的烟尘为干燥状态	(1) 操作温度为250~400℃或高于烟气露点20~30℃ (2) 可用机械振打，电磁振打和压缩空气振打等 (3) 粉尘电阻率有一定范围
	湿式静电除尘器	收下的烟尘为泥浆状	(1) 操作温度较低，一般烟气需先降温至40~70℃，然后进入湿式静电除尘器 (2) 烟气含硫等有腐蚀性气体时，设备须防腐蚀 (3) 清除收尘电极上烟尘采用喷水方式 (4) 由于没有烟尘再飞扬现象，烟气流速可较大
	雾状粒子静电除雾器	用于含硫烟气制硫酸过程捕集酸雾收下物为稀硫酸和泥浆	(1) 定期用水清除收尘电极电晕电极上的烟尘和酸雾 (2) 操作温度低于50℃ (3) 收尘电极和电晕电极须采取防腐措施
	半湿式静电除尘器	收下粉尘为干燥状态	(1) 构造比一般静电除尘器更严格 (2) 水应循环 (3) 适用高温烟气净化场合
按烟气流动方向分类	立式静电除尘器	烟气在除尘器中的流动方向与地面垂直	(1) 烟气分布不易均匀 (2) 占地面积小 (3) 烟气出口设在顶部直接放空，可节省烟管
	卧式静电除尘器	烟气在除尘器中的流动方向和地面平行	(1) 可按生产需要适当增加电场数 (2) 各电场可分别供电，避免电场间互相干扰，以提高收尘效率 (3) 便于分别回收不同成分、不同粒级的烟尘，分类富集 (4) 烟气经气流分布板后比较均匀 (5) 设备高度相对低，便于安装和检修，但占地面积大
按收尘电极形式分类	管式静电除尘器	收尘电极为圆管、蜂窝管	(1) 电晕电极和收尘电极间距相等，电场强度比较均匀 (2) 清灰较困难，不宜用作干式静电除尘器，一般用作湿式静电除尘器 (3) 通常为立式静电除尘器
	板式静电除尘器	收尘电极为板状，如网、棒帷、槽形、波形等	(1) 电场强度不够均匀 (2) 清灰较方便 (3) 制造安装较容易

续表 5-1

分类方式	设备名称	主要特性	应用特点
按收尘极电晕极配置	单区静电除尘器	收尘电极和电晕电极布置在同一区载内	（1）荷电和收尘过程的特性未充分发挥，收尘电场较长 （2）烟尘重返气流后可再次荷电，除尘效率高 （3）主要用于工业除尘
	双区静电除尘器	收尘电极和电晕电极布置在不同区域内	（1）荷电和收尘分别在两个区域内进行，可缩短电场长度 （2）烟尘重返气流后无再次荷电机会，除尘效率低 （3）可捕集高比电阻烟尘 （4）主要用于空调空气净化
按极宽间距分类	常规极距静电除尘器	极距一般为 200 ~ 325mm，供电电压 45 ~ 66kV	（1）安装、检修、清灰不方便 （2）离子风小，烟尘驱进速度低 （3）适用于烟尘电阻率为 $10^4 \sim 10^{10}\Omega \cdot cm$ （4）使用比较成熟，实践经验丰富
	宽极距静电除尘器	极距一般为 400 ~ 600mm，供电电压 70 ~ 200kV	（1）安装、检修、清灰不方便 （2）离子风大，烟尘驱进速度大 （3）适用于烟尘电阻率为 $10^1 \sim 10^{14}\Omega \cdot cm$ （4）极距不超过 500mm 可节省材料
按其他标准分类	防爆式	防爆静电除尘器有防爆装置，能防止爆炸	防爆静电除尘器用在特定场合，如转炉烟气的除尘、煤气除尘等
	原　式	原式静电除尘器正离子参加捕尘工作	原式静电除尘器是静电除尘器的新品种
	移动电极式	可移动电极静电除尘器顶部装有电极卷取器	可移动电极静电除尘器常用于净化高电阻率粉尘的烟气

5.1.2 静电除尘器工作原理

静电除尘器是利用静电力（库仑力）实现粒子（固体或液体粒子）与气流分离的一种除尘装置。静电除尘器的种类和结构形式很多，但都基于相同的工作原理。图 5-11 所示为静电除尘器工作原理。接地的金属管称为收尘极（或集尘极），置于圆管中心，靠重锤张紧。含尘气体从除尘器下部进入，向上通过一个足以使气体电离的静电场，产生大量的正负离子和电子并使粉尘荷电，荷电粉尘在电场力的作用下向集尘极运动并在收尘极上沉积，从而达到粉尘和气体分离的目的。当收尘极上的粉尘达到一定厚度时，通过清灰机构使灰尘落入灰斗中

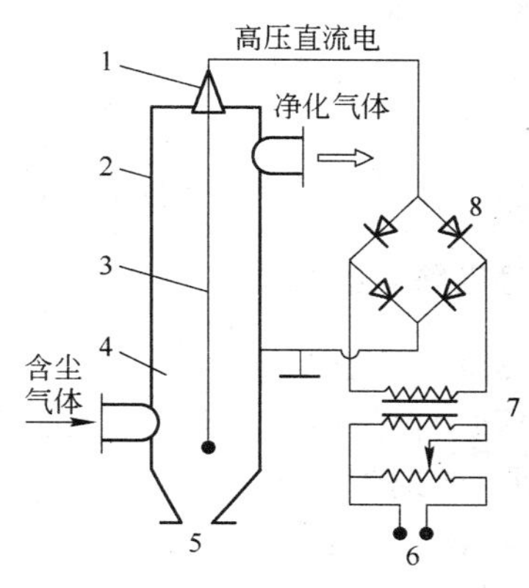

图 5-11 静电除尘器工作原理示意图

1—绝缘子；2—收尘极；3—电晕极；4—收尘层；5—灰斗；6—电源；7—变压器；8—整流器

排出。静电除尘器的工作原理包括电晕放电、气体电离、粒子荷电、粒子的沉积、清灰等过程。

静电除尘的基本过程如下（图 5-12）：

（1）气体的电离。空气在正常状态下几乎是不能导电的绝缘体，气体中不存在自发的离子。它必须依靠外力才能电离，当气体分子获得能量时就可能使气体分子中的电子脱离而成为自由电子，这些电子成为输送电流的媒介、气体就具有导电的能力。使气体具有导电能力的过程称为气体的电离。

（2）粉尘荷电。在放电极与集尘极之间施加直流高压电，使放电极发生电晕放电，气体电离，生成大量的自由电子和正离子，在放电极附近的所谓电晕区内正离子立即被电晕极（假定带负电）吸引过去而失去电荷。自由电子和随即形成的负荷离子则因受电场力的驱使向集尘极（正极）移动，并充满到两极间的绝大部分空间。含尘气流通过电场空间时，自由电子、负离子与粉尘碰撞并附着其上，便实现了粉尘的负电。

（3）粉尘沉降。荷电粉尘在电场中受库仑力的作用被驱往集尘极，经过一定时间后到达集尘极表面，所放出的电荷沉积其上。

（4）清灰。集尘极表面上的粉尘沉集到一定厚度后，用机械振打等方法将其清除掉，使之落入下部中。放电极也会附着少量粉尘，隔一定时间也需进行清灰。

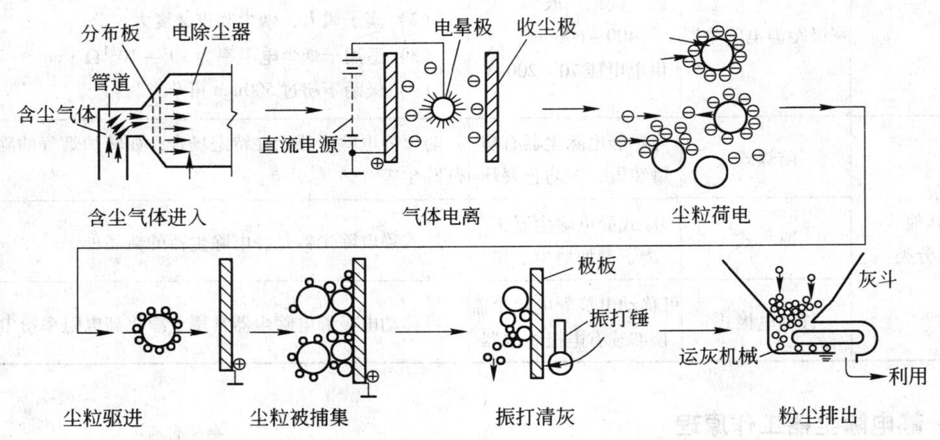

图 5-12 静电除尘基本过程

可见，为保证静电除尘器在高效率下运行，必须使上述四个过程进行的十分有效。

5.1.3 静电除尘器性能

5.1.3.1 性能参数

静电除尘器的性能参数主要有：电场烟气流速，有效截面积，电场数，电场长度，极距、线距、通道数，除尘效率等。

A 电场烟气流速

在保证除尘效率的前提下，流速大，可减小设备，节省投资，有色冶金企业静电除尘器的烟气流速一般为 0.4 ~ 1.0m/s，电力和水泥行业可达 0.8 ~ 1.5m/s，烧结、原料厂取 1 ~ 1.5m/s，化工厂为 0.5 ~ 1m/s。选择流速也与除尘器结构有关，对无挡风槽的极板、挂锤式电晕电极，烟气流速不宜过大，对槽形极板或有挡风槽、框架式电晕电极，烟气流大一些，其相互关系见表5-2。

表5-2 烟气流速与极板、极线形式的关系

收尘极形式	电晕电极形式	烟气流速/m · s^{-1}
棒帏状、网状、板状	挂锤式电极	0.4～0.8
槽形（C形、Z形、CS形）	框架式电极	0.8～1.5
袋式、鱼鳞状	框架式电极	1～2
湿式静电除尘器静电除雾器	挂锤式电极	0.6～1

烟气流速影响所选择的除尘器断面，同时也影响除尘器的长度，在烟气停留时间相同时，流速低则需较长的除尘器，在确定流速时也应考虑除尘器放置位置条件和除尘器本身的长宽比例。电力和水泥行业有时按图5-13选取流速。

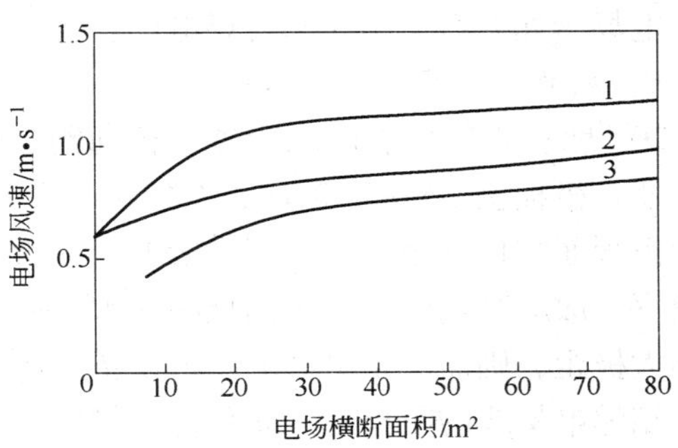

图5-13 电场风速的经验曲线

1—发电厂锅炉；2—湿式水泥窑及烘干机；3—干法窑

由于电场中烟气速度提高，可以增加驱进速度，因此，烟气速度并非越低越好，烟气速度的确定应以达到最佳综合技术经济指标为准。

B 有效截面积

静电除尘器的截面积根据工况下的烟气量和选定的烟气流速按式（5-1）计算

$$S = \frac{Q}{v} \tag{5-1}$$

式中 S——除尘器截面积，m^2；

Q——进入除尘器的烟气量（来考虑设备漏风），m^3/s；

v——除尘器截面上的烟气流速，m/s。

静电除尘器截面积也可按式（5-2）计算

$$A = HBn \tag{5-2}$$

式中 A——除尘器截面积，m^2；

H——收尘电极高度，m；

B——收尘电极间距，m；

n——通道数。

静电除尘器截面的高宽比一般为1～1.3，高宽比太大气流分布不均匀，设备稳定性较差。高宽比太小，设备占地面积大，灰斗高，材料消耗多。为弥补这一缺点，可采用双进口和双排灰斗。

C 电场数

卧式静电除尘器常采用多电场串联，在电场总长度相同情况下，电场数增加，每一电场电晕线数量相应减少，因而电晕线安装误差影响几率也小，从而可提高供电电压、电晕电流和除尘效率。电场单数多还可以做到某一电场停止运行对除尘器性能影响不大，这是因为火花和振打清灰引起的二次飞扬不严重。

静电除尘器供电一般采用分电场单独供电，电场数增加也同时增加供电机组，使设备投资升高，因此，电场数力求选择适当。串联电场数一般为2～5个，常用除尘器一般为3～4个，对于难收尘的场合，用4～5个电场。

D　电场长度

各电场长度之和为电场总长度。一般每个电场长度为2.5～6.2m，2.5～4.5m为短电场，4.5～6.2m为长电场。短电场振打力分布比较均匀，清灰效果好。长电场根据需要可采取分区振打，极板高的除尘器可采用多点振打。对处理气量大、环保要求高的场合可采用长电场，如矿石烧结厂和燃煤电厂。

E　极距、线距、通道数

20世纪70年代静电除尘器极板间距一般为260～325mm，后来开始采用宽极板静电除尘器，极板至400～600mm，有的达1000mm。截面积相同时，极距加宽，通道数减少，收尘极板面积也减小，当提高供电电压后粉尘驱进速度加大，能够提高高电阻率烟尘的除尘效率，故对高电阻率可选用极距为450～500mm，配用27kV电源即能满足供电要求。继续加大极距，则需配备更高的供电设备。

相邻电晕线的距离称为线距，一般根据异极距来确定。根据试验，异极距和线距之比为0.8～1.2，线距太小，相邻电晕极会产生干扰屏蔽，抑制电晕电流的产生。线距太大，电晕线总长度要缩短，总电晕功率减少，影响除尘效率。线距还要根据收尘极板宽度进行调整，可参照以下实例选择。

如小C形板宽190mm，每块板配一根线，间隙为10mm，线距为200mm；大C形板宽480mm，两板间隙为20mm，每块极板配线，线距为250mm。又如Z形板宽385mm，间隙为15mm，每块极板配两根线，线距为200mm。上述两种板也可配一根管状芒刺线，因其水平刺极距超过100mm，相当于线的效果。

F　除尘效率

静电除尘器的除尘效率和其他除尘器一样，定义为除尘器捕集的粉尘量与进入除尘器烟气中含尘量之比率。捕集下来的粉尘量和粒度、电阻率、电场长度及电极的构造等因素有关。除尘效率的表达式如下

对管式除尘器

$$\eta = L - e^{\frac{4WLK}{v_p D}} \tag{5-3}$$

对板式除尘器

$$\eta = L - e^{-\frac{WLK}{v_p B}} \tag{5-4}$$

式中　W——粉尘驱进速度，m/s；

v_p——含尘气体的平均流速，m/s；

L——气流方向收尘极的总有效长度，m；

B——收尘极和电晕极之间的距离，m；

D——管式收尘极的内径，m；

K——由电极的几何形状，粉尘凝聚和二次飞扬决定的经验系数。

由式（5-3）、式（5-4）可以看出，静电除尘器的效率与L/v_p关系甚大，或者说除尘效率与静电除尘器的容积关系甚大。假如除尘效率为90%，除尘器的容积为1，则效率为99%的除尘器的容积将增大为2。

5.1.3.2 影响静电除尘器性能的因素

影响静电除尘器性能有诸多因素，可大致归纳为三个方面：烟尘性质、设备状况和操作条件。这些因素之间的相互联系如图5-14所示。由图5-14可知，各种因素的影响直接关系到电晕电流、粉尘电阻率、除尘器内的粉尘收集和二次飞扬这三个环节。而最后结果表现为除尘效率的高低。

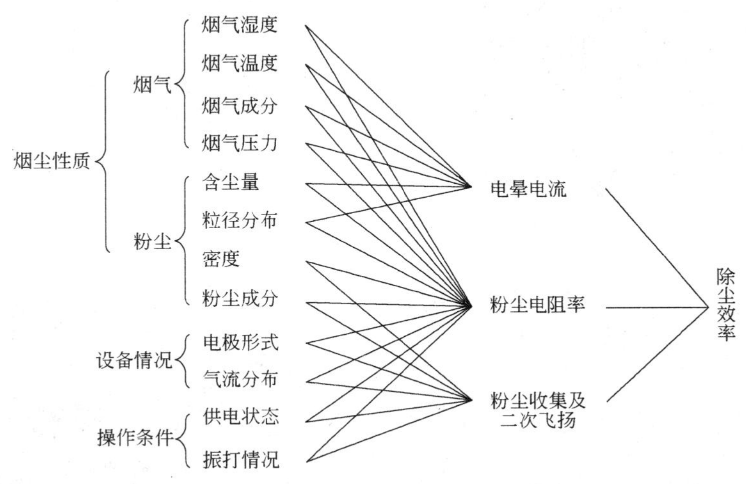

图5-14 影响除尘器性能的主要因素及其相互关系

5.2 静电除尘器构造

在静电除尘器中，卧式除尘器应用最为广泛，它是由本体和供电电源两部分组成的(图5-15)。本体包括除尘器壳体、灰斗、放电极、收尘极、气流分布装置、振打清灰装置、绝缘子及保温箱等等。这里介绍卧式静电除尘器的主要组成和外貌（图5-16）、静电除尘器构造（图5-17）。

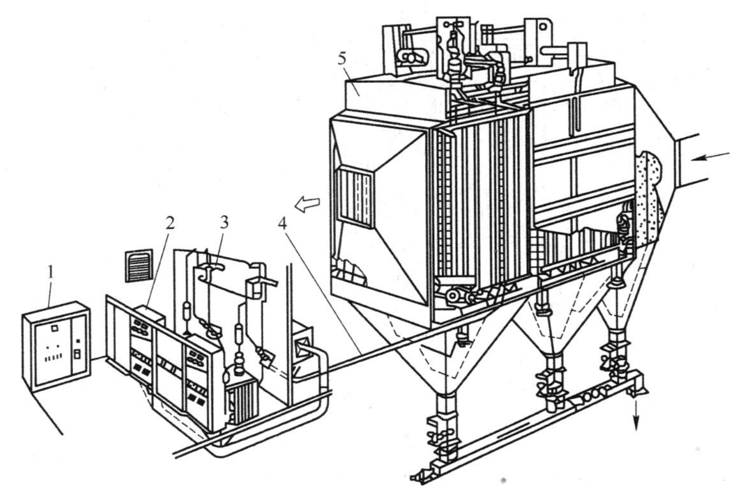

图5-15 卧式静电除尘器及其控制系统

1—低压控制柜；2—高压供电机组；3—高压隔离开关；4—电缆；5—静电除尘器

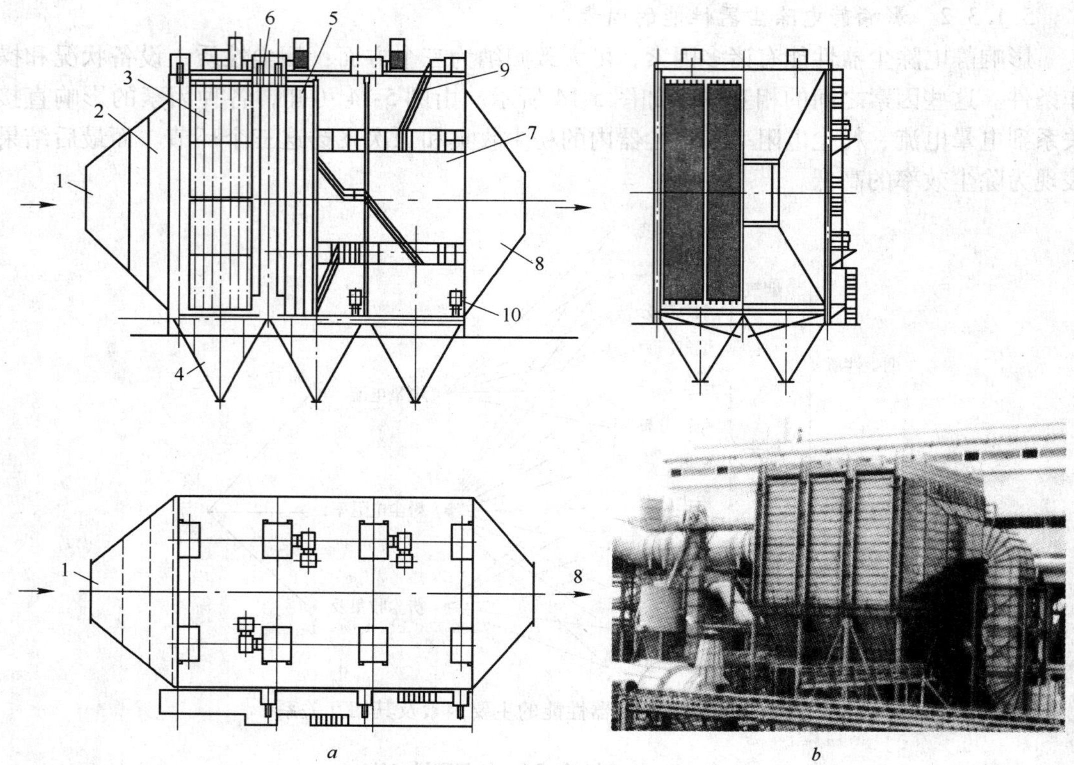

图 5-16　卧式静电除尘器组成和外貌

a—组成；*b*—外貌

1—进风口；2—进口气流分布装置；3—电晕电极；4—灰斗；5—收尘板；6—顶部保温箱、加热装置、电压电缆装置；7—壳体；8—出风口；9—梯子平台；10—人孔门

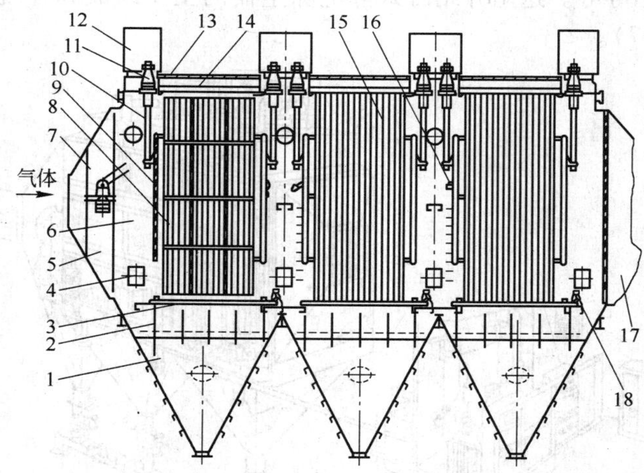

图 5-17　静电除尘器构造

1—灰斗；2—阻流板；3—收尘极振打杆；4—检查门；5—进气箱；6—壳体；7—气流分布板及振打装置；8—电晕极小框架；9—电晕极大框架；10—电晕极悬吊装置；11—高压套管；12—保温箱；13—防雨盖；14—屋顶骨架；15—收尘极；16—电晕极振打；17—出气箱；18—收尘极振打

5.2.1 静电除尘器壳体

壳体的作用是引导含尘气体通过高压电场，减少热损失，支撑电晕极和收尘极系统及其振打装置，形成与外界环境隔离的独立空间。因此要求壳体气密性要好，漏风率不大于2% ~5%。

壳体应具有足够的刚度、强度和稳定性。实际在静电除尘器运行中，所承受的是壳体自重、内部构件及风、雪、地震的载荷。

对于特殊要求的还要考虑壳体的防腐蚀、防爆措施。采用钢结构作壳体时，要考虑热膨胀。温度在150℃以上时，壳体下部与土建平台或钢支架之间，采取一点刚性连接，其余各点均设滚动或滑动支承轴承，以减少摩擦推力。同时，壳体要设有完备的保温层，以保持壳体内的温度高于露点温度15 ~25℃。

钢结构壳体的质量约占电除尘器总质量的35% ~50%或以上。

在无特殊要求下，通常壳体的刚度和强度是按风机压力设计的。

壳体包括框架、墙板、进出风管和灰斗四部分。框架结构由立柱及下部支承轴承座、顶大梁、底梁（端底梁、侧底梁、底大梁）和斜撑构成。这些是电除尘器的受力体系。进出风管是箱体与管道连接部要求既不能积灰，又要使气流合理流动。灰斗兼作存灰和排灰两种功能。灰斗与箱体和框架的连接是容易忽视的部位，也是静电除尘器常见的事故部位之一。

5.2.2 静电除尘器电极

5.2.2.1 收尘极

收尘极是静电除尘器的主要部件之一。对收尘极提出的基本要求是：

（1）板面场强分布和板面电流分布要尽可能均匀。

（2）防止二次扬尘的性能好，在气流速度较高和振打清灰时产生的二次扬尘少。

（3）振打性能好，在较小的振打力作用下，在板面各点获得足够的振打加速度，且分布较均匀。

（4）机械强度好（主要是刚度）、耐高温和耐腐蚀，只有有足够的刚度才能保证极间距的准确距离。

（5）消耗钢材少，加工及安装精度高。

在卧式电除尘器中，目前几乎都采用型板式极板，它是用厚度为1.2 ~2.0mm的钢板在专用轧机上轧制成各种断面形状的极板（图5-18）。

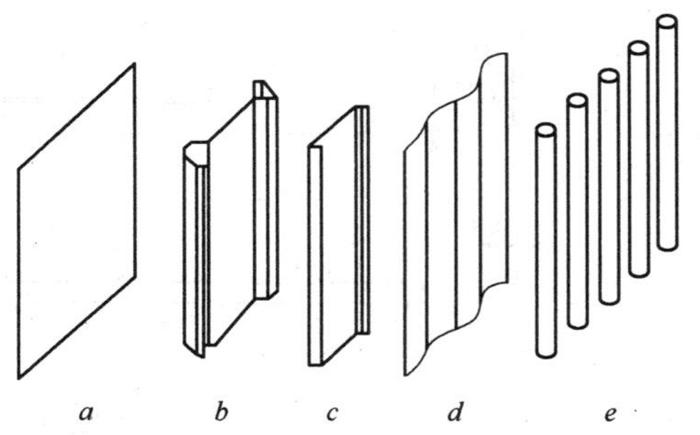

图5-18 各种断面形状的收尘极板
a—平板形；*b*—Z形；*c*—C形；*d*—波浪形；*e*—棒帷形

每块极板的宽度随不同的形式而不同，但必须与放电极的间距相对应。极板高度一般为2 ~15m。每一电场中，在长度方向每排由若干块极板拼装而成，其长度称为有效电场长度，一般为2.5 ~4.5m。极板组成的收尘极系统见

图 5-19。

两排相邻极板之间形成通道，通道的宽度在常规的静电除尘器中通常采用 300mm。在超高压宽间距除尘器中，间距可以增加，但供电电压要相应提高，通常认为间距为 400 ~ 600mm 较合理。

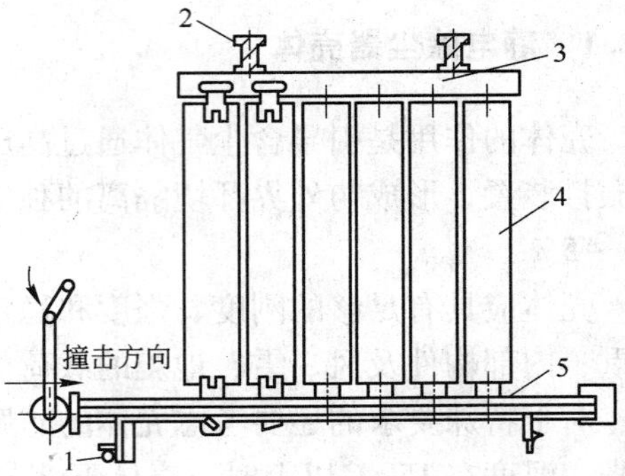

图 5-19　收尘极系统示意图

1—导轨；2—支承大梁；3—支承小梁；4—极板；5—撞击杆

5.2.2.2　放电极（电晕极）

对放电极提出的基本要求有：

（1）放电性能好（起晕电压低、击穿电压高、电晕电流强）；

（2）机械强度高、耐腐蚀、耐高温、不易断线；

（3）清灰性能好，振打时，粉尘容易脱落，不产生结瘤和肥大现象。

放电极的形式很多，可以分成以下几种（图 5-20）：

（1）圆形放电极。通常都由直径为 1.5 ~ 2.5mm 的高强镍铬合金做成（图 5-20*a*），上部悬挂在框架上，下部用重锤保持其垂直位置。圆线也可以做成螺旋弹簧形，此时将其拉伸，上、下部都固定到框架上，使其内部保持一定的张力，放电线处于绷张状态。也有用数根圆线绞到一起。另加针刺的放电线（图 5-20*b*）。

（2）星形电极。用直径 4 ~ 6mm 的圆钢冷拉成断面为星形的放电极，由于四角上的曲率半径小，可以保证必要的放电强度。有的星形放电极做成麻花形（图 5-20*c*）可以增加放电极放电的总长度，对清灰也有利。

（3）带形、刀形及锯齿电极。通常用薄钢条（厚约 1.5mm），两侧做成刀状即为刀形电极，如在两侧冲出锯齿则形成锯齿电极（图 5-20*d*）。锯齿线的放电强度高，是应用较多的一种放电线。

（4）芒刺线。芒刺线是依靠芒刺的尖端进行放电。形成芒刺的方式很多，除了上述的

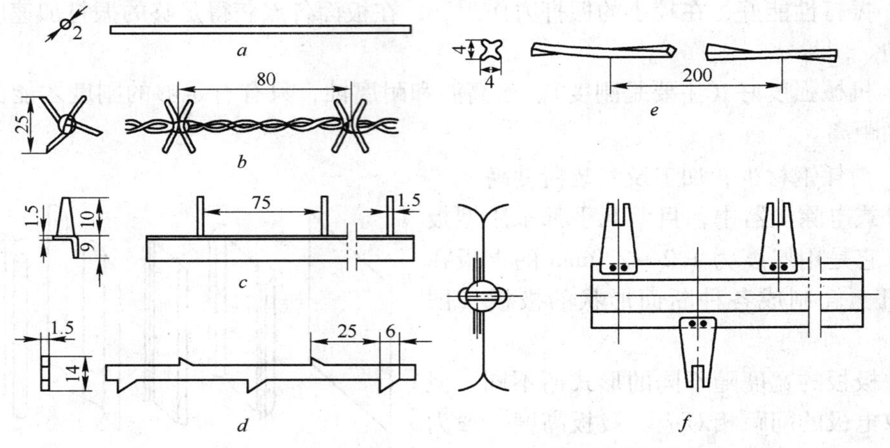

图 5-20　各种形式的放电极

（单位：mm）

a—圆形线；*b*—针刺线；*c*—角钢芒刺；*d*—锯齿线；*e*—麻花星形线；*f*—R-S 线

针刺线、锯齿线属于芒刺线外，还有角钢芒刺（图 5-20*e*）和圆芒刺（在圆棒或圆管上直接焊上芒刺）。目前采用较多的一种芒刺线是 R-S 线（图 5-20*f*）。它是以直径为 20mm 的圆管作支撑，两侧伸出交叉的芒刺。这种线的机械强度高、放电强，从而提高了除尘器的性能和可靠性。

线间距通常取 0.50 ~ 0.65 倍的通道宽度，对常规电除尘器可取 160 ~ 200mm，并与极板的宽度相对应。芒刺的间距一般为 50 ~ 100mm。

考虑到在电除尘器前、后电场中的粉尘浓度相差很大，也可以在浓度高的电场（如第一、第二电场）采用芒刺线，放电强度高，可以防止产生电晕闭塞，而浓度低的电场（如第三、第四电场）采用星形线。

电晕极和收尘极在电场内按规定的极间距排列（图 5-21 和图 5-22），收尘极排数总比电晕极小框架（排）多一排，靠近壳体内的一排是收尘极。放电极小框架位于两收尘极排的中心线上，两排收尘极排之间称为气体通道。

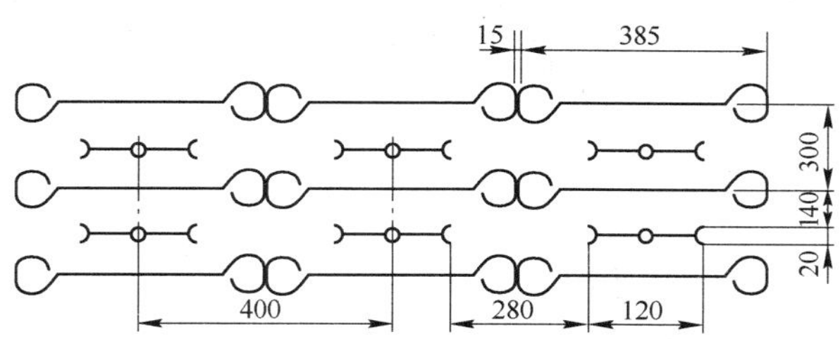

图 5-21 放电晕极和收尘极的配置形式

（单位：mm）

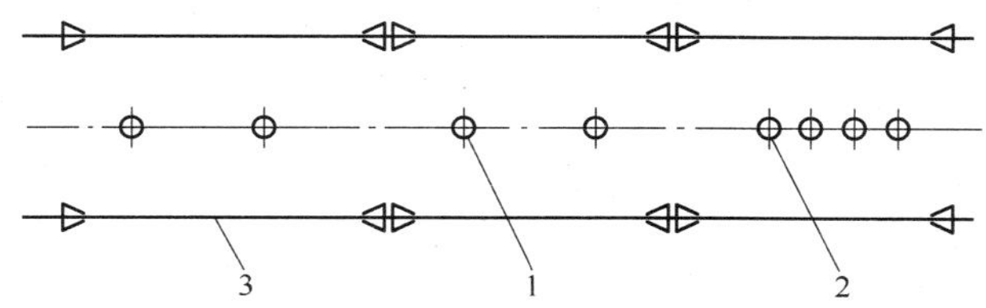

图 5-22 鱼骨芒刺电极-管式辅助电极在电场中的配置

1—鱼骨芒刺电晕线；2—管状辅助电极；3—收尘极

5.2.3 清灰装置

收尘极和电晕极表面上的清洁程度对除尘器的性能有很大影响。在静电除尘器中，要定期振打清灰，使电极表面的粉尘振落到灰斗中。对振打的要求有：

（1）在电极表面上任何一点都有一定的加速度，在一般情况下，根据不同的收尘性质的最小加速度为(500 ~ 200)*g*(*g* 为重力加速度)，放电极框架的最小加速度为(400 ~ 500)*g*。

（2）在电极各点上的振打加速度分布比较均匀。

（3）在振打时二次扬尘小，特别是对收尘极。为此要调整振打周期，当粉尘积到一定厚度，振打时成片状脱落，直接落入灰斗。由于各电场的含尘浓度不同，各电场的振打周期也应不同，可在现场调试时确定，同时要避免各电场同时振打。

主要的振打方式有：

（1）摇臂锤振打（图 5-23）。

（2）电磁振打。

（3）气动振打和振动器振打等。

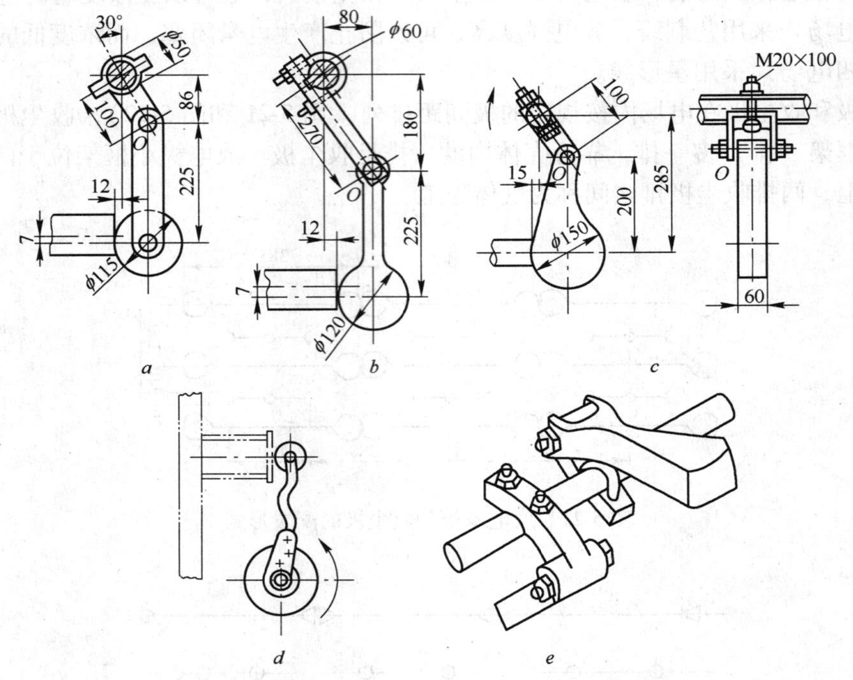

图 5-23　收尘极振打锤头

（单位：mm）

a—夹板锤；*b*—仿形锤；*c*—仿形锤；*d*—S 形锤；*e*—仿形锤

除了振打清灰外，还可采用钢刷清灰、喷水清灰（湿式电除尘器）和声波清灰等。

5.2.4　气流分布装置

除尘器的除尘效率取决于气流速度的大小。当电场内气流速度分布不均时，流速低处获得的效率提高，远不能弥补速度高处的效率降低，从而导致总效率的降低。常用的气流分布板结构形式见图 5-24 和图 5-25。

目前评定气流分布的均匀性尚没有统一的方法，常用的是相对均方根法，其判定公式为

$$\sigma = \sqrt{\frac{1}{n}\sum_{i=1}^{n}\left(\frac{v_i - \bar{v}}{\bar{v}}\right)^2} \tag{5-5}$$

式中　v_i——断面上各测点的流速，m/s；

$\bar{v}$——断面上的平均流速，m/s；

n——断面上的测点数；

σ——相对均方根差。

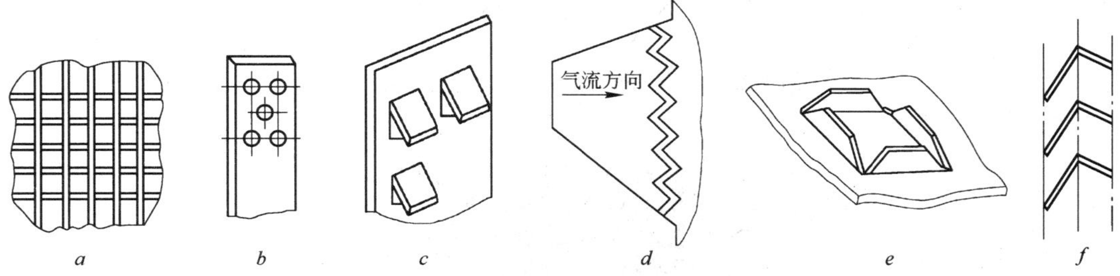

图 5-24 气流分布板结构形式

a—条栅式；*b*—多孔板式；*c*—鱼鳞式；*d*—锯齿式；*e*—X 形孔板式；*f*—折板式

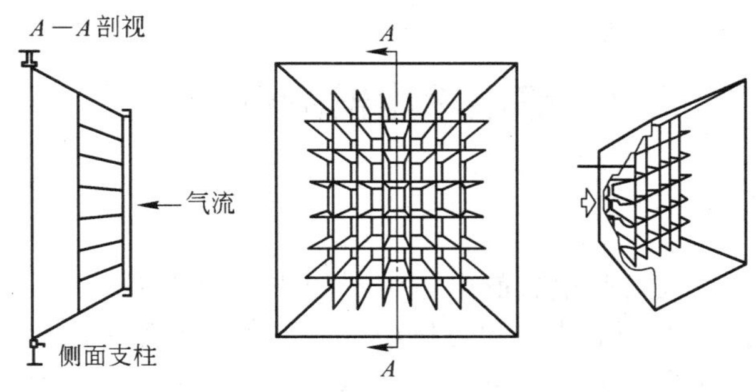

图 5-25 水平进气的蜂窝状导流板

当 $\sigma \leqslant 0.1$ 时，气流分布为“优”；当 $\sigma \leqslant 0.15$ 时为“良”；当 $\sigma \leqslant 0.25$ 时为“合格”；当 $\sigma > 0.25$ 即认为“不合格”。

为了保证进入电场的气流分布均匀，常用的方法是在入口处设置 1 ~ 3 块气流分布板（出口处有时也设 1 块气流分布板）。采用最多的是圆孔形分布板，该板用 3 ~ 5mm 厚钢板制作，其上的孔径为 40 ~ 60mm，一般开孔率为 50% ~ 65%。为防止在分布板上积灰，需要设振打装置。

为了使气流分布均匀，寻求合理的进出口形式及气流分布装置，在设计前往往要进行气流的模型试验。这对于大型设备，特别是进出口位置受到限制时尤其重要。模型与实物的比例一般取 1/4 ~ 1/16。根据模型试验结果设计和安装的气流分布装置，在投入运行前，还要在现场进行测试和调整，以符合气流分布的标准。

传统的观点认为，静电除尘器内气流分布越均匀越好，而实际上由于二次飞扬现象的存在和气流分布的本身不均，静电除尘器内粉尘浓度的实际分布如图 5-26 所示。加拿大等国试验改变气流分布状况，进气端的气流以上小下大分布，出气端的气流以上大下小分布，这样有序地通过使气流分布不均匀化，从而使粉尘浓度分布均匀化，实测对降低排放浓度有利。此项技术被称为斜气流技术。斜气流技术应用后除尘器内粉尘浓度分布如图 5-27所示。

图 5-26　均匀气流状态下粉尘浓度分布规律

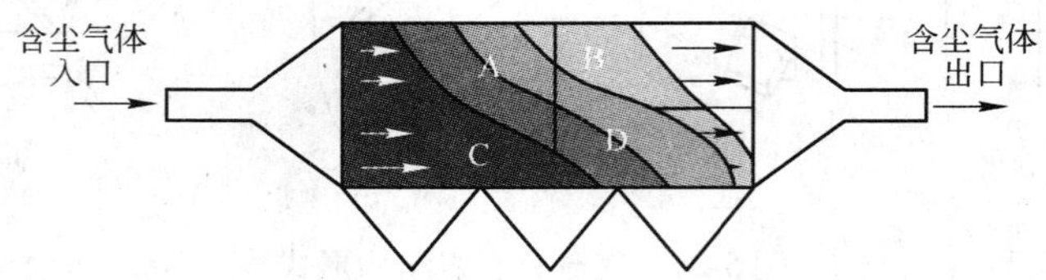

图 5-27　斜气流状态下粉尘浓度分布规律

5.3　静电除尘器的供电装置

5.3.1　高压供电装置

静电除尘器高压供电设备是组成静电除尘器的关键设备之一。其主要任务是向静电除尘器电极施加高压电，提供粉尘荷电和收集粉尘所需要的电能。除尘器的电气状况对它的除尘效率有极大影响。通常，电压和电流的大小取决于电极尺寸及其配置、粉尘特性、气体的成分、温度、湿度、压力以及气体密度等条件。如果这些条件已定，则供电系统的设置、控制设备的优劣还会对电气状况有一定影响。

高压供电装置是一个以电压、电流为控制对象的闭环控制系统，包括升压变压器、高压整流器、主体控制（调节）器和控制系统的传感器等四部分（图 5-28）。其中，升压变压器、高压整流器及一些附件组成主回路，其余部分组成控制回路。

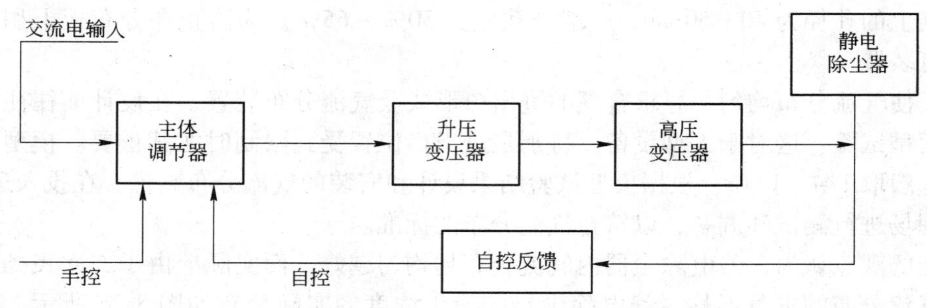

图 5-28　静电除尘器供电机组

5.3.1.1　变压器

升压变压器是将工频 380V 交流电升压到 60kV 或更高的电压。静电除尘器运行的特有条件对变压器结构和高压绕组有特殊要求，其绝缘性能要能够经受常出现的超负荷运行，这种超负荷在除尘器击穿时就会发生。为了调节变压器输出端参数，其输入绕组要进行分节引出。除尘器内供电参数的调节都是通过手动，或是通过自控信号来变动升压变压器的输入端来完成的。

静电除尘器电极上所需的电压是固定极性的，所以由变压器得到的高压电流必须经过整流，使之变为直流电。

5.3.1.2 整流器

在静电除尘器供电系统中采用的各种半导体整流器电路如图5-29所示。

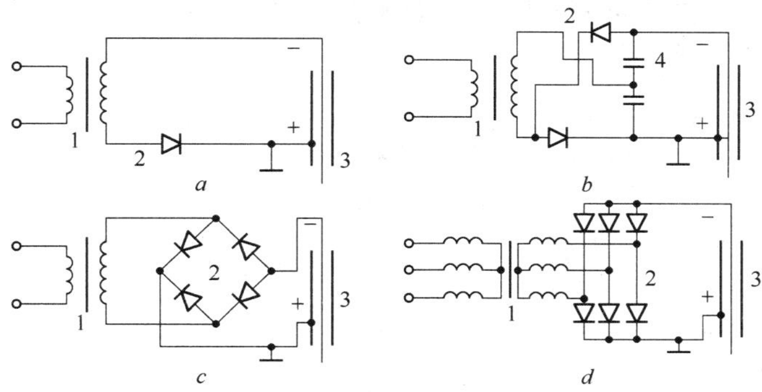

图5-29 几种半导体整流器电路

a—半波整流；*b*—全波倍压整流；*c*—全波桥式整流；*d*—三相桥式整流

1—变压器；2—整流器；3—电除尘器；4—电容

5.3.1.3 主体调节器

静电除尘器内工况电气条件主要是靠调节高压电源来控制的。高压电源的调压都是在高压电源的输入端进行的。调压主件过去曾用过电阻调压器（多是采用手动调节）、感应调压器等，现在普遍采用可控硅调压器。可控硅调压元件反应速度快，能够使整流器的高压输出随电场烟气条件而变化，很灵敏地实行自动跟踪调节。由可控硅输出的可调交变电压，经升压变压器，再经桥式整流器整流为高压直流电。

5.3.1.4 自动控制回路

这部分的工作原理是控制可控硅的移相角，从而达到控制输出高压电的目的。它以给定的反馈量为调压依据，自动调节可控硅的移相角，使高压电源输出的电压随着电场工况的变化而自动调节。同时，自动回路还具备各项保护性能，使高压电源或电场在发生短路、开路、过流、偏励、闪络和拉弧等情况时，对高压电源进行封锁或保护。

自动控制方式有多种，目前在国内普遍采用的是火花频率控制方式。近期又出现了更新颖的控制方式：多功能高压电源和计算机控制的多功能高压电源。

5.3.2 电极电压的调节

从电晕放电的伏安特性可知，电极电压与电晕电流之间的联系属非线性关系，工况电压略有下降（若为1%），就会引起电晕电流实质性的（相应为5%）下降，这就降低了静电除尘器的效率。在现代化供电机组中，是用自动调节电除尘器运行的电气条件来维持电极上最大可能出现的电压的。也就是使电压保持高数值，总保持于击穿的边缘，但又不发生电弧击穿。

自动调压方法有如下两种：

（1）按火花放电给定频率调节电极电压。电场电压与火花放电有一定关系，在场压低时无火花；达到一定数值时发生火花放电；继续增加电压，火花放电频率增多，直至达到击穿（图5-30*a*）。

单位时间里火花放电的频率与电场的除尘效率有一定关系（图5-30*b*）。从火花放电频率与除尘效率的关系曲线看，在火花放电频率为40～70次/min范围内对除尘效果最有利。超过这个频率的则会由于火花击穿耗能增加，除尘器效率反而下降。

以这种有利的火花放电频率为信息来控制电极电压，则工作电压曲线与击穿电压曲线更为接近，从图5-30*c*可以看出。

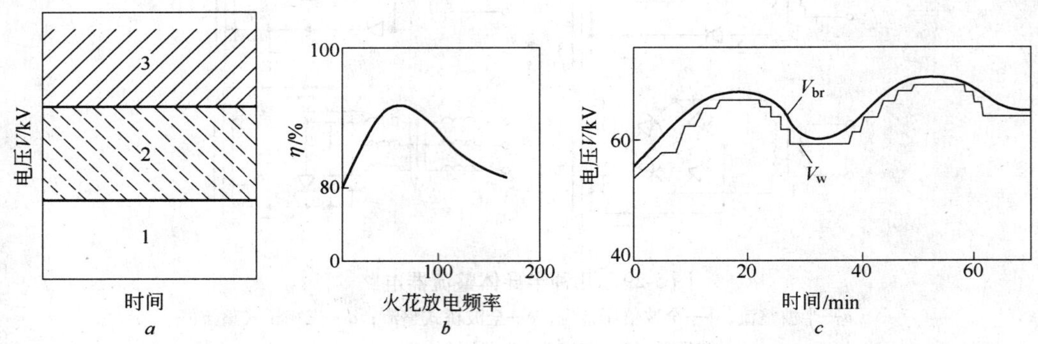

图5-30　按火花放电频率调节电除尘器电极电压

a—场压与放电关系；*b*—火花放电频率（次数/min）与电除尘效率（%）的关系曲线；*c*—时间（min）与电压（kV）的关系

V_{br}—击穿电压；V_w—工作电压；1—无火花放电区；2—火花放电区；3—击穿区

可控硅自动控制高压硅整流装置是目前国内外使用的最普遍的一种高压电源。这种控制方式的主要特点是利用电场的高压闪络信号作为反馈指令（图5-31）。检测环节把闪络讯号取出，送到整流器的调压自控系统中去，自控系统得到反馈指令后，使主回路调压可控硅迅速切断电压输出，并让电场介质绝缘强度恢复到正常值。通过调节电压上升速率和闪络封锁时的电压下降值，控制每两次闪络的时间间隔（即火花率），使设备尽可能在最佳火花率下工作，以获得最好的除尘效果。

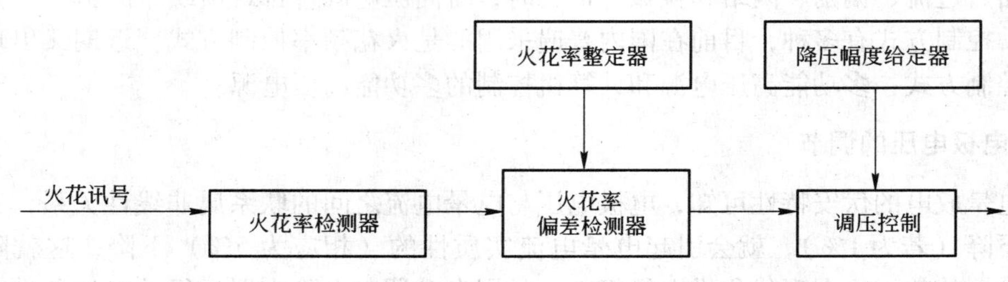

图5-31　火花频率控制原理

按火花放电频率调节电极电压的方式也有不足之处：系统是按给定火花放电的固定频率而工作的，而随着气流参数的改变，电极间击穿强度的改变，火花放电最佳频率也要发生变化，系统对这些却没有反应。若火花放电频率不高，而放电电流很大的话，容易产生弧光放电，也就是说，这仍是“不稳定状态”。

（2）保持电极上最大平均电压的极值调节方法。随着变压器初级电压的上升，在电极上电压平均值先是呈线性关系上升，达到最大值以后，开始下跌。原因是火花放电强度上涨。电极上最大平均电压相应于静电除尘器电极之间火花放电的最佳频率。所以，保持电极上平均电压最大水平就相应于将静电除尘器的运行工况保持在火花放电最佳的频率之下。而该最佳频率是随着气流参数在很宽限度内的变化而变化的。这就解决了单纯按火花给定次数进行调节的“不稳定状态”。在这种极值电压调节系统下，调节图形与图 5-30*c* 所表示的图形相似，而工作电压曲线则距击穿电压曲线更近。

总之，在任何情况下，工作电压与机组输出电流的调节都是通过控制讯号对主体调节器（或称主体控制元件）的作用而实施的。而这主体调节器可能是自动变压器、感应调节器、磁性放大器等。

5.3.3 低压供电与控制装置

低压自控装置包括除高压供电装置以外的一切用电设施，是一种多功能自控系统。主要有程控、操作显示和低压配电三个部分。按其控制目标，该装置有如下部分：

（1）阴阳极振打控制。阴阳极振打控制是指控制同一电场的两种电极根据除尘情况进行的振打，但不要同时进行，而应错开振打的持续时间，以免加剧二次扬尘。目前设计的振打参数，振打时间在 1 ~ 5min 内连续可调，停止时间 5 ~ 30min 连续可调。

（2）卸灰、输灰控制。灰斗内所收粉尘达到一定程度（如到灰斗高度的 2/3 时），就要开动星形卸灰阀以及下面的螺旋输灰机，进行排灰。

（3）绝缘子室恒温控制。为了保证绝缘子室内对地绝缘的套管或瓷轴的清洁干燥，以保持良好的绝缘性能，通常采取保温加热措施。加热温度应较气体露点温度高约 30℃。绝缘子室内要求实现恒温自动控制。在绝缘子室达不到整定温度前，高压直流电源不得投入运行。

（4）灰斗料位检测。采用 γ 射线式、电容式、阻旋式以及其他形式的料位计，均能控制上位、下位或全位检测报警。

（5）报警显示。包括温度与超温、传动振打电机与卸输灰电机，加热温度、开关到位、灰斗料位等各部位的显示和故障报警。

（6）PLC 可编程序控制。对阴阳极、槽形板、分布板的振打传动电机，卸输灰电机以及仓壁振动器的振打时间和振打间隔周期进行可编程序控制，精度达 0.1s，并设置自动、手动、现场操作三种控制方式。

5.4 静电除尘器的应用

静电除尘器除尘效率高，可达 99% 以上，能分离小于 1μm 的微细颗粒，且设备阻力低，通常小于 300Pa，能处理的气体量大和较高的温度，因此获广泛应用。

5.4.1　静电除尘器选用注意事项

用静电除尘器，首先必须要了解和掌握生产中的一些数据。通常包括被处理烟气的烟气量、烟气温度、烟气含湿量、含尘浓度、粉尘的级配、气体和粉尘的成分、理化性质、电阻率值、要求达到的除尘效率、静电除尘器的最大负压以及安装的具体条件等。根据这些条件，首先考虑静电除尘器选用形式（立式或卧式）、极板形式（板式或管式）及运行方式（湿法或干法）；其次考虑静电除尘器选用的规格。在选用中应注意，目前设计的静电除尘器一般仅适用于烟气温度低于250℃、负压值小于2kPa的情况。一般结构的静电除尘器仅适用一级收尘，这样可以节省投资、减少占地面积。反之，若超过这个限度，则必须考虑采用二级收尘。目前设计的电收尘器一般仅能处理电阻率在$10^4\sim10^{10}\Omega\cdot cm$之间的烟尘，因此，在通往静电除尘器之前必须对高电阻率的粉尘烟气进行必要的调质预处理。

静电除尘器选用注意事项如下：

（1）静电除尘器是一种高效除尘设备，除尘器随效率的提高，设备造价也随之提高。

（2）静电除尘器压力损失小，耗电量少，运行费低。

（3）静电除尘器适用于大风量、高温烟气及气体含尘浓度较高的除尘系统。当含尘浓度超过$60g/m^3$时，一般应在除尘器前设预净化装置，否则会产生电晕闭塞现象，影响净化效率。

（4）静电除尘器能捕集细粒径的粉尘（小于0.14μm），但对粒径过小、密度又小的粉尘，选择静电除尘器时应适当降低电场风速，否则易产生二次扬尘，影响除尘效率。

（5）静电除尘器适用于捕集电阻率在$10^4\sim5\times10^{10}\Omega\cdot cm$范围内的粉尘，当电阻率低于$10^4\Omega\cdot cm$时，容易产生反电晕，因此，不宜选用干式静电除尘器，可采用湿式静电除尘器。高电阻率粉尘也可选用干式宽极距静电除尘器，如选用30mm极距的干式静电除尘器，可在静电除尘器进口前对烟气采取增湿措施，或对粉尘有效驱进速度选低值。

（6）静电除尘器的气流分布要求均匀，为使气流分布均匀，一般在电除尘器入口处设气流分布板1~3层，并进行气流分布模拟试验。气流分布板必须按模拟试验合格后的层数和开孔率进行制造。

（7）净化湿度大或露点温度高的烟气，静电除尘器要采取保温或加热措施，以防结露；对于湿度较大的气体或达到露点温度的烟气，一般可采用湿式静电除尘器。

（8）静电除尘器的漏风率尽可能小于2%，减少二次扬尘，使净化效率不受影响。

（9）黏结性粉尘，可选用干式静电除尘器；对沥青与尘混合物的黏结粉尘，宜采用湿式静电除尘器。

（10）捕集腐蚀性很强的物质时，宜选择特殊结构和防腐性好的静电除尘器。

（11）电场风速是静电除尘器的重要参数，一般在0.4~1.5m/s范围内。电场风速不宜过大，否则气流冲击极板造成粉尘二次扬尘，降低净化效率。对电阻率、粒径和密度偏小的粉尘，电场风速应选择较小值。

5.4.2　静电除尘器在转炉煤气净化中的工程应用实例

5.4.2.1　概况

静电除尘器用于转炉烟气净化时其工艺范围是从烟气进入蒸发冷却器开始到煤气冷却

器为止。主要由蒸发冷却器、圆筒电除尘器、风机、切换站、煤气冷却器等设备组成。如图 5-32 所示。

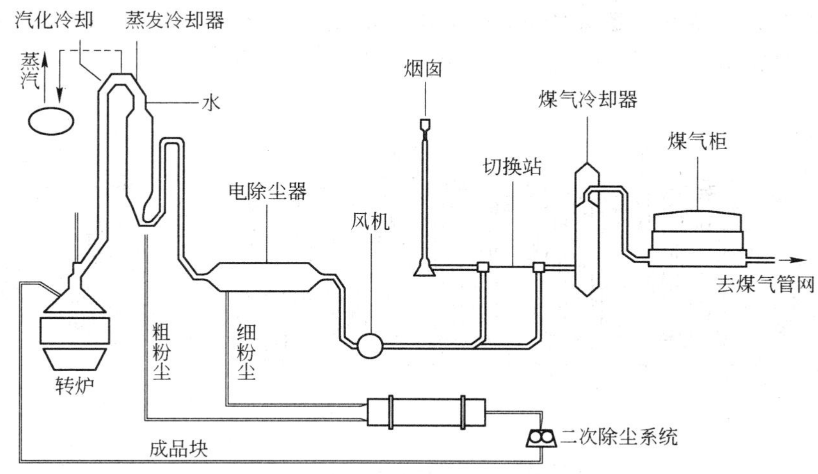

图 5-32 烟气净化工艺流程

工艺过程为转炉烟气通过活动烟罩、热回收装置及气化冷却烟道后，温度为 800 ~ 1000℃，进入到蒸发冷却器。粗颗粒的粉尘在水雾的作用下团聚沉降，冷却后的烟气通过管道进入圆筒形电除尘器，温度为 150 ~ 180℃。静电除尘器设 4 个电场，采用高压直流脉冲电源，捕集剩余的细粉尘，将其通过静电除尘器下的链式输送机、细灰输送系统到细灰料仓；经过静电除尘器的烟气含尘量在 10mg/m^3 以下，最终的合格烟气经过煤气冷却器降温到 70℃进入煤气柜，不合格烟气放散。

5.4.2.2 主要技术性能设计指标

转炉	3 × 120t 顶底复吹转炉
最大炉产钢水量	130t
冶炼周期	38min
生铁中的碳含量	4.0% ~4.5%
粗钢中的碳含量	0.1%
主要原材料及动力消耗	
铁水	900kg/t 钢水
废钢（废钢不排除含铜、含铬合金、含锌）	180kg/t 钢水
矿石	20kg/t 钢水
铁合金	11.47kg/t 钢水
冶炼用氧	57m^3/t 钢水
空气燃烧系数	0.1
最大烟气量（标态）	88900m^3/(h · 台)
炉气含尘量（标态）	80 ~ 150g/m^3
蒸发冷却器入口烟气温度	850 ~ 1000℃
煤气冷却器出口处煤气温度	65 ~ 70℃
最终煤气含尘量（标态）	≤10mg/m^3
煤气回收量（标态）	≥80m^3/t 钢（热值 8360kJ/m^3）

5.4.2.3 技术、装备特点与关键技术

A 圆筒形静电除尘器

圆筒形静电除尘器的构造如图 5-33 所示。安装在转炉车间外面，在静电除尘器里烟气被净化到符合要求的程度。静电除尘器直径 8.2m，长度 30m。

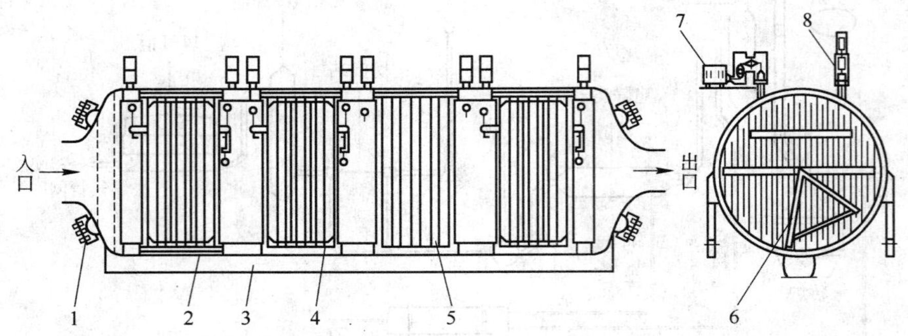

图 5-33 圆筒形静电除尘器构造

1—防爆阀；2—外壳；3—出灰装置；4—电晕极；5—收尘机；6—清灰装置；7—电源；8—安全阀

圆筒形静电除尘器结构有以下特点：

（1）静电除尘器壳体耐压 0.3MPa；

（2）在静电除尘器进出口装有可选择性启闭的安全泄爆阀，以疏导可能产生的压力冲击波，当压力超过 5000Pa 时，安全泄爆阀打开；

（3）静电除尘器配有 4 个电场，烟气出口浓度（标态）不大于 $10mg/m^3$；

（4）同极距为 400mm，通道数 16 个；

（5）收集的粉尘温度在 150℃左右。

应用中对静电除尘器的内部结构进行了研究，研究了新的极线形式、极配形式和合理的材质选择对静电除尘器除尘效果和寿命的影响。选择适宜的阴极线厚度，并且解决了阳极板腰带高温下易变形的问题，使静电除尘器在恶劣的工作环境下长期保持良好的工作性能。

B 蒸发冷却器

为获得圆筒形干式静电除尘器的最佳烟气除尘效果，烟气在进入静电除尘器之前在蒸发冷却器里进行调质和降温。蒸发冷却器的筒径为 4m，高度 17m。

在烟气冷却和调质的同时，在蒸发冷却器里还发生粗粉尘的沉淀过程。大约占粉尘量 40% ~45% 的粗粉尘沉淀在蒸发冷却器里，这些粗粉尘含铁很高，具有很好的回收价值。

C 风机、切换站和煤气冷却器

风机、切换站和煤气冷却器位于净煤气侧，电除尘器的下游。干法除尘由于系统阻力小，采用轴流式风机，功率 750kW，这种风机具有效率高和让烟气直接通过的优点（这个优点对于防爆很重要），风机采用变频调速，这意味着作业运行条件可无级改变。

切换站是干法除尘系统的最重要的设备之一。它主要由两个严密密封的具有调节性能

的钟形阀组成。切换站负责在火炬和煤气柜之间进行快速切换，以达到回收尽可能多的转炉煤气的目的。

煤气冷却器直径6.8m，高度20m。煤气冷却器的任务仅是把回收的转炉煤气体积尽可能减小到最低程度，这是通过使用过量的冷却水实现的。

D 粉尘的输送设备

捕集到的粗粉尘和细粉尘有两种输送设备可供使用：

（1）链式刮板输送机。

（2）使用氮气作为输送媒介的气力输送机。

输送机械的选择主要取决于具体的条件。本项目采用的是链式刮板输送机，简单可靠。同时由于整个系统的气密性要求较高，输送设备前的双层卸灰阀也很关键。

E 控制系统

干法除尘系统自动化控制范围是从气化冷却烟道开始到煤气冷却器结束。设一级基础自动化，与转炉本体、汽包等自动化系统进行联网通讯，组成以太网光纤环网。控制系统采用了S7-400系统的PLC，对蒸发冷却器、静电除尘器及切换站等工艺生产线设备实现过程检测、调节和分布式控制，其自动化控制水平很高。控制系统共分3个控制回路：蒸发冷却器的温度控制、风机流量控制、切换站的切换控制。

烟气在汽化冷却和除尘装置的流量由流量控制系统来确定。烟气流量可通过烟气流量调节器的输出信号控制，这种控制可通过改变风机的转速来实现。使炉口保持微正压。

切换站的切换控制是在规定的时间内，根据烟气成分分析确定切换站的动作。当烟气中CO含量大于30%，氧气含量小于2%时，回收钟形阀打开。切换站的钟形阀配有调节元件和流线形气流调节板，便于在烟气切换时保持系统的压力平衡，防止在转炉口烟气捕集点发生喘振现象。

另外，静电除尘器的控制也非常关键。其性能特点是：根据加料、吹炼、停吹、振打等多种工作状态，按事先设定好的程序对电压和电流进行调节，以发挥最大的电流效率和确保安全生产。电压的峰值为111kV，均值为64kV，电流的峰值为840mA，均值为600mA。

F 除尘系统安全措施

由于转炉炼钢生产是非连续型作业，因而在所有整个烟气冷却和除尘设备中流动的气流经常快速地在空气和含可燃性的一氧化碳气体的烟气之间变化。因此，需要考虑特殊的安全保险措施。为了获得最佳的气流，干法除尘系统的安全措施有：具有圆断面形状的电除尘器和配有减压装置的管道系统。此外，对于在转炉煤气回收过程中不可避免的压力轻微爆炸事故也考虑了安全措施，如静电除尘器的泄爆阀。为保证管道中气体的流动在整个流动断面上速度必须分布均匀，采用所谓的柱塞状流动，还需要在空气流和可燃性气流之间存在由CO_2和N_2组成的惰性隔离气流。这就要求静电除尘器中的气流分布板设计合理可靠。

干法除尘系统的烟气切换所需时间仅约为8～10s，如在作业过程中发生事故，烟气流甚至可在3s内被迅速地从通往煤气柜切换到通往火炬的通道里。

转炉烟气干法除尘与湿法除尘的效益比较见表5-3。

表 5-3　转炉烟气干法除尘与湿法除尘的效益比较

项　目	120t 转炉干法除尘		120t 转炉湿法除尘		干法-湿法/万元
	吨钢耗量	全年费用/万元	吨钢耗量	全年费用/万元	
备件（折旧费 4% 计）		−149.904		−93.096	−56.81
水　耗	0.05m^3	−54	0.284m^3	−306.72	252.72
电　耗	3.054kW · h	−329.832	6.778kW · h	−732.024	402.19
回收煤气（8360kJ/m^3）	91.4m^3	1974.24	70m^3	1512	462.24
效益合计		1440.504		380.16	1060.34

5.4.3　袋式除尘器改为电除尘器的工程应用实例

5.4.3.1　概述

某烧结厂成品筛分系统有两条生产线。每条生产线分为一筛、二筛、三筛三道工序。每道工序 1 个筛子，振动筛型号为：SLZS2.5 ×7.5，筛分能力为 260t/h。筛分系统及前道工序转运站等共有扬尘点 36 个，共同使用 1 台 6000m^2 大布袋除尘器除尘，有关参数见表 5-4。

表 5-4　6000m^2 袋式除尘器的有关参数

性　能	参　数	性　能	参　数
过滤面积/m^2	6000（实际 6330）	过滤风速/$m \cdot min^{-1}$	0.8（实际 0.43）
过滤方式	下进气内滤式	每室尺寸/m × m	4.5 × 6.5
室数/个	6	设计风量/$m^3 \cdot h^{-1}$	305000
通道数/个	2	实际风量/$m^3 \cdot h^{-1}$	163000
滤袋数量/个	672	清灰方式	循环风三状态分室反吹清灰
滤袋尺寸/mm	ϕ300 × 10000	外壳尺寸/m × m	13.5 × 13.5
滤袋材质	涤纶 729	电机型号	JSQ158—6550kW

随着时间延长，除尘器就出现了滤袋磨损严重、掉袋等问题，几乎每周要更换滤袋 50 余条，耗费大量人力、物力、财力。而且，岗位粉尘浓度及除尘器排放严重超标，大气污染严重，职工及周围居民生活受到影响。

为此，将大布袋除尘器改造为 90m^2 电除尘器，管网部分进行了调整，并把距离除尘器 75m 远的转运站扬尘点并入该系统。改造后监测，排放浓度平均低于 50mg/m^3，最低达 12.8mg/m^3，改造获得成功。

5.4.3.2　袋式除尘器存在的主要问题

袋式除尘器存在的问题有滤袋磨损漏风、反吹系统故障率高、掉袋、滤袋紧固匝丝扣处漏风等。其中，滤袋磨损漏风是使除尘器无法运行的关键原因，反吹系统故障率高是造成运行效果不好的重要原因。简要分析如下：

（1）滤袋磨损漏风。该除尘器滤袋平均寿命几个月，每周需要更换滤袋 50 ~ 80 条。更改滤袋人孔门在除尘器两侧面，打开人孔门后往往首先是深度 50cm 左右的灰墙喷涌而出，而后看到花板上滤袋之间是 20 ~ 50cm 深度不等的灰层，滤袋与花板套筒连接部位被埋在灰层里。更换滤袋前需要人工把灰层清理干净，除尘灰为烧结矿粉尘，密度大，灰重，因此，更换滤袋劳动强度大、条件恶劣。

滤袋磨损部位大部分离进口 40 ~ 60cm，破裂处顺滤袋长度呈条状，裂口长度不等，后来，将滤袋下半截改为双层，磨损仍然很快，效果改善不明显。从裂口状况分析粉尘是进入滤袋时磨损所致。

(2) 反吹系统故障率高。反吹系统主要由两个气动阀门控制，抽气切断阀和反吹进气开启阀。正常工作程序为：抽气切断阀关闭，终止过滤状态；反吹进气阀门开启，进入反吹状态；反吹进气阀门关闭，进入静止状态；抽气阀门开启，进入正常过滤状态。经常出现的问题有：1) 压缩空气压力低，阀门启闭不到位；2) 阀门关闭不严密，关闭后漏气；3) 阀门机械故障，正常压力下不动作。由于两个气动阀门位置比较高，故障频繁，准确判断问题原因并及时检修难度比较大，影响了除尘器反吹系统的正常工作。

由于该袋式除尘器以上两个缺陷，所以必须进行本质的改造。

5.4.3.3 改造基本内容

将除尘器灰斗以上部分改造为 XWD-90m^2 三电场电除尘器，具体改造内容如下：

(1) 改造为电除尘器需要增加极板、极线、振打系统等，原除尘器需要拆除花板、顶部抽风管、抽风切断阀、反吹风管、反吹进气开启阀等。经过计算，拆除部分的质量与增加部分的质量基本相等。因此，设备基础、框架部分不需要加固。

(2) 袋式除尘器外壳钢板厚度 6mm，因滤袋为内滤式，外壳内表面为净气室，外壳磨损很轻。经鉴定，外壳侧板以及原梁柱保留使用，上横梁及顶部盖板重新设计制作，顶部盖板采用花纹钢板，承载 5000N/m^2。

(3) 灰斗继续利用。灰斗内部增设阻流板，外壁设检修人孔。振打装置，蒸气加热管道，保温等。

(4) 进出口及气流分布板。进风口、出风口采用水平单喇叭式，进风口内部设两层气流分布板，形式为孔板，出风口内设置两层槽形分布板。

(5) 收尘极及振打。收尘极采用 480C 型板，上部采用 C 形悬挂梁固接，通过弧形支座垂挂于横梁上；下部采用撞击固接。固接方式采用凸凹套，撞击杆下面设限位板。每个收尘极下部设侧部挠臂振打。

(6) 阴极及振打。阴极线采用 BS 线，半圆钢管材质为 08AL，芒刺材质为不锈钢。芒刺线固定在小框架上，螺栓连接，定位后焊牢固；小框架固定在大框架上，吊挂于电场内部。振打采用顶部挠臂振打，振打瓷轴箱内设电加热。温度控制装置。

(7) 高压电源。每个电场用 1 套高压电源。高压隔离开关柜，共 3 套，电源型号为 GGAJO$_2$-0.8A/72kV，整流变压器在除尘器顶部，设防雨设施。

(8) 辅助系统，每个电场侧面。电场顶部。顶部保温箱设人孔，壳体外设走梯。平台、栏杆、平台强度不小于 4000N/m^2，走梯强度不小于 2500N/m^2，顶部设检修电动葫芦，本体外壳，灰斗保温。

5.4.3.4 改造后除尘器参数

改造后电除尘器性能参数见表 5-5。

表 5-5 XWD-90 ×3 电除尘器性能参数

性 能	参 数	性 能	参 数
有效断面积/m^2	90	处理烟气量/万 $m^3 \cdot h^{-1}$	30.5
电场数/个	3	进口含尘浓度/$g \cdot m^{-3}$	≤25
有效电场宽度/m	12	出口含尘浓度/$mg \cdot m^{-3}$	≤50
有效电场高度/m	7.5	电场风速/$m \cdot s^{-1}$	0.94
有效电场长度/m	12	除尘效率/%	99.8
单排板数量/块	8	本体阻力/Pa	300
有效收尘面积/m^2	5400	变压器型号	$GGAJO_2D$
同极间距/mm	400	变压器参数	0.8A/72kV
内部烟气通道/个	30		

5.4.3.5 改造前后除尘系统性能比较

改造前后除尘系统性能比较见表 5-6。

表 5-6 改造前后除尘系统性能比较

性能参数	改造前	改造后	性能参数	改造前	改造后
系统平均风量/万 $m^3 \cdot h^{-1}$	15.6	25.6	厂房地面降尘/mm · 班$^{-1}$	1 ~5	<0.5
粉尘平均排放浓度/$mg \cdot m^{-3}$	4837.18	24.38	粉尘回收量/$t \cdot d^{-1}$	25	35
处理扬尘点数量/个	24	39			

将袋式除尘器改造为静电除尘器后获得成功，取得了良好的社会、环境及经济效益。由于反吹风袋式除尘器在使用上有限制条件，如高温、高湿烟气环境使用效果不理想，不适用于磨损强的粉尘，不适用于缺少压缩空气（氮气）的环境等。因此本项目改造成功，为“袋改电”提供了成功的经验，为除尘器改造拓宽了途径。

5.5 静电除尘器运行管理

与其他除尘器相比，静电除尘器的运行管理更为复杂、更为重要。所以运行管理首先要熟悉产品安装要领书、使用说明书和操作说明书。

5.5.1 静电除尘器运行

静电除尘器的岗位人员要经过一定的技术培训，掌握静电除尘器工作的基本原理，熟悉除尘器基本结构。认真地观察运行过程产生的异常现象，分析原因，及时排除故障，使除尘器能高效、稳定地运行。

5.5.1.1 试运行前的检查

（1）检查壳体的全部焊缝，不能有漏焊、少焊和有焊接缺陷等现象。

（2）清除电场内的全部杂物，包括除尘极和放电极、内部走台、灰斗、进出气口、分布板、输灰及锁风装置等处。检查电场内全部要求点焊固定的连接部位是否进行了点焊固定。

（3）清除箱型梁内的杂物、工具，检查高压导线内的连接，电加热器及温控器的连线是否准确、可靠，并远离高压导线400mm以上，检查全部的绝缘材料是否清洁、干燥和完好。

（4）检查全部密封垫和密封材料的安装是否完整，查检人孔门的关闭及密封情况是否良好。

（5）检查所有的减速电机是否已加好了润滑油或润滑脂，电源接线是否准确可靠，检查全部电机的绝缘电阻是否在设计要求的范围内，检查全部的振打装置的紧固螺栓是否全部拧紧。

（6）检查全部的工作接地和保护接地是否准确可靠，接地电阻是否在2Ω以内。

（7）伸缩节上的固定螺栓是否全部拆除，以便壳体受热膨胀后能自由伸缩。

（8）关闭所有人孔门和检查孔。

（9）检查电控装置接线、开关及控制内容是否具备试车条件。

5.5.1.2 静电除尘器的空载试运行

空载试运行至少要进行6h。

（1）空载试运行必须在当地正常的气象条件下进行，不能在雨天、雪天和大雾天气进行，向电场送电前，必须将全部绝缘装置内的电加热器通电加热至规定温度或加热4h以上。空载试运行时必须记录当地的气候条件，如温度、湿度和大气压力等。

（2）启动全部的振打传动装置并连续运行4h以上，应运转正常，具体要求见随机提供的资料或相关的产品说明书。

（3）启动全部的电加热装置并连续运行4h以上，应确认加热装置能正常加热，温控器能正常工作。

（4）启动全部的输灰装置和锁风设备并连续运行4h以上，应运行正常，具体要求见随机提供的资料或相关的产品说明书。

（5）除尘器运行，需做好岗位记录，其内容包括：每个电场的一次电流、电压，二次电流、电压值以及各振打机构的运行状况等。

5.5.1.3 静电除尘器的负载试运行

当空载试运行通过以后，应进行负载试运行。负载试运行能够检查除尘器及电气、机械设备在工况条件下的运行性能，并进行必要的调试，使其达到合同要求的保证指标。负载试运行一般由用户负责，安装单位和供货方配合进行，试运行完成后应对试运行记录进行整理，并由安装单位、供货方和用户签字作为最终验收的依据之一。

（1）负载试运行前应提前4h将全部电加热进行送电加热，应将全部的振打装置和下部的输排灰装置启动运行。

（2）负载试运行前必须对本体进行预热，直到出口端顶梁内温度高于露点温度30℃时，方可向电场内送电。

（3）合上高压电控柜内的主电源开关和控制电源开关，采用自动升压，观察电压、电流的自控系统工作情况，并进行必要的设定。观察电流、电压值及有无闪络现象，由于粉尘介质和烟气介质与空载运行时的不同，二次电压、电流值会与空载运行稍有不同（一般是减小）。

（4）观察工况条件，如已达到合同要求的参数时，应进行控制参数的调整。

（5）调整振打装置的振打、停止时间。静电除尘器的分布板振打和放电极振打均为连续振打，除尘极振打每个电场不一样，振打及停止时间可调。

(6) 按空载运行同样的方法做出负载试运行的伏安特性曲线，并记录正常工作状态下的一次电压、电流值。

(7) 观察烟囱的排放情况，一般情况下应看不到明显的烟尘，如发现除尘效果不好。应查清情况，如属电除尘器本身原因应再调试，直到达到合同规定的排放要求。

5.5.1.4　除尘器的投产运行

(1) 静电除尘器投运前应提前4h将全部电加热装置送电加热。投运前应将全部的振打装置和下部的输排灰装置启动并运行正常。

(2) 静电除尘器投运前应先通烟气加热电场，当电场内部温度高于烟气露点后才能向电场内送电。

(3) 当烟气中含有一氧化碳等可燃气体时，应确认其在安全的范围内才能向电场送电。确认全部的控制均已选择在自动。确认全部的检查门和人孔门均已关闭。

(4) 按负载试运行的要求向电场供电，并观察一、二次电压、电流是否正常，电气设备有无异常现象。

(5) 观察各振打装置是否正常运行，各输灰装置、锁风装置是否运行正常。

(6) 观察工况参数是否正常，观察烟囱的排放情况是否达到要求。

(7) 以上各项的观察应在控制室和现场分别进行，投运后一般应连续观察以上各项半小时以上，确认均工作良好才可进入日常巡查程序。

5.5.1.5　除尘器的停运

(1) 根据生产安排，确认工艺系统已允许电除尘器停运，或者因重大故障必须停运。

(2) 按高压控制柜上的停止按钮停止向电场供电。切断主回路和控制回路的电源。

(3) 如停机时间超过8h或要进行设备检修，应将隔离开关切换到电场和变压器的高压输出均接地的位置，并在电控柜和高压隔离开关切换手把处挂"警示牌"，保管好安全连锁钥匙。

(4) 停止向电场供电后，应继续运行各振打装置和输灰装置1~4h，以确保电场内和灰斗内的粉尘彻底排除，输灰装置应在振打装置停止运行后继续运行0.5h。

(5) 如停机时间超过24h，则在停止向电场供电的同时可切断电加热器电源。

(6) 每次停运都要对除尘器进行检查并进行相应的维护工作。

5.5.2　静电除尘器维护

5.5.2.1　进入静电除尘器内部时的注意事项

(1) 静电除尘器电场投入运行时，人孔门必须关闭。

(2) 进入除尘器内部时，必须断开电路电源，用接地棒使阴极部分接地，同时挂上断电警示牌。确定进入除尘器的人员。

(3) 进入除尘器内部时，安装在除尘器后的主排风机不准运转并挂牌警示。

(4) 当除尘器内部的工作结束后，在离开时确认没有遗留物。

5.5.2.2　有关电气设备管理的一般注意事项

(1) 当发生异常现象时，应判断出异常现象发生原因，在没有修复时不能开机，特别是在电源可控硅反向击穿时，若再运转，可引起其内部破坏，应特别注意。

(2) 当高压电源的涂漆发生脱落而生锈时，用砂纸将锈擦干净，除去表面油脂后再涂漆，特别是散热片部分，因为钢板特薄，若锈蚀不处理，则可能锈蚀穿孔而漏油。

（3）当除尘器本体要使用电焊时，应设置电焊专用的接地线，如不设置专用地线，电焊的电流流过电源，可损坏电源用接地线。在试运转调整或检修时，若要长期使用电焊机应将高压电源与除尘器本体断开。

（4）当人进入除尘器本体内部时，必须按规定的顺序进行，接地棒应一直接地。因除尘器本体的各个电场彼此独立，所以就需分别接地。

（5）搬运高压电源时，应在电源四角的挂钩上挂钢丝绳搬运。若在其他部分挂绳搬运时，应注意不要损坏电源本体，或碰落油漆。

（6）高压电源的散热部分，为了提高其散热能力，常用薄壁板焊接做成，或人站在散热片上时，会引起散热片的损坏，所以应特别注意。

5.5.2.3 静电除尘器的日常维护

日常维护的主要任务是消除设备、管道、人孔门等处的漏风，调节好系统的风量和风压，排除一切可能产生故障的隐患。

加强设备的维护检修，对于保证设备安全运行，延长设备寿命都是很有必要的。检修一般按图5-34流程进行。专业检修人员应每月全面检查一次所有的除尘设施，并根据实

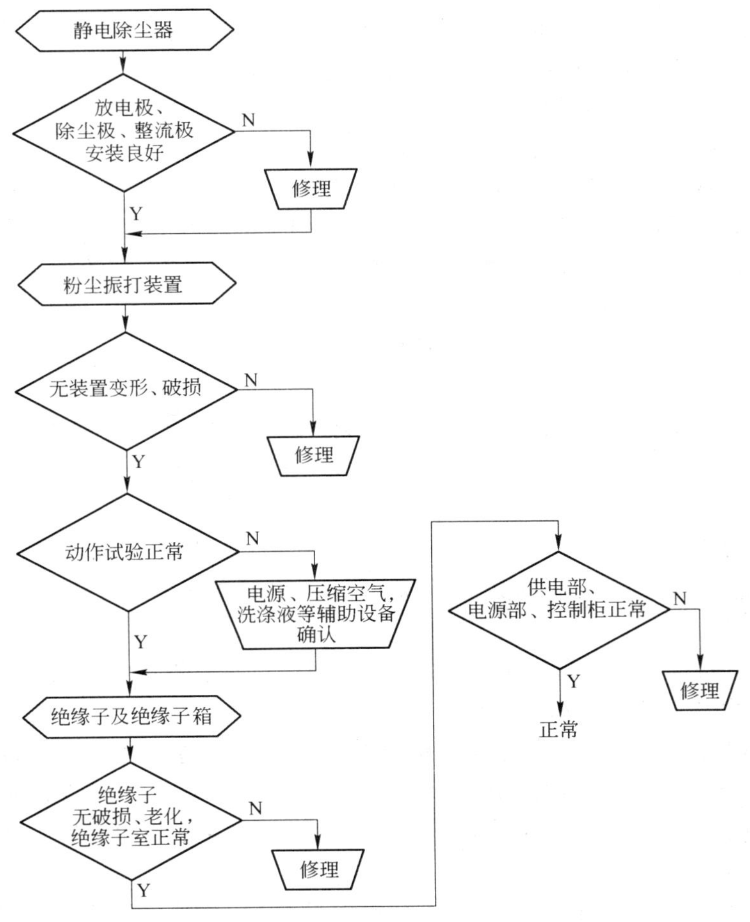

图5-34 静电除尘器检修流程

际情况决定小修、定期检修及大修的时间、内容、要求及方法等，其内容如下：

小修：只消除小的缺陷和小故障，主要根据值班人员的报告进行。

定期检修：属于一种计划性检修，应根据不同设备的寿命，每年进行 1 ~ 2 次，以防设备过早地损坏。

大修：更换主要设备的易损、易磨零部件，按原设备要求加以全面修复，一般同生产设备的大修同步进行。

5.5.2.4　静电除尘器的维护检修

（1）静电除尘器外壳。除尘器外壳包括壳体、进出口喇叭、灰斗等，此外还包括一些必要的检查门。静电除尘器外壳的所有焊缝应密封，所有的检查门均应开关灵活，且必须密封良好，检查漏气可以用风速仪，或用一薄纸片在门缝处移动，若纸被吸引则就是漏气，发现漏气后应开门检查密封材料是否完好，其破坏后应及时更换。

定期清扫除尘器壳体各部位的积灰，定期向检查门的回转部位及丝杆上足润滑油，以保证转动灵活。

（2）极排。静电除尘器的极板、极线是其有效除尘的关键零部件，应定期检查其是否变形，极距是否在要求的范围之内，若发现异常应及时处理并修复。

（3）极板、极线传动。极板、极线传动由振打锤、振打轴、传动链、链轮、减速机及电机等组成，是保证有效振打清灰的重要手段，应经常检查振打锤是否松动或脱落，振打轴及传动部的转动是否灵活，动作应可靠无误，减速机及电机工作是否正常，并应定期检查减速机的润滑是否良好，符合要求。

（4）极线吊挂及绝缘件。定期检查绝缘子和绝缘套管，并用干布将其表面擦拭干净，用 2000V 的摇表测定高压线路的绝缘电阻，其值不得小于 100MΩ。

定期检查阴极吊挂，极线传动保温箱中的电加热系统，其电加热器是否工作正常，加热湿度是否可以达到预定值。

（5）高压电源。定期检查高压电源及整流装置是否工作正常，电压、电流是否能达到正常值。

（6）卸灰阀。定期检查卸灰阀动作是否正常，工作周期是否和设定值相同，是否有异物咬烂、卡碰，阀体、密封是否有破损。定期检查输灰装置的运转状况，检查有无磨损等。

（7）除尘器灰斗。除尘器灰斗内，不允许有异物特别是大块物料落入卸灰阀内，每次除尘器检修后，在排灰阀工作前必须从灰斗上检查孔检查卸灰阀内，确认无异物方可启动。

（8）接地电阻。每年测定一次除尘器的接地电阻，其值不得大于 3Ω。

5.5.2.5　电气设备及高压电源的维护检修

（1）经常保持硅整流变压器、控制柜、电瓷绝缘件、高压隔离形状的清洁，按时擦净，并利用停车机会检查硅整流变压器的外壳湿度是否过高，油箱是否漏油。

（2）高压电源的绝缘油为 25 号油，每半年进行一次变压器油的耐压试验，其击穿电压应不小于 35kV/2.5mm。

（3）经常保持变压器上的干燥剂处于有效状态，及时更换和复原干燥剂，干燥剂的复原办法是：120 ~ 150℃的烘箱内烘干 8 ~ 10h，使其变蓝为止。

(4) 检查控制系统各仪器仪表，确认其指示值是否在正常范围内，并检查各器件的紧固是否完好。

5.5.3 静电除尘器故障与排除

静电除尘器的常见故障及处理办法简述如下：

(1) 电源开关合闸后立即跳闸，或者电流大而电压接近零。

原因分析：1) 电晕线掉落，与阳极板接触；2) 绝缘子被击穿；3) 排灰阀或排灰系统失灵，灰斗满载，灰尘接触电晕极下部；4) 成片铁锈落在阴、阳极之间，形成短路搭桥；5) 高压隔离开关处于接地状态。

处理方法：1) 装好或更换掉落的电晕线；2) 更换被击穿的绝缘子、并分析检查击穿的原因，除去隐患；3) 清除积灰，修好排灰阀或排灰系统；4) 去掉锈片；5) 拨正开关位置。

(2) 电压、电流表指针左右摆动（包括有规则的、无规则的、激烈的摆动），时而出现跳闸。

原因分析：1) 电晕线折断，残留段在电晕框架上晃动，或电极变形；2) 通过电场的烟气物理性质急剧变化（如：短时停止喂料造成湿度、湿度的变化）；3) 阴极、阳极局部地方黏附粉尘过多，使实际间距变化引起闪络；4) 绝缘子和绝缘板绝缘不良；5) 铁片、铁锈片脱落造成局部短路。

处理方法：1) 剪去电晕线的残留段或换上新线，调整或更换变形电极；2) 针对生产工艺方面的问题解决；3) 除去阴极、阳极上黏附过多的粉尘；4) 清扫绝缘子，检查保温及电加热器是否失灵，并排除故障；5) 去掉引起短路的铁锈、铁片。

(3) 电流正常或偏大，电压升到比较低的数值就产生火花击穿。

原因分析：1) 收尘极和电晕极之间距离局部变小；2) 有杂物落在或挂在极板或电晕线上；3) 保温箱或绝缘子室温度不够，绝缘子受潮绝缘电阻下降。

处理方法：1) 检查高速极间距；2) 清除杂物；3) 擦净绝缘子使之避免受潮。

(4) 电流小，电压升不上去或升高即跳闸。

原因分析：1) 极间距偏离标准值过大；2) 灰尘堆积使极间距改变；3) 电晕线松动，振打时摇动；4) 漏风引起烟气量上升使极间距变化；5) 气流分布板孔眼堵塞，气流分布不均匀引起极板振动；6) 回路中接地不良。

处理方法：1) 调整极距；2) 去掉积灰，并检查振打传动装置是否正常，或调整振打周期；3) 校对、固定电晕线；4) 检查、修复漏风；5) 去掉分布板的积灰，并调整振打周期；6) 查出接地不良处并修复。

(5) 电压正常，电流很小或接近零，或电压升高到正常的电晕始发电压时，仍不产生电晕。

原因分析：1) 极板或极线上积灰过多，振打装置失灵或忘记振打；2) 电晕线肥大，放电不良或电晕线表面产生氧化，使电极“包覆”；3) 烟气粉尘浓度太高，出现电晕封闭；4) 高压回路中开路，或接地电阻过高，高压回路循环不良。

处理方法：1) 清除积灰，修好振打装置，定期振打；2) 针对具体情况，采取改进措施，避免电晕线肥大：3) 降低烟气中粉尘浓度，降低风速，或提高工作电压；4) 查出原因并修复。

（6）除尘效率下降，烟囱排放超标。

原因分析：1）烟气参数不符合设计条件；2）漏风太多，使风量猛增；3）气流分布板堵塞，气流分布不匀；4）电压自调系统灵敏度下降或失灵，实际操作电压下降；5）清灰装置不良动作有误，设备有前述的各种故障。

处理方法：1）专题研究解决，改善烟气工艺状况；2）检查漏风原因，并修复；3）清理积灰并调整振打周期；4）更换元件，并重新调整自控系统；5）针对设备故障的各项原因一一进行处理；6）检修或更换极板，使之正常运行。

（7）排不出灰或排灰不畅。

原因分析：1）排灰阀故障，如用气动阀，可能气源不足；2）灰斗棚灰、粉尘潮湿或振打器激振力偏小等；3）输灰装置出现故障，极板锈蚀、老化，影响运行参数。

处理方法：1）检查排灰阀，并排除故障，注意检查驱动装置；2）检查棚灰，打开振打器振动调整，或清扫灰斗；3）检修输灰装置，消除故障。

（8）有一次电压、电流，无二次电压、电流。

原因分析：1）控制柜内某元件损坏，或导线在某处接地；2）硅整流器击穿；3）毫安表本身指针卡住。

处理方法：1）查找损坏元件，并更换，检查导线连接状况，排除故障；2）更换硅整流器；3）检查修复毫安表。

（9）阴极吊挂保温箱内有丝丝响声或放电声。

原因分析：1）绝缘瓷套筒内部；2）检查电加热器是否损坏或断路，擦净绝缘子。

处理方法：静电除尘器整流设备的常见故障及处理方法见表5-7。

表 5-7 静电除尘器整流设备的常见故障及处理方法

故障现象	原 因	处理方法
给定电位器置零位时，输出电压比正常情况变大	（1）位移绕组的电路开路或短路 （2）变动了移相电流调节电位器，而没将其调到恰当的位置 （3）电源、电压有较大波动	（1）检查故障点并进行处理 （2）将电位器调到恰当的位置
旋转给定电位器，整流输出电压无变化	（1）给定电源无电压输出 （2）磁放大器工作绕组开路或元件损坏 （3）控制电路中的二极管等元件有损坏，控制电压未达到额定值	（1）检查控制变压器整流元件和给定电位器 （2）检查绕组或元件
给定电位器调到最大，电压仍升不到需要值	（1）电源电压偏低 （2）移向电流调整不当 （3）控制电路中的二极管等元件有损坏，控制电压未达到额定值	（1）改换变电器抽头位置，或采取其他措施 （2）调节移相电流到适当大小 （3）检查各元件
磁化电流自动变大，使饱和电抗器产生高温	（1）主回路的电源电压太低 （2）电流负反馈电路发生故障，控制失灵 （3）移相电流控制电路发生故障	（1）提高电源电压 （2）检查清除故障

5.5.4 静电除尘器安全防护

随着静电除尘器的广泛应用，防止事故发生，确保安全运行，具有重要意义。

5.5.4.1 安全装置注意事项

（1）静电除尘器的金属外壳或混凝土壳体的钢筋、电场的收尘极板，变压器和高压硅堆油箱壳体、高压电缆外皮和电缆头、各控制盘铁质构架等，均应良好接地，接地电阻保持在1Ω以下。

（2）高压变压器室和高压整流室门上应设有连锁开关，当门被打开时，高压装置自动断电。

（3）各机械传动部件，如传动链条、链轮、联轴节、皮带轮等均应装设安全防护罩或防护栏杆。

（4）高压电缆、电缆头、保温箱、高压整流室等处，均应有警告牌和警告标志。

（5）检查安装的防爆阀的可靠程度，以保证爆炸时的卸荷作用。

5.5.4.2 安全操作注意事项

（1）每次开车前必须查看静电除尘器各处，确认设备正常，电场内无人工作，各人孔门已经关好，然后方可开车。

（2）电场通入高压电前，应先开振打装置：电场停电以后，振打装置仍需继续运行半小时以后再停，以尽量振打掉电极上的积灰。

（3）静电除尘器启用时，应先通入烟气预热一段时间，使电场湿度逐步升高，当温度上升到80℃以上时，开始送电。

（4）废气中的一氧化碳含量不得超过2%，若超过时则电场立即停电或不送电。

（5）运行中，当电收尘器中部湿度超过进口部湿度时应立即停电，并开放副烟道闸门关闭电气进风口闸门。

（6）运行中，应经常注意控制箱上的一次、二次电流不得超过额定范围，以保护变电整流装置。

（7）在开启人孔门，检修活动屋面板前，必须先行停电，并将电源接地放电。每周需清扫石英套管一次。在检修时，应特别注意检查极间距的变化、振打装置的振打情况，并及时排除故障。

（8）经常检查一氧化碳测定仪是否正常，及时更换过滤装置，每周应进行一次校验。

5.5.4.3 防止燃烧爆炸

在燃烧和爆炸的火源、可燃物、氧气3个条件中，火源是避免不了的，因为静电除尘器在电晕放电过程中会有火花放电，此时即形成着火源。所以电除尘器燃烧爆炸的关键在于可燃气体或粉尘的存在，以及一定的含氧量。粉尘形成爆炸的原因有3个：

（1）有较大的比表面积和化学活性。有许多固体物质当它处于块状时是难燃的，当它变为粉状时就很容易燃烧甚至爆炸。其原因是粉状物与空气中（或气体中）的氧接触面积增大，粉尘吸附氧分子数量增多，加速了粉尘的氧化过程。

（2）粉尘氧化面积增加，强化了粉尘加热过程，加速了气体产物的释放。

（3）粉尘受热后能释放大量可燃气体。例如1kg煤若挥发分为20%～23%，则能释放出290～350L可燃气体。

用于净化回转窑静烟气电除尘器，最忌烟气中 CO 气体超量。虽然，CO 的爆炸极限为气体体积分数的 12.5%，但是在水泥厂回转窑用电除尘器允许含 CO 的体积分数仅为 2%，超过此浓度，即开始报警。CO 浓度继续提高，则电除尘器掉闸停电。为维持 2% 以下的 CO 浓度，通常要加强煤粉的充分燃烧。回转窑的燃烧一般都难以做到自动调控，不能确保 CO 浓度不超过限度，所以，在静电除尘器之前，要安装 CO 自动分析仪，并与静电除尘器供电装置连锁。当 CO 超过限定值时，电除尘器自动断电，防止电除尘器爆炸事故的发生。

然而，静电除尘器应用的场合，并不能保证烟气中 CO 含量都在危险限度以内。表 5-8 列出钢铁企业四种炉型烟气成分的数据，其中，CO 的含量都远远超过爆炸限度。但是，由于用静电除尘器净化这些炉子的烟气比其他除尘器经济得多，所以，有的厂家采用电除尘器净化这些烟气。为避免爆炸事故，多数用控制烟气中氧含量的办法，防止灾害的发生。也就是说，加强除尘器的密封性，使其漏风率在 1.0%（25kPa 压力）以下，甚至更低。

表 5-8 四种炉型烟气成分的数据

成 分	高炉烟气 体积分数/%	转炉烟气 体积分数/%	电炉烟气 体积分数/%	铁合金炉烟气 体积分数/%
CO	29.0 ~ 31.2	85 ~ 90	15 ~ 25	70 ~ 90
CO_2	11.3 ~ 11.2	8 ~ 14	5 ~ 11	2 ~ 20
O_2	> 55 ~ 60	1.5 ~ 3.5	3.5 ~ 10	0.2 ~ 2
N_2	(O_2 + N_2)	0.5 ~ 2.5	61 ~ 72	2 ~ 4

5.5.4.4 静电除尘器的接地

接地的部位包括：高压控制柜外壳的保护工作接地；散整流充压器外壳保护接地；取样信号回路（二次电压、电流回路）的屏蔽接地；高压电缆金属外壳终端的保护接地；除尘器本体接地。

（1）高压控制柜外壳接地是将控制柜金属壳体通过接地线与埋入地下的接地网接通，以降低金属外壳带电后的对地电压，保护人身安全。

（2）整流变压器外壳接地通过滑动轨道本能保证接地良好，要另设接地线直接与接地体相连。接地线应采用纺织裸铜线，截面大于 $25mm^2$，整个连接部分的接地电阻不大于 1Ω。

（3）二次电压、电流取样回路的接地屏蔽层一般选择在控制柜端作良好接地，使外界干扰信号不会引入电压自动调整器内部，屏蔽层上因静电感应产生的电荷也通过接地回路释放。

（4）高压电缆的金属外壳同样会产生感应电荷，而且高压电缆对地存在着分布电容（经推测，该分布电容在电场闪络时伴随高频过电压起着不可忽视的作用），故这两处均要求接地良好。

接地装置的接地电阻，由接地线电阻、接电体本身的电阻、接地体与土壤的接触电阻以及土壤电阻四部分组成，其中前两部分的电阻值较小，大多可忽略。接地电阻中主要为土壤电阻和接地与土壤的接触电阻，它决定于接地网的布置、土壤电导率等因素。接地电阻普遍使用在电力系统中，对接地电阻的要求主要决定于系统中发生对地短路时接地电流的大小，要求一般从 0.5 ~ 10Ω 不等，而静电除尘器的接地电阻一般不大于 4Ω。

静电除尘器的接地要着重考虑因接地不良带来的对控制特征的影响。图 5-35 所示为静电除尘器整个供电及控制系统的接地示意图。

一般情况下，电场阳极通过壳体及支撑壳体的钢梁或混凝土结构中的钢筋与接地网相通，为保证均匀性，要求每个电场至少对应有一个接地引入点。

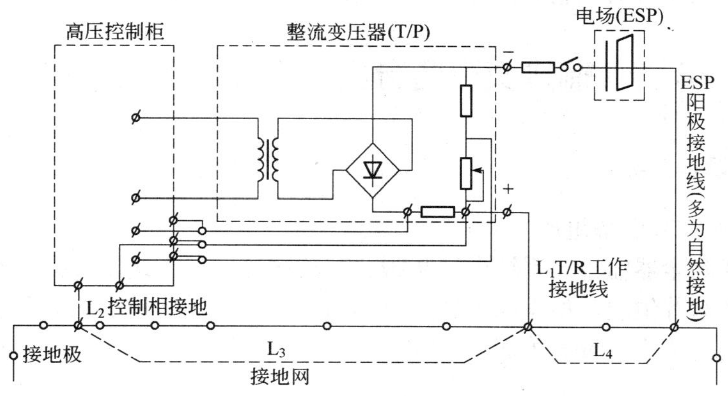

图 5-35　静电除尘器整个供电及控制系统的接地示意图

6 除尘器输排灰设备

输排灰设备是除尘系统的重要设备，无论除尘器规模大小，都要配不同规格型号的输排灰设备。输排灰设备的质量和匹配效果，直接影响除尘器的正常运行。

6.1 输排灰设备分类、工作原理与性能

6.1.1 输排灰设备分类

6.1.1.1 输排灰设备组成

大中型袋式除尘器输排灰系统由卸灰阀、刮板输送机、斗式提升机、贮灰罐、吸引装置、加湿机、汽车等组成。根据除尘器大小不同。输排灰设备有较大差异。图 6-1 所示为大型除尘器常用的输排灰设备组成。

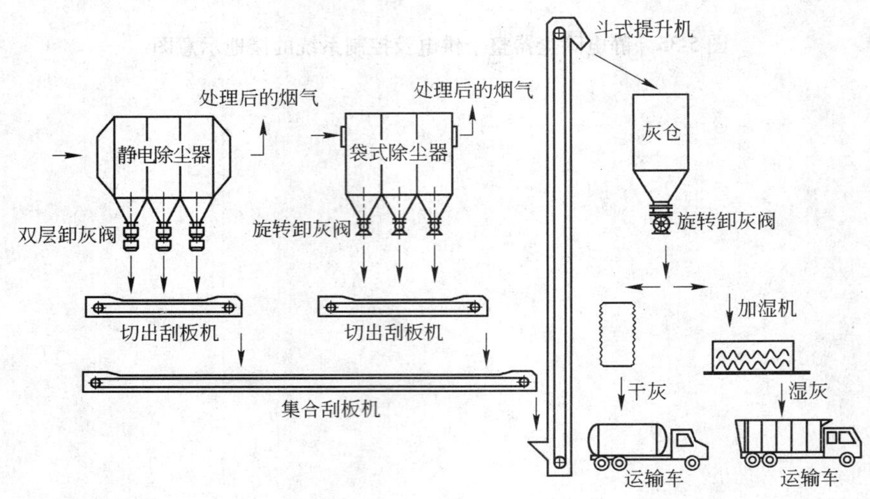

图 6-1 输排灰设备组成

6.1.1.2 输排灰设备分类

输排灰设备分为排灰设备和输灰设备两类。排灰设备主要是卸灰阀，输灰设备又按下述方式分类：

（1）按输灰设备的动力分为：机械输送装置和气力输送装置。

（2）按输灰设备的性能分为：1）向下输送，如卸灰装置；2）水平输送，如刮板输送机、皮带输送机、螺旋输送机；3）向上输送，如斗式提升机。

（3）按输送是否用水分为：干式输送装置和湿式输送装置。

6.1.2　输排灰设备工作原理

除尘器各灰斗的粉尘首先分别经过卸灰阀排到刮板输送机上，如果有两排灰斗则由两个切出刮板输送机送到一个集合刮板输送机上，并把灰卸到斗式提升机下部。粉尘经提升到一定高度后卸至贮灰罐。贮灰罐的粉尘积满（约4/5灰罐高度）后定时由吸尘车拉走，无吸尘车时，可由贮灰罐直接把粉尘经卸灰阀卸到拉尘汽车上运走。为了避免粉尘飞扬可用加湿机把粉尘喷水后再卸到拉尘汽车上。

对小型除尘器而言，输排灰设备比较简单。排灰用卸灰阀，输灰用螺旋输送机直接排到送灰小车，定时把装着灰的小车运走。也有的小型除尘器把灰排到地坑里，定时进行清理。这种方法比把灰排到小车里操作复杂，可能造成粉尘的二次污染。

除了机械输送粉尘以外，气力输送粉尘也是输灰的常用方式。其工作动力是高压风机吸引的强力气流。主要设备是卸灰阀、气力输送管道、贮灰罐及气固分离装置及高压引风机等。

6.1.3　输排灰设备性能

输排灰设备选用的原则主要是考虑除尘器的规模大小。依照除尘器的需要确定输排灰设备；其次是应注意避免粉尘在输送过程的泄漏飞扬。第三是输送装置简单，便于维护管理，故障少，作业率高。

各种输排灰设备的性能见表6-1。

表6-1　各种输排灰设备的性能

序号	设备名称	气力输送	仓式泵	斜槽	螺旋输送机	埋刮板输送机	斗式提升机	车辆
1	积存灰	无	有	少	有	有	有	无
2	布　置	自由	自由	斜	直线	直线、曲线	直线	自由
3	维修量	较大	较小	大	较大	大	大	较小
4	输送量/$m^3 \cdot h^{-1}$	约100	约70	约150	约10	约50	约100	约10
5	输送距离/m	10~250	2000	10	20	50	20	不限
6	输送高度/m	50	50	约1	2	10	30	—
7	粉尘最大粒度/mm	30	<30	不限	<10	<10	<30	—
8	粉尘流动性	不限	不限	不限	不适用砂状尘	不适用流动性尘	不限	不限
9	粉尘吸水性	不适用吸水性强的	不适用	不适用	不适用含水大的	不限	不限	不限

6.2　除尘器输排灰设备

除尘器的输排灰设备是除尘设备的一个重要组成部分，它的工作状况会直接影响除尘器的运行作业率和除尘效果。输排灰设备包括排灰设备、螺旋输送机、刮板输送机、斗式提升机、气力输送装置、空气输送斜槽、贮灰仓等。

6.2.1 排灰设备

6.2.1.1 排灰设备分类

排灰设备分干式排灰设备和湿式排灰设备两类。除尘器一般均配用干式排灰设备，干式排灰设备又分为翻板式卸灰阀和回转式卸灰阀两类排灰设备。此外，在卸灰阀前面，为方便卸灰阀的检修，一般要安装插板阀。

按动力分类，还可以分为手动卸灰阀、气动卸灰阀和电动卸灰阀三类。

6.2.1.2 排灰设备工作原理

排灰设备的工作原理是，在重力作用下，依靠粉尘的质量向下自行降落完成卸灰过程。对于手动卸灰阀和气动卸灰阀而言，粉尘卸下完全依靠重力，对电动回转卸灰阀来说，卸灰过程除了受重力影响之外还受到卸灰阀阀片转动速度的影响，卸灰量与阀门转动速度成正比。

6.2.1.3 排灰设备结构

除尘装置捕集下来的粉尘，暂时贮存在除尘装置下部的灰斗内，然后由灰斗下部的排灰设备间断地放出。排灰设备结构分别如图 6-2 至图 6-6 所示。

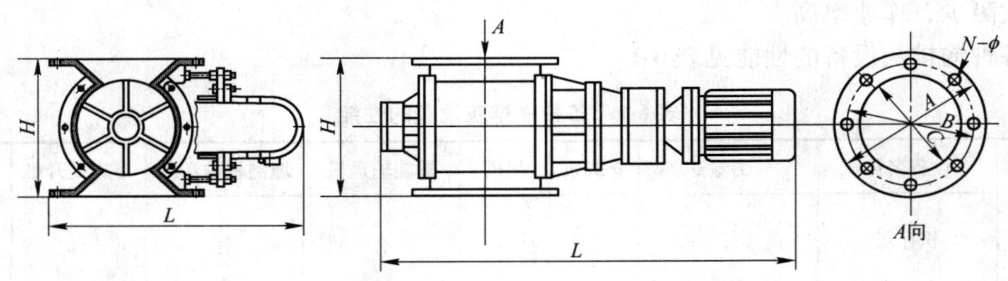

图 6-2 回转卸灰阀

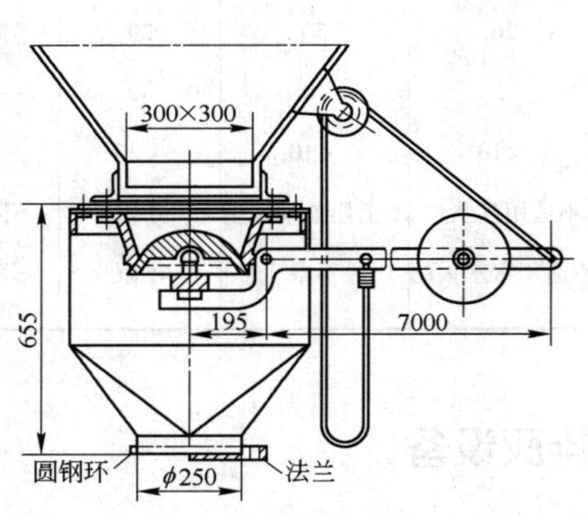

图 6-3 配重球形卸灰阀

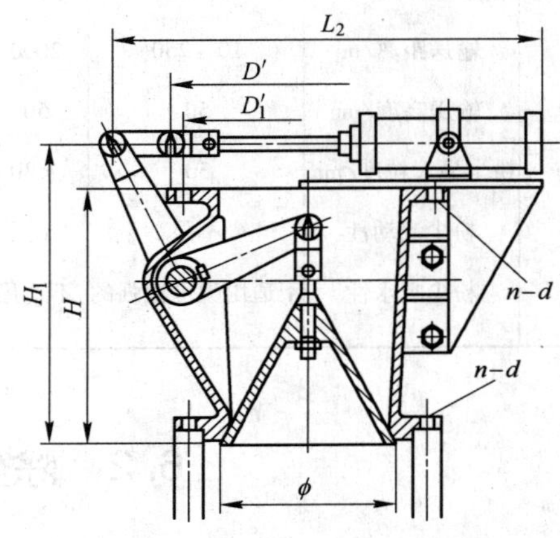

图 6-4 气动钟形卸灰阀

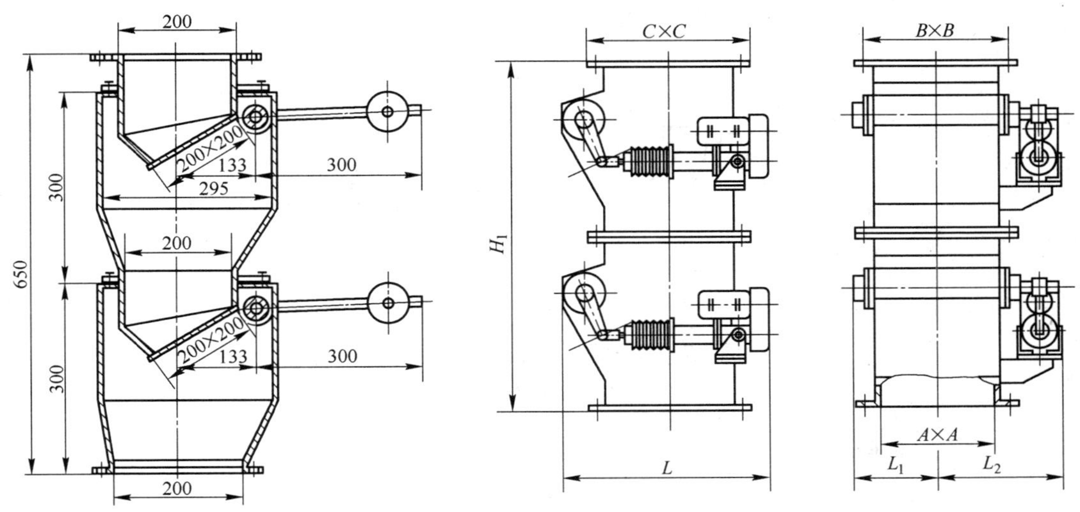

图 6-5　重锤式双层卸灰阀　　图 6-6　气动双层卸灰阀

用得最多的排灰设备是回转卸灰阀、双层卸灰阀等。

(1) 回转卸灰阀。回转卸灰阀是用于捕集非黏性粉尘的除尘设备，放在灰斗下方。为了确保卸灰阀的气密性，叶片和壳壁之间的缝隙不得超过 0.2mm。有的改进型在叶片上镶有橡胶条，或聚四氟乙烯条，或不锈钢片使密封效果更好，但橡胶条，或聚四氟乙烯条，或不锈钢片磨损后必须及时检修或更换。卸灰能力可按式 (6-1) 计算

$$G = [(\pi D^2/4)L - V]n\psi \tag{6-1}$$

式中 G——卸灰能力，m^3/s；

D——卸灰阀内径，m；

L——阀门宽度，m；

V——被轴和挡板所占据的卸灰阀内腔容积，m^3；

n——轴旋转频率，r/s；

ψ——填充系数，等于 0.4 ~0.6。

为了解决转子与外壳之间的缝隙、转动部分易于被杂物卡住以及因空腔而发生向上漏气等问题，相应的采用各种不同的改进方案。

(2) 双层卸灰阀。重叠地使用上下两级由压缩空气操作的双层卸灰阀，使其交替地动作，即可不受灰斗内压力的影响而顺利地向外排灰。更重要的是能使卸灰阀保持气密性。卸灰能力为阀腔体积与单位时间动作次数的乘积。

(3) 气力输送装置中使用的卸灰阀与给料器。吸气式气力输送装置所用的阀门是图 6-7 所示的空气进口阀和飞灰进口阀。

压送式气力输送装置的给料器如图 6-8 所示，有回转给料器和喷射式给料器两种。

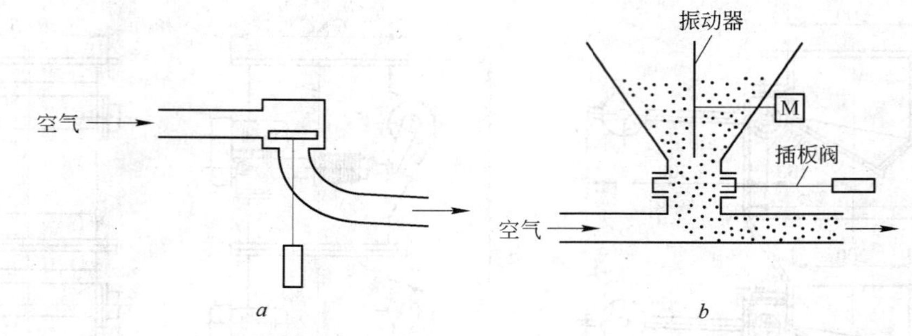

图 6-7　吸气式气力输送装置所用的阀门
a—空气进口阀；b—飞灰进口阀

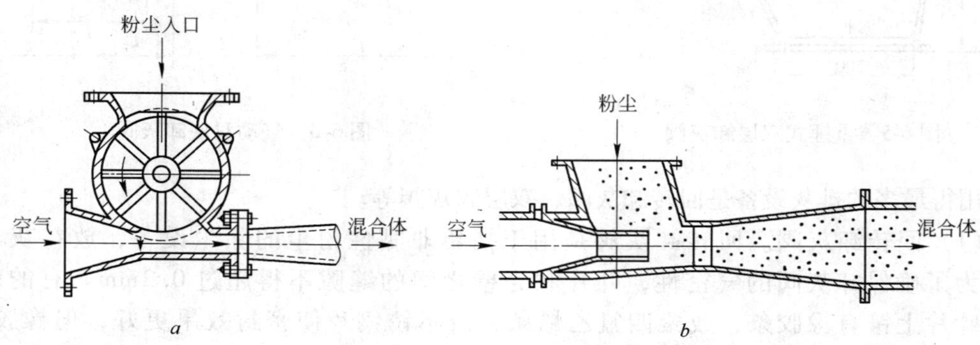

图 6-8　压送式给料器
a—回转给料器；b—喷射式给料器

6.2.2　螺旋输送机

6.2.2.1　工作原理与结构

螺旋输送机是依靠带有螺旋叶片的轴在封闭的料槽中连续旋转从而推动物料移动的输送机械。此时的物料就好像不旋转的螺母一样沿着轴向逐渐向前推进，最后在卸料口处卸下。

螺旋输送机的总体结构如图 6-9 所示。主要由驱动装置、出料口、旋转螺旋轴、中间吊挂轴承、壳体和进料口等组成。通常螺旋轴在物料运动方向的终端（即出口处）装有正推轴承，以承受物料给螺旋叶片的轴向反力。在机身较长时，应加中间吊挂轴承。

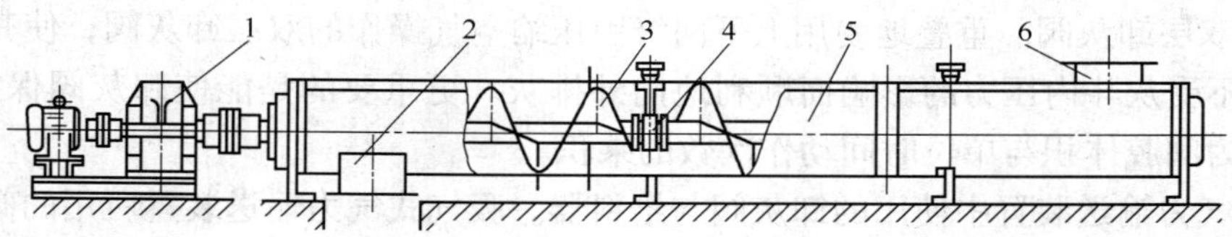

图 6-9　螺旋输送机总体结构
1—驱动装置；2—出料口；3—旋转螺旋轴；4—中间吊挂轴承；5—壳体；6—进料口

6.2.2.2　主要特点

优点：结构简单，横截面尺寸小，密封性能好，可以中间多点装料和卸料，操作安全方便，制造成本低。

缺点：机体磨损较严重，输送量较低，消耗功率大以及物料在运输过程中易破碎。它主要用于输送粉状、颗粒状物料；不适宜输送易变质的、黏性大和易结块的物料。

6.2.2.3　布置形式

螺旋输送机的安装，最普遍的通常是水平安装形式。根据被输送物料的流向不同，其加卸料装置可以布置成多种形式，以适应不同的进出料要求。四种典型的布置形式如图6-10所示。

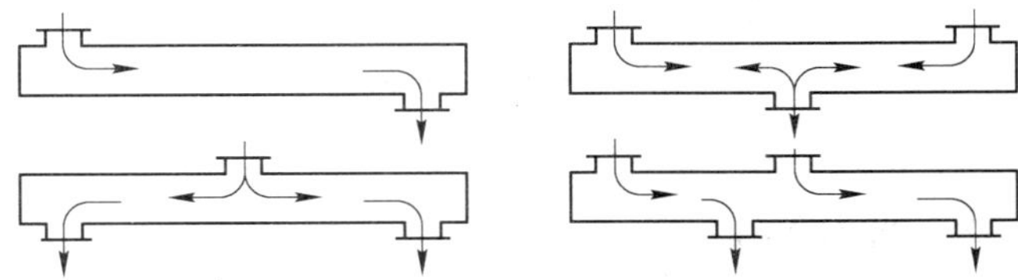

图 6-10　螺旋输送机进出料口的布置形式

6.2.2.4　主要部件

A　螺旋

普通螺旋输送机的最主要部件是螺旋体，它由轴和焊接在轴上的螺旋叶片组成。螺旋叶片与螺纹一样，也可以分为右旋和左旋两种。根据所输送物料的不同，螺旋叶片的形状可分为实体螺旋、带式螺旋、叶片式螺旋和齿形螺旋，见表6-2。其中实体螺旋叶片是最常用的一种形式，适宜于输送干燥的、小颗粒的或粉状物料；带式螺旋叶片适宜于输送带水分的、中等黏性、小块状的物料；叶片式以及齿形螺旋叶片适宜于输送黏性较大及块状较大的物料。

表 6-2　螺旋叶片的形状

螺旋面图形	名　称	适用范围
	实体面形 $t=0.8D$	干燥，黏度小的粉状或小颗粒物料
	带式面形 $t=1.0D$	块状或黏度适中的物料
	叶片面形 $t=1.2D$	黏度较大，可压缩性物料伴随混合，搅拌作用

注：D—螺旋叶片直径；t—螺旋节距。

B　壳体

螺旋输送机的壳体通常用钢板制作，当输送强磨琢性、强腐蚀性的粉尘时应采用耐磨、耐腐蚀的合金材料制作。此外，螺旋叶片与壳体内表面之间要保持一定的间隙，这个间隙较粉尘的粒径要大一些，一般为2～10mm。留有间隙的目的是补偿制造及安装误差，减少螺旋叶片与壳体之间的相互磨损，但间隙加大相应地会使输送效率降低。

C　驱动装置

通常采用电动机和减速器组合的驱动装置，较少采用电动机和轴装减速器用三角带传动的驱动装置和齿轮减速电动机直接驱动的装配形式。

6.2.2.5　输送能力计算

螺旋输送机输送能力按式（6-2）计算

$$G = 47D^2 Sn\rho_0\psi c \tag{6-2}$$

式中　G——输送能力，t/h；

D——螺旋直径（见表6-3），m；

S——螺距（见表6-3），m；

n——螺旋轴极限转速$\left(\text{见表6-3,圆整 } n = \dfrac{A}{\sqrt{D}}\right)$，r/min；

A——物料特性系数（见表6-4）；

ρ_0——物料堆积密度，t/m^3；

ψ——填充系数（见表6-4）；

c——倾斜工作时输送量校正系数（见表6-5）。

表6-3　螺旋输送机标准系列及其技术特征

标准螺旋直径系列 D/mm		150	200	250	300	400	500	600
螺旋螺距 S/mm	实体螺旋面螺旋	120	160	200	240	320	400	480
	带式螺旋面螺旋	150	200	250	300	400	500	600
螺旋轴标准转数 n/r·min^{-1}		20，30，35，45，60，75，90，120，150，190						
输送机允许最大倾角/(°)		≤20						
工作环境温度/℃		-20～50						
输送物料的温度/℃		<200						
输送机长度范围/m		3～70						

表6-4　填充系数和物料特性系数

物料块度	物料的磨琢性	推荐的填充系数 ψ	推荐的螺旋面形式	物料特性系数 A
粉　尘	无磨琢性、半磨琢性	0.35～0.40	实体螺旋面	75
	磨琢性	0.25～0.30		35
粒　状	无磨琢性、半磨琢性	0.25～0.35	实体螺旋面	50
	磨琢性	0.25～0.30		30

续表 6-4

物料块度	物料的磨琢性	推荐的填充系数 ψ	推荐的螺旋面形式	物料特性系数 A
小块状（<60mm）	无磨琢性、半磨琢性	0.25～0.30	实体螺旋面	40
	磨琢性	0.20～0.25	实体螺旋面或带式螺旋面	25
中等及大块度（>60mm）	无磨琢性、半磨琢性	0.20～0.25	实体螺旋面或带式螺旋面	30
	磨琢性	0.125～0.20		15

表 6-5 倾斜工作时输送量校正系数

倾斜角 β/(°)	0	≤5	>5～10	>10～15	>15～20
校正系数 c	1.0	0.9	0.8	0.7	0.65

6.2.3 刮板输送机

6.2.3.1 工作原理与结构

刮板输送机的料槽是封闭的，料槽中充添物料，刮板和链条都埋在物料之中，从图 6-11 可以看出，刮板只占料槽断面的一部分。

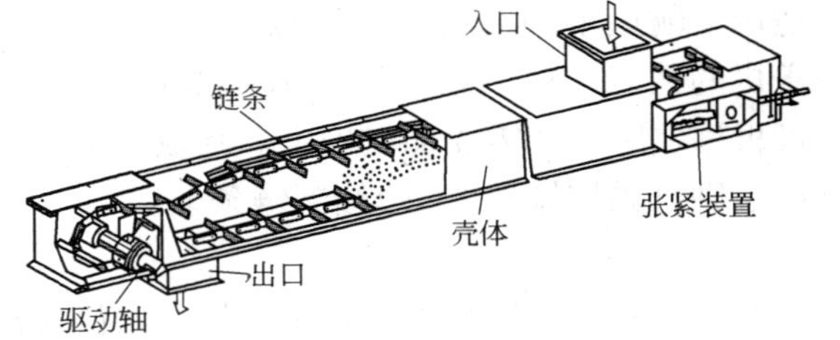

图 6-11 刮板输送机结构

刮板输送机在水平方向输送时，物料受到刮板链条沿运动方向的推力作用，当刮板所切割料层间的内摩擦力大于物料与槽壁间的外摩擦力时，物料便随刮板链条向前推进。料层高度与料槽宽度之比在一定范围时，通常料流是稳定的，这样当源源不断的物料被连续加入机槽后就会连续和稳定的物料流不断地被输送到卸料口，最后借助重力的作用而卸出。

刮板输送机的结构（图 6-11），主要由驱动装置、刮板链条、头轮、尾轮、机槽、张紧装置及加卸料装置等组成。从图中可看出，头轮和尾轮分别装在两端，一条闭合成环形的刮板链条分别与两轮相啮合。当电机开动时后，经减速器使头轮转动，从而带动刮板链条连续不断地推动物料进行输送。

6.2.3.2 主要特点

优点：结构简单，体积小，重量较轻，适宜于布置结构紧凑的场所；加卸料方便，能多点加料和卸料，工艺布置较灵活；密封性能好，适宜输送易飞扬、高温、有毒有害、易燃易爆的物料；输送机的环境温度一般低于 40℃，物料温度一般低于 100℃，当输送热物料时温度可达到 450℃（热料型刮板输送机）。

缺点：不宜输送磨琢性很大、腐蚀性很大、黏附性大的以及坚硬、极脆而不允许破碎的物料。

6.2.3.3 布置形式

刮板输送机根据不同的工艺需要可以有不同的布置形式，常见的有水平形（MS 形）、垂直形（MC 形）、Z 形（MZ 形），如图 6-12 所示。

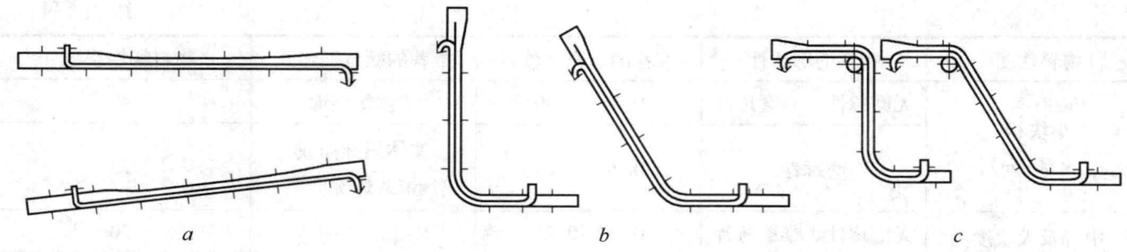

图 6-12　固定式刮板输送机主要形式

a—水平形；b—垂直形；c—Z 形

6.2.3.4　主要部件

A　链条

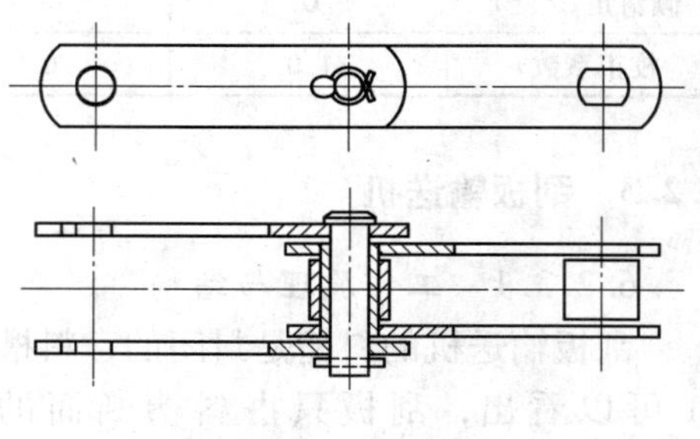

图 6-13　板链

常用的链条主要有套筒滚子链—板链（图 6-13）、锻造链和双板链。

B　刮板

刮板一般由圆钢、扁钢、方钢或角钢等型钢制成，并与链条固接在一起。刮板的形状有多种，以适用于输送不同的物料，刮板形式直接关系到输送机的性能，对于某种物料采用哪种形式的刮板可根据实际生产需要加以确定。刮板通常与链条呈 90°焊接；但对于输送易产生浮链的刮板，则可采用倾斜 70°焊接到链条上。

C　头轮和尾轮

头轮和驱动装置相连，是主动轮，轮齿通常为 6 ~ 12 个，其齿形随使用链条而异。

尾轮的结构形式较多，常见的有齿形轮、圆轮及角轮。齿形轮的齿形与头轮完全一样，齿数可少于头轮。圆轮又有两种结构：一种轮缘是光面的，用于套筒滚子链；另一种轮缘有槽，用于锻造链和双板链。角轮也称多边轮。通常圆轮和角轮的大小应等于或小于头轮的节圆直径。

D　机槽

机槽是物料的通道，一般用钢板制成。钢板厚度随机型大小而异，一般在 6 ~ 10mm。

E　张紧装置

刮板输送机的机尾装有张紧装置，通过移动尾轮来调节刮板链条的松紧程度。其原理和结构与胶带输送机所用的螺旋张紧机构相同。

6.2.3.5　输送能力计算

刮板输送机输送能力按式（6-3）计算

$$G = 3600Bhv\rho_d\eta \tag{6-3}$$

式中　G——输送能力，t/h；

B——料槽的有效宽度，m；

h——料槽的有效高度，m；

v——链速，m/s；

ρ_d——粉尘堆积密度，t/m³；

η——MS 型水平布置时的效率,%，η 取0.65%～0.85%。

6.2.4 斗式提升机

6.2.4.1 工作原理与结构

垂直斗式提升机是一种利用紧固在牵引件（即胶带或链条）上的一系列料斗垂直向上输送散料的输送机，如图 6-14 所示。在胶带或牵引链上按一定间距固定的料斗环绕在斗提机上部头轮和下部尾轮之间，形成一个闭合环路，其中驱动装置在上部，张紧装置在下部，整台机器除驱动装置外均封闭在机壳内。

通常斗式提升机在机壳下部的进料口装料，其装料形式可分为掏取式和流入式两种。然后由输送带或链条上的料斗向上移动到顶部，再由上向下翻转将物料卸出。

由图 6-14 可看出,斗式提升机主要由驱动装置、头轮(即传动滚筒或传动链轮)、张紧装置、尾轮(即尾部滚筒或尾部链轮)、牵引件(胶带或链条)、进料口、出料口和机壳等组成。

6.2.4.2 主要特点

优点：机壳的横断面尺寸小，占地面积小；提升高度大，一般提升高度在 40m 以内；系统的可靠性好，故障少，并能实现远距离显示和控制；具有良好的密封性能，可防止粉尘对环境的污染。

缺点：该提升机对过载的敏感性大，必须均匀加料，不能超载；料斗和牵引构件（即链条和胶带）易损坏，维修不方便。

6.2.4.3 斗式提升机的装料及卸料过程

A 装料方式

(1) 掏取式。如图 6-15a 所示，由料斗在机壳下部的进料口处掏取装料。主要用于输

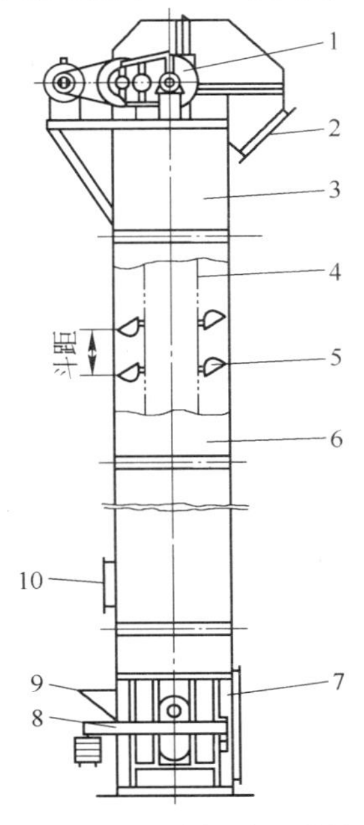

图 6-14 斗式提升机结构

1—驱动装置;2—出料口;3—上部区段;4—牵引件;5—料斗;6—中部机壳;7—下部区段;8—张紧装置;9—进料口;10—检视门

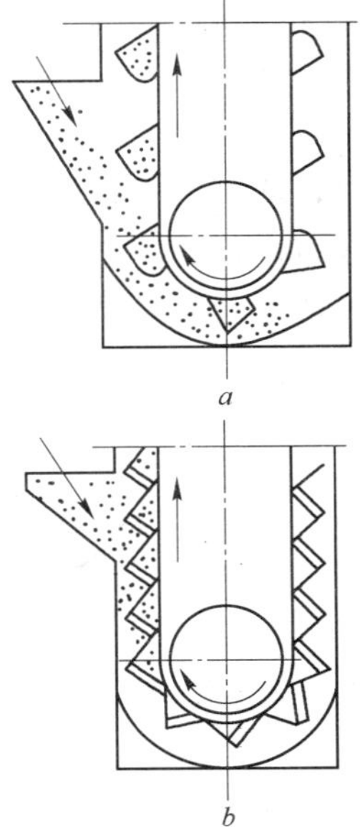

图 6-15 装料方式

a—掏取式；b—流入式

送粉状、粒状、小块状无磨琢性或磨琢性较小的散料。掏取式料斗运行速度可达到 0.8 ~ 2m/s，通常与离心式卸料配合应用。

（2）流入式。如图 6-15*b* 所示，物料直接在机壳下部进料口处流入料斗内装料。主要用于输送大块或磨琢性强的物料以及在输送过程中不允许产生破损的颗粒物料。为了防止物料在装料时撒落，料斗应连续密集布置。通常料斗运行速度不超过 1m/s。

B　卸料方式

（1）离心式卸料。当料斗运行至头部的主动轮处，料斗的运动方向就会绕驱动轮轴心旋转，由于此时料斗运行速度较高（通常为 1 ~ 2m/s 之间），从而使物料作离心式卸料。该卸料方式通常适用于流动性好的粉尘。

（2）离心-重力式卸料。料斗的运行速度通常在 0.6 ~ 1.6m/s 之间，物料受离心力和重力的作用卸料。该卸料方式适用于流动性不良的粉粒状及含水粉尘。

6.2.4.4　主要部件

A　驱动装置

斗式提升机的驱动装置由传动滚筒（或链轮）、电机、减速器、联轴器、逆止器及驱动平台等组成。传递牵引力的驱动方式一般可分为两种，第一种是通过摩擦传递牵引力的摩擦驱动方式，第二种是通过轮齿啮合传递牵引力的啮合驱动方式。

B　牵引件

带式斗式提升机的牵引件是胶带，料斗通常用螺钉与胶带紧固。常用的胶带有普通橡胶带、尼龙芯橡胶带等，其中 TD 型斗式提升机采用的就是尼龙芯橡胶带。链式斗式提升机所用的牵引件是圆环链或套筒滚子链，其中 TH 型斗式提升机采用的就是圆环链，而 TB 型斗式提升机采用的是套筒滚子链。

C　料斗

料斗是一个承载部件，料斗形状的选择取决于物料的性质（如粉状或块状、干湿程度与黏性等），同时也受装料与卸料方法的影响。通常采用的料斗形式有三种，即深斗、浅斗和角斗，如图 6-16 所示。

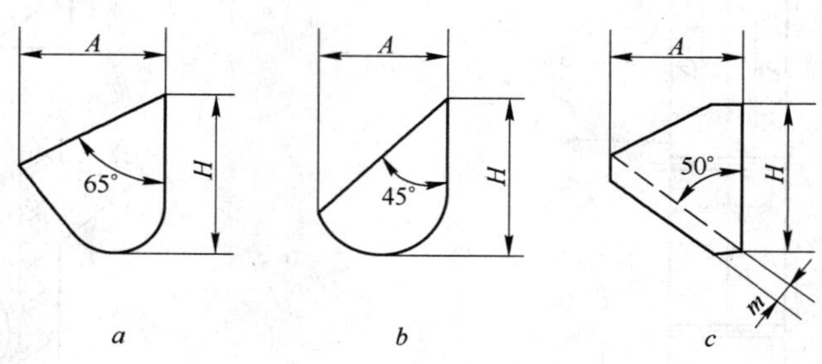

图 6-16　料斗形状

a—深斗；*b*—浅斗；*c*—角斗

D　张紧装置

张紧装置主要是为了防止牵引件与驱动轮之间出现打滑现象而设置的。

牵引件通常有胶带、圆环链、板链等几种结构形式，它们的性能各不一样，所以选用的张紧方法也不同，目前常用的张紧方法有螺杆张紧、重锤杠杆张紧、重锤张紧和复合张紧。

E　安全保护装置

斗式提升机在正常工作过程中如突然停电会引起输送机出现反转现象，其原因主要是提升机在正常工作时靠工作部分这一边的一连串料斗已装满物料，而非工作部分这边的一连串料斗处于空载状态，两边料斗满载与空载不平衡，就会引起输送机出现反转事故。为了避免这种情况出现，通常在转动装置中应设有逆止制动装置——逆止器。

6.2.4.5　输送能力计算

斗式提升机输送能力按式（6-4）计算

$$G = \frac{3.6V_0}{a\rho_0 v\psi} \tag{6-4}$$

式中　G——输送能力，t/h；

V_0——料斗容积，L（见表6-6）；

a——物料间距，m（见表6-6）；

ρ_0——物料堆积密度，t/m³；

v——料斗提升速度，m/s；

ψ——填充系数（见表6-7）。

表6-6　料斗间距和容积

斗宽 B/mm	深　斗			浅　斗			角斗（三角斗）		
	a/mm	V_0/L	$\frac{V_0}{a}$/L·m^{-1}	a/mm	V_0/L	$\frac{V_0}{a}$/L·m^{-1}	a/mm	V_0/L	$\frac{V_0}{a}$/L·m^{-1}
250	400	3.2	8.0	400	2.6	6.5	200	3.6	18.0
350	500	7.8	15.6	500	7.0	14.0	250	7.8	31.2
450	600	14.5	24.2	600	15.0	25.0	320	16.0	50.0

表6-7　填充系数

物料名称	填充系数 ψ	物料名称	填充系数 ψ
粉末状物料	0.75～0.95	块度在50～100mm之间的中块物料	0.5～0.7
块度在20mm以下的粒状物料	0.7～0.9	块度>100mm的大块物料	0.4～0.6
块度在20～50mm之间的小块物料	0.6～0.8	潮湿的粉末状和粒状物料	0.6～0.7

6.2.5　气力输送装置

6.2.5.1　工作原理

气力输送装置主要是依靠强大的气流把粉状或粒状物料流态化，使之在气流中形成悬浮状态，然后按工艺要求沿着相应的输送管路将散料从一处输送到另一处。气力输送装置按其工作原理可分为吸送式、压送式和混合式三种类型。

6.2.5.2　主要特点

优点：气力输送系统是通过管道来输送粉料的，所以不会受既有的复杂构筑物、障碍物的影响而发生输送装置布置空间走向方面的困难。又因为粉料是在密闭管道内输送的，所以比较容易解决污染、飞扬或天气影响的问题。此外，机械可动部分较少、运转简便、设备投资较低。

缺点：与其他机械输送装置相比，动力消耗较大。当粉尘有黏附性时就很难输送，另外，当粒径较大时，输送效率将显著降低。对于带电的可燃粉尘，还有爆炸的危险。

6.2.5.3　类型

A　吸送式气力输送装置

吸送式气力输送装置如图 6-17 所示。它的原理是，依靠风机或真空泵首先使整个系统形成一定的真空度，然后在压差的作用下空气与物料同时被吸入输料管内，而后再输送到卸料器，此时空气和物料分离，物料由卸料器底部卸出，而含有粉尘的气流继续输送到除尘器，经除尘气流通过鼓风机直接排入大气中。

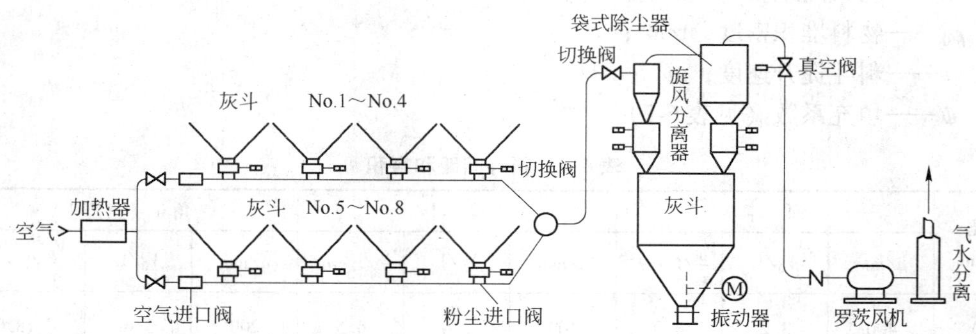

图 6-17　吸气式空气输送装置

这种装置动力消耗较大，输送量较小，输送距离不能过长。而吸送系统的真空度通常不能超过 50.7～60.8kPa，否则空气将变得稀薄而使携带能力降低，从而影响正常工作。此外，该装置可以同时在多个灰斗装料，然后再集中在一起卸料。

需要注意的是，吸送式气力输送机要求管路系统严格密封，避免漏气。为了减少鼓风机的磨损，通常要对进入鼓风机的空气进行严格的除尘。

B　压送式气力输送装置

压送式气力输送装置如图 6-18 所示。它的原理是，依靠鼓风机或空压机产生的正压力将供料器内的物料压送到卸料器，并在卸料器内把物料从空气中分离出来，再经卸料器底部卸出，而含有粉尘的气流经除尘器净化后直接排入大气中。

C　混合式气力输送装置

混合式气力输送装置是将吸送式和压送式两种气力输送装置组合在一起构成的。它具有两者的共同特点：能在多处装料又能在多处卸料，输送量较大，输送距离较远；它的缺点是结构较为复杂，吸气和压气中间有零压点，易堵塞。

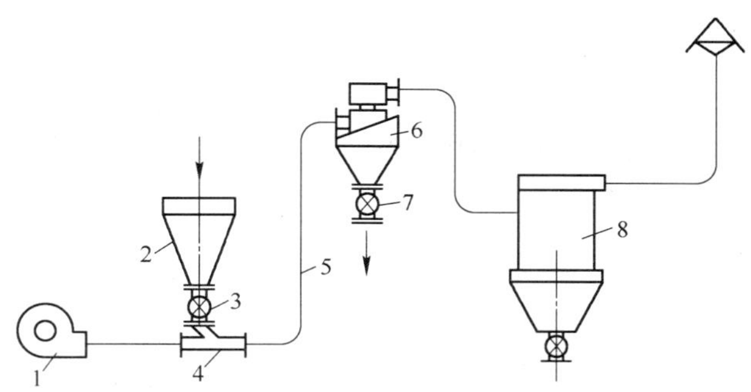

图 6-18 低压压送式气力输送装置

1—风机；2—料斗；3—给料器；4—受料器；5—输料管；
6—卸料器；7—闭风器；8—除尘器

6.2.5.4 主要部件

气力输送装置主要由给料器、输料管路、卸料装置、除尘装置、风管及附件、消声器、气源设备等组成。下面对一些主要部件进行介绍。

A 给料器

给料器的作用是把物料送进输料管，并使物料与输料管中的空气充分混合，使物料在空气气流中悬浮。常用的给料器如图 6-8 所示。

B 输料管路

输料管系统通常由直管、弯管、软管、伸缩管、回转接头、增速器、管道联结部件等根据工艺要求配置组成。通常对管路的要求是密封性应良好，管路长度力求短些，弯管要尽量少，弯管处曲率半径应大于管径的 5～10 倍。

C 卸料装置

卸料器是把随气流一起进入的物料从气流中分离出来的一种设备，因此也叫分离器。常用的卸料器可分为重力式、离心式等。

D 气源设备

气源设备的要求是：能供应必须的风量和风压；在风压变化时风量变动要小；有少量粉尘通过时也不发生故障；耐用，操作和维护方便；用于压送装置的气源设备，排气中不能含油分和水汽。吸送式气力输送装置常采用离心式风机和罗茨鼓风机，而压送式气力输送装置常采用空气压缩机。低压压送式装置也可使用罗茨鼓风机。

6.2.5.5 输送能力计算

气力输送能力按式（6-5）计算

$$G = K_y \cdot K_j \cdot \frac{G_t}{T} \tag{6-5}$$

式中 G——输送能力，t/h；

T——一昼夜工作小时数，h；

K_y——物料发送不均匀系数（给料器供料时取 $K_y = 1.15$）；

K_j——考虑远景发展系数($K_j = 1.0 \sim 1.25$)；

G_t——已知一天（24h）的平均输送能力，t。

6.2.6　空气输送斜槽

空气输送斜槽—气力提升泵系统适用于粉煤灰、水泥等粉粒状物料水平输送和垂直提升（图 6-19）。

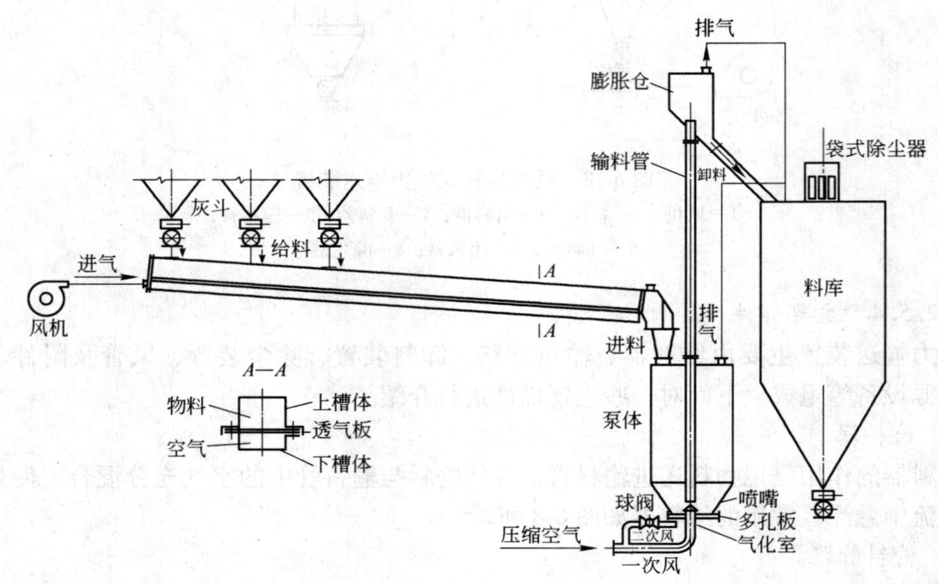

图 6-19　空气输送斜槽

6.2.6.1　工作原理与结构

如图 6-19 所示，物料从多个料斗由给料机连续定量的进入空气斜槽，在重力分力的作用下向下流动，落入气力提升泵，在气力喷嘴的作用下将物料通过输料管提升到需要高度，在膨胀仓内扩容减速，料气分离，物料在重力作用下，落入料库。该系统可连续输送，控制简单，运作操作方便。

图 6-19 所示是用多孔板将上下部隔开，呈倾斜 2°～15°的矩形断面结构。上部供给粉尘，下部通以 10～20kPa 左右的低压空气，则粉尘被流态化，从而在重力的作用下，从多孔板滑动并落下，实现粉尘输送。

其构造及使用都很简单，设有可动部分，只要很小的动力。可以停止、走岔道，也可以拐弯。但只适宜于水泥、氧化铝、飞灰等容易被空气流态化的微细粉尘的短距离输送。因大颗粒难于流态化，所以不适用。

一个溜槽的长度为 3m，可以将其连接起来使用。

6.2.6.2　主要特点

优点：斜槽没有运动零件，磨损小，动力消耗小，结构简单，无噪声，密封好，安全可靠。改变输送方向方便且能多点加料和多点卸料，不易堵塞。

缺点：输送的物料有局限性，在布置上有斜度要求，对粒度大、含水率高、易黏结的粉尘不宜用。

6.2.6.3 输送能量计算

输送量按式（6-6）计算，其中槽宽是主要参量

$$G = 3600\xi Bhv_s\rho'_s \tag{6-6}$$

式中 G——输送物料量，t/h；

ξ——阻力系数，可取 $\xi=0.9$；

B——槽宽，m；

h——料层高度，m；

v_s——物料输送速度，采用帆布层时：

斜度	2°	3°	4°
v_s	0.7	0.97	1.25

ρ'_s——物料在流态化时的堆密度，t/m³，$\rho'_s=0.75\rho_0$；

ρ_0——物料堆积密度，t/m³。

6.2.7 贮灰仓

贮灰仓是输灰系统中贮存粉尘的一种常用装置，它由设备本体和辅助设备这两大部分组成。设备本体部分包括灰斗、筒体和梯子平台、料位计、简易布袋除尘器、防闭塞装置等；辅助设备部分包括检修插板阀和卸灰阀（前面已有叙述）、卸尘吸引嘴、加湿机和汽车运输等。

6.2.7.1 组成和选用

（1）贮灰仓用作贮存除尘系统收得的粉尘时，其计算容积通常不少于 1～2 天连续生产时的产尘量。

（2）为反映仓内粉尘量的多少，便于输送系统的正常工作，贮灰仓通常设置料位计，并与输送系统进行连锁。

（3）当系统设计需要计量除尘系统的除尘量时，则贮灰仓设计可采用称量装置。

（4）贮灰仓顶部应设置简易布袋除尘器，或设置排气管与除尘管道连接。

（5）在灰斗外壁的适当位置处宜设助灰防闭塞装置，如空气炮或振打电机。

根据除尘系统粉尘回收量的大小，设计或选用合适的贮灰仓容积，其设备外形如图 6-20所示。

6.2.7.2 辅助配套设备

A 卸尘吸引装置

吸引装置作为排送贮灰仓和除尘器的干式粉尘的专用设备，它可将有用粉尘吸引出并由专用运输工具运走。其装置外形如图 6-21 所示。

B 加湿机

加湿机可与贮灰仓或袋式除尘器卸灰配套使用，它可防止粉尘卸灰过程中的二次飞扬。常用的粉尘加湿设备有圆筒加湿机、螺旋加湿机和双轴搅拌加湿机等，圆筒加湿机运行可靠，粉尘加湿均匀，不易堵塞和磨损，但设备外形尺寸大；螺旋加湿机外形尺寸较

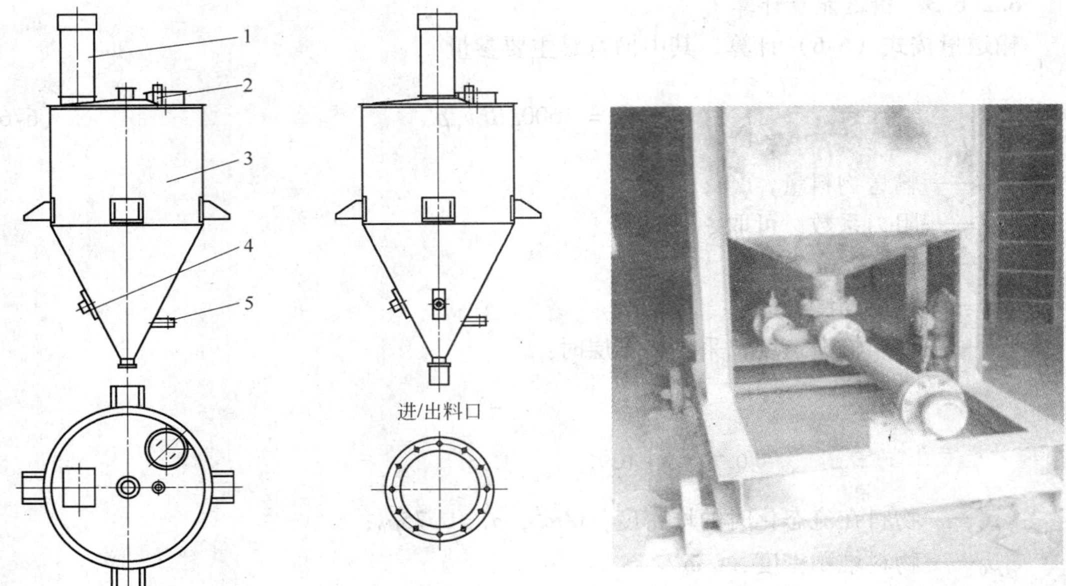

图 6-20　贮灰仓外形

1—简易除尘器；2—上料位仪；3—本体；
4—防闭塞装置；5—下料位仪

图 6-21　粉尘吸引装置

小，但叶片易堵塞和磨损较快；而双轴搅拌加湿机设备具有耐磨、搅拌均匀、寿命长、噪声低等优点。它采用双轴螺旋搅拌方式，使加湿更均匀，对保护环境、防止粉尘在装卸运输过程中的二次飞扬有良好的效果。其设备外形如图 6-22 所示。

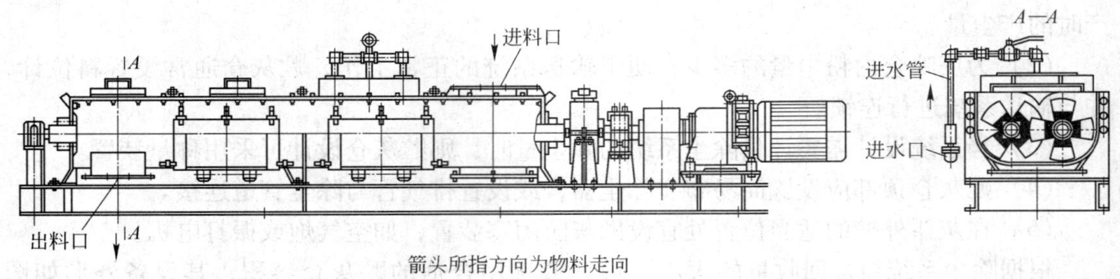

图 6-22　双轴加湿机外形示意图

C　运输汽车

收集在各种除尘设备灰斗内的粉尘，可通过多种运输工具对粉尘进行外运。

（1）采用编织袋装卸粉尘并通过汽车或人力车外运。

（2）采用密闭槽罐车装卸粉尘。

（3）采用汽车改造槽罐车装卸粉尘。

（4）采用进口或国产气动式真空吸引罐车，它与卸尘吸引嘴配合，能自动迅速地完成对贮灰仓粉尘真空吸引和压力卸载任务。真空吸引罐车的最大特点是对粉尘进行真空吸引和压力卸载速度快，自动化程度高，劳动强度低，特别是可防止卸灰时的粉尘二次污染。

6.3 输排灰设备运行管理

输排灰设备的运行管理不仅很重要，而且很复杂，这是因为输灰设备每个单独构造、工作原理和运行管理内容完全不一样，需要根据每一设备的特点进行管理和维护。

6.3.1 排灰设备运行管理

6.3.1.1 排灰设备运行注意事项

(1) 排灰设备有多种规格型号，应用时要根据除尘设备特点进行选择，例如旋风除尘器、反吹风袋式除尘器一定要选用不漏风的卸灰阀。

(2) 配重式卸灰阀要针对不同密度的粉尘进行配重调节。

(3) 在使用过程中，要注意卸灰阀叶片或阀板的磨损，避免阀门漏气，一旦漏气要及时修复或更换。

(4) 注意按时注油润滑。

(5) 用气控卸灰阀要注意气缸润滑和电磁阀质量。

(6) 防止块状物料、异物卡住卸灰阀正常动作。

6.3.1.2 排灰设备故障及排除方法

排灰设备故障及排除方法见表6-8。

表 6-8 排灰设备故障及排除方法

故障设备	产 生 原 因	排 除 措 施
回转阀	(1) 传动电机，减速机及传动齿轮有故障 (2) 传动链条折断或链条断油 (3) 安全销折断 (4) 回转阀叶片折断或磨损 (5) 回转阀内绞入异物 (6) 叶片磨损	(1) 检查原因，排除传动故障 (2) 更换链节，重新连接，供油 (3) 更换 (4) 更换或修复 (5) 清除异物 (6) 修理或更换
双重阀	(1) 排出口粉尘堵塞 (2) 粉尘拱塞，气动失常 (3) 双层卸灰阀磨损 (4) 双层卸灰阀叶板间充满固着粉尘	(1) 清理排出口已堵塞粉尘 (2) 清除积灰拱塞，调整气动装置 (3) 修理或更换 (4) 清除固着粉尘

6.3.2 螺旋输送机运行管理

6.3.2.1 螺旋输送机运行注意事项

(1) 螺旋输送机在开车前应认真检查机槽内有无剩余粉尘和杂物，若有则应及时清理干净。此外还应检查进出料口是否畅通，如发现有堵塞现象则应清理干净。

(2) 加料必须均匀，并保持一定的装满程度。

(3) 进料口应加筛网，严防金属杂物落入机槽后卡在机槽与螺旋轴之间，从而引起螺旋轴扭弯或驱动装置损坏。

(4) 机槽和机槽盖一定要注意密闭，以防粉尘外溢，影响操作环境。

(5) 停机前，应尽可能卸净机体内的物料，以保证设备下一次启动时能处于空载运行状态。

(6) 当运行中途停机时，机体内的物料未能及时排净，此时若再次启动出现困难时，需将机体内的物料取出后才能启动运行。

(7) 定期检查螺旋叶片的磨损情况，当发现磨损严重时可采用补焊或更换新件。此外还应经常检查轴承的磨损情况，发现问题及时更换。

(8) 输送机的各润滑部位应严格按要求进行润滑，并经常保持输送机内部轴承的润滑油充足和定期更换。

(9) 输送机在运转过程中，一旦发出刺耳的噪声时，应及时排查。

(10) 输送机两头轴承要严格密封防止粉尘卡轴现象。

(11) 密切注意监视超过允许的温度，大块及含水量大的物料进入机体，以防止损坏设备。

6.3.2.2 常见故障及处理方法

常见故障及处理方法见表6-9。

表6-9 螺旋输送机的常见故障及排除方法

故障名称	产生原因	处理方法
电流过大	(1) 箱体内壁黏结物料，阻力增大 (2) 箱体内进入异物，卡住螺旋叶片 (3) 轴承缺油或损坏 (4) 箱体或螺旋弯曲，发生互相摩擦	(1) 清理干净 (2) 检查排除 (3) 加油或换轴承 (4) 调整、调直
螺旋轴断裂	(1) 螺旋轴材质强度不够，焊接残余应力未消除 (2) 箱体的物料堆积过多，螺旋阻力剧增 (3) 螺旋轴疲劳损坏或严重弯曲	(1) 重新制造或修理 (2) 清除一些物料 (3) 更换新件
噪声大	(1) 螺旋叶片与箱体相摩擦 (2) 轴承缺油，发生干摩擦 (3) 输送量过大，摩擦阻力增大 (4) 螺旋轴严重变形和弯曲	(1) 检查修理 (2) 增添新油 (3) 减轻负荷 (4) 调直或更新

6.3.3 刮板输送机运行管理

6.3.3.1 刮板输送机运行注意事项

(1) 使用输送机前，应先空车运转片刻，待运转正常之后再往机内卸粉尘。

(2) 无特殊情况不得在载料的情况下停车。若需停车，首先应停止卸料，并将输送机内的所有物料全部卸空后方可停车。

(3) 在满载运输紧急停车后需再开车时，必须先排空输送机内的剩余物料，以避免输送机满载荷启动。

(4) 如果几台刮板输送机串联使用，则开车时应首先开动最后卸料的一台，而后逐台往前开动。停车顺序与开车顺序相反。

（5）运行过程中应严防金属杂物和坚硬、大块的其他杂物混入输送机内，以免损伤输送机内的刮板链条。

（6）操作人员应经常检查输送机的运行情况，如发现刮板变形或脱落、开口销磨损或脱落以及刮板链条磨损严重等情况，应及时修复或更换。

（7）要经常调节螺旋式张紧装置，使刮板链条保持适当的张紧程度。调节时，两边的丝扣要均匀移动，使尾轮轴与输送中心保持垂直，调节后把螺母锁紧。调节丝扣的表面应经常涂油，保持润滑。

（8）刮板输送机各润滑部位应保持良好的润滑，但对刮板链条和与其接触的支撑导轨、头轮、尾轮等的接触面不得涂抹润滑油。

（9）严防超过许可的湿度和黏附性很强的物料进入到机槽中，以免出现返料现象。

6.3.3.2 常见故障及处理方法

常见故障及处理方法见表6-10。

表6-10 刮板输送机的常见故障及排除方法

故障名称	产生原因	处理方法
刮板链条跑偏	（1）输送机安装不良 （2）壳体受热变形较大 （3）张紧装置调节后尾轮轴仍有偏斜	（1）检查安装质量 （2）矫正或更换 （3）重新调节加防偏板
刮板链条拉断	（1）选用不当造成强度不够 （2）大块硬物落入机槽卡住链条 （3）链条制造质量差或磨损严重 （4）满载启动或突然过量加料	（1）重新选择 （2）清除和防止落入杂物 （3）更换链条 （4）人工排料后均匀加料
刮板链条突然发出响声	（1）有硬物落入壳体，卡住链条 （2）链条关节转动不灵	（1）清除杂物 （2）卸下销轴修理
头轮和刮板链条啮合不良	（1）头轮轴偏斜或不水平 （2）长期运转后链条节距增大	（1）调整 （2）更换链条
浮　链	（1）链条张紧度不够 （2）物料压结，在机槽底部形成料层	（1）调节张紧装置 （2）进行清理

6.3.4 斗式提升机运行管理

6.3.4.1 斗式提升机运行注意事项

（1）使用提升机前，应先空车运转片刻，观察牵引件是否运转正常，是否有卡链、跳链、打滑和跑偏现象存在，紧固件是否有松动现象出现，一旦发现上述问题存在应立即检查并及时进行处理。

（2）运转数小时后轴承的温度不能高于60℃，润滑的密封性能须保持良好。减速器无渗油，无冲击声。

（3）牵引件（即链条或胶带）应保持一定的张紧度。若牵引件出现松弛现象，料斗就很容易撞击机壳，从而使得机壳和料斗过早地磨损和撞坏。

(4) 应经常注意两链条的松紧程度是否一致，否则料斗容易歪斜，使得装料不均，从而很容易使链条从传动链轮上脱落下来造成停车事故。

(5) 经常检查输送胶带是否被撕裂、链条是否磨损和断裂等情况出现，一旦发现这些情况应立即进行更换。

(6) 要定期检查料斗的固定情况是否良好。

(7) 逆止器要实行定期检查，做到运行可靠，确保因事故停车时不反转。

(8) 机壳安装时要确保其安装精度，以免在运转时料斗碰撞机壳。

(9) 各润滑部位应严格按要求进行润滑。斗式提升机的润滑部位见表6-11。

表 6-11　斗式提升机的润滑部位

润滑部位名称	润滑材料	润滑周期	润滑方法
传动轴承和拉紧轴承	耐水润滑脂	200h	用注油器
逆止联轴器	耐水润滑脂	50h	用注油器
张紧装置的导轨	石墨润滑脂	500h	涂抹
张紧螺钉	耐水润滑脂	500h	涂抹
开式齿轮传动装置	10 号汽车机油	3 个月	倾注
齿轮减速器	10 号汽车机油	6 个月	倾注
电动机	耐水润滑脂	6 个月	用注油器
牵引链条铰链	耐水润滑脂	200h	用注油器

(10) 要定期对运动部位进行维护和清扫工作，检查链条、链轮、传动胶带、滚筒、料斗的磨损情况。检查应在停机和切断电源后进行。

(11) 经常检查斗式提升机的底部是否有直径较大的块状硬物或其他杂质堵塞在提升机的下部区段。

(12) 对张紧装置要进行定期的检查和调整，以保持牵引件具有正常的工作张力。

6.3.4.2　常见故障及处理方法

常见故障及处理方法见表6-12。

表 6-12　斗式提升机的常见故障及排除方法

故障名称	产 生 原 因	处 理 方 法
造成停车	(1) 胶带太松 (2) 卸料机构卸料量太大，造成提升机底部物料存积太多 (3) 底部或其他部位有硬物将料斗同机壳卡住 (4) 料斗脱落	(1) 调节张紧装置 (2) 挖取底部存积物料 (3) 取走硬物 (4) 重新安装
有不正常的撞击声	(1) 输送带发生偏移 (2) 料斗松动 (3) 机壳内有大块杂物	(1) 调节张紧装置 (2) 重新紧固 (3) 取走杂物
输送带偏移	(1) 滚轮两边有高有低 (2) 滚轮表面有大量物料粘住 (3) 进料时偏向料斗的一边	(1) 重新调节张紧装置 (2) 铲除滚轮表面物料 (3) 调节进料口位置，调节下料机位置

6.3.5 气力输送装置运行管理

6.3.5.1 气力输送装置运行注意事项

（1）检查被输送的粉尘中是否有坚硬的颗粒状或块状物料混入，如果发现必须及时清除。

（2）检查各密封面是否有泄漏现象存在，一经发现必须马上检修。

（3）对于各类气源设备、供料器等运转部件应严格按润滑要求进行润滑。

（4）经常检查气力输送系统的各点压力或真空度，电器控制系统是否处于正常和安全的工作状态。

（5）对于吸气式气力输送装置，应经常检查其吸嘴孔和管道是否有阻塞现象，此外对进入鼓风机的空气应严格进行除尘。

（6）气力输送系统中的积存粉尘应定期清理。

6.3.5.2 常见故障及处理方法

常见故障及排除方法见表6-13。

表6-13 气力输送装置的常见故障及排除方法

故障名称	产生原因	处理方法
输送能力降低	（1）输送管路不密封，有泄漏现象存在 （2）管路系统粉尘积塞严重 （3）除尘系统没能及时出灰	（1）查明泄漏处，并作维修 （2）助吹清理 （3）清理积灰
吸嘴口阻塞	（1）供料处供料太快 （2）吸嘴处吸入杂物	（1）降低供料速度 （2）清除杂质
风量减少	管路及分离、除尘系统有严重的积灰	清除其中积灰
管道堵塞	（1）气流不均匀 （2）粉尘量过大	（1）调节风量 （2）加助吹气管和助吹阀

6.3.6 空气输送斜槽运行管理

6.3.6.1 空气输送斜槽运行注意事项

（1）空气输送斜槽所需的风压一般在3500～6000Pa。帆布透气层取较低值，多孔板透气层或大规格、长度大时取较高值。一般情况下按5000Pa考虑。

（2）空气输送斜槽均配用高压离心式鼓风机，当斜槽宽度为250mm或315mm时，长度达150m的斜槽配用一台风机；当斜槽宽度为400mm，长度小于80m，或宽度为500mm时，长度小于60m的斜槽配用一台风机；当斜槽宽度为400mm，长度大于80m，或宽度为500mm时，长度大于60m的斜槽配用两台风机。

（3）每天均要注意空气输送斜槽所用风机的振动、电流是否异常。停车一天以上时，要清扫风机内积灰。

（4）每次定期停机检修均应清扫斜槽，仔细检查充气层的状况和密封状况，若充气层有堵塞、破损必须马上清理更换。

（5）空气输送斜槽用帆布必须不堵不漏，发现问题需及时更换。

6.3.6.2　斜槽的常见故障及排除方法

空气输送斜槽最常见的故障是堵塞。其原因有下列几点：

（1）下槽体封闭不好、漏风，使透气层上下的压力差稍低，物料不能气化。

（2）物料含水分大（一般要求物料水分小于1.5%），潮粉堵塞了透气层的孔隙，使气流不能均匀分布，因此物料不能气化。

（3）被输送的物料中含有较多的密度大的铁屑或粗粒，这些铁屑或粗粒滞留在透气层上，积到一定厚度时，便使物料不能气化。

针对上述原因，处理办法如下：

（1）检查漏风点，采取措施。例如：增加卡子，或临时用石棉绳堵缝；严重时局部拆装。按要求垫好毛毡。

（2）更换被堵塞的透气层，严格控制物料的水分。

（3）定时清理出积留在槽中的铁屑或粗粒。

（4）斜槽风机的故障及处理可参见第7章除尘通风机的故障分析及处理办法。

7 除尘通风机

通风机是除尘系统重要设备。通风机的作用在于把含尘气体输送到除尘器并把经过净化后的气体排至大气中。风机的良好运行不仅是提高除尘系统作业率，而且可以节约能耗，降低运行成本。

7.1 通风机的分类和工作原理

7.1.1 通风机分类

因通风机的作用、原理、压力、制作材料及应用范围不同，所以通风机有许多分类方法。按其在管网中所起的作用分，起吸风作用的称为引风机，起吹风作用的称为鼓风机。按其工作原理，分为离心式通风机、轴流式通风机和混流式通风机，在除尘工程中主要应用离心式通风机。按风机压力大小，通风机分为低压通风机（$p<1000\text{Pa}$）、中压通风机（p 为 1000～3000Pa）和高压通风机（$p>3000\text{Pa}$）三种；环境工程中应用最多的是后两种。按其制作材料，分为钢制通风机、塑料通风机、玻璃钢通风机和不锈钢通风机等。按其应用范围，分为排尘通风机、排毒通风机、锅炉通风机、排气扇及一般通风机等。

7.1.2 通风机工作原理

通风机是将旋转的机械能转换成使空气连续流动且总压增加的动力驱动机械，能量转换是通过改变流体动量实现的。

空气在离心式通风机内的流动情况如图 7-1 所示。叶轮安装在蜗壳 4 内。当叶轮旋转时，气体经过进气口 2 轴向吸入，然后气体约折转 90°流经叶轮叶片构成的流道间。当气体通过旋转叶轮的叶道间时，由于叶片的作用获得能量，即气体压力提高，动能增加。而蜗壳将叶轮甩出的气体集中、导流，从通风机出气口 6 经出口扩压器 7 排出。当气体获得的能量足以克服其阻力时，则可将气体输送到高处或远处。

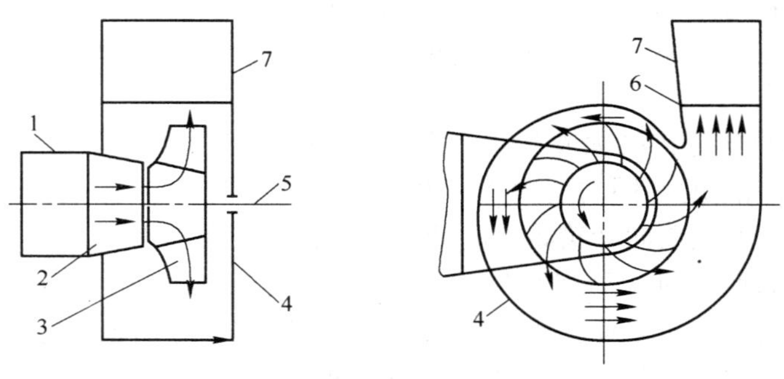

图 7-1　离心式通风机简图

1—进气室；2—进气口；3—叶轮；4—蜗壳；5—主轴；6—出气口；7—出口扩压器

7.2　通风机的构造和性能

通风机构造不太复杂，但精度要求高。设计和制造水平直接影响通风机性能。

7.2.1　通风机结构

7.2.1.1　通风机的组成

离心式通风机一般由集流器、叶轮、机壳、传动装置和电动机等组成。

A　集流器

集流器是通风机的进气口，它的作用是在流动损失较小的情况下，将气体均匀地导入叶轮。图 7-2 示出了目前常用的四种类型的集流器。

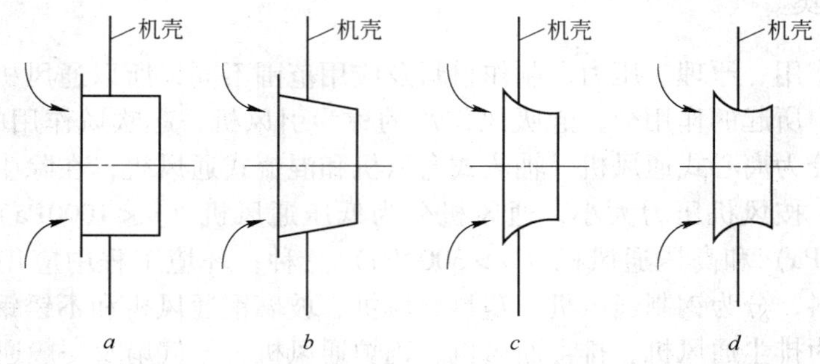

图 7-2　集流器形成示意图

a—圆筒形集流器；*b*—圆锥形集流器；*c*—圆弧形集流器；*d*—喷嘴形集流器

圆筒形集流器本身流体阻力较大，且引导气流进入叶轮的流动状况不好。其优点是加工简便。圆锥形集流器的流动状况略比圆筒形好些，但仍不佳。圆弧形集流器的流动状况较前两种形式好些，实际使用也较为广泛。喷嘴形集流器流动损失小，引导气流进入叶轮的流动状况也较好，广泛采用在高效通风机上。但加工比较复杂，制造要求高。

B　叶轮

叶轮是通风机的主要部件，通风机的叶轮由前盘、后盘、叶片和轮毂组成，一般采用焊接和铆接加工。它的尺寸和几何形状对通风机的性能有着重大的影响。

叶片是叶轮最主要的部分，它的出口角、叶片形状和数目等对通风机的工作有很大的影响。

离心式通风机的叶轮，根据叶片出口角的不同，可分前向、径向和后向三种，如图 7-3所示。在叶轮圆周速度相同的情况下，叶片出口角 β 越大，则产生的压力越低。而一般后向叶轮的流动效率比前向叶轮高，流动损失小，运转噪声也低。所以，前向叶轮常用于风量大而风压低的通风机，后向叶轮适用于中压和高压通风机。当流量超过某一数值后，后向叶轮通风机的轴功率具有随流量的增加而下降的趋势，表明它具有不过负荷的特性；而径向和前向叶轮通风机的轴功率随流量的增大而增大，表明容易出现超负荷的情况。如果在除尘系统工作情况不正常时，径向叶轮和前向叶轮的通风机容易出现超负荷，以致发生烧坏电动机的事故。

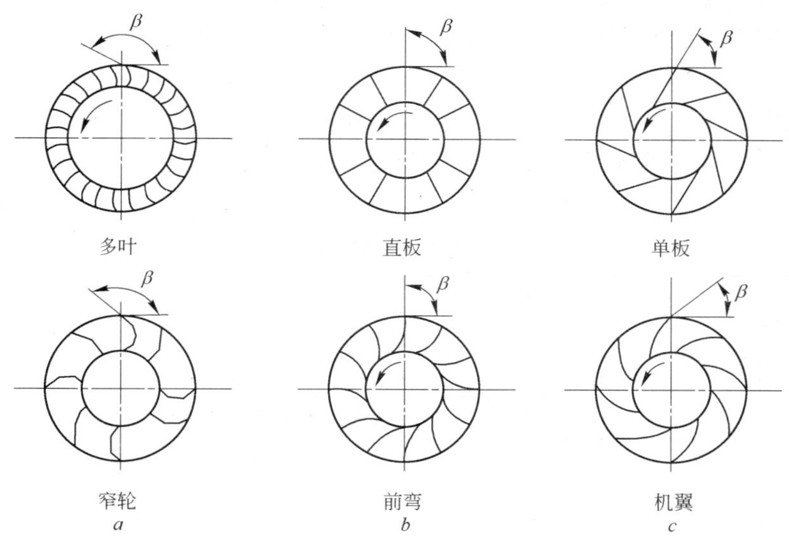

图 7-3　离心式通风机叶轮结构和三种类型

a—前向式（$\beta>90°$）；*b*—径向式（$\beta=90°$）；*c*—后向式（$\beta<90°$）

离心式通风机的叶片形状如图 7-3 所示，分板式、弧型和机翼几种。板型叶片制造简单。机翼型叶片具有良好的空气动力性能，强度高，刚性大，通风机的效率一般较高。但机翼型叶片的缺点是输送含尘气流浓度高的介质时，叶片磨穿后杂质进入内部，会使叶轮失去平衡而产生振动。

C　机壳

机壳的作用在于收集从叶轮甩出的气流，并将高速气流的速度降低，使其静压增加，以此来克服外界的阻力将气流送出。图 7-4 所示为机壳及出口扩压器的外形。

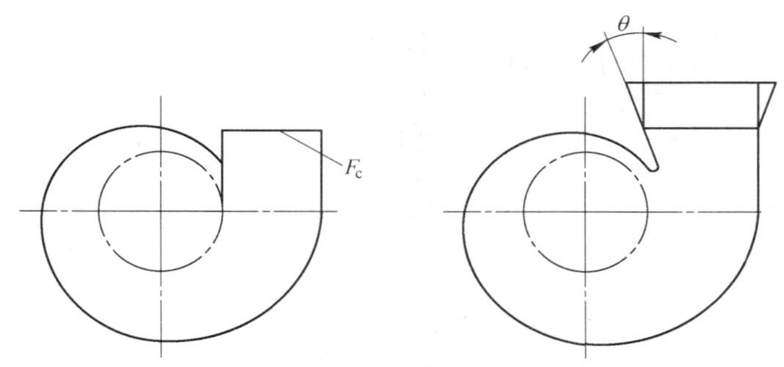

图 7-4　机壳及出口扩压器外形

离心式通风机的螺旋形机壳，其正确形状是对数螺线。但由于对数螺线作图较繁，在实际作图时常以阿基米得螺线来代替对数螺线。机壳断面沿叶轮转动方向呈渐扩形，在气流出口处断面为最大。随着蜗壳出口面积的增加，通风机的静压有所增加。

如果 F_c 截面上速度仍很大，为了对这部分能量有效地予以利用，可以在蜗壳出口后增加扩压器。经验表明，扩压器应向着蜗舌方向扩散（图 7-4）。出口扩压器的扩散角 $\theta=6°\sim8°$ 为佳，有时为减少其长度，也可取 $\theta=10°\sim12°$。

D　传动装置

通风机的传动装置可分为电动机直联、皮带轮、联轴器等。

（1）离心通风机传动装置。离心通风机传动装置代表符号与结构说明见表 7-1 和图 7-5。

表 7-1　离心通风机传动装置

传动装置	符　号	结 构 说 明
电动机直联	A	通风机叶轮直接装在电动机轴上
皮带轮	B	叶轮悬臂安装，皮带轮在两轴承中间
	C	皮带轮悬臂安装在轴的一端，叶轮悬臂安装在轴的另一端
	E	皮带轮悬臂安装，叶轮安装在两轴承之间（包括双进气和两轴承支撑在机壳或进风口上）的结构形式
联轴器	D	叶轮悬臂安装
	F	叶轮安装在两轴承之间

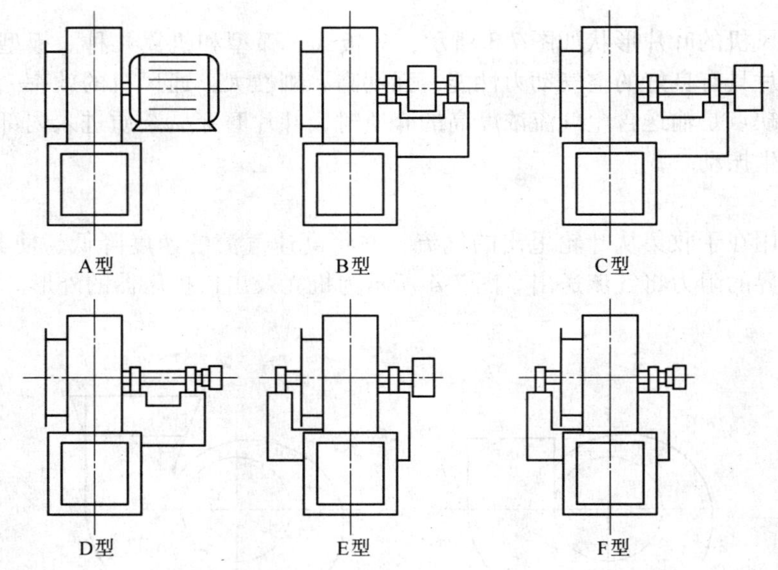

图 7-5　离心通风机传动形式

（2）轴流式通风机传动装置。轴流式通风机与传动装置的连接及结构形式如图 7-6 所示。

E　电动机

电动机种类很多，通风机用电动机主要是三相异步电动机。电动机外壳防护形式有两种，一是防止固体异物进入内部及防止人体触及内部的带电或运动部分的防护；二是防止水进入内部达到有害程度的防护。电动机的选择内容应包括电动机的类型、安装方式及外

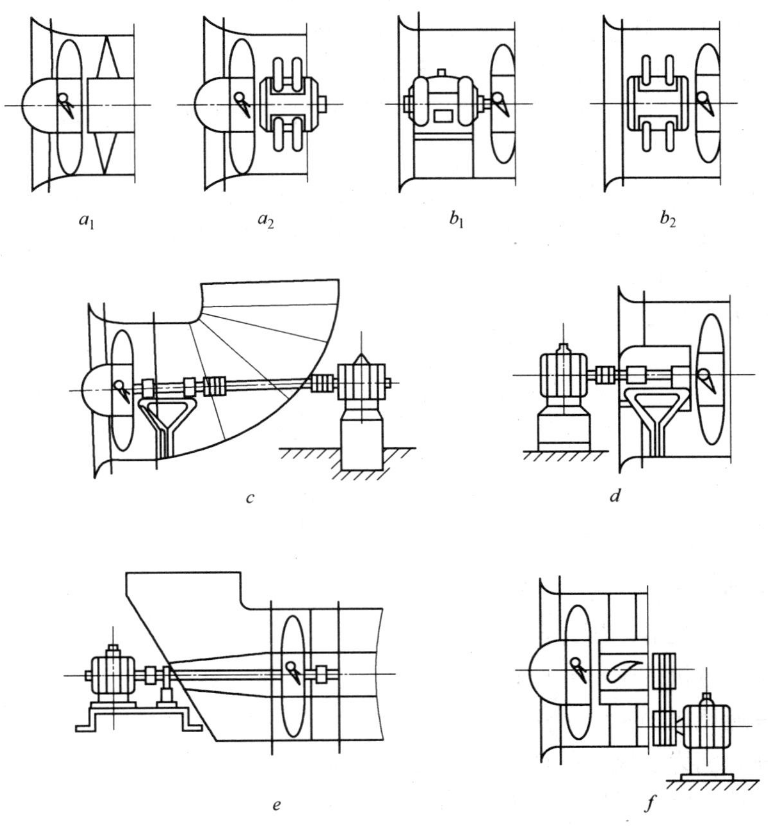

图 7-6　轴流式通风机传动装置

形安装尺寸、额定功率、额定电压、额定转速、各项性能经济指标等，其中以选择额定功率最为重要。

a　电动机选择

（1）选择电动机功率的原则。在电动机能够满足各种不同通风机要求的前提下，最经济、最合理地确定电动机功率的大小。如果功率选得过大。会出现“大马拉小车”的现象，这不仅使通风机投资费用增加，而且因电动机经常轻载运行，其运行功率因数降低；反之，功率选得过小，电动机经常过载运行，使电动机温升高，绝缘易老化，会缩短电动机的使用寿命，同时还可能造成启动困难。因此，选择电动机时，首先应该是在各种工作方式下选择电动机的额定功率。选择电动机的基本步骤包括：从风机的要求出发，考虑使用场所的电源、工作环境、防护等级及安装方式、电动机的效率、功率因数、过载能力、产品价格、运行和维护费用等情况来选择电动机的电气性能和力学性能，使被选用的电动机能达到安全、经济、节能和合理使用之目的。

（2）电动机类型选择。通风机无调速要求时应尽量采用交流异步电动机；对启动和制动无特殊要求的连续运行的通风机，宜优先采用普通笼型异步电动机。如果功率较大，为了提高电网的功率因数，可采用同步电动机。

(3) 电动机形式选择。为了防止电动机周围的媒介质被损坏，或因电动机本身的故障引起灾害，必须根据不同的环境选择适当的防护形式。

1) 开启式。适用于干燥和清洁的工作环境。

2) 防护式。可防滴，防雨，防溅，以及防止外界杂物落入电动机内部。但不防潮气和灰尘侵入。

3) 封闭式。适用于潮湿，尘多，易风雨侵蚀，有腐蚀性蒸汽和气体的地方，

4) 防爆式。适用于有可燃性气体和空气混合物的危险环境。

b 电动机功率的选用

电动机的功率 P 按式（7-1）选用

$$P \geqslant KP_{sh} = K\frac{p_{tF}q_v}{1000\eta_{tF}} \tag{7-1}$$

$$P \geqslant KP_{sh} = K\frac{p_{sF}q_v}{1000\eta_{sF}} \tag{7-2}$$

式中 P_{sh}——轴功率，kW；

p_{sF}——通风机的静压，Pa；

p_{tF}——通风机的全压，Pa；

q_v——通风机的额定风量，m^3/s；

η_{tF}，η_{sF}——分别为通风机的全压、静压效率，%；

K——功率储备系数，按表 7-2 选择。

表 7-2 功率储备系数

电动机功率/kW	功率储备系数 K			
	离心式通风机			轴流式通风机
	一般用途	粉 尘	高 温	
<0.5	1.5	1.2	1.3	1.05~1.10
0.5~1.0	1.4			
1.0~2.0	1.3			
2.0~5.0	1.2			
>5.0	1.1			

7.2.1.2 离心式通风机进气箱位置

离心式通风机进气箱的位置，按叶轮旋转方向，并根据安装角度的不同各规定五种基本位置（从原动机侧看），如图 7-7 所示。

7.2.1.3 离心式通风机出气口位置

离心式通风机出气口的安装位置，按叶轮旋转方向，并根据安装角度的不同各规定八种基本位置（从原动机侧看），如图 7-8 所示。当不能满足使用要求时，则允许采用表 7-3 所列的补充角度。

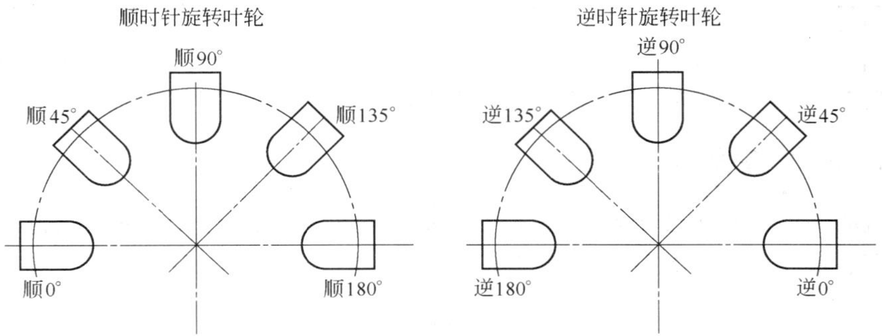

图 7-7　离心式通风机进气箱位置

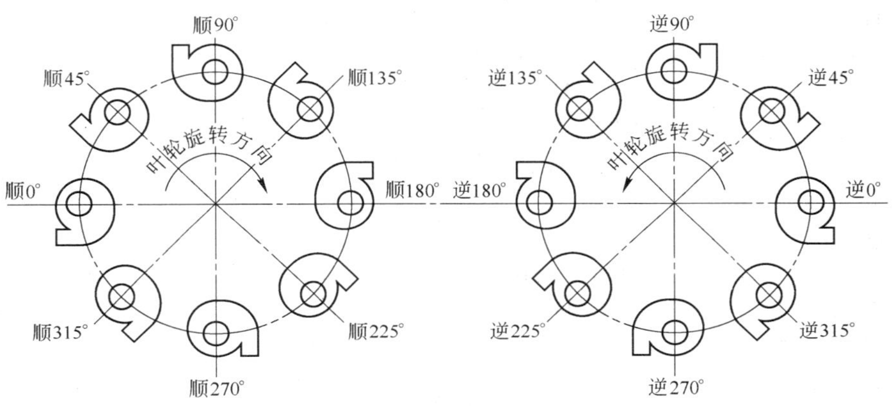

图 7-8　离心式通风机出气口位置

表 7-3　通风机出气口位置补充角度

补充角度	15°	30°	60°	75°	105°	120°	150°	165°	195°	210°

7.2.1.4　轴流式通风机风口位置

轴流式通风机的风口位置，用气流入出的角度表示，如图 7-9 所示。基本风口位置有 4 个，特殊用途可增加，见表 7-4。轴流式通风机气流风向一般以“入”表示正对风口气流的入方向，以“出”表示对风口气流的流出方向。

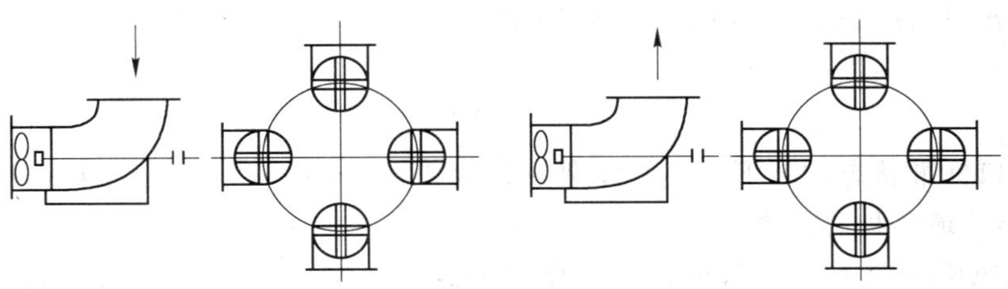

图 7-9　轴流式通风机风口位置

表 7-4 轴流式通风机风口位置

基本出风口位置/(°)	0	90	180	270
补充出风口位置/(°)	45	135	225	315

7.2.2 通风机的性能参数

通风机的性能参数主要包括流量（可分为排气与送风量）、气体密度压力、气体介质、转速、功率、效率等。参数的确定项目见表 7-5。

表 7-5 通风机参数内容

项目		单位	备注
流量	风量 标准风量	m^3/min、m^3/h、kg/s m^3/min(NTP)、m^3/h(NTP)	最大、最小风量喘振点
压力	进气及出气静压、风机静压、全压、升压	Pa、MPa	
气体介质	温度 湿度 密度 灰尘量及灰尘的种类 气体的种类	℃ %、kg/h kg/m^3(NTP) g/m^3、g/m^3(NTP)、g/min	最高、最低温度 相对湿度和绝对湿度 附着性、磨损性、腐蚀性 腐蚀性、有毒性、易爆性
转速		r/min	滑动 定速、变速(转速范围)
功率	有效功率 内部功率 轴功率	kW	驱动方法：带动 直联 液力联轴器

7.2.2.1 流量

所说的通风机流量是用出气流量换算成其进气状态的结果来表示的，通常以 m^3/min、m^3/h 表示，但在压力比为 1.03 以下时，也可将出气风量看作为进气流量；在除尘工程中以 m^3/h（常温常压）来表示的情况居多。为了对比流量的大小，常把工况流量换算成标准状态，即 0℃、0.1MPa 气体干燥状态；另外，还可以用质量流量 kg/s 来表示。

7.2.2.2 气体密度

气体的密度（ρ）指单位体积气体的质量，由气体状态方程确定

$$\rho = \frac{p}{RT} \tag{7-3}$$

在通风机进口标准状态情况下，其气体常数 R 为 288J/(kg · K)；ρ = 1.2kg/m^3。

7.2.2.3 通风机的压力

（1）通风机的全压 p_{tF}。气体在某一点或某截面上的总压等于该点或截面上的静压与动压之代数和，而通风机的全压则定义为通风机出口截面上的总压与进口截面上的总压之差，即

$$p_{tF} = \left(p_{sF_2} + \rho_2 \frac{v_2^2}{2}\right) - \left(p_{sF_1} + \rho_1 \frac{v_1^2}{2}\right) \tag{7-4}$$

式中 p_{sF_2}，ρ_2，v_2——通风机出口截面上的静压、密度和速度；

p_{sF_1}，ρ_1，v_1——通风机进口截面上的静压、密度和速度。

（2）通风机的动压 p_{dF}。通风机的动压定义为通风机出口截面上气体的动能所表征的压力，即

$$p_{dF} = \rho_2 \frac{v_2^2}{2} \tag{7-5}$$

（3）通风机的静压 p_{sF}。通风机的静压定义为通风机的全压减去通风机的动压，即

$$p_{sF} = p_{tF} - p_{dF} \tag{7-6}$$

或

$$p_{sF} = (p_{sF_2} - p_{sF_1}) - \rho_1 \frac{v_1^2}{2} \tag{7-7}$$

从式（7-7）看出，通风机的静压既不是通风机出口截面上的静压 p_{sF_2}，也不等于通风机出口截面与进口截面上的静压差（$p_{sF_2} - p_{sF_1}$）。

7.2.2.4 通风机的转速

通风机的转速是指叶轮每秒钟的旋转速度，单位为 r/min，常用 n 表示。

7.2.2.5 通风机的功率

（1）通风机的有效功率。通风机所输送的气体，在单位时间内从通风机中所获得的有效能量，称为通风机的有效功率。当通风机的压力用全压表示时，称为通风机的全压有效功率 P_e(kW)，则

$$P_e = \frac{p_{tF} q_v}{1000} \tag{7-8}$$

式中 q_v——通风机额定风量，m^3/s；

p_{tF}——通风机的全压，Pa。

当用通风机静压表示时，称为通风机的静压有效功率 P_{esF}(kW)，

则

$$P_{esF} = \frac{p_{sF} q_v}{1000} \tag{7-9}$$

式中 p_{sF}——风机的静压，Pa；

其他符号同前。

（2）通风机的内部功率。通风机的内部功率 P_{in}(kW)，等于有效功率 P_e 加上通风机的内部流动损失功率 ΔP_{in}，

即

$$P_{in} = P_e + \Delta P_{in} \tag{7-10}$$

（3）通风机的轴功率。通风机的轴功率 P_{sh}(kW)，等于通风机的内部功率 P_{in} 加上轴承和传动装置的机械损失功率 ΔP_{me}(kW)，即

$$P_{sh} = P_{in} + \Delta P_{me} \tag{7-11}$$

或

$$P_{sh} = P_e + \Delta P_{in} + \Delta P_{me} \tag{7-12}$$

通风机的轴承功率又称通风机的输入功率，实际上它也是原动机（如电动机）的输出功率。

7.2.2.6　通风机的效率

（1）通风机的全压内效功率 η_{in}。通风机的全压内效功率 η_{in} 等于通风机全压有效功率 P_e 与内效功率 P_{in} 的比值，即

$$\eta_{in} = \frac{P_e}{P_{in}} = \frac{p_{tF} q_v}{1000 P_{in}} \tag{7-13}$$

（2）通风机静压内效功率 $\eta_{sF \cdot in}$。通风机静压内效功率 $\eta_{sF \cdot in}$ 等于通风机静压有效功率 P_{esF} 与通风机内效功率 P_{in} 之比，即

$$\eta_{sF \cdot in} = \frac{P_{esF}}{P_{in}} = \frac{p_{sF} q_v}{1000 P_{in}} \tag{7-14}$$

通风机的全压内效率或静压内效率均表征通风机内部流动过程的好坏，是通风机气动力设计的主要标准。

（3）通风机全压效率 η_{tF}。通风机全压效率 η_{tF} 等于通风机全压有效功率 P_e 与轴承功率 P_{sh} 之比，即

$$\eta_{tF} = \frac{P_e}{P_{sh}} = \frac{p_{tF} q_v}{1000 P_{sh}} \tag{7-15}$$

或

$$\eta_{tF} = \eta_{tn} \eta_{me} \tag{7-16}$$

其中，η_{me} 称为机械效率，且

$$\eta_{me} = \frac{P_{in}}{P_{sh}} = \frac{p_{tF} q_v}{1000 \eta_{in} P_{sh}} \tag{7-17}$$

机械效率是表征通风机轴承损失和传动损失的大小，是通风机机械传动系统设计的主要指标，根据通风机的传动方式，表 7-6 列出了机械效率选用值，供设计时参考。当风机转速不变而运行于低负荷工况时，因机械损失不变，故机械效率还将降低。

表 7-6　传动方式与机械效率

传动方式	机械效率 η_{me}	传动方式	机械效率 η_{me}
电动机直联	1.0	减速器传动	0.95
联轴器直联传动	0.98	V 带传动	0.92

（4）通风机的静压效率 η_{sF}。通风机的静压效率 η_{sF} 等于通风机静压有效功率 P_{esF} 与轴功率 P_{sh} 之比，即

$$\eta_{sF} = \frac{P_{esF}}{P_{sh}} = \frac{p_{sF} q_v}{1000 P_{sh}} \tag{7-18}$$

或

$$\eta_{sF} = \eta_{sF \cdot tn} \eta_{me} \tag{7-19}$$

7.2.3　通风机特性曲线和影响因素

7.2.3.1　特性曲线

在通风系统中工作的通风机，仅用性能参数表达是不够的，因为通风机系统中的压力

损失小时，要求的通风机的风压就小，输送的气体量就大；反之，系统的压力损失大时，要求的风压就大，输送的气体量就小。为了全面评定通风机的性能，就必须了解在各种工况下通风机的全压和风量，以及功率、转速、效率与风量的关系，这些关系就形成了通风机的特性曲线。每种通风机的特性曲线都是不同的，图 7-10 为 4-72-11№5 通风机的特性曲线。由图 7-10 可知，通风机特性曲线通常包括（转速一定）全压随风量的变化、静压随风量的变化、功率随风量的变化、全效率随风量的变化、静效率随风量的变化。因此，一定的风量对应于一定的全压、静压、功率和效率，对于一定的通风机类型，将有一个经济合理的风量范围。

由于同类型通风机具有几何相似、运动相似和动力相似的特性，因此用通风机各参数的无因次量来表示（其特性是比较方便）并用来推算该类通风机任意型号的性能。

图 7-11 为通风机的无因次特性曲线。

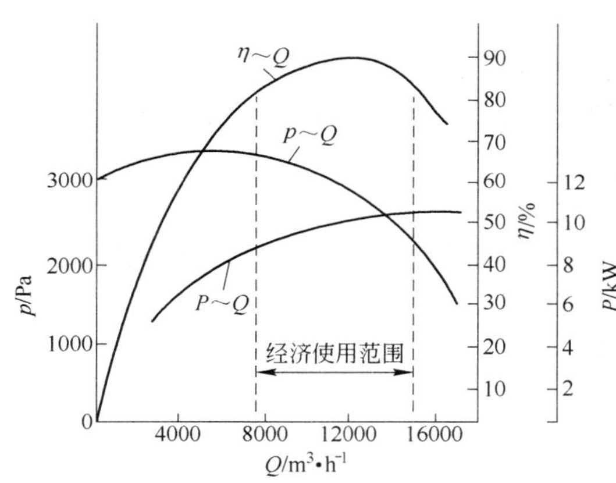

图 7-10　4-72-11№5 通风机的特性曲线

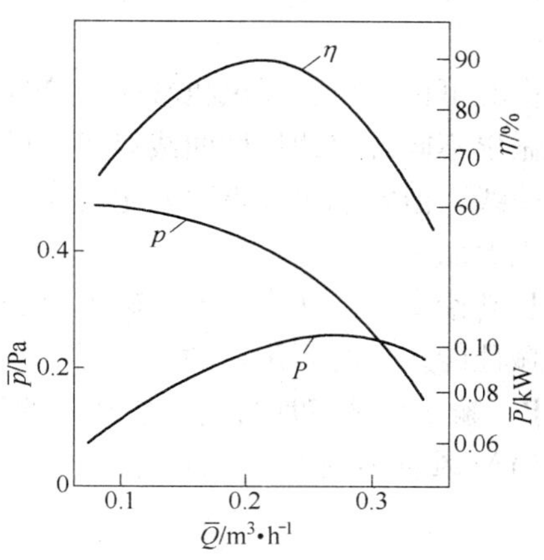

图 7-11　通风机无因次特性曲线

7.2.3.2　影响因素

通风机特性曲线是在一定的条件下提出的。当通风机转速、叶轮直径和输送气体的密度改变时，对风压、功率及风量都会影响。

A　通风机叶轮转速对性能的影响

（1）压力（全压或静压）的改变与转速改变的平方成正比

$$\frac{p_2}{p_1}=\frac{p_{j2}}{p_{j1}}=\left(\frac{n_2}{n_1}\right)^2 \tag{7-20}$$

式中　p——通风机全压，Pa；

n——通风机转速，r/min；

p_j——通风机静压，Pa。

在离心力作用下，静压是圆周速度的平方的函数，同时动压也是速度平方的函数，因此全压也随速度的平方而变化。

（2）当压力与风量 Q 的变化满足 $p=KQ^2$（K 为常数）的关系时，风量的改变与转速的改变成正比

$$\frac{p_2}{p_1} = \left(\frac{Q_2}{Q_1}\right)^2 = \left(\frac{n_2}{n_1}\right)^2, \quad 即\frac{Q_2}{Q_1} = \frac{n_2}{n_1} \tag{7-21}$$

(3) 功率 P 的改变（轴承、传动皮带上的功率损失忽略不计）与转速改变的立方成正比

$$\frac{P_2}{P_1} = \left(\frac{n_2}{n_1}\right)^3 \tag{7-22}$$

功率是风量与风压的乘积，风量与转速成正比，风压与转速平方成正比，故功率与转速的立方成正比。

(4) 通风机的效率不改变，或改变得很小

$$\eta_1 = \eta_2 \tag{7-23}$$

因为叶轮转速改变使风量、风压均改变，同时轴功率也成比例改变，因而其比值不变。

由此可以看出，通风机转速改变时，特性曲线也随之改变。因此，在特性曲线图上，需要做出不同转速的特性曲线以备选用。需要指出的是，通风机转速的改变并不影响管网特性曲线，但实际工况点要发生变化，在新转速下的特性曲线与管网特性曲线的交点即为新的工况点。

从理论上可以认为，改变转速可获得任意风量，然而转速的提高受到叶片强度以及其他机械性能条件的限制，功率消耗也急剧增加，因而不可能无限度提高。

B 输送气体密度对通风机性能的影响

(1) 风量不变

$$Q_2 = Q_1 \tag{7-24}$$

由于转速、叶轮直径等均不改变，通风机所输送的气体体积不变，但输送的气体质量随密度的改变而不同。

(2) 风压与气体的密度成正比

$$p_2 = p_1 \frac{\rho_2}{\rho_1} \tag{7-25}$$

压力可以用气体柱的高度与其密度的乘积来表示，因此风压的变化与气体密度的变化成正比。

(3) 功率与气体的密度成正比

$$P_2 = P_1 \frac{\rho_2}{\rho_1} \tag{7-26}$$

由于风量不随气体密度而变化，故功率与风压成正比，而后者与气体密度成正比。

(4) 效率不变

$$\eta_2 = \eta_1 \tag{7-27}$$

现将以上各类关系式以及当转速、叶轮直径、气体密度均改变时的关系式列于表 7-7 中，这些关系式对于通风机的选择及运行非常重要。

表 7-7 通风机 Q、p、P 及 η 与 ρ、n 的关系

项 目	计算公式	项 目	计算公式
空气密度 ρ 的换算	$Q_2 = Q_1$ $p_2 = p_1 \frac{\rho_2}{\rho_1}$ $P_2 = P_1 \frac{\rho_2}{\rho_1}$ $\eta_2 = \eta_1$	对转速 n 的换算	$Q_2 = Q_1 \frac{n_2}{n_1}$ $p_2 = p_1 \left(\frac{n_2}{n_1}\right)^2$ $P_2 = P_1 \left(\frac{n_2}{n_1}\right)^3$ $\eta_2 = \eta_1$

例 7-1 通风机在一般的除尘系统中工作，当转速为 $n_1 = 720\text{r/min}$ 时，风量为 $Q_1 = 4800\text{m}^3/\text{h}$，消耗功率 $N_1 = 3\text{kW}$。当转速改变为 $n_2 = 950\text{r/min}$ 时，风量及功率为多少？

解： 查表 7-7 可知

$$\frac{Q_2}{Q_1} = \frac{n_2}{n_1}$$

$$Q_2 = 4800 \times \frac{950}{720} = 6300\text{m}^3/\text{h}$$

$$\frac{N_2}{N_1} = \left(\frac{n_2}{n_1}\right)^3$$

$$N_2 = 3 \times \left(\frac{950}{720}\right)^3 = 7\text{kW}$$

从理论上可以认为，改变转速可获得任意风量，然而转速的提高受到叶片强度以及其他机械性能条件的限制，功率消耗也急剧增加，因而不可能无限度提高。

例 7-2 除尘系统中输送的气体温度从 100℃降为 20℃，通风机风压为 600Pa，如果流量不变，通风机压力如何变化？

解： 查资料可知气体温度降低后密度由 0.916kg/m³ 升为 1.164kg/m³。

查表 7-7 可知

$$P_2 = P_1 \frac{\rho_2}{\rho_1}$$

$$P_2 = 600 \times \frac{1.164}{0.916} = 762\text{Pa}$$

7.3 通风机的选型和应用

通风机的选型包括选型要点、常用通风机及通风机的应用条件。

7.3.1 通风机的选型要点

7.3.1.1 选型原则

（1）在选择通风机前，应了解国内通风机的生产和产品质量情况，如生产的通风机品种、规格和各种产品的特殊用途，以及生产厂商产品质量、后续服务等情况综合考察。

（2）根据通风机输送气体的性质不同，选择不同用途的通风机。如输送有爆炸和易燃气体的应选防爆通风机；输送煤粉的应选择煤粉通风机；输送有腐蚀性气体的应选择防腐通风机；在高温场合下工作或输送高温气体的应选择高温通风机等。

（3）在通风机选择性能图表上查得有两种以上的通风机可供选择时，应优先选择效率较高、机号较小、调节范围较大的一种。

（4）当通风机配用的电机功率不大于75kW时，可不装设启动用的阀门。当排送高温烟气或空气而选择离心锅炉引风机时，应设启动用的阀门，以防冷态运转时造成过载。

（5）对有消声要求的通风系统，应首先选择低噪声的风机，例如效率高、叶轮圆周速度低的通风机，且使其在最高效率点工作；还要采取相应的消声措施。如装设专门消声设备。通风机和电动机的减振措施，一般可采用减振器，如弹簧减振器或橡胶减振器等。

（6）在选择通风机时，应尽量避免采用通风机并联或串联工作。当通风机联合工作时，尽可能选择同型号同规格的通风机并联或串联工作；当采用串联时，第一级通风机到第二级通风机之间应有一定的管路联结。

（7）原有除尘系统更换用新风机应考虑充分利用原有设备、适合现场安装及安全运行等问题。根据原有通风机历年来的运行情况和存在问题，最后确定通风机的设计参数，以避免采用新型通风机时所选用的流量、压力不能满足实际运行的需要。

（8）通风机在非标准状态时性能参数换算见表7-8。

表7-8　通风机性能换算

改变密度（ρ）、转速（n）	改变转速（n）、大气压（B）、气体温度（t）
$\frac{Q_1}{Q_2}=\frac{n_1}{n_2}$ $\frac{p_1}{p_2}=\left(\frac{n_1}{n_2}\right)^2\frac{\rho_1}{\rho_2}$ $\frac{N_1}{N_2}=\left(\frac{n_1}{n_2}\right)^3\frac{\rho_1}{\rho_2}$ $\eta_1=\eta_2$	$\frac{Q_1}{Q_2}=\frac{n_1}{n_2}$ $\frac{p_1}{p_2}=\left(\frac{n_1}{n_2}\right)^2\left(\frac{B_1}{B_2}\right)\left(\frac{273+t_2}{273+t_1}\right)$ $\frac{N_1}{N_2}=\left(\frac{n_1}{n_2}\right)^3\left(\frac{B_1}{B_2}\right)\left(\frac{273+t_2}{273+t_1}\right)$ $\eta_1=\eta_2$

注：Q为风量；p为全压；N为轴功率；η为效率；ρ为密度；n为转速；B为大气压力；t为温度。

（9）选择通风机必须考虑当地气压和介质温度对风机特性的修正。

7.3.1.2　通风机的选型计算

（1）风量（Q_f）

$$Q_f = k_1 k_2 Q \tag{7-28}$$

式中　Q——系统设计总风量，m^3/h；

k_1——管网漏风附加系数，可按 10% ~15% 取值；

k_2——设备漏风附加系数，可按有关设备样本选取，或取 5% ~10%。

（2）全压（p_f）

$$p_f = (pa_1 + p_s)a_2 \tag{7-29}$$

式中 p——管网的总压力损失，Pa；

p_s——设备的压力损失，Pa，可按有关设备样本选取；

a_1——管网的压力损失附加系数，可按 15% ~20% 取值；

a_2——通风机全压负差系数，一般可取 $a_2 = 1.05$（国内通风机行业规定）。

（3）电动机功率（N）

$$N = \frac{Q_f P_f K}{1000\eta\eta_{ST}3600} \tag{7-30}$$

式中 K——容量安全系数，按表 7-2 选取；

η——通风机的效率（按有关风机样本选取），%；

η_{ST}——通风机的传动效率，%。

例 7-3 皮带转运点除尘系统风量 14000m³/h，管道总压力损失 1010Pa 的管网计算结果，选择该系配用通风机。

解：（1）通风机风量计算。统设计风量为 $Q = 14000\text{m}^3/\text{h}$，取管网漏风附加率为 15%，即 $K_1 = 1.15$；除尘设备选用脉冲袋式除尘器，设备漏风率按 5% 考虑，即 $K_2 = 1.05$；由此，通风机的风量计算值为

$$Q_f = K_1K_2Q = 1.15 \times 1.05 \times 14000 = 16905(\text{m}^3/\text{h})$$

（2）通风机风压计算。管网计算总压损为 $p = 1010\text{Pa}$，取管网压损附加率为 15%，即 $a_1 = 1.15$；除尘器设备阻力取 $P_s = 1200\text{Pa}$；通风机全压负差系数取 $a_2 = 1.05$；由此，通风机的全压计算值为

$$p_f = (pa_1 + P_s)a_2 = (1010 \times 1.15 + 1200) \times 1.05 = 2480(\text{Pa})$$

（3）通风机选型。根据上述通风机的计算风量和风压，查表选得 4-72№8D 离心式通风机 1 台，通风机的铭牌参数为风量 17920 ~ 31000m³/h，风压 2795 ~ 1814Pa，转速 1600r/min，配用电机 Y180M-2，功率 22kW。

7.3.2 除尘常用通风机

除尘工程用的通风机有两个明显特点：一是通风机的全压相对较高，以适应除尘系统阻力损失的需要；二是输送气体中允许有一定的粉尘含量。因此选用除尘风机时要特别注意气体密度变化引起的风量和风压的变化。气体密度变化的因素有：（1）气体温度变化；（2）气体含尘浓度变化；（3）风机在高原地区使用；（4）除尘器装在风机负压端，且阻力偏高。除尘常用通风机的性能见表 7-9。

表 7-9　除尘常用通风机性能

通风机类型	型　号	全压/Pa	风量/$m \cdot h^{-1}$	功率/kW	备　注
普通中压通风机	4-47	606 ~ 2300	1310 ~ 48800	1.1 ~ 37	输送小于80℃且不自燃气体，常用于中小型除尘系统
	4-79	176 ~ 2695	990 ~ 406000	1.1 ~ 250	
	6-30	1785 ~ 4355	2240 ~ 17300	4 ~ 37	
	4-68	148 ~ 2655	565 ~ 189000	1.1 ~ 250	
锅炉通风机	G、Y4-68	823 ~ 6673	15000 ~ 153800	11 ~ 250	用于锅炉，也常用于大中型除尘系统
	G、Y4-73	775 ~ 6541	16150 ~ 810000	11 ~ 1600	
	G、Y2-10	1490 ~ 3235	2200 ~ 58330	3 ~ 55	
	Y8-39	2136 ~ 5762	2500 ~ 26000	3 ~ 37	
排尘通风机	C6-48	352 ~ 1323	1110 ~ 37240	0.76 ~ 37	主要用于含尘浓度较高的除尘系统
	BF4-72	225 ~ 3292	1240 ~ 65230	1.1 ~ 18.5	
	C4-73	294 ~ 3922	2640 ~ 11100	1.1 ~ 22	
	M9-26	8064 ~ 11968	33910 ~ 101330	158 ~ 779	
	C4-68	410 ~ 1934	2221 ~ 36417	1.5 ~ 30	
高压通风机	9-19	3048 ~ 9222	824 ~ 41910	2.2 ~ 410	用于压损较大的除尘系统
	9-26	3822 ~ 15690	1200 ~ 123000	5.5 ~ 850	
	9-15	16328 ~ 20594	12700 ~ 54700	300	
	9-28	3352 ~ 17594	2198 ~ 104736	4 ~ 1120	
	M7-29	4511 ~ 11869	1250 ~ 140820	45 ~ 800	
高温通风机	W8-18	2747 ~ 7524	2560 ~ 20600	22 ~ 55	用于温度超过200℃的除尘系统
	W4-73	589 ~ 1403	10200 ~ 61600	22 ~ 55	
	FW9-27	1790 ~ 4960	19150 ~ 24000	37 ~ 75	
	W6-29、W6-39	2000 ~ 8330	22000 ~ 48000	30 ~ 1600	

注：1. 除表列常用通风机外，许多通风机厂家还生产多种型号通风机，据统计国产通风机型号约400多种，其中多数可用除尘系统。此外对大中型除尘系统还可委托通风机厂家设计适合除尘用的非标准通风机。

2. 通风机出厂的合格品性能是在给定流量下全压值不超过±5%。

3. 性能表中提供的参数，一般无说明的均系按气体温度 $t=20℃$、大气压力 $p_a=101.3kPa$、气体密度 $\rho=1.2kg/m^3$ 的空气介质计算的。引风机性能按烟气的温度 $t=200℃$，大气压力 $p_a=101.3kPa$、气体密度 $\rho=0.745kg/m^3$ 的空气介质计算。

7.3.3　通风机应用注意事项

通风机应用时应注意：

（1）为减少通风机产生的振动和噪声，在条件允许时，可在通风机进出口与通风管道连接处用软管连接。软管接头一般可用帆布制作。

（2）当通风机出口小于通风管时，要加设扩大管。因为通风机出口风速不均匀，出口的外侧风速很大，内侧风速很小（图7-12）。所以扩大管的一侧必须与通风机外壳保

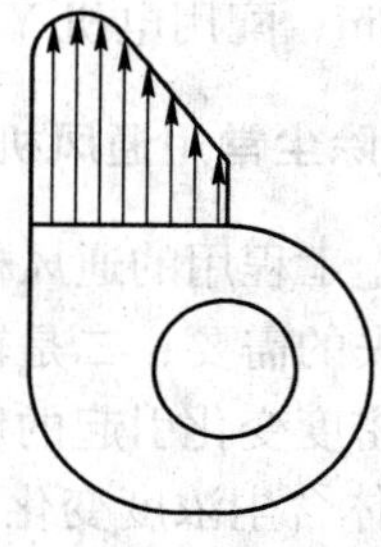

图 7-12　通风机出口速度分布

持垂直或呈小于10°的顺气流方向扩大，两边延长线相交形成的夹角小于35°。扩大管长度为扩大口与出风口宽度差的两倍。通风机进风口扩大管的要求与此相同。图7-13所示为离心式通风机进出风口的六种不同连接方法和形式。图7-13中 *a*、*b*、*c* 为正确连接方法。图7-13中 *d*、*e*、*f* 为不正确连接方法。

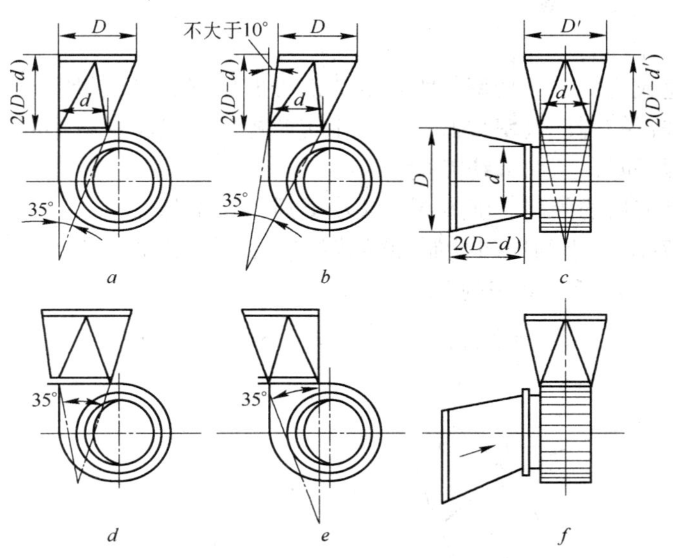

图7-13　离心式通风机进出口的不同连接方法和形式

（3）离心式通风机出口接弯管时，其转弯方向应与气流旋转方向一致，曲率半径应符合技术规定，以减少弯管阻力损失。

（4）通风机与电动机间采用皮带轮传动时，电动机轴必须与通风机轴保持平行，皮带轮的回转方向必须合理，如图7-14所示。

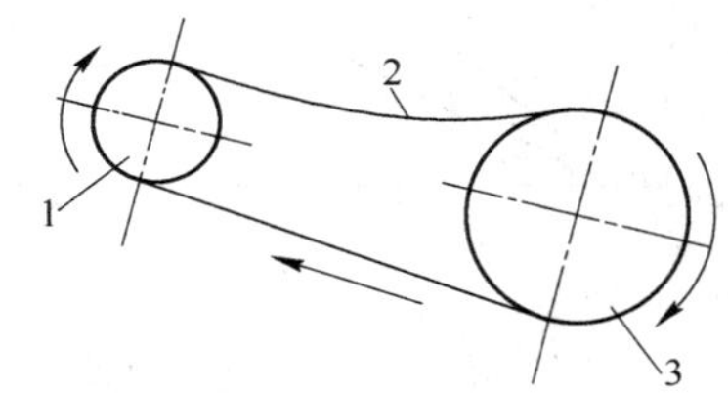

图7-14　皮带传动

1—电机皮带；2—皮带；3—风机皮带轮

（5）在湿式除尘器系统中，通风机机壳最低点应设排水装置。需要连接排水时，宜设排水水封，水封高度应保证水不致被吸空；不需要连续排水时，可设带堵头的直排水管，需要时打开堵头排水。

（6）露天布置通风机时，对露天摆放的电动装置都应考虑防雨措施。不设防雨措施时必须选用能防雨的电动机。

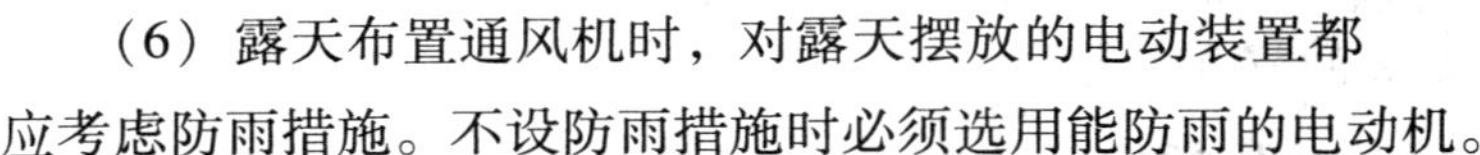

7.3.4　通风机调速与节能

通风机调速有两个目的，一是为了节约能源，避免除尘系统用电过多；二是为了控制风量，避免除尘系统吸风口抽吸有用物料。除尘系统调节风量的方法有通风机进出口阀调节和通风机变速运转，其中增加调速装置使通风机变速工作是主要的。

7.3.4.1　调速节能原理

通风机的压力 p、流量 Q 和功率 P 与转速 n 存在以下关系

$$\frac{Q_2}{Q_1}=\frac{n_2}{n_1},\ \frac{p_2}{p_1}=\left(\frac{n_2}{n_1}\right)^2,\ \frac{P_2}{P_1}=\left(\frac{n_2}{n_1}\right)^3 \tag{7-31}$$

式中 Q_1，Q_2——流量，m^3/s；

n_1，n_2——转速，r/min；

P_1，P_2——功率，kW；

p_1，p_2——全压，Pa。

即流量与转速成比例，而功率与流量的 3 次方成比例。当流量需要改变时，用改变风门或阀门的开度进行控制，效率很低。若采用转速控制，当流量减小时，所需功率近似按流量的 3 次方大幅下降，从而节约能量。

当调节通风机前后的阀门，随着阀门关小通风机流量降低。

图 7-15 和图 7-16 分别为风门控制和转速控制流量变化的特性曲线。由图 7-15 可知，当流量降到 80% 时，功耗为原来的 96%，即

$$P_B=p_BQ_B=1.2p_A\times0.8Q_A=0.96P_A$$

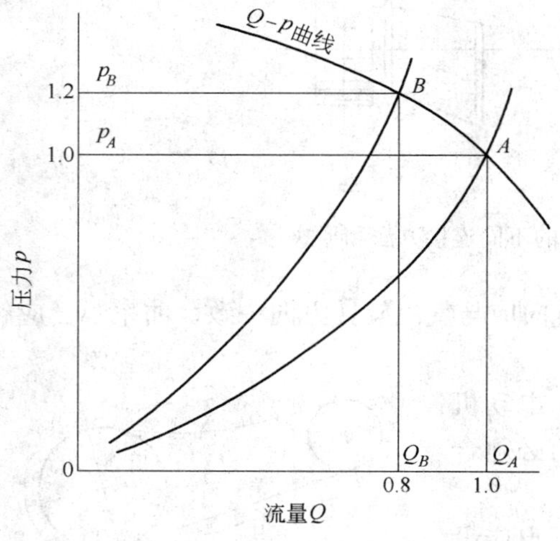

图 7-15 通风机流量的风门控制

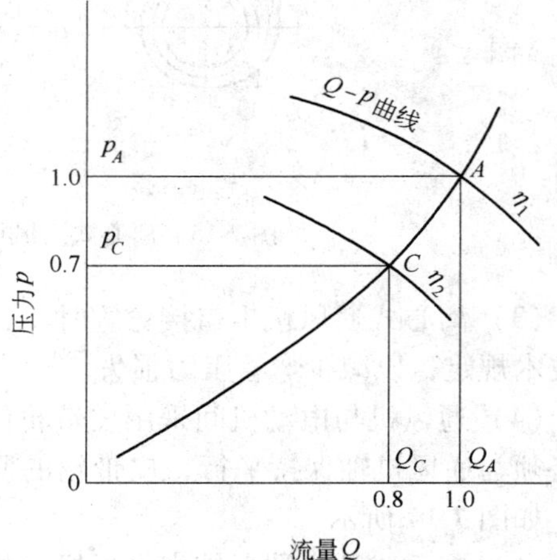

图 7-16 通风机流量的转速控制（$\eta_1>\eta_2$）

由图 7-16 可知，当流量下降到 80% 时，功率为原来的 56%（即降低了 44%）即

$$P_A=p_CQ_C=0.7p_A\times0.8Q_A=0.56P_A$$

由此可知，调速比调风门增大的节电率为

$$\frac{0.96P_A-0.56P_A}{0.96P_A}\times100\%=41\%$$

可见流量的转速控制比阀门控制节能效果显著。

7.3.4.2 节能方式比较

除电机本身功率的损耗外，无论是哪一种调速节能都存在额外的功率损耗，它们的效率都不可能为 1。图 7-17 给出了挡板调节、变频器调速、液力偶合器调速、内反馈串级等调速的效率示意曲线，图中可见变频器调速的节能效果最好。各种调速形式的节能分析比较见表 7-10。在选用调速方式时，可参考上述图表确定。

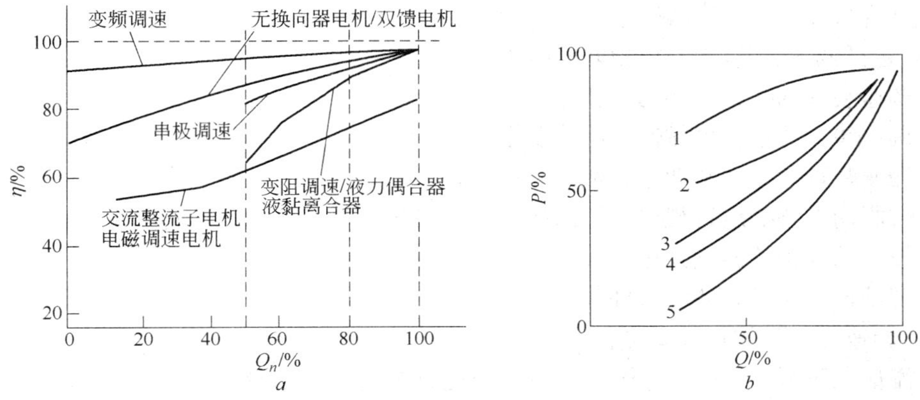

图 7-17　各种调速的效率、功耗曲线对比

a—效率曲线对比；b—功耗曲线对比

1—出口采用风门挡板调节；2—进口采用风门挡板调节；3—进口采用轴向导流器（用于离心式），进口采用静叶调节器（用于轴流式）；4—晶闸管串激调速、电磁离合器调速、电动机变极调速、偶合器调速；5—变频调速

表 7-10　各种调速形式的分析比较

调速方式 比较项目	定子调压调速	变频调速	电磁离合器调速	液力偶合器调速	变极调速	串级调速(绕线型电动机)	转子串电阻调速(绕线型电动机)
调速范围	80% ~100%	5% ~100%	10% ~100%	50% ~100%	4/6,6/8…	65% ~100%	65% ~100%
调速精度/%	±2	±0.5	±2	±1	—	±1	±2
优　点	(1)结构简单 (2)可无级调速 (3)可“软启动” (4)快速性好	(1)调速范围大 (2)容易在现有设备改制 (3)可以群控,再生制动容易	(1)结构简单 (2)可无级调速	(1)结构简单 (2)可无级调速	结构简单	(1)可无级调速 (2)在调速范围内效率高	(1)可靠性高 (2)投资少 (3)维护简单 (4)功率因数高
缺　点	随转速下调,η、cosφ下降	全范围调速,逆变器容量大,低速区cosφ下降	(1)适于小型电动机 (2)效率随转速下调而降低	转速下调,效率随之降低	(1)不能无级调速 (2)不能频繁变速	若调速范围大,则变换器容量大,价高	转速下调,效率随之降低
推荐的容量和电压	小容量低压	大中小容量低压	小容量低压	大、中容量高、低压	中、小容量高、低压	大、中容量高、低压	15kW 及以上
节电效果	良	优	良	良	优	优	良
注意事项	要测速设备	转矩脉动,轴振动和超速时的机械强度	要改变基础尺寸,要测速设备			要改变电刷和集电环,要测速设备	连续调速需要水电阻调节装置
适用范围	起重机、风机、泵等	辊道、泵、除尘风机、纺织机械等	泵、风机、挤压机、印染、造纸、塑料、电线电缆、卷绕机械等	大惯量机械、大中型风机	机床、矿山、冶金、泵、纺织、电梯、风机等	泵、风机等	泵、风机等

7.3.4.3　调速方法的选择

（1）选择调速装置时应注意以下事项：

1）调速装置的初投资和运行费用。

2）调速装置的运行可靠性、维修要求。

3）调速装置的效率和功率因数，节电效果。

4）被驱动设备的运行规律，如风机、水泵流量的变化范围和不同流量的运行时间。

5）被驱动设备的容量大小。

6）现场技术力量和环境条件等。

（2）调速方式具体选择要点：

1）流量在90%～100%变化时，各种调速方式与入口节流方式的节能效果相近，因此无需调速运行。

2）当流量在80%～100%变化时，应采用串级或变频高效调速方式，而不宜采用调压、调阻、电磁滑差离合器等改变转差率的低效调速方式。

3）当流量在50%～100%变化时，各种调速方式均适用。变极调速时，流量只能阶梯状变化（75%/100%；67%/100%）。

4）当流量在小于50%变化时，以采用变频调速、串级调速最合适。

7.4　通风机运行管理

通风机的构造并不复杂，但是其运行管理要比除尘器难度更大，特别是大中型通风机，管理维护并不容易，因此要十分重视。

7.4.1　通风机运行

7.4.1.1　试运行前的检查

（1）重点检查各部安装的正确性及连接部分是否牢固。

（2）检查轴承部分的润滑油量是否适宜（轴承的2/3为宜）。

（3）检查所有监测指示，控制和自动仪表是否安装合格、灵敏。

（4）检查试验、调整电气设备，保证启动和自动保护灵活好用。

（5）用手慢慢盘动叶轮，检查是否有摩擦，如有摩擦应进行调整、修正。

（6）检查各通风管道及机体内部是否有遗留杂物。

（7）检查防护罩是否装好。

（8）检查进出风口调节门是否灵活。

7.4.1.2　试运行的操作

（1）试运转的开车和停车操作可按产品说明书或有关技术文件的规定进行。开车后应先在无载荷（关闭进风口阀门）情况下运转，如情况良好，即可进行满载荷（正常工况）试运转，如情况良好，可交付正式使用。

（2）离心式通风机的试运转通常可按下述方法进行：

1）将进风调节门关闭，出风调节门稍开。

2）按照规定接通电源。

3）检查电动机的转向是否与通风机转向相符。离心式通风机的叶轮倒转时也会产生离心力出风。但风量只及正转的1/5左右。若发现倒转，可把三相电动机的任何两相接头对调一下即可。

4）应随时检查电动机的负荷，以免过载。如发现过载应调节进出风管调节门，调至额定负荷，以免造成事故。

5）检查轴承温度、上油或回油是否正常，温升一般不高于环境空气温度40℃。

6）检查通风机在运转中振动及是否有不正常声音，如有金属摩擦声音应立即停车检查。

7）通风机初期运行24h后停车检查各部，如有异常应排除，无异样即正式运转。连续运转时间，无载荷时不宜多于10min；满载荷时不宜少于1h（对于新安装的风机不宜少于4～8h）。

7.4.1.3 验收

（1）检修质量符合规定要求，检修记录齐全准确，整洁。

（2）机组经试运转后达到：

1）各主要操作指标达到名牌要求，或能满足生产工艺要求。

2）各部振动振幅不高于产品说明书的要求，轴承振动的振幅一般应符合表7-11的规定。

3）轴承温度应符合表7-12的规定。

4）转子的串动量不应超过表7-13的规定值。

5）压力给油润滑系统中压力管上的表压应保持在0.05～0.07MPa的范围内。

表7-11 轴承振动振幅

转子的转数/r·min^{-1}	≤500	>500～750	>750～1000	>1000～1500	>1500～3000
正常振幅/mm	≤0.20	≤0.14	≤0.10	≤0.08	≤0.05

表7-12 轴承温度及油温 （℃）

轴承及润滑的类别	轴承温度		入口油温	出口油温
	正　常	允　许		
滑动轴承压力给油润滑	≤60	≤70	35～45	55～65
滚动轴承油脂润滑	≤70	≤80	—	—

表7-13 转子轴向串动量规定值

转　数	轴颈直径/mm		
	>50～80	>80～120	>120～180
	间隙/mm		
>1000～3000r/min	0.18～0.25	0.22～0.30	0.25～0.35

当油压降低到小于0.03MPa时，应停车检修，使之达到规定范围。

6）油冷却器的水压最好低于油压值，或符合产品说明书的规定。水管出口水温不应大于25～30℃，出口和进口水温差不大于5℃。

7）各仪表指示准确，灵敏。

8）油、水、风各管路无泄漏，全部阀门灵活，好用。对于大修后的叶轮或更换的新叶轮如有必要时应进行气体性能试验。性能试验方法和性能允差应符合有关标准的规定。

7.4.1.4 通风机运行

（1）启动前的准备工作：

1）检查通风机各部螺栓是否紧固，机内有无杂物；检查各部的间隙尺寸，转动部分与固定部分有无碰撞及摩擦现象。

2）进出风管调节门是否恢复要求位置（即进风调节门全闭，出风调节门稍开）。

3）加够轴承部分的润滑油（脂）。

（2）启动后的性能调整：

1）风机启动后，当达到正常转速时，渐渐把进风调节门全开，把出风门调节到需要的程度。

2）运转过程中，经常检查轴承温度是否正常，轴承温升不得高于40℃（指高于环境空气温度）；如发现通风机有剧烈振动、撞击、轴承温度迅速上升等反常现象时，必须紧急停车，进行检查。

3）调节风量时要注意电动机的负荷。

运转中遇有下列情况之一时须立即停车：

（1）通风机电动机有突然的强烈振动或机壳内部有碰撞和摩擦。

（2）强制润滑时，润滑油压下降至0.03MPa，虽启动电动油泵，但仍无法回复至正常工作压力。

（3）各轴承温度超过65℃，采取各种措施无效。

（4）油箱油位F降低至最低油位线，虽然继续添加润滑油，但仍未能制止。

（5）轴承式密封处出现烟状。

（6）电流中断或电动机超负荷。

7.4.2 通风机维护管理

对通风机的维护，除需要遵守维护设备的一般规则外，尚需注意下列事项：

（1）通风机输送的气体中含有硬质细颗粒物以不超过150mg/m^{3}为限。输送的气体中如含有过量的腐蚀性和黏性杂质时，应在进入通风机前进行过滤或净化处理，并定期清洗过滤净化装置，输送介质温度不超过规定值。当通风机用于正压除尘系统要考虑通风机耐磨措施。

（2）应按规定的开车、运转和停车的操作规程进行操作。

（3）定期清除通风机内部的灰尘、污垢及水等杂物，防止锈蚀。

（4）对于未启用的备用通风机，或停车时间过长的通风机，均应定期将转子旋转120°~180°，以免主轴弯曲，开车前应校验各部位的间隙。各部位间隙参见表7-14。

（5）经常监听通风机机体内部声响，检查振动情况。离心式通风机轴承允许振幅见表7-11。如振幅超过表列数值的50%，但不超过100%，且未发生危险时，须采取下列措施：1）稍关小通风机进风阀门；2）若设有变速装置时，可暂时降低转数不少于5min后，再恢复到原来的转速；3）如采用上述方法或其他方法均无效时，应停机检查修理。如突然发生剧烈振动并继续增大且超过允许振幅值的100%时，应立即停机检修。

表 7-14 离心式通风机各部位间隙

部 位	径向尺寸/mm	单边间隙/mm
油 封	≤100 >100 ~ 180 >180	0.15 ~ 0.25 0.20 ~ 0.30 0.25 ~ 0.35
端部密封（迷宫式）	≤120 >120 ~ 200 >200	0.20 ~ 0.30 0.25 ~ 0.35 0.30 ~ 0.40
中间轴与轴后密封	≤150 >150 ~ 300 >300	0.25 ~ 0.35 0.30 ~ 0.40 0.35 ~ 0.50
叶轮进口侧封	≤200 >200 ~ 320 >320 ~ 500 >500 ~ 800	0.20 ~ 0.30 0.25 ~ 0.35 0.35 ~ 0.45 0.35 ~ 0.55
平衡盘侧封	≤180 >180 ~ 320 >320 ~ 500 >500	0.20 ~ 0.30 0.25 ~ 0.35 0.30 ~ 0.45 0.35 ~ 0.55

（6）经常检查轴承温升或轴承出口油温。若轴承过热、温升超过表 7-12 规定值并且很快上升时，应立即停车检查。如温升超过规定值，但不大于 2 ~ 3℃并且稳定时，可采取下列措施：1）加强润滑，将轴略为放松；2）在润滑中加入少量石墨或滑石粉；3）如采用上述方法或其他方法均无效时，应停车检查。

应注意，在任何情况下，在轴承过热时均不许采用以冰或冷水来冷却轴承，以免轴衬弯曲。

（7）经常检查压力给油润滑系统的油压，一般应保持在 0.05 ~ 0.07MPa 范围之内，油压低至 0.3MPa 时应自动（手动）启动辅助油泵。

（8）经常注意检查轴承内部润滑情况，除每次拆修更换润滑脂外，正常情况下可根据实际情况更换润滑油脂。通风机所用润滑油脂牌号如在产品说明书中未予规定时，可参照表 7-15 选用。

表 7-15 通风机用润滑油脂

牌 号	应 用 说 明	牌 号	应 用 说 明
机械油 20	用于转速 $n = 1500 \sim 3000$r/min 的滑动轴承	钙钠基润滑脂	用于普通温度的滚动轴承
机械油 30	用于转速 $n < 1500$r/min 的滑动轴承	齿轮油	用于齿轮的润滑

（9）在通风机开车、停车及运转过程中，如发现不正常现象时应进行检查，小故障应及时查明原因、设法消除；大故障应立即检查修理。通风机一般检修流程如图 7-18 所示。

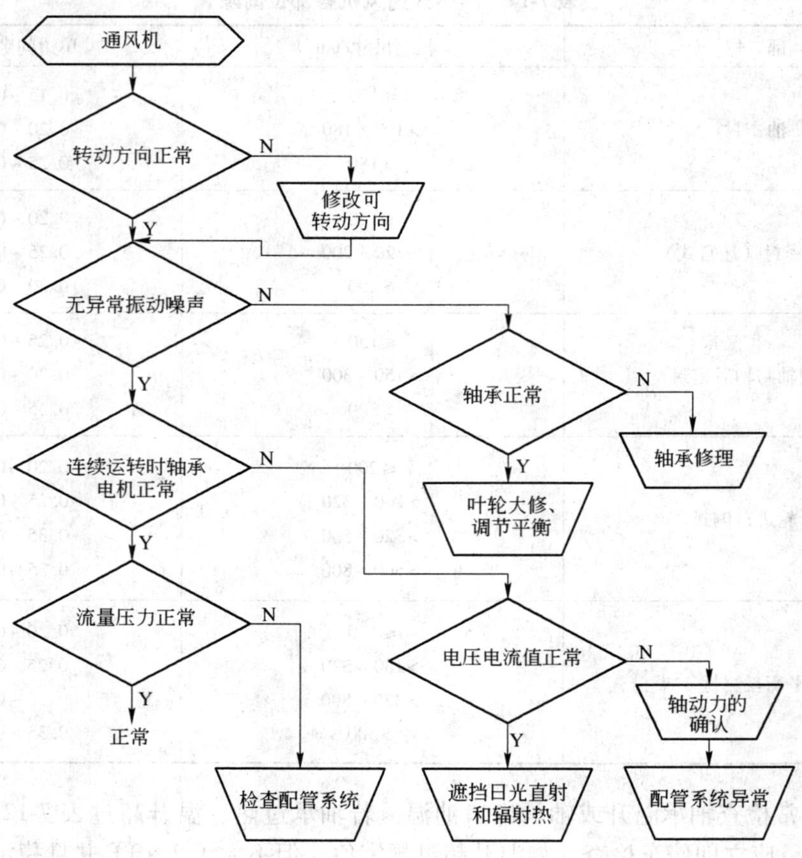

图 7-18 通风机检修流程

7.4.3 常见故障与排除

离心式通风机常见故障可分为性能故障、机械故障、机械振动、润滑系统故障及轴承故障等几个方面。

离心式通风机的性能故障、产生原因及其排除方法见表 7-16；机械故障、产生原因及其排除方法见表 7-17；转子的技术要求见表 7-18。

表 7-16 性能故障、产生原因及其排除方法

序号	故障现象	产 生 原 因	排 除 方 法
1	压力过高、排出流量小	（1）气体成分改变，气体温度过低，或气体含尘增加，使气体密度增大 （2）出风管道及阀门被尘土、烟灰及杂物堵塞 （3）进风管道、阀门或网罩被尘土、烟尘杂物堵塞 （4）出风管道破裂或其管法兰不严密 （5）密封圈磨损过大，叶轮的叶片磨损	（1）测定气体密度，消除气体密度增大因素 （2）开大出风阀门或检查清扫 （3）开大进风阀门或检查清扫 （4）焊接修复裂口，或更换管法兰垫片 （5）更换密封圈，叶片或叶轮

续表 7-16

序号	故障现象	产生原因	排除方法
2	压力过低，排出流量增大	(1) 气体成分改变，气体温度过高，或气体所含固体杂质减少，使气体密度减小 (2) 进风管道破裂或其管法兰不严密	(1) 测定气体密度，消除气体密度减小因素 (2) 焊接修复裂口，或更换管法兰垫片
3	通风系统调节失灵	(1) 压力表失灵，阀门失灵或卡住，以致不能根据需要调节流量和压力 (2) 需要流量减小，管道堵塞，流量急剧减小，或等于零，使风机在不稳定区（飞动区）工作，产生逆流反击风机转子的现象	(1) 修理或更换压力表，修复阀门 (2) 如系需要流量减小，应打开旁路阀门，或降低转数，如系管道堵塞应进行清扫

表 7-17 机械故障、产生原因及其排除方法

序号	故障现象	产生原因	排除方法
1	叶轮损失或变化	(1) 叶片表面或铆钉头腐蚀或磨损 (2) 铆钉和叶片松动 (3) 叶轮变形歪斜过大，使叶轮径向跳动或端面跳动过大（超过转子技术要求）	(1) 如系个别损坏，应更换个别零件，如损坏过半，应更换叶轮 (2) 紧固处理，若仍无效，需更换铆钉 (3) 卸下叶轮后矫正处理
2	机壳过热	在阀门关闭情况下，运转时间过长	停车待冷却后按操作规程重新开车
3	密封圈磨损或损坏	(1) 密封圈与轴套不同心在正常运转中磨损 (2) 机壳变形，使密封圈一侧磨损 (3) 转子振动过大，其径向振幅之半大于密封径向间隙 (4) 密封齿内进入硬质杂物，如金属屑、焊渣等 (5) 推动轴衬溶化，使密封圈与密封齿接触而磨损	先消除外部影响因素，然后更换密封圈，重新调整和找正密封圈的位置
4	电动机电源过大，或温升过高	(1) 开车时进、出风管阀门未关 (2) 电动机输入电压低或电源单相断电 (3) 轴承箱振动剧烈影响 (4) 主轴转速超过额定值	(1) 按操作规程启动 (2) 检查电源并修复 (3) 消除剧烈振动 (4) 降低主轴转数
5	风机振动	见表 7-19	
6	噪声大	(1) 无隔声设施 (2) 管道、调节阀松动 (3) 通风机制造不良	(1) 加设隔声设备 (2) 紧固安装 (3) 检修通风机

表 7-18　转子的技术要求

部　位	误差名称	符　号	允差不大于/mm	
			离心式鼓风机	离心式通风机
叶轮外缘 联轴器外缘 主轴的轴承轴径	径向跳动	a_2 a_1 a_3	0.2 0.02 0.01	$0.07\sqrt{D}$ 0.05 0.01
叶轮外缘两侧 联轴器外缘端面 推力盘的推力面	端面跳动	b_2 b_1 b_3	0.5 0.01 0.01	$0.1\sqrt{D}$ 0.05 —

注：1. 表中 D 为叶轮外径（mm）。

2. 滚动轴承、联轴器及皮带轮等与轴的装配见《机械设备安装工程施工及验收规范》。

3. 各部位的误差符号见图 7-19 和图 7-20。

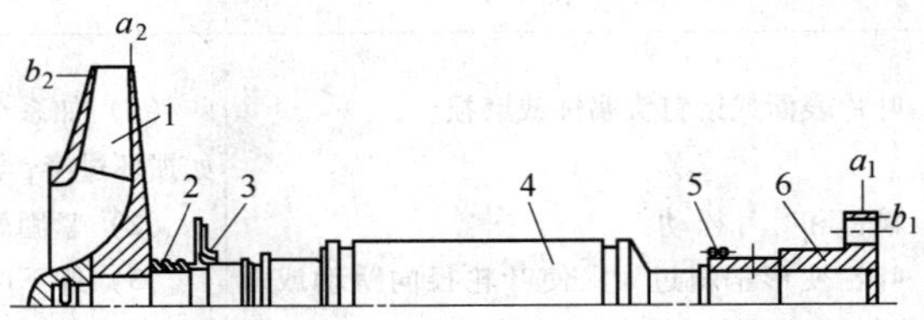

图 7-19　离心式通风机悬臂式转子误差部位示意图

1—叶轮；2—密封套；3—排气轮；4—主轴；5—主油泵减速齿轮；6—联轴器

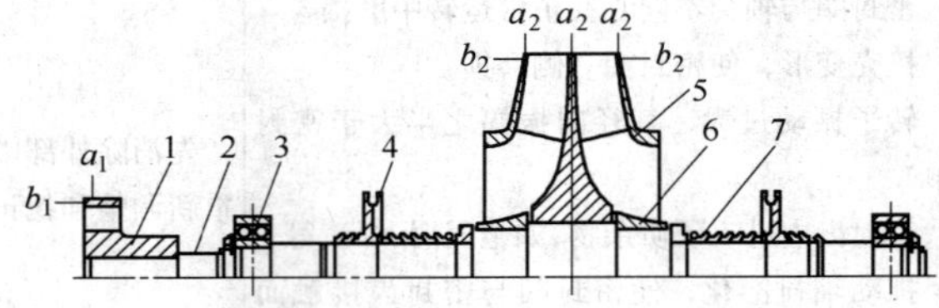

图 7-20　离心式通风机双支承转子误差部位示意图

1—联轴器；2—主轴；3—滚动轴承；4—平衡盘；5—叶轮；6—轴承；7—密封套

7.4.4　振动诊断技术与振动消除

7.4.4.1　设备振动诊断技术

设备诊断技术就是监测设备的状态并能预测其未来的技术，即在设备运行中或基本不拆卸设备的情况下，能掌握设备的运行现状，判定有无初期故障，一旦出现故障，还能判定故障部位、原因和程度，这样就能避免发生突发性故障。将事后维修和定期维修改为按设备状态维修，这样就能大大提高企业的经济效益。

A　振动诊断原理

机械内部产生异常时，一般情况下都会出现振动增大、振动性质改变等现象。因此，利用振动测定和分析手段，可以在不停机情况下，了解设备异常部位、异常程度以及异常原因。正因为这个缘故，振动测定和分析可在设备诊断中应用。

人们很早以来，就知道凭“耳听”、“手摸”等五官感觉来获得设备的特征，其实凭“手感”、“耳感”、“温感”等得到的信息，从广义上讲都是振动信息，只不过是宽频带域内的振动信息。一般来讲手能感觉到的振动信号频率在1kHz以下，1～10kHz的振动信号可以凭耳朵听到声音，而10kHz以上的振动信号主要是凭温度感觉，但是凭五官感觉不能定量地获得振动信号，而且因人而异，无法比较，又不能记录。因此在大多数情况下，要利用测振仪表测振动，用分析仪作各种分析，才能从振动信息中判断机械设备发生了什么故障，严重程度如何等。

B　振动诊断方法

一台正常设备在运转时，由于各运动副的相互作用，也会产生一定的振动，但这种振动比较小，而且平稳。当某个部件出现异常时，振动就带有了这个异常部件的特征信号，下面介绍几种机械故障出现时所表现的振动特征。

a　转子不平衡诊断

所谓转子不平衡是转子的重心不在其几何中心轴线上。这样轴旋转时就受到一定的离心力，由于离心力的作用，转子除了自转以外，还会以一定的偏心距为半径做公转摆动，这就是转子的不平衡现象。造成不平衡的原因是：

（1）制造上几何尺寸不够精确或质量分布不均匀。

（2）运输或存放时引起轴弯曲、变形等。

（3）使用过程中的磨耗、腐蚀或损坏等。

质量不平衡引起的振动原理如图7-21所示。

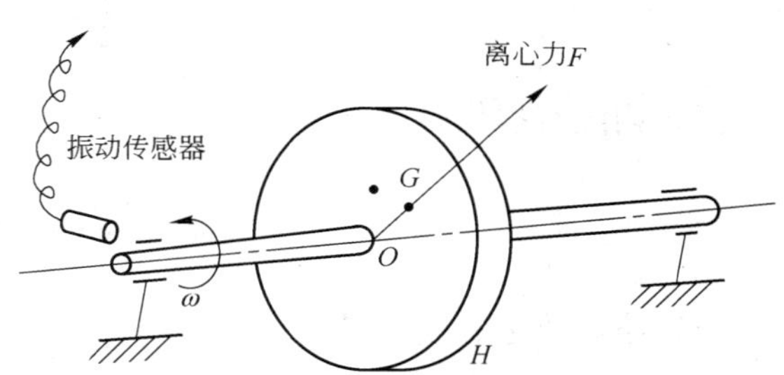

图7-21　圆盘引起的不平衡

图7-21中圆盘质量为M，圆盘重心G离开圆盘几何中心O的距离为e，假设圆盘以角速度ω旋转，这时产生的离心力F为

$$F = M\omega^2 e$$

离心力F作用在转子上的位置是一定的，由于轴旋转，离心力就成了旋转矢量，这个离心力传递到轴承，通过轴承传递到轴承座，引起轴承座振动。如果在轴承座的一定位置安装一振动传感器，如图7-21那样，由于旋转着的离心力作用，转子每旋转一周，就有一振动峰值传到传感器上，很明显离心力方向与轴垂直，因此它引起的振动也与轴垂直，也就是说不平衡引起的振动是径向振动。另外像图7-21那样的圆盘状转子，离心力作用对两边轴承座来说是同方向的。因此，对圆盘状转子来说，可以总结出不平衡引起的振动特征如下：

（1）振动频率：与转子的转速一致。

(2) 振动方向：径向。

(3) 振动相位：两轴承座同相位。

b　轴承故障诊断

轴承是各类机器设备不可缺少的部件，也是机器损坏的常见部位。尤其是滚动轴承，由于制造上和使用上的原因，在运行过程中经常因产生故障而迫使停机。以往人们都采用定期更换的维修方式，即每隔一定时间，将一批轴承都换上新的。这样做有两个缺点：一是很多轴承本来还是好的，也被定期更换，造成很大浪费；二是有的轴承不到规定使用期限就已损坏，引起设备事故。因此预测滚动轴承的异常，以确定在最恰当的时间更换没有剩余寿命的轴承，对于大幅度降低维修费用，提高企业的经济效益，具有非常重要的意义。

轴承损坏与振动现象有着很好的联系。因此可以通过测试和分析滚动信号来判断轴承是否正常。

轴承产生的振动是高频振动，高频成分同轴承内圈、外圈和滚动体的固有频率有关。当轴承磨损或润滑油减少，润滑油脏时，高频振动振幅便明显增大。当轴承有缺陷损伤时，高频振动便受到与缺陷损伤有关的低频振动调制，如果用包络检波的方法将低频调制信号检出来，再作频谱分析，就能判断轴承损伤部位。

下面是轴承各部位有损伤时的低频调制信号特征频率：

(1) 外圈有损伤时

$$f_{BD} = \frac{nf_i}{2}\left(1 - \frac{d}{D}\cos\alpha\right) \tag{7-32}$$

(2) 内圈有损伤时

$$f_{Bi} = \frac{nf_i}{2}\left(1 + \frac{d}{D}\cos\alpha\right) \tag{7-33}$$

(3) 滚动体上有损伤时

$$f_B = \frac{nDf_i}{2d\cos\alpha}\left[1 - \left(\frac{d}{D}\right)^2\cos^2\alpha\right] \tag{7-34}$$

式中　n——轴承滚动体数；

f_i——轴的旋转频率；

d——滚动体直径；

D——节径；

α——接触角。

C　振动测试方法

如何正确检测到振动信号，这是机械故障诊断中的首要问题。在实际测振工作中，有许多问题需要认识和解决，否则根本测不到设备诊断有用的信号。

a　合理选择仪器

不同种类的传感器具有不同的可测频率范围，测试前应该结合所研究对象的主要频率范围来选用适当仪器。一般来讲，接触式传感器中，速度型传感器适用于测量不平衡、不对中、松动、接触等引起的低频振动，用它测量振动位移，可以得到稳定的数据。加速度传感器适合于测量齿轮故障、轴承故障等引起的中、高振动信号，用它测量振动位移，往往不太稳定，因此用带加速度传感器的测振仪，往往不测振动位移，只测振动速度和振动加速度，它的优点是能测到高频振动信号。

实际工作中，振动测量和异常判断有两种方法：

（1）用轻便的手提式振动表或点检仪器测量，作简易诊断。

（2）用粘胶剂或安装螺丝固定传感器，扩大频响范围测量，对信号作记录、分析，进行精密诊断。

日常点检中用方法（1）就足够了，当需要查明异常原因时就要用方法（2）。

选择测量仪器时，还有一种方法是根据想发现什么样的缺陷来选择不同频率范围的仪器。通常为了发现转数为600r/min至每分钟数千转设备上的不平衡，不对中等问题，用测定范围为10～1000Hz的振动仪就足够了。对于600r/min以下的低速设备，一般的振动仪便不合适，要用特殊的振动仪，特别是300r/min以下设备上用的振动仪更加特殊。

总之，应该周密考虑，做好仪表选择后，再进入测试阶段。

b 选择正确的测点位置

测点位置和传感器安装位置同上述的两个因素一样，能决定测到是什么频率成分的振动。实际被测对象都有主体和部件，部件和部件之间的区别，不合理的布点会产生错误现象。对于一个有复杂部件的机器，如通风机、压缩机等，它有旋转轴、滑动轴承、滚动轴承、齿轮、联轴器、叶片等很多部件，每个部件发出的振动信号也大有差异，因此必须找出最佳的测振位置，合理布点。

实际测量中，一般都以设备的轴承部位作为测量点，首先从左边轴承或从右边轴承开始，顺次编号①、②、…。测点方向原则上是三个方向（垂直：V、水平：H、轴向：A），所以每个轴承上都有三个方向。应该在测点上做记号，以便每次测量都在同一点。

决定测定点后，画一个如图7-22所示的装置草图，标上机器名称和转速，以便实际测量时对照记录用。

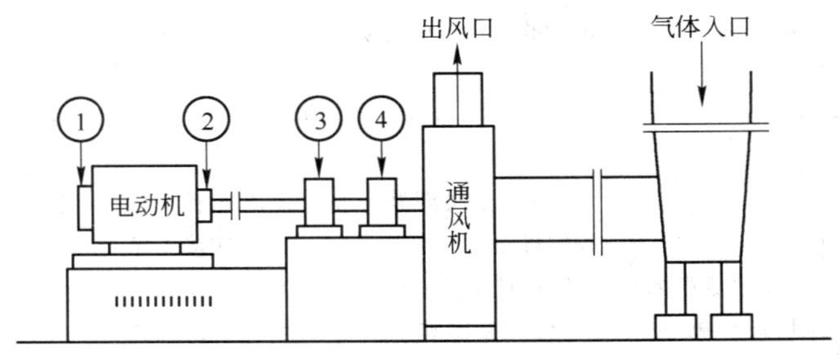

图7-22 设备简图和测点

7.4.4.2 通风机振动消除方法

通风机机械振动分析及消除方法见表7-19。

表 7-19 机械振动分析及其消除方法

序号	振动特征	原 因	引起振动因素分析	消除方法
1	风机与电动机发生同样的振动，其频率与转速相符合	转子静不平衡和动不平衡	(1) 轴与密封圈发生强烈摩擦，产生局部高热使轴弯曲 (2) 叶片重量不对称，或一侧叶片部分腐蚀或磨损严重 (3) 叶轮附有不均匀附着物如铁锈、灰垢等 (4) 平衡块重量、位置不准确，或位置移动、检修后未找平衡 (5) 风机在不稳定区（飞动区）的工况下运转或负荷急剧变化 (6) 双吸风机两侧风量不等（由于管道堵塞或两侧进风口挡板调整不正）	(1) 修复密封圈，更换新轴 (2) 找平衡，更换腐蚀叶片或调换新叶轮 (3) 清扫和擦净叶片附着物 (4) 重找平衡，并将平衡块准确固定 (5) 开大闸阀或旁路阀门进行工况调节 (6) 清理进风管道灰尘或杂物调整挡板使两侧进风口负压相等
2	振动不定性，空载时轻，满载时大	轴安装不良	(1) 联轴器安装不正，风机轴与电机轴不同心，基础下沉 (2) 皮带轮安装不正，两传动皮带轮不平行 (3) 减速机轴与风机轴和电机轴在找正时未考虑运转时位移的补偿量或虽考虑但不符合要求	(1)、(2) 进行调整，重新找正 (3) 进行调整，留出适宜的位移补偿量
3	局部振动，主要在轴承箱等活动部位，机体振动不明显，与转速无关，偶有尖锐的敲击声或杂音	转子固定部分松动或活动部分间隙过大	(1) 轴衬或轴颈磨损使间隙过大，轴衬与轴承箱之间的紧力过少，或有间隙而松动 (2) 叶轮联轴器或皮带轮与轴松动 (3) 联轴器螺栓松动或活动，流动轴承的固定螺母松动	(1) 补焊轴衬合金，调整垫片或刮研轴承箱分面 (2) 修理，重新配键 (3) 拧紧螺母
4	产生机房邻近的共振现象，电动机和风机整体振动，而且在各种负荷情形时都是一样	基础或机座的刚度不够或不牢固	(1) 二次灌浆不良，地脚螺栓、地脚螺母松动，垫片松动，机座连接不牢固，连接螺栓松动 (2) 基础和基座的刚度不够，加强转子不平衡度引起强烈的强制共振 (3) 管道未加膨胀装置，管道与风机连接处未加支撑或安装固定不良	(1) 查明原因施以适当的补修和加固紧固螺栓填充间隙 (2) 加强基础或基座的刚度 (3) 调整或修理，加设膨胀支撑装置

续表 7-19

序号	振动特征	原　因	引起振动因素分析	消除方法
5	振动不规则，且集中在某一部分，噪声和转速相符合，启动和停车时可听到金属摩擦声	风机内部有摩擦	（1）叶轮歪斜与机壳内壁相碰，或机壳刚度不够，左右晃动 （2）叶片歪斜与进风口圈相撞 （3）推力轴衬歪斜，不平或磨损 （4）密封圈与密封齿相碰	（1）修理叶轮和推力轴衬、加强机壳刚度 （2）修复叶轮及进风口圈 （3）修复推力轴衬 （4）更换密封圈，调整密封圈与密封齿间隙
6	轻微振动，在运转中带有噪声，振动频率与转数不相符合	润滑系统不良	（1）给油不足或完全停止，油膜不良，轴承密封不良 （2）轴承润滑油入口的油温过低（往往水冷却过度） （3）润滑油质不良，或润滑油品不符合要求	（1）查明原因进行清洗和修理，重新加油 （2）调节冷却水量，使油温升高到规定范围内 （3）调换优质油，并定期化验

8　除尘系统运行管理

除尘系统由除尘设备和管道组成。管理好除尘系统要充分掌握其组成、工作过程、设计配置及基本计算方法。

8.1　除尘系统组成和工作过程

8.1.1　除尘系统设备组成

8.1.1.1　设备组成

除尘系统由集气吸尘罩、输气管道、除尘器、排灰装置、通风机、电机、消声器和排气筒等组成，如图 8-1 所示。除尘系统有时还带伸缩节、冷却器等。除尘系统是利用风机产生的动力，将含尘气体从尘源经输气管道进入除尘器内净化，净化后的气体经风机、消声器、排气烟囱排出；回收的粉尘由排灰装置排出。整个系统由电控装置控制。

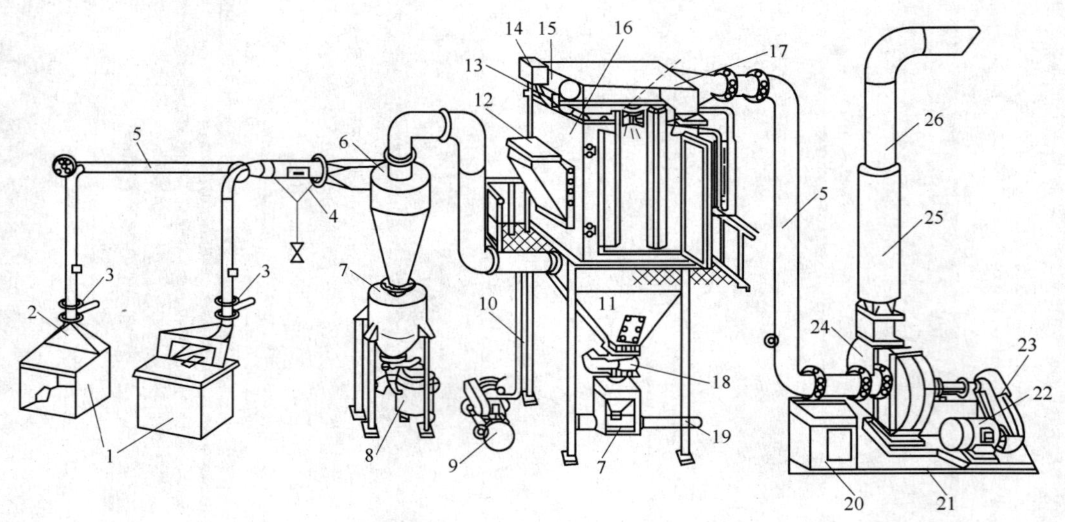

图 8-1　除尘系统设备组成

1—尘源设备；2—集尘罩；3—调节阀；4—冷却器；5—风管；6—旋风除尘器；7—集尘箱；8—集尘车；9—空压机；10—压气管；11—灰斗；12—防爆板；13—脉冲阀；14—脉冲控制仪；15—气包；16—除尘器箱体；17—检修门；18—卸灰阀；19—输灰机；20—控制柜；21—减振器；22—电机；23—传动装置；24—通风机；25—消声器；26—排气筒

8.1.1.2　除尘设备和管道配置

A　除尘设备的布置

（1）除尘设备的布置与工艺设备及除尘件的布置有关。通常希望将除尘器及有关设备与工艺设备尽量靠近，这不仅使设备布置紧凑，而且可以缩短管道长度和节约能源，但是在有的情况下，特别是处理风量很大时，除尘器和通风机要设在远离尘源点的地方。

（2）在多个尘源点的情况下，可以采用多个单独除尘系统的分散布置，也可以将各尘源点联合起来，形成一个集中的除尘系统。

（3）为避免系统间相互干扰，以每个尘源设备配备 1 台通风机时可不设调节阀门，由 1 台通风机排送多台尘源点的设备时，应设置调压阀门，使各系统间易于保持平衡。

（4）为使烟气分布均匀和方便操作，除尘系统设备尽量对称配置。

（5）配置除尘设备时应充分考虑施工安装、操作维护的要求，留出施工机械必要的操作场地及车辆运输通道。

（6）对冶炼炉、锅炉应考虑在烟气进入除尘系统前设置放散阀或旁通烟道，以便在开炉时将不宜进入除尘系统的烟气或事故时烟气放出，排放烟囱出口应高于厂房 3 ~ 5m。

B 烟气管道的布置

（1）除尘烟气管道布置应在保证尘源点正常排烟、不妨碍操作和检修的前提下，管道内不积或少积肥灰，磨损小，易于检修和操作，且管路最短。

（2）除尘烟气管道跨越铁路时，管底距铁路轨面净空高度不得低于 6m，跨越公路时管道底离道路路面净空高度不得低于 5m。

（3）在尘源出口至除尘设备入口的烟气含尘量大，烟尘粒径大，烟道应呈斜坡布置，坡度宜大于 45°，并设置集灰斗。当烟气含量大于 $10g/m^3$ 而又只能水平敷设的烟道，应尽量减小水平长度，且应设集尘斗及清扫门孔等。

（4）除尘烟气管道应力求严密，除了需拆卸的管道用法兰连接外，其余应全部连接焊接。为保证法兰连接的严密性，采用 3 ~ 5mm 的垫板垫圈或绳垫之。

（5）与主烟管道连接的支管应从主管的侧面或上面接入。

（6）两个以上尘源并联在一条主烟管时，各支烟管与主烟管的接点处应保持压力相等，以维持稳定排烟。支管上应装设阀门以备调节。阀门应装在易于操作和积灰少的部位，位置高的阀门应有操作台，大型阀门应有单独的支架，以免管道变形。

8.1.2 除尘系统的工作过程

一个完整的除尘系统的工作过程应包括以下几方面：

（1）用集气吸尘罩（包括密闭罩）将尘源设备散发的含尘气体捕集并接入除尘管道。

（2）借助风机通过管道输送含尘气体。

（3）在除尘器中将粉尘分离。

（4）将已净化的气体通过通风机、烟囱排至大气或其他收集装置。

（5）将在除尘器中分离下来的粉尘用输灰装置运送到相关地点。

因此，在除尘系统中的主要设备有集气吸尘罩、管道、除尘器、通风机、消声器、烟囱、输灰装置等。然而在各个具体情况下，并不是每个系统都具有以上这些设备，如直接由炉内抽烟气，可以没有抽尘罩；当尘源附近设置就地除尘机组时，净化后气体直接排入室内，可以不要管道和烟囱；当尘源设备排出烟气时，还要对高温烟气进行降温处理而后净化。对仓顶除尘器可以不设通风机等。但是在一般情况下都有不同除尘设备，只是根据不同的工艺设备及要求，选择的除尘设备不同而已。

8.2 除尘系统管网

8.2.1 风管中气体流动特性

在除尘工程中，含尘气体是以通风机为动力通过风管而输送的。风管设计和通风机选择都会影响整个除尘系统的效果。而风管设计和通风机选择都涉及一些流体力学基本概念，如空气在风管中流动时的能量变化、压力损失等。

8.2.1.1　压力

气体在风管中流动时，除高温气体外，压力和温度一般不会有很大的变化，不致引起空气密度的显著变化，故可称为定容运动。

（1）动压。动压是流动空气的动能，与空气流速直接有关，永远是正值。动压的表示式为

$$p_{\mathrm{d}} = \rho v^2/2 \tag{8-1}$$

式中　p_{d}——动压，单位体积气体的运动能量，Pa；

v——气体运动的流速，m/s；

ρ——气体的密度，kg/m^3。

（2）静压。静压是单位体积空气作用于周围物体的压强，简称静压，与空气的流动无关，静压值通常相对于大气压力而言，又称相对静压。把大气压力作为基点，大于大气压力时就为正值，反之为负值。

（3）全压。动压和静压的代数和称为全压，代表气体在风道中流动时的全压力，即

$$p_{\mathrm{T}} = p_{\mathrm{d}} + p_{\mathrm{s}} = \rho v^2/2 + p_{\mathrm{s}} \tag{8-2}$$

式中　p_{T}——全压，Pa；

p_{s}——静压，Pa。

8.2.1.2　气体在管道中流动时的能量变化

空气在风管内作定容运动时的能量变化，通常用伯努利方程式来表示。

对于风管内的两个截面（截面 1 和截面 2）来说，伯努利方程式为

$$p_{\mathrm{s1}} + \rho\frac{v_1^2}{2} = p_{\mathrm{s2}} + \rho\frac{v_2^2}{2} + \Delta p \tag{8-3}$$

式中　p_{s1}，p_{s2}——位于截面 1 和截面 2 处的单位体积空气的压力能，即静压，Pa；

$\rho\frac{v_1^2}{2}$，$\rho\frac{v_2^2}{2}$——位于截面 1 和截面 2 处的单位体积空气的动能，即动压，Pa；

Δp——在截面 1 和截面 2 之间的单位体积空气的能量损失，即压力损失，Pa。

由式（8-3）可见，方程式表达了风管内空气的流速和压力之间的关系。Δp 表示全压的损失，它用于克服风道内的局部阻力和摩擦阻力。

若截面 1 和截面 2 的截面积分别为 A_1 和 A_2。当风管的截面积不变时，即 $A_1 = A_2$，则 $v_1 = v_2$，由式（8-3）$\Delta p = p_{\mathrm{s1}} - p_{\mathrm{s2}}$说明，空气流经截面积不变的风道截面 1 至截面 2 的能量损失等于两处的静压差。

因风管内各个截面上的总能量是不变的，故动能和位能可以互相转化，也就是动压和静压是可以互相转化的。如图 8-2 所示，当截面 1 和截面 2 的截面积不相同时，即 $A_1 < A_2$，

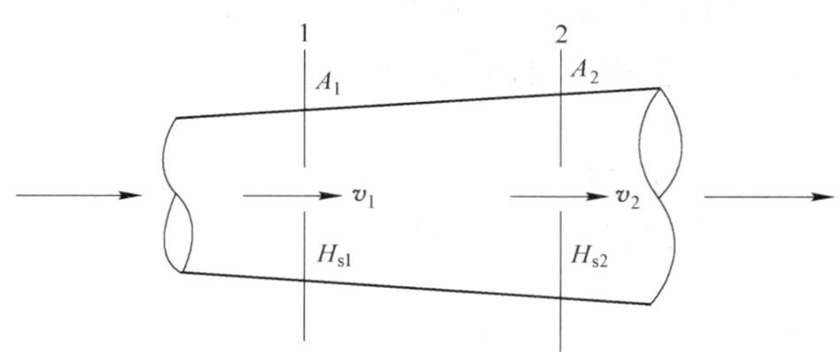

图 8-2 变径管能量转化示意图

由于通过风管的空气流量不变，所以 $v_1 > v_2$，因此 $\rho\frac{v_1^2}{2} > \rho\frac{v_2^2}{2}$，即截面 1 的动压大于截面 2 的动压。因总能量不变，由式（8-3）可知截面 1 的静压必然小于截面 2 的静压。由此可见，空气由截面 1 流到截面 2 时，动压变小，静压变大。

8.2.1.3 流动状态

风管中空气的流动状态可以分为层流和紊流两种。

（1）层流是各股流体形成互相平行的流速，呈有秩序地流动，不相混淆，也不产生涡流。

（2）紊流是气流在风管的横截面上发生脉动，毫无秩序地紊乱流动形成涡流。由层流运动过渡到紊流运动是在一定的惯性力和流体内摩擦力的相互关系下发生的。

标志空气在风管内的流动状态的准数称为雷诺数。雷诺数用式（8-4）表示，即

$$Re = \frac{Dv}{\nu} = \frac{Dv\rho}{\mu} \tag{8-4}$$

式中 Re——雷诺数；

D——管道直径，m；

v——气流速度，m/s；

ν——气体的运动黏度，m^2/s；

μ——流体的动力黏度，Pa · s；

ρ——气体密度，kg/m^3。

气体的动力黏度和运动黏度，随着气体温度的升高而增长。气体压力增高时，动力黏度增大，而运动黏度减小。当压力小于 1MPa 时，对气体的动力黏度的影响可以忽略不计。

实验证明，流体在直管内流动时，当雷诺数 $Re \leqslant 2000$ 时，流体黏滞力超过流体的惯性力，流体的流动类型属于层流，当 $Re \geqslant 4000$ 时，流体的惯性力超过流体黏滞力，产生紊流运动，流体的类型属于紊流；而 Re 值在 2000 ~ 4000 的范围内，可能是层流，也可能是紊流，若受外界条件的影响，如管道直径或方向的改变，外来的轻微震动，都易促成紊流的发生，所以将这一范围称之为不稳定的过渡区。在生产操作条件下，常将 $Re > 3000$ 的情况按紊流考虑。

由层流转变为紊流时的雷诺数值，称为临界值，常数 $Re = 2320$。当雷诺数到达临界值时，相应的气体流速称为临界速度。

8.2.1.4 压力分布

空气在管道内流动时，由于除尘管道的阻力和流速等的变化，除尘管道中空气的压力

也随之发生变化。了解管道内压力的变化规律，对通风系统的设计和运行管理都很重要。下面我们根据流体力学原理，分析管道内的压力分布规律。

A　简单系统中的压力分布

图 8-3 所示为一简单除尘管道系统，在通风机前为一简单管段，通风机后为一断面较小的直管段，通风机的入口及出口均设有格栅。

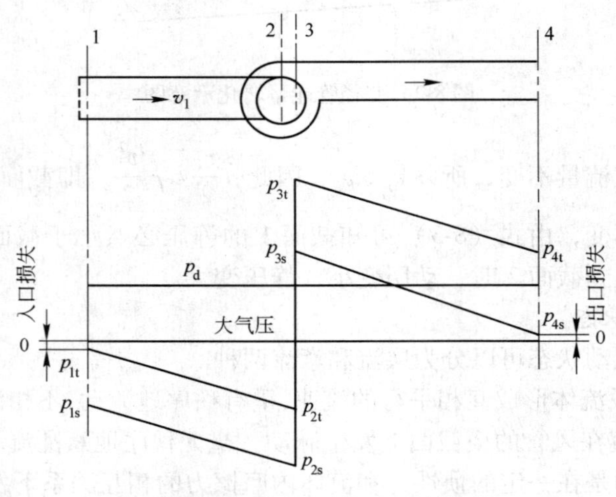

图 8-3　简单风管系统的压力分布

B　复杂管网系统中压力的分布

图 8-4 所示为复杂风管系统中空气压力的分布示意图。该系统内有局部排气罩、除尘器、通风机、排气风帽等设备。

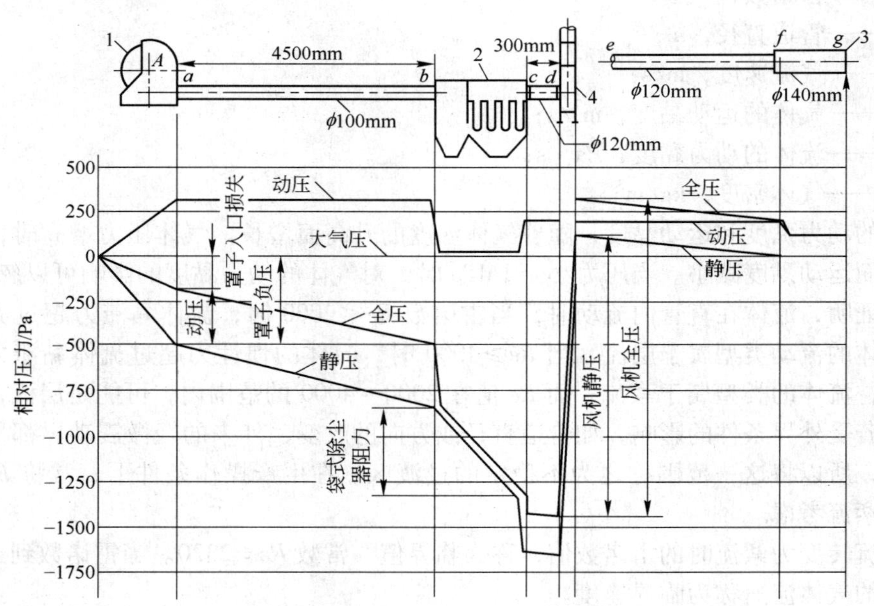

图 8-4　复杂风管系统的压力分布

1—砂轮；2—袋式除尘器；3—排气风帽；4—通风机

8.2.2 管网设计计算

8.2.2.1 计算步骤

（1）确认经过风管气体的性质。根据粉尘性质，含尘浓度、粒度、密度等情况决定管道内风速。参照风管最低风速值，比该值大 10% ~20% 即可。一般含尘气体采用较高风速经过风管道。

（2）处理有毒气体时，整个系统必须设计成负压。如果气体具有腐蚀性，要采用耐腐蚀材料。

（3）决定风管内的风速。根据通风道气体的性质决定风速。

（4）决定通风道结构。根据设定的流速、通风道材料来决定风管结构。如果是易燃粉尘和气体，要加耐火挡板，以防万一。当采用钢制风管时，风管壁厚按表 8-1 选用。

表 8-1 钢板管道最小厚度选择

管道直径/mm	每米管道容积/m^3	每米长管道内表面积/m^2	每米管道质量/kg									
			壁厚									
			2mm	3mm	4mm	5mm	6mm	8mm	10mm	12mm	14mm	16mm
150	0.017	0.47	7.5	11	15							
200	0.031	0.63	10	15	20							
250	0.049	0.78	12	18	24							
300	0.071	0.94	15	22	30	37						
350	0.096	1.10	17	26	35	44						
400	0.126	1.26	20	30	40	50						
450	0.159	1.41	23	34	45	56	67					
500	0.196	1.51		37	50	62	75					
550	0.238	1.74		41	55	68	82					
600	0.283	1.88		45	60	75	90	121				
650	0.332	2.04		49	65	81	97	130				
700	0.385	2.20		54	69	87	105	140				
750	0.442	2.36		59	74	93	112	149				
800	0.503	2.51			79	99	119	159	200			
850	0.567	2.67			84	105	127	169	212			
900	0.636	2.83			89	112	134	179	224			
950	0.708	2.98			94	118	143	189	237			
1000	0.785	3.14			99	124	149	199	249	296		
1100	0.950	3.46			104	136	164	218	274	329		
1200	1.131	3.77				149	178	238	298	358		
1300	1.327	4.09				161	193	258	323	388		
1400	0.539	4.40				173	208	278	348	418		
1500	1.767	4.71				186	223	297	372	446	522	
1600	2.017	5.03				198	238	317	397	476	556	
1700	2.269	5.34				212	252	337	421	506	591	
1800	2.545	5.66					267	356	446	536	627	
1900	2.834	5.97					282	376	471	566	660	
2000	3.142	6.28					296	397	495	596	695	795
2200	3.801	6.81					322	436	545	655	714	874
2400	4.524	7.55					356	475	596	714	834	960
2500	4.906	7.85						495	619	743	868	992
2600	5.309	8.17						541	644	774	903	1030
2800	6.158	8.80						554	693	831	970	1110
3000	7.030	9.43						593	742	881	1040	1190
3200	8.050	10.05						632	791	950	1108	1267
3400	9.075	10.68						672	841	1008	1177	1384
3500	9.616	10.99						692	865	1039	1213	1387

注：粗黑线是以管道断面刚性（按设计温度小于 200℃）决定壁厚的分界线，在正常情况下管道壁厚应在粗黑线以上（质量值）选取：如管径 800mm，刚性要求最小壁厚应为 5mm，若采用适当加固结构，或粉尘密度小，浓度低的某些场合，线下壁厚（质量值）仍能在一定程度上使用。

（5）计算风管直管部分压力损失。决定风管路线后，根据风量、风速、风管直径以及压力损失表计算直管部分的压力损失。

（6）计算弯管接头、支线的压力损失。根据风速、速度压力关系表，计算弯管接头以及支线的压力损失。

（7）计算全部系统的压力损失。

8.2.2.2　风道内流量的计算

气体流量的计算分工况下、标准状态和常温、常压等情况。

（1）工况下的湿气体流量 Q_s 按式（8-5）计算

$$Q_s = 3600 \cdot A \cdot v_p \tag{8-5}$$

式中　Q_s——工况下湿气体流量，m^3/h；

A——测定断面面积，m^2；

v_p——测定断面的湿气体平均流速，m/s。

（2）标准状态下干气体流量 Q_{sn} 按式（8-6）计算

$$Q_{sn} = Q_s \cdot \frac{B_a + p_s}{101300} \cdot \frac{273}{273 + t_s}(1 - X_{sw}) \tag{8-6}$$

式中　Q_{sn}——标准状态下干气体流量，m^3/h；

B_a——大气压力，Pa；

p_s——气体静压，Pa；

t_s——气体温度,℃；

X_{sw}——气体中水分的体积分数,%。

8.2.2.3　管道直径的计算

管道直径的计算式为

$$D_n = \sqrt{\frac{Q}{2820 v_g}} \tag{8-7}$$

为了防止管道堵塞，除尘风管直径不应小于表 8-2 中所列的数据。

表 8-2　除尘系统最小管径

粉尘性质	管道最小直径/mm	粉尘性质	管道最小直径/mm
细粒粉尘	100	可能含有大块物料的混合性粉尘	200
较粗粒粉尘	150	黏性粉尘	200

8.2.2.4　管道内气流速度的确定

（1）管道内气流速度应合理地确定。速度太小，气体中的粉尘易沉积，严重的会破坏除尘系统的正常运行。气体速度太大，压力损失（风管阻力）会成平方增大，不利于节能降耗，磨琢性粉尘还会加剧对管壁的磨损，使管道的使用寿命缩短。

（2）垂直管道内的气流速度，应大于尘源吸风口的气速。水平和倾斜风管内的风速应大于最大尘粒的悬浮速度，要大于垂直管道内气速。因此，一般实际采用的气体速度要比理论计算的气体速度大2～4倍。

（3）通常设计除尘系统管道时，为了防止粉尘沉降，除尘风管中应保持输送粉尘所必需的最低风速。规范规定的除尘管道内气流最低速度见表8-3。

表8-3 除尘风管的最小风速 （m/s）

粉尘类型	粉尘名称	垂直风管	水平风管	粉尘类型	粉尘名称	垂直风管	水平风管
纤维粉尘	干锯末、小刨屑、纺织尘	10	12	纤维粉尘	重矿物粉尘	14	16
	木屑、刨花	12	14		轻矿物粉尘	12	14
	干燥粗刨花、大块干木屑	14	16		灰土、砂尘	16	18
	潮湿粗刨花、大块湿木屑	18	20		干细型砂	17	20
	棉 絮	8	10		金刚砂、刚玉粉	15	19
	麻	11	13	矿物粉尘	钢铁粉尘	13	15
	石棉粉尘	12	18		钢铁屑	19	23
矿物粉尘	耐火材料粉尘	14	17		铅 尘	20	25
	黏 土	13	16	其他粉尘	轻质干粉（木工磨床粉尘、烟草灰）	8	10
	石灰石	14	16		煤 尘	11	13
	水 泥	12	18		焦炭粉尘	14	18
	湿土（含水2%以下）	15	18		谷物粉尘	10	12

除尘器后的排气管道内由于不存在粉尘沉淀问题，气体流速取6～12m/s。

大型除尘系统采用砖或混凝土制管道时，管道内气体速度常采用6～8m/s，垂直管道如烟囱出口气体速度取10～12m/s。

8.2.2.5 管道材质的选择

根据输送介质的特性（包括含尘气体本身的特性和粉尘的特性）和管道结构形式等进行选择。除尘管道的材质一般用Q235钢材。若对回收粉尘有特殊要求或含尘气体有腐蚀性可选用不锈钢管。对地下管道可用混凝土烟道或砖烟道。

8.2.2.6 管壁厚度的确定

除尘系统风管的最小壁厚见表8-1。选用铸铁管时，管壁厚度一般为10～12mm。实际使用中，除了满足最小壁厚要求外，还需考虑磨损、腐蚀裕量。

另外，在确定最终管道壁厚时，需综合考虑管道的安装和支撑情况，以满足管道力学（包括管道机械、应力、刚度、稳定性等）方面的要求，并结合经济性、实用性、维修和安装、使用寿命要求等。

8.2.2.7 管网的漏风率

A 管道漏风

除尘系统一般均与工艺设备相接，都受到工艺设备振动的影响。因此工艺设备与管网、管网与除尘设备都不可能保持十分严密，所以接头处都会发生漏风现象，从而减少从防尘密闭罩抽出的有效空气量。为了确保从罩内抽出足够的空气量，在设计除尘系统时必须率先考虑到运行正常情况下不可避免的漏风量。

安装质量较好的除尘系统初始运转时漏风较少，当运行一定时间后，即使运行正常，管理较好也会产生漏风，现场运行实践表明，其漏风量一般在 1.5% ~15% 之间。

当管网设计（敷设）得不合理，施工质量又差或长期失修，漏风率可达 15% 以上，甚至可能使系统完全失效。因此必须设计符合现场实际情况的除尘系统，并保证施工质量，以求最小的漏风率。

管网的漏风主要发生在法兰连接、调节套、清扫孔、调风阀以及焊缝等处，考虑到漏风点数量主要取决于管网的长度及繁简程度，所以管网漏风量可按管网长度来确定，考虑漏风量后的总风量按下式计算，即

$$Q = Q_{计}(1 + \varphi_1 L) \tag{8-8}$$

式中　$Q_{计}$——从密封罩中抽出的计算的必需空气量，m^3/h；

L——管道长度，m；

φ_1——每 1m 长管道的漏风率。

对于设有清扫孔、调节装置和采用法兰连接的金属风管 $\varphi_1 = 0.008 \sim 0.01$；对于没有清扫孔以及调节装置的金属风管取 $\varphi_1 = 0.002 \sim 0.005$。

B　除尘器的漏风量

除尘设备在除尘系统工作时，也会有漏风出现，设备漏风主要发生在观察孔、检修孔、检修门、法兰连接处以及焊缝，有些除尘设备由于操作上的需要留有孔洞或缝隙，因此部分漏风是难以避免的。但有些除尘设备的卸尘装置是不允许漏风的，如旋风除尘器、反吹风袋式除尘器等，所以在设计中不应考虑这部分的漏风。

除尘净化设备的漏风后的总风量可用式（8-9）计算，即

$$Q = Q_{计}(1 + \varphi_1 L)\varphi_2 \tag{8-9}$$

式中　φ_2——除尘净化设备的漏风系数：袋式除尘器 $\varphi_2 = 1.1 \sim 1.3$，电除尘器 $\varphi_2 = 1.3 \sim 1.5$，其他除尘器 $\varphi_2 = 1.05 \sim 1.15$。

8.2.2.8　管道摩擦阻力的计算

对干净气体

$$\Delta P_L = f\frac{L}{D} \times \frac{v_G^2}{2}\rho \tag{8-10}$$

对含尘气体

$$\Delta P_L = f\frac{L}{D} \times \frac{v_G^2}{2}\rho\left(1 + \rho_B \frac{v_G^2}{v_g^2}\right) \tag{8-11}$$

式中　ΔP_L——直管道的摩擦阻力，Pa；

f——摩擦阻力系数；

L——直管道的长度，m；

D——直管道的直径，m。对于矩形管道，流速当量直径 D 为 $\frac{2ab}{a+b}$，a、b 分别为矩形管道的边长，或按图 8-5 和图 8-6 进行换算；

v_G——管道内气体的流速，m/s；

ρ——管道内气体密度，kg/m³；

v_g——管道内粉尘的流速，m/s；

ρ_B——含尘气体质量浓度，kg/m³。

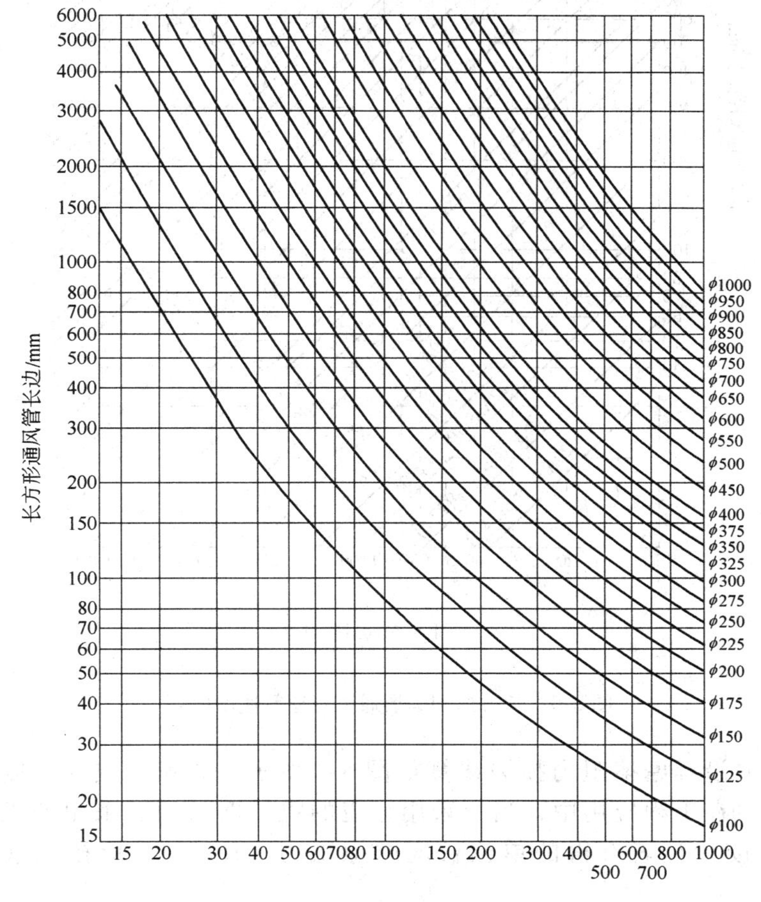

图 8-5 长方形与圆形管道等阻力换算

由于 $\frac{v_G}{v_g}$ 接近 1，且 ρ_B 通常很小，所以也可以近似用干净气体阻力计算式计算含尘气体。

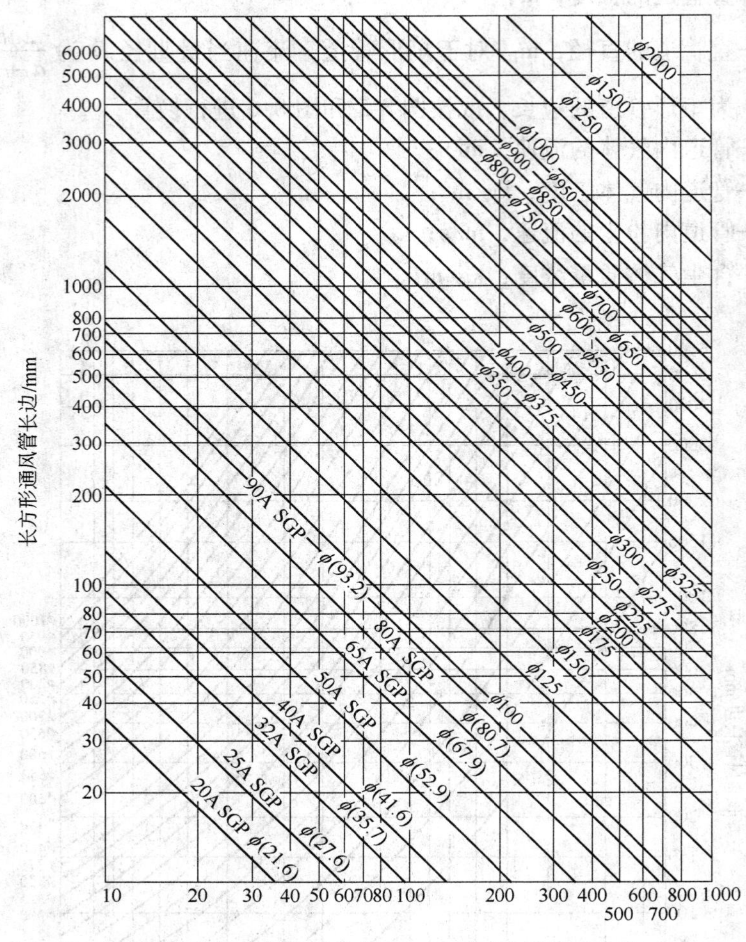

图 8-6　长方形和圆形通风管道等速度换算

圆形风管的沿程摩擦阻力损失线算如图 8-7 所示。风速、空气密度与动压关系如图 8-8 所示。在工程应用中，当所采用管道的粗糙度与制表采用的光滑管道的粗糙度不同时，按计算表查得的单位长度摩擦阻力（R）值，应按式（8-12）进行修正

$$R' = R(Kv_p)^{0.25} \tag{8-12}$$

式中　R'——采用粗糙风管时修正后的单位摩擦阻力，Pa/m；

R——按计算表查得的单位长度摩擦阻力，Pa/m；

K——风管内壁的绝对粗糙度，mm；

v_p——风管内的平均风速，m/s。

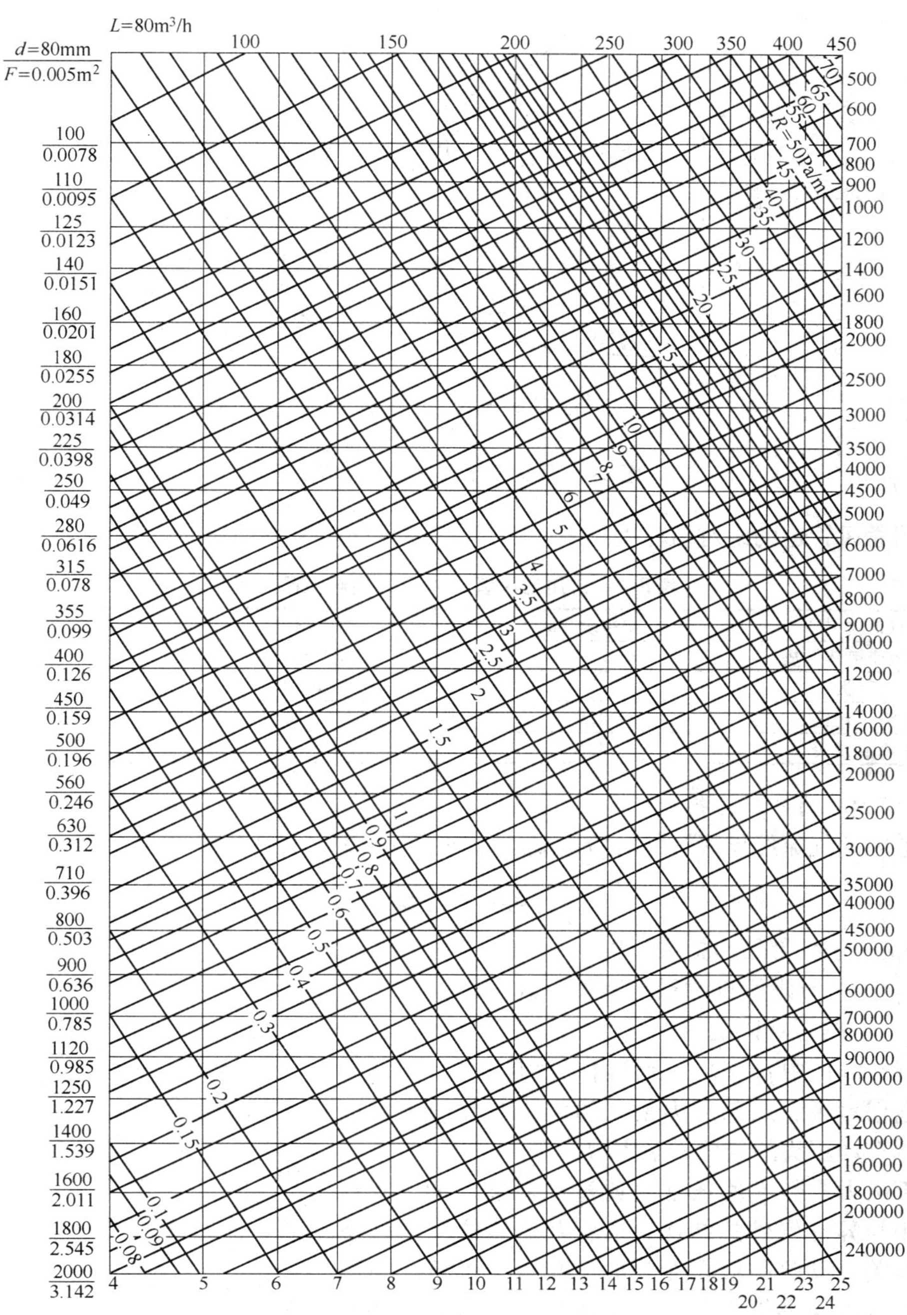

图 8-7 圆形风管的沿程摩擦阻力损失线算

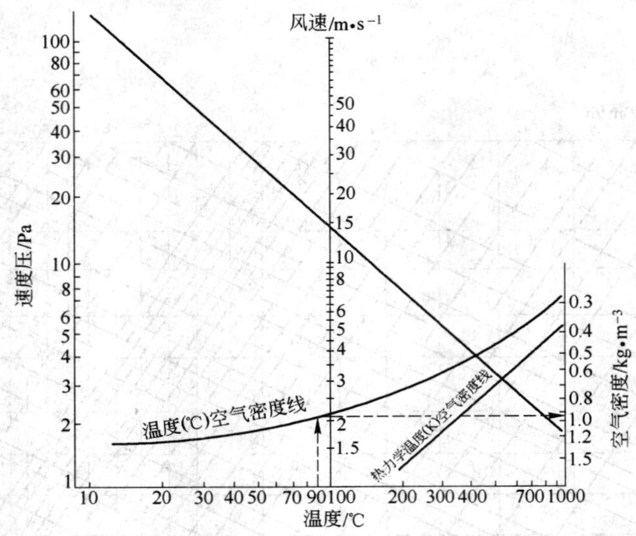

图 8-8　风速、空气密度与动压关系

常用通风管道的绝对粗糙度见表 8-4。

表 8-4　常用通风管道材料的绝对粗糙度值

管道材料	粗糙度/mm	管道材料	粗糙度/mm
薄钢板或镀锌铁皮	0.15～0.18	胶合板	1.0
塑料板	0.01～0.05	砖风道	3～6
矿渣石膏板	1.0	混凝土管道	1～3
矿渣混凝板	1.5	木　板	0.2～1.0

8.2.2.9　*局部压力损失计算*

管道内的气流经异形管件时所造成的局部压力损失，其计算式为

$$\Delta p_z = \xi_z \frac{\rho v_G^2}{2} \tag{8-13}$$

式中　Δp_z——局部压力损失，Pa；

ξ_z——异形管件的局部阻力系数；

ρ，v_G 的意义同前。

式（8-13）中 $\rho v_G^2/2$ 表示管内流动流体所具有的动压头。通俗地说，局部压力损失的大小在数值上可以用流体具有动压头的倍数 ξ 来表示。

局部阻力系数 ξ 值通常是通过试验确定的。其数值的大小与异形管件的结构、形状及流体的流动状态等因素有关。试验一般在专门的试验台上进行。利用测压仪表测出异形管件前后的全压差，作为此构件的局部压力损失（Δp_z）值，然后除以相应的动压头（$\rho v_G^2/2$），即为该管件的局部阻力系数 ξ 值。

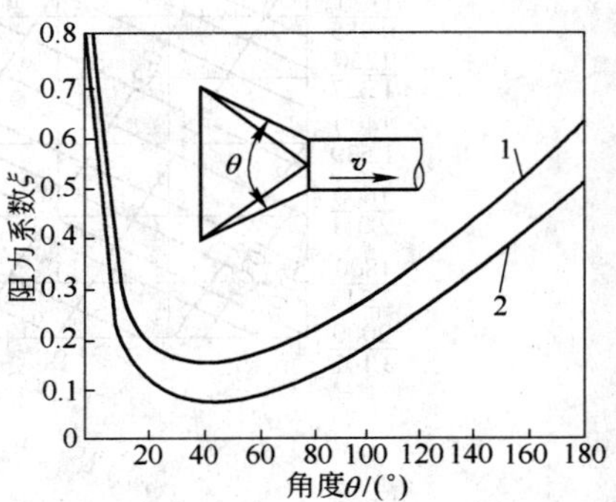

图 8-9　吸尘罩阻力系数

1—矩形断面罩；2—圆形断面罩

A　吸尘罩的阻力系数

吸尘罩的阻力系数 ξ，数值见图 8-9，矩形断面吸

尘罩，$\theta = 75°$，$\xi = 0.17$。

B　渐扩渐缩管阻力系数

渐扩渐缩管阻力系数 ξ，见表 8-5 和图 8-10。其计算式为

$$\xi = 0.011 \times \theta^{1.22} \tag{8-14}$$

表 8-5　渐扩渐缩管阻力系数

角度 θ/(°)	5	10	20	30	60
渐扩 ξ	0.17	0.28	0.44	0.58	1.0
渐缩 ξ	0.04	0.05	0.06	0.08	0.13

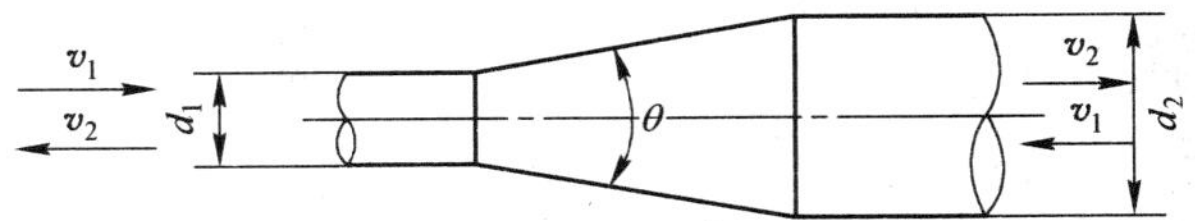

图 8-10　渐扩渐缩管图形

v_1，v_2—流速；θ—夹角

C　合流管阻力系数

合流管阻力系数 ξ 如图 8-11 和图 8-12 所示。

计算三通直管阻力或三通支管阻力所用速度，均为三通主管的流速。

90°弯管可能是圆管也可能是方形、矩形管，各种不同 90°弯管的阻力系数与曲率如图

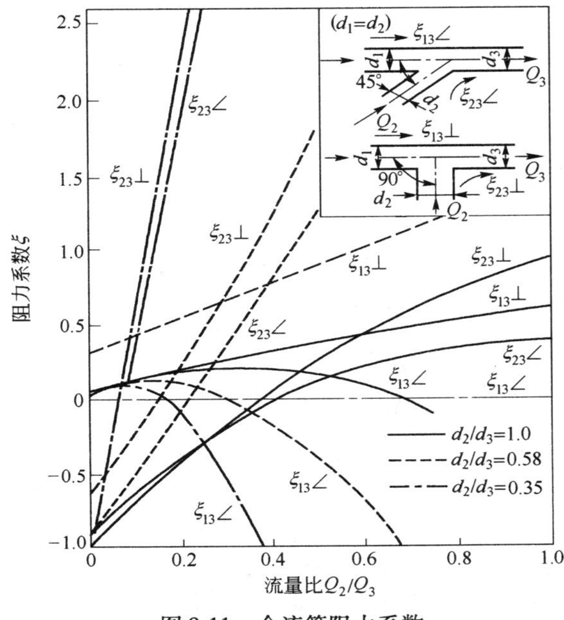

图 8-11　合流管阻力系数

$\xi_{13}\angle$—45°三通直管阻力系数；$\xi_{23}\angle$—45°三通支管阻力系数；

$\xi_{13}\perp$—90°三通直管阻力系数；$\xi_{23}\perp$—90°三通支管阻力系数；

Q_2—三通支管流量，m^3/min；Q_3—三通主管流量，m^3/min

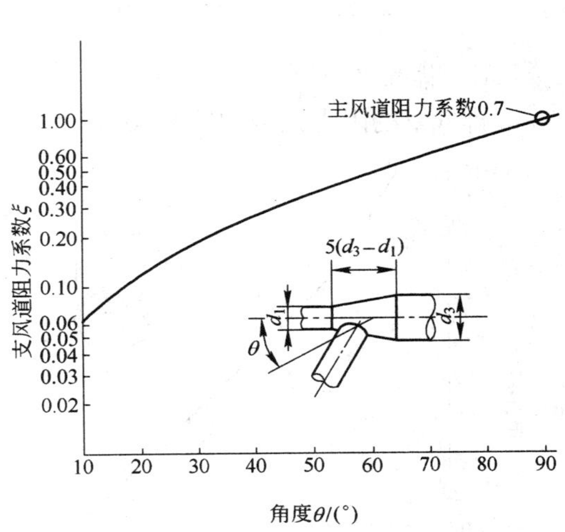

图 8-12　圆形合流通风道阻力系数

8-13 所示。

D　阀门的阻力系数

除尘系统常用的阀门有蝶阀和插板阀，这两种阀门的阻力系数与开度分别如图 8-14 和图 8-15 所示，从图中可以看出，在开启角度或流通面积大致相同的情况下，蝶阀的阻力系数比插板阀大得多，应用中应予以重视。

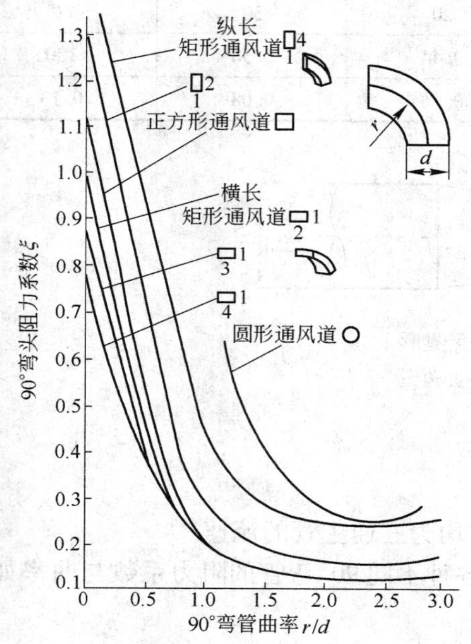

图 8-13　阻力系数与曲率

1，2，3，4—矩形管道边长比例

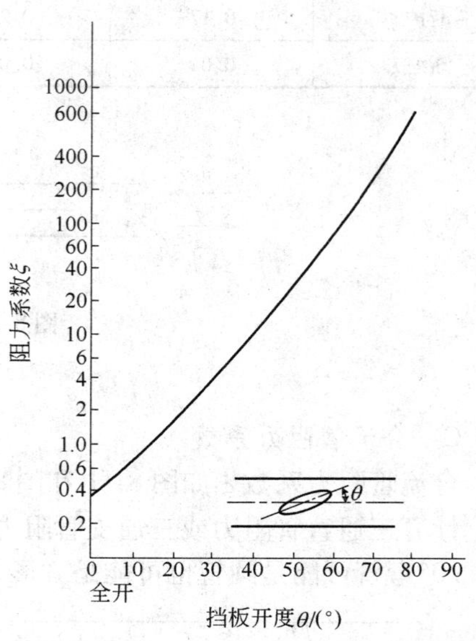

图 8-14　蝶阀的阻力系数与开度

E　排气罩的阻力系数

排气罩的阻力系数如图 8-16 所示。

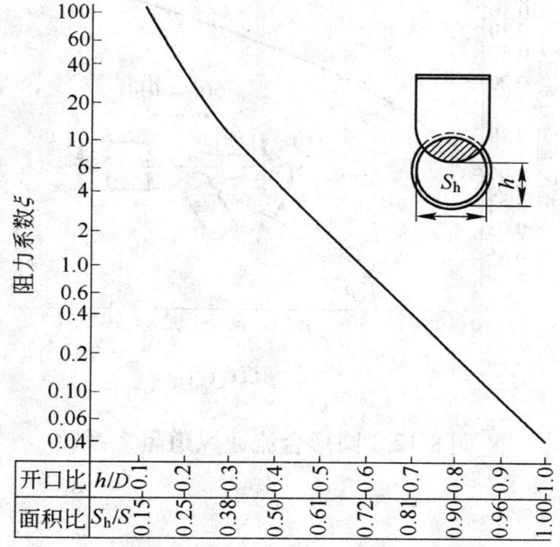

图 8-15　插板阀阻力系数与开度

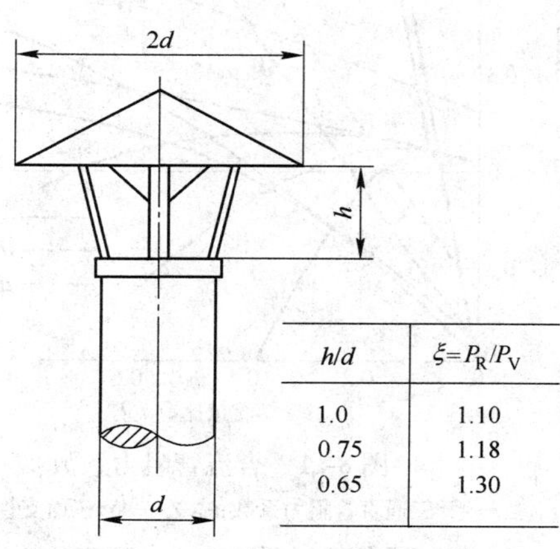

h/d	$\xi=P_R/P_V$
1.0	1.10
0.75	1.18
0.65	1.30

图 8-16　排气罩阻力系数

F 网的阻力系数

网的阻力系数如表 8-6 所示。表中无网指开口的阻力系数。

表 8-6 网的局部阻力系数

形 状	网孔比例	阻力系数 ξ	形 状	网孔比例	阻力系数 ξ
无 网	100	0.11		33	0.35
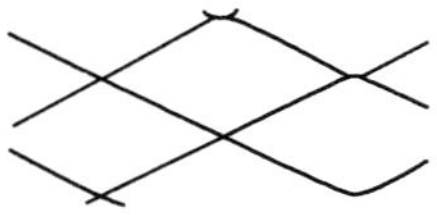	85	0.13			
	50	0.16	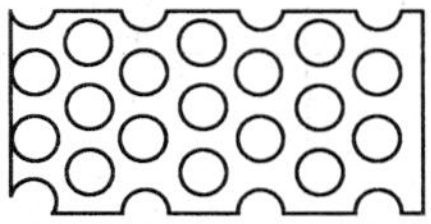	34	0.34

G 软管和砖烟道的阻力系数

普通软管的压力损失见图 8-17，其弯曲时的阻力系数见图 8-18。

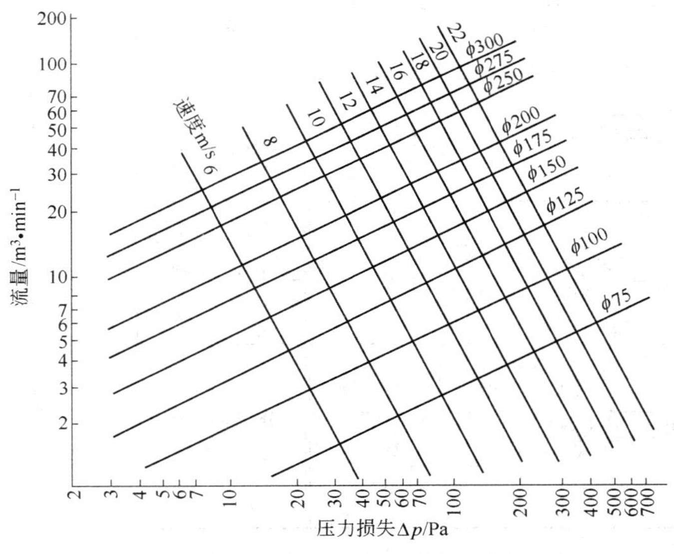

图 8-17 弹性软管的压力损失（设置成直线时）

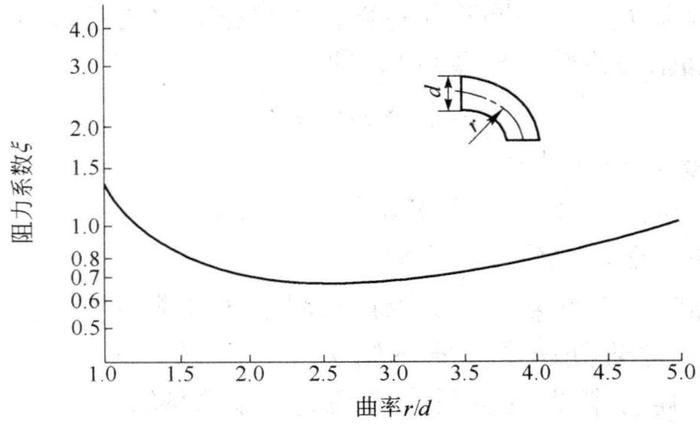

图 8-18 弹性软管曲率与阻力系数

表 8-7 给出砖烟道的阻力系数，这些阻力系数可近似用于钢烟道。

表 8-7　砖烟道局部阻力系数

名　称	圆形和断面	局部阻力系数（ξ 值以图内所示的速度 v_0 计算）	名　称	圆形和断面	局部阻力系数（ξ 值以图内所示的速度 v_0 计算）
90°急转弯头	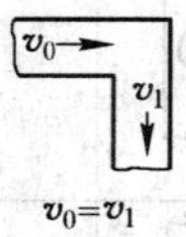 $v_0=v_1$	正方形断面 $\xi=1.5$ 狭长矩形断面 $\xi=2.0$	两个互成直角的烟道汇合	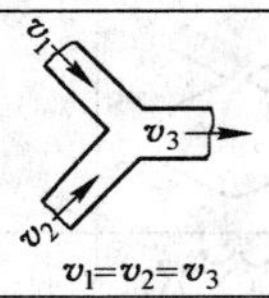 $v_1=v_2=v_3$	$\xi=1.5$
90°急转弯	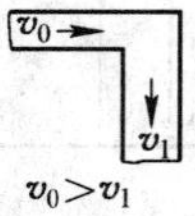 $v_0>v_1$	$\xi=1.5$	分成两个互成180°角的支路	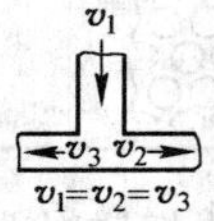 $v_1=v_2=v_3$	$\xi=2.0$
凸头烟道转90°弯	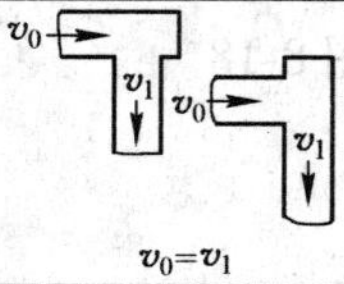 $v_0=v_1$	$\xi=1.5$	两个互成180°角的烟道汇合	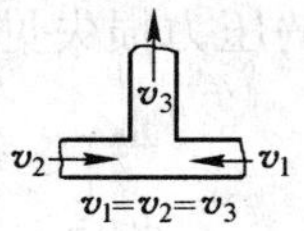 $v_1=v_2=v_3$	$\xi=3.0$
烟道壁凹陷	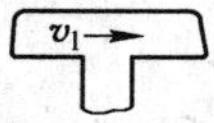	$\xi=0.1\sim1.0$	直角三通送出	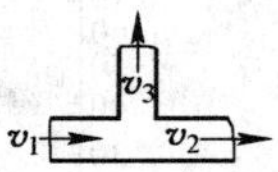	$\xi_2=1.0$ $\xi_3=1.5$
45°转弯（135°转弯）	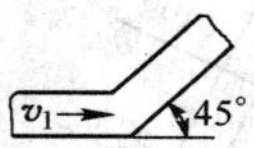 45°	$\xi=0.5$	两个光滑的互成 180° 角烟道汇合	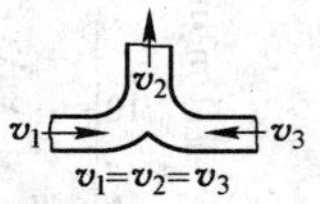 $v_1=v_2=v_3$	$\xi=2.0$
分成两个互成直角的支路	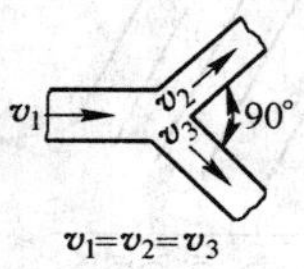 90° $v_1=v_2=v_3$	局部阻力系数值以图内所示速度 v_1 计算 $\xi=1.0$	分成两个光滑的180°角烟道	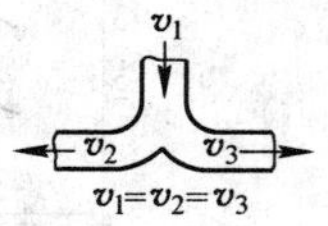 $v_1=v_2=v_3$	$\xi=0.5$

8.2.2.10　除尘系统管网的总阻力

除尘系统管网的总阻力，是不同直径各直管段摩擦阻力之和，加上各局部阻力点局部阻力之和，再乘以附加阻力系数（储备量），即

$$\Delta P = K(\Sigma\Delta P_{\mathrm{L}} + \Sigma\Delta P_{\mathrm{z}}) \tag{8-15}$$

式中　ΔP——除尘系统管网总阻力；

K——流体阻力附加系数，可取 $K=1.15\sim1.20$。

8.2.2.11　除尘系统管网中的阻力平衡

在设计的除尘系统中，当将若干尘源点连接起来并组成一个除尘系统时，必然有三通管，这时必须考虑在三通管处两个支管的阻力平衡问题，两支管之间阻力差不应大于10%。如不平衡，对于阻力较大的支管，应通过加大管径来减小阻力，使两支路阻力平衡。

8.3 除尘系统的节能

除尘系统由集气吸尘罩、管网、除尘器、卸灰装置和粉尘处理、通风机和排气烟囱、消声器及其附属设施组成。与除尘系统密切相关的还有尘源密闭装置和粉尘处理与回收系统。除尘系统节能设计就要从每个环节考虑。

8.3.1 除尘系统节能的途径和原则

8.3.1.1 除尘系统的节能途径

除尘系统的任务就是将污染源散发的颗粒污染物捕集并送到除尘器净化后达标排放。一个除尘系统的能耗大体可以分为两部分：一是使含尘气体通过除尘设备的能耗，即处理所捕集的气量和克服系统阻力所消耗的功，集中反映在主风机的功率上，这几乎是各种除尘器都具有的。二是除尘或清灰的附加能耗，这与各类除尘器的特点有关，如静电除尘器的电晕功率、振打清灰所消耗的电能；湿式除尘器的供水耗电和耗水量；袋式除尘器清灰所消耗的反吹风机的电能或压缩空气；另外还有输灰系统、电动阀门、烟气加热等消耗的电力、水蒸气、压缩空气等能源。这里不讨论第二部分，此部分能耗相对较少。第一部分能耗是主要的，并有节能潜力。主风机的电耗取决于风机的全压 p(kPa)和所处理的气体量 Q(m^3/h)，当风机的全压效率为 η 时，所需要的动力消耗 P(kW)为

$$P = 2.78 \times 10^{-4} \times pQ/\eta \tag{8-16}$$

从式（8-16）中可以看出，当风机的全压效率一定时，所需要的动力消耗分别正比于全压 p 和风量 Q。风压、风量和功率的关系见图 8-19。处理 1m^3/min 气体能耗见图 8-20。对于一个特定的除尘系统而言，若能以较小的风量达到粉尘控制效果，或者使系统的阻力

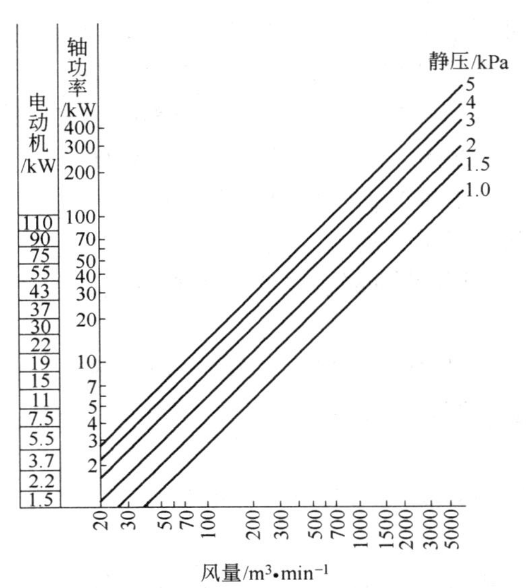

图 8-19 风量、静压、排风机轴动力、电动机关系（离心风机常温运转）

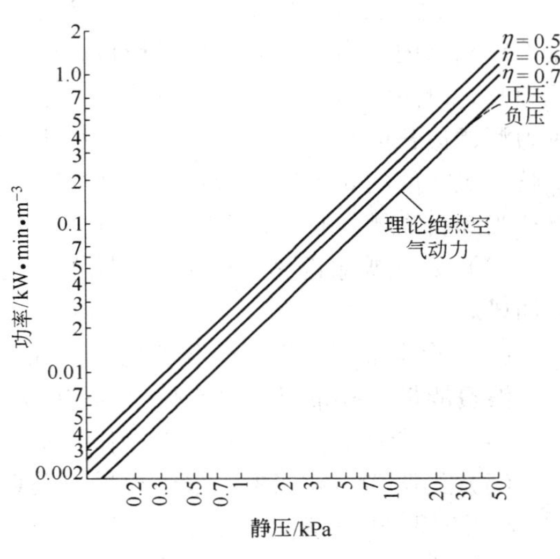

图 8-20 空气 1m^3/min 时的功率

η—送风机效率

最小，实现降低能耗的目的，这就是节能基本途径。特别应该强调指出的是，对于除尘而言，并不是除尘系统所收集的粉尘越多越好，也不是捕集所控制的区域越大越好，而是以控制住粉尘不扩散、不外溢为最终目的。若能够达到同样的效果，则应以最小控制风量和最低的压降为首选。

8.3.1.2 除尘系统节能原则

设计除尘系统时，应按节能原则进行：

（1）同一生产流程、同时工作的扬尘点相距不远时，宜合设一个系统，不应分散除尘。

（2）同时工作但粉尘种类不同的扬尘点，当工艺允许不同粉尘混合回收或粉尘无回收价值时，亦可合设一个除尘系统。当分散除尘系统比集中除尘系统节能时应考虑分散除尘。

（3）两种或两种以上的粉尘或含尘气体混合后引起燃烧或爆炸时不应合为一个系统。

（4）温度不同的含尘气体，混合后可以降低气体温度省略冷却装置时可考虑其混合。但混合后可能导致风管内结露时不应混合。

（5）划分除尘系统除进行技术比较外，还要进行耗量比较，优先设计节能的除尘系统。做能耗比较主要是考虑系统运行的耗量情况。

（6）对除尘系统要进行不同方案论证，选取更为合理的节能方案。

8.3.2 集气吸尘罩节能

集气吸尘罩在除尘系统节能设计中占有重要地位，可以设想，如果把除尘器的除尘效率或风机的效率提高1% ~3%相对困难，如果把集气吸尘罩的集气效率提高1% ~3%，要相对容易得多。

8.3.2.1 吸尘罩的位置

（1）设置排风罩的地点，应考虑消除罩内正压，保持罩内负压均匀，有效控制含尘气流不致从罩内逸出，并避免吸出粉料。如对破碎、筛分和运输设备，吸尘罩应避开含尘气流中心，以防吸出大量粉料。对于胶带运输机受料点吸尘罩与卸料溜槽相邻两边之间距离应为溜槽边长的0.75 ~1.5倍，但不小于300 ~500mm，吸尘罩口离胶带机表面高度不小于胶带机宽度的0.6倍。当卸料溜槽与胶带机倾斜交料时，应在卸料溜槽的前方布置吸尘罩；当卸料溜槽与胶带机垂直交料时，宜在卸料溜槽前、后方均设吸尘罩。

（2）处理或输送热物料时，排风罩应设在密闭罩的顶部，或给料点与受料点设置上、下抽风。

（3）吸尘罩不宜靠近敞开的孔洞（如操作孔、观察孔、出料口等），以免吸入罩外空气，浪费能量。胶带机受料点吸尘罩前必须设遮尘帘。

（4）吸尘罩的位置应不影响操作、检修和生产。

（5）与吸尘罩相接的一段管道最好垂直敷设，以免蹦入物料造成堵塞。

8.3.2.2 吸尘罩的形式

（1）有条件的尘源应尽可能采用密闭罩或半密闭罩，避免吸入尘源外的气体。

（2）为使罩内气流均匀，减少阻力一般采用伞形罩。

（3）当从密闭罩和料仓排风时，一般无吸出粉料之虑，可不设吸尘罩，将风管直接接在密闭罩或料仓上。接管与罩之间应有变径管以便减少局部阻力。

8.3.2.3 吸尘罩的罩口风速

（1）吸尘罩的罩口平均风速不宜过高，以免吸出粉料和浪费能源。一般对局部密闭罩和轻、干、细的物料，罩口平均风速应取得较低。采用局部密闭时，吸尘罩罩口平均风速不宜大于3m/s。

（2）在不能设置密闭罩而用敞口罩控制粉尘时，罩口风速应按侧吸罩或吹吸罩进行设计计算。

8.3.3 除尘管网节能

（1）除尘系统中，除尘器以前除尘管道在进行阻力计算比较后可按集合管管网或枝状管网布置，优选节能系统。

1）集合管管网：集合管管网分为水平和垂直两种。带集尘箱的水平集合管（图8-21*a*）连接的风管由上面或侧面接入，集合管断面风速为3～4m/s，适用于产尘设备分布在同一层平台上，且水平距离较大的场合。有卸尘阀的垂直集合管（图8-21*b*）连接的风管从切线方向接入，集合管断面风速为6～10m/s，适用于产尘设备分布在多层平台上，且水平距离不大的场合。集合管尚有粗净化作用，下部应设卸尘阀和粉尘输送设备。

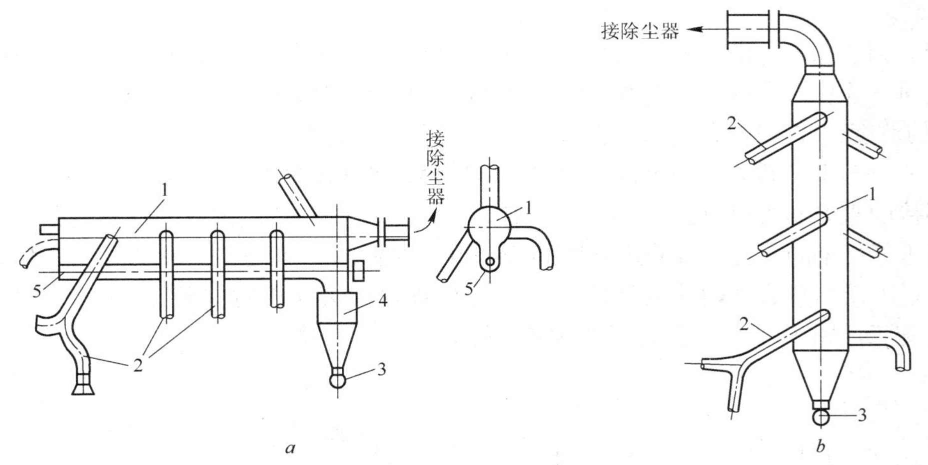

图8-21 集合管管网

a—水平集合管；*b*—垂直集合管

1—集合管；2—支风管；3—卸尘阀；4—集尘箱；5—螺旋机

集合管管网系统阻力容易平衡，管路连接方便；运行风量变化时，系统比较稳定。

2）枝状管网：枝状管网的布置形式见图8-22。风管可采用垂直、水平或倾斜敷设。倾斜敷设时，风管与水平面的夹角应大于45°。当不能满足上述要求时，小坡度或水平敷设的管段应尽量缩短，并采取防止积尘的措施。

枝状管网的管路连接较复杂，各支管的阻力平衡较难，运行调节麻烦。但占地少，无集合管的粉尘输送设备，比较简单。

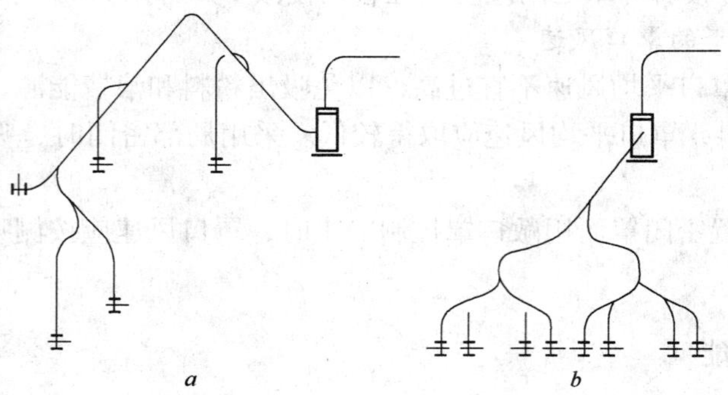

图 8-22 枝状管网

a—上部转弯的倾斜式；*b*—平衡式

（2）含尘气体管道风速一般采取 15 ~25m/s。根据粉尘性质不同，最小风速不得低于表 8-2 所列数值。

（3）管网的三通管、弯管等异形管件会对气流产生阻力，除尘系统应减少这些管托。

（4）含尘气体管道支管宜从主管的上面或侧面连接；连接用三通的夹角，宜采用 15° ~45°。

（5）对粉尘和水蒸气共生的尘源，应尽量将除尘器直接配置在排风罩上方，使粉尘和水蒸气通过垂直管段进入除尘器。当必须采用水平管段时，风管应向除尘器入口构成不小于 10°的坡度，并在风管上设检查孔，以便冲洗管内黏结的粉尘。

（6）通过磨琢性强、浓度高的含尘气体管道，要采取防磨损措施。除尘管道中异形件及其邻接的直管易发生磨损，其中以弯管外弯侧 180° ~240°范围内的管壁磨损最为严重。对磨损不甚严重的部位，可采用管壁局部加厚。对磨损严重的部位，则需加设耐磨衬里。耐磨衬里可用涂料法（内抹或外抹耐磨涂料）或内衬法（内衬橡胶板、辉绿岩板、铸铁板等）施工。图 8-23 所示为弯管外抹和内衬耐磨衬里的做法。

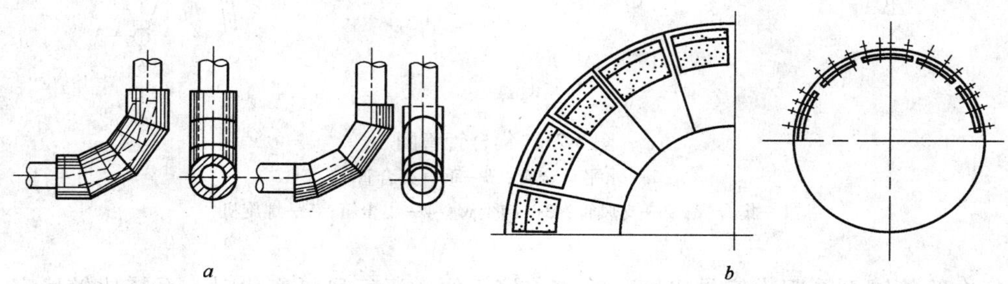

图 8-23 弯管耐磨衬里

a—涂料法；*b*—内衬法

（7）通过高温含尘气体的管道和相对湿度高、容易结露的含尘气体管道应设保温层，防止管网结露堵塞。

(8) 通过高温含尘气体的管道必须考虑热膨胀的补偿措施。可采取转弯自然补偿或管道的适当部位设置补偿器。相应的管道支架也应考虑热膨胀所产生的应力。

(9) 除尘管道宜采用圆形钢制风管，其接头和接缝应严密，宜采用焊接加工。

(10) 除尘管道一般应明设。当采用地下风道时，可用混凝土或砖砌筑，内表面用砂浆抹平，并在风道的适当位置设清扫孔减少管道阻力。但对有爆炸性危险的含尘气体，不可通过地下风道。

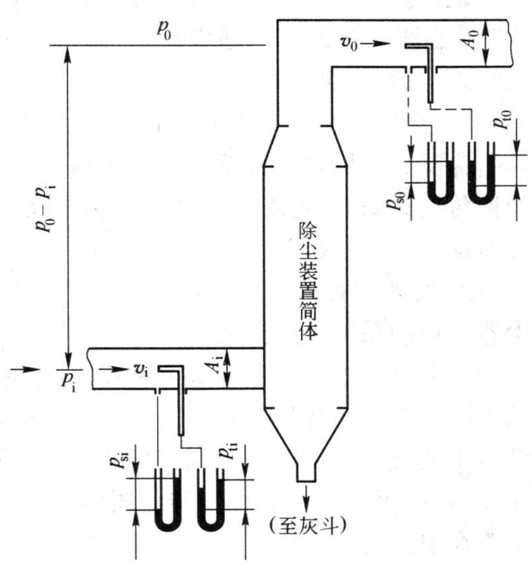

图 8-24 求除尘装置压降的方法

8.3.4 除尘器能耗与选择

8.3.4.1 除尘器能耗

含尘气体通过除尘器的能耗是除尘器通过流体时的压降。所谓除尘器压降如图 8-24 所示，系数指除尘器进口和出口气流全压之差，一般按除尘器进口动压的倍数计算

$$\Delta p = \xi \frac{\rho v_1^2}{2} \tag{8-17}$$

式中 Δp——除尘器压降，Pa；

v_1——除尘器进口气流速度，m/s；

ρ——气体密度，kg/m^3；

ξ——除尘器压损系数（阻力系数）。

除尘器压降产生的能耗

$$E = Q\Delta p \times 10^{-3} \tag{8-18}$$

式中 E——除尘器能耗，kW；

Q——气体流量，m^3/s；

Δp——除尘器压降，Pa。

湿式除尘器中输送液体的电耗

$$E_L = Q_L \Delta p_L \times 10^{-3} \tag{8-19}$$

式中 E_L——输送液体能耗，kW；

Q_L——液体流量，m^3/s；

Δp_L——输送洗涤液的压降，Pa。

液体损失相当的电耗

$$\Delta E_L = 3600 \Delta Q_L R_W / R_E \tag{8-20}$$

式中 ΔE_L——液体损失相当的能耗，kW；

ΔQ_L——液体损失量，m^3/s；

R_W——水费，元/m^3；

R_E——电费，元/(kW · h)。

据统计资料表明，一般除尘器（$1000m^3/h$）的电耗范围为 0.2 ~ 2.4kW，粗略平均为 0.6kW。在很多情况下，除尘器的总除尘效率越高，电耗也越高。

8.3.4.2　除尘器选择

（1）在满足排放要求的前提下，首先选择低阻除尘器，降低除尘能耗。例如，以袋式除尘器为例，在同样条件下脉冲袋式除尘器比反吹风袋式除尘器节能 25% 左右，新型结构设计比传统设计节能 20% 左右。加工除尘器应严密，减少设备漏风率，漏风率每增加 1%，意味着能耗浪费 1%。

（2）处理相对湿度高、容易结露的含尘气体的干式除尘器应设保温层，必要时还应在除尘器入口前采取加热措施。

（3）用于净化有爆炸危险粉尘的干式除尘器，应布置在系统的负压段上。用于净化及输送爆炸下限小于或等于 $65g/m^3$ 的有爆炸危险的粉尘、纤维和碎屑的干式除尘器和风管，应设泄压装置。必要时，干式除尘器应采用不产生火花的材料制作。用于净化爆炸下限大于 $65g/m^3$ 的可燃粉尘、纤维和碎屑的干式除尘器，当布置在生产厂房内时，应同其排风机布置在单独的房间内。

（4）用于净化有爆炸危险粉尘的干式除尘器，应布置在生产厂房之外，且距有门窗孔洞的外墙不应小于 10m。

（5）排除有爆炸危险粉尘的除尘系统，其干式除尘器不得布置在经常有人或短时间有大量人员逗留的房间的下面，如同上述房间贴邻布置时，应用耐火的实体墙隔开。

（6）选用湿式除尘器时，北方地区应考虑采暖或保温措施，防止除尘器和供、排水管路冻结。同时把除尘水系统耗能计入除尘系统耗能之中。

（7）在高负压条件下使用的除尘器，其结构应加强，外壳应具有更高的严密性。

（8）含尘气体经除尘器净化后，直接排入室内时，必须选用高效率除尘器，使其排放浓度符合室内空气质量标准。

8.3.5　卸尘装置和粉尘处理

对除尘器收集的粉尘或排出的含尘污水，根据生产条件、除尘器类型、粉尘的回收价值和便于维护管理等，采取妥善的回收或处理措施；工艺允许时，应纳入工艺流程回收处理。

湿式除尘器排出的含尘污水经处理能耗是除尘系统能耗的一部分，不可忽视。水应循环使用，以减少耗水量并避免造成水污染。

在高负压条件下使用的除尘器，应设置两个串联工作的卸灰阀，并保证该两卸灰阀不同时开启卸尘。两阀之间宜设一定的粉尘贮存容积，以便按顺序轮流卸尘。

除尘器与卸尘点之间有较大高差时，卸尘阀应布置在卸尘点附近，以降低粉尘落差，减少二次扬尘。

大型除尘器集尘灰斗和储灰仓的卸灰阀前应设插板阀，以便检修卸灰阀。

8.3.6　通风机和排气烟囱

8.3.6.1　通风机

（1）通风机选型时要重视其效率和能耗，除尘系统风机要避免大马拉小车现象。

（2）除尘系统应尽量避免二台或三台风机并联，必须并联时选同型号风机。

（3）流过通风机的气体含尘浓度较高，容易磨损通风机叶轮和外壳时，应选用排尘通风机或其他耐磨通风机。

（4）处理高温含尘气体的除尘系统，应选用锅炉引风机或其他耐高温的专用通风机。

（5）处理有爆炸危险的含尘气体的除尘系统应选用防爆型通风机和电动机，并采用直联传动。

（6）除尘系统通风机露天布置时，对通风机、电动机、调速装置及其他电气设备等，应考虑防雨设施。

（7）除尘系统通风机的噪声超过标准时,应设消声器。消声器要选低阻型的,以降低能耗。

（8）在除尘系统的风量呈周期性变化，或排风点不同时工作引起风量变化较大的场合，应设置电机调速装置，如液力偶合器、变频变压调速装置等，调速是节能的有效途径。

（9）湿式除尘系统的通风机机壳最低点应设排水装置。需要连续排水时，宜设排水水封，水封高度应保证水不致被吸空。水封底部应有检修丝堵，以备堵塞时打开丝堵进行疏通。不需要连续排水时，可设带堵头的直排水管，需要时打开堵头排水。

8.3.6.2 排风烟囱

（1）分散除尘系统穿出屋面或沿墙敷设的排风管应高出屋面1.5m，当排风管影响邻近建筑物时，还应视具体情况适当加高。

（2）集中除尘系统的烟囱高度应进行排尘量计算，并利用烟囱抽力减小风机负荷。

（3）所处理的含尘气体中CO含量高的除尘系统，其排风管应高出周围物体4m。

（4）穿出屋面的排风管应与屋面孔上部固定，屋面孔直径比风管直径大40~100mm并采取防雨措施。

（5）排风烟囱应设防雷措施。

8.3.7 消声器

消声器是治理通风机噪声的主要装置，它既可以阻止通风机噪声向外传播，又允许气流通过。把它装在通风机的气流管道上可降低通风机本身发出的噪声和管道中的空气动力噪声。消声器耗能不大，其阻力约200~300Pa。

8.3.7.1 消声器的性能

消声器的种类很多，通风机消声器主要用阻性消声器和阻抗复合消声器。所谓阻性消声器就是利用吸声材料的吸声作用使沿通道传播的噪声不断被吸收而逐渐衰减，吸声材料的消声性能类似于电路中消耗电功率，故得名为阻性。阻性消声器可分为直管式、片式、折板式、声流式、蜂窝式和迷宫式等。阻抗复合式消声器有扩张室—阻抗复合消声器、共振腔—阻抗复合消声器等。一个性能好的消声器应满足以下基本要求：

（1）消声性能。要求消声器在所需要的消声频率范围内有足够大的消声量。

（2）空气动力性能。消声器对气流的阻力损失或功能损失要小。

（3）结构性能。消声器要坚固耐用、体积要小、质量要轻、外形应美观大方、结构简单、加工容易、安装维修方便。

（4）经济性。在消声量达到要求的情况下，其价格便宜，使用寿命长，具有较好的性价比。

上述几方面是互相联系、互相制约、缺一不可的。根据具体情况可有所侧重。设计消声器时，首先要测定噪声源的频谱，分析某些频率范围内所需要的消声量，对于不同频谱分别计算消声器所应达到的消声量，综合考虑消声器四方面的性能要求，确定消声器的结构形式，有效降低噪声。

8.3.7.2　选择消声器注意事项

选择消声器时应注意以下事项：

(1) 选择消声器时首先应根据通风机的噪声级特性、工业企业噪声卫生标准、环境噪声标准及背景噪声确定所需的消声量。

(2) 消声器应在宽敞的频率范围内有较大的消声量。对于消除以中频为主的噪声，可选用扩张式消声器；对于消除以中、高频为主的噪声，可选用阻性消声器；对于消除宽频噪声，可选用阻抗复合式消声器等。

(3) 消声器应在满足消声降噪的前提下，尽可能做到体积小、结构简单、加工制作及维护方便、造价低、使用寿命长、气流通过时压力损失小。

(4) 气流通过消声器的通道流速一般控制在5～15m/s的范围内，以避免产生再生噪声。选用的消声器额定风量应不小于通过通风机的实际风量。当通过消声器的气流含水量或含尘量较多时，则不宜选用阻性消声器。

(5) 消声器安装时，距消声器进（出）口1.5～2m处应无阻挡物，并注意避开其他噪声源，以免影响消声器正常的使用效果。消声器一般安装在气流平稳的风管上并设支撑，消声器不能承受外来的重量。

(6) 消声器与通风机连接法兰口径不一致时，可配接变径管过渡，但当量角不应大于30°，连接法兰间应避免刚性连接，并注意密封，防止漏气、漏声。

(7) 通过消声器气体的含尘量应低于100mg/m^3，否则要加装空气滤清器以免影响使用效果。消声器使用一段时间后，如遇积灰消音效果降低，只能用干刷扫除灰尘，而不能用水冲洗。

(8) 通过消声器介质不允许含有水雾、油雾和腐蚀性气体。消声器在运输和待装前要采取防潮、防污措施，以免影响日后正常使用效果。

8.3.8　阀门和调节装置

(1) 对多排风点除尘系统，应在各支管便于操作的位置装设调节阀门、节流孔板和调节瓣等风量、风压调节装置。但要进行详细的风量平衡和阻力计算，尽量使这些调节装置降低阻力，减少能耗。

(2) 除尘系统各间歇工作的排风点上必须装设开启、关断用的阀门。该阀门最好与工艺设备连锁，同步开启和关断。

(3) 除尘系统的中、低压离心式通风机，当其配用的电动机功率小于或等于75kW，且供电条件允许时，可不装设仅为启动用的阀门。

(4) 几个除尘系统的设备邻近布置时，应考虑加设连通管和切换阀门，使其互为备用。

8.4 除尘系统运行管理

除尘系统运行管理对节能减排来说是极为重要的，除尘系统运行良好，不仅能使室内环境满足卫生要求，而且使室外环境满足环保要求，同时还可以节约能源。

8.4.1 除尘系统验收

8.4.1.1 施工质量验收

除尘工程质量验收是对已完工的工程实体的外观质量及内在质量按规定程序检查后，确认其是否符合设计及各项验收标准的要求，可交付使用的一个重要环节。正确地进行项目质量的检查评定和验收，是保证工程质量的重要手段。

鉴于工程规模较大，有专业分工、技术要求较高的除尘工程，验收必须根据相应的规范进行，以保证验收质量。

工程质量验收分为过程验收和竣工验收，其程序及组织包括：

（1）除尘工程完成后，应在施工单位自行验收合格后，通知建设单位（或工程监理）验收，重要的分项应请设计单位参加验收。

（2）工程完工后，施工单位应自行组织检查、评定，符合验收标准后，向建设单位提交验收申请。

（3）建设单位收到验收申请后，应组织施工、勘察、设计、监理单位等方面人员进行单位工程验收，明确验收结果，并形成验收报告。

（4）按现行管理制度，重大除尘工程项目验收合格后，尚需在规定时间内，将验收文件报环境管理部门备案。

除尘工程施工质量验收应符合下列要求：

（1）工程质量验收均应在施工单位自行检查评定的基础上进行。

（2）参加工程施工质量验收的各方人员，应该具有规定的资格。

（3）建设项目的施工，应符合工程勘察、设计文件的要求。

（4）单位工程施工质量应该符合相关验收规范的标准。

（5）工程外观质量应由验收人员通过现场检查后共同确认。

工程质量不符合要求时，应按规定进行处理：

（1）经返工或更换设备的工程，应该重新检查验收；

（2）经有资质的检测单位检测鉴定，能达到设计要求的工程，应予以验收；

（3）经返修或加固处理的工程，虽局部尺寸等不符合设计要求，但仍然能满足使用要求，可按技术处理方案和协商文件进行验收；

（4）经返修和加固后仍不能满足使用要求的除尘工程严禁验收。待整改满足要求后再验收。

8.4.1.2 除尘工程效能验收

（1）除尘设备主要技术性能是否达到设计指标，包括：处理风量、设备阻力、漏风率、除尘效率、排放浓度及其专项技术指标。

（2）除尘系统必须达到性能稳定、连续运行的可靠程度。除尘率达到设计要求，设备完好率、同步运转率在95%以上。

（3）各项除尘系统和设备运行费用指标清晰，按每吨产品或工作时间运行费用成本指标，纳入生产成本管理。

8.4.1.3　除尘系统调整

负荷试车过程中应合理采用风量负荷调整措施，保证除尘系统的风量、阻力和除尘效率在最佳状态下运行，实施除尘设备优化管理。

除尘系统风量调整，往往采取由小至大的调节原则，应用调节通风机出口阀的开启度，渐进实现处理风量至设计值；在系统风量达到额定后，再采取由远至近的原则，调节各抽尘点风量分配的均匀性。在风量调节过程中，往往借助一些必要的检测手段，进行细化调整。

除尘设备运行后，应按建设项目环境保护或职业卫生验收管理规定，组织建设项目投产前检测和验收检测。验收检测，一般在除尘设备正常运行100天后进行。

8.4.2　除尘系统运行

8.4.2.1　一般规定

（1）生产单位应设环境保护管理机构，配备技术人员及除尘系统检测仪器，制定除尘系统运行及维护的规章制度。

（2）除尘设施的操作和维护均应责任到人。岗位工应通过培训考核上岗，熟悉本岗位运行及维护要求，具有熟练的操作技能，遵守劳动纪律，执行操作规程。

（3）除尘系统应在生产系统启动之前启动，在生产系统停机之后停机。

（4）岗位工人应填写运行记录，严格执行交接班工作制度。运行记录按天上报企业生产和环保管理部门，按月成册。所有除尘器均应有运行记录，一般通风设备用除尘器运行记录可随同车间工艺设备一起编制，高温烟气系统的除尘器，处理风量大于100000m^3/h的大型除尘系统的除尘器运行记录宜单独编制，记录间隔可取1～2h。

（5）除尘工程中通用设备的备品备件按机械设备管理规程储备，专用备品、备件，如脉冲阀、滤袋、气动元件、绝缘材料、电晕线、电极板及高低压电器元件等，储备量为正常运行量的10%～15%。

（6）应制定除尘系统中、大检修计划和应急预案。除尘系统检修时间应与工艺设备同步，每6个月对工艺配套的除尘系统主要技术性能检查1次，对可能有问题的除尘系统随时检查，检修和检查结果应记录并存档。

8.4.2.2　注意事项

为了保证除尘系统正常运转，须注意以下事项：

（1）按照选型的原则和计算，选取最合适的除尘系统，确保除尘净化效果，并降低运转维护费用。

（2）了解并掌握整个除尘系统的特点和组成部分。

（3）严格按照使用说明书及操作规程的要求进行运转。

（4）经常、细致地观察除尘器配套设备的工作状况。

（5）注意除尘器入口的气体温度，尽可能保持比较低的温度，但是应以露点温度为限。

(6) 熟悉设计文件和技术资料。

8.4.2.3 运转前检查的主要内容和要求

(1) 彻底清除除尘器和输灰装置内外杂物，积灰和油污，尤其应清除螺旋输送机和刮板机内的金属块和其他块状杂物。

(2) 凡容易漏风的部位，如检查门、管道、密闭吸风罩、卸灰阀等处，应按要求封闭严密。

(3) 各种阀门、仪表及装置等动作灵活可靠，并在各自相应正确的位置上。

(4) 各润滑部位加足润滑脂（或润滑油），同时避免漏油。

(5) 各连接部位的固定螺栓全部拧紧，以避免运转时产生振动松脱。

(6) 安全防护设施齐全、完整，符合设计要求。

(7) 输送机运转无摆动现象。密闭阀门动作灵活，封闭严密。

(8) 在冬季或含尘气体湿度大的情况下，检查电热装置或加热设备，在通电、通气时工作是否正常。

8.4.2.4 系统启动

经检查，上述各项全部符合规定要求，得到开车通知后，才允许启动。

A 开车顺序

除尘器如在主机连锁联动系统内，应随主机按顺序自动启动。如系岗位开车，接到开车通知后，应按下列顺序开车：

(1) 开动输送装置和排灰装置电动机，并先开斗提机后开刮板机。

(2) 启动清灰装置（振打清灰装置的电动机，脉冲清灰的空气压缩机，反吹清灰的鼓风机和各种阀门）。

(3) 开动风机的电动机和控制系统。

B 停车顺序

停车顺序与开车顺序相反。除尘器若在主机的连锁联动系统内，则随主机自动按先后顺序停车。如系岗位停车，应按下列顺序进行操作：

(1) 停止排风机或鼓风机的电动机。

(2) 待全部滤袋清灰后，停止清灰装置运行。

(3) 停止输灰装置电动机（一般在排风机停转5～10min后进行），并且先停刮板机后停斗式提升机。

C 紧急停车

在下述情况下，可以进行紧急停车，停车后应立即报告班（组）负责人：

(1) 粉尘输送机停止了转动，经过再次启动仍然不能转动，必须进行检查时。

(2) 控制仪表发生故障，经修理仍未能排除时。

(3) 由于温度高进入火种引起火灾，必须迅速切断电源，停止排风时。

(4) 风机发生振动，叶轮碰机壳，经调整无效时或排风机轴承、电动机发生振动或温升超过规定温度时。

8.4.2.5 运转

除尘系统的运转可分为试运转与日常运转。

A 试运转

在试运转前，必须对下列各项进行检查：

（1）风机的旋转方向、转数、轴承振动和温度。

（2）系统管道的状况、冷却装置、除尘器是否漏气以及冷却水量等。

（3）处理风量和各点的压力及温度是否与设计指标相符。

（4）测试仪表的指示和记录是否正确。

（5）反复校验，检查安全装置的可靠性。

在试运转时，应注意下列各种事项：

（1）在应用除尘器时，可由人工调节风机的阀门，然后逐渐增加阀门开度、达到设计的风量后再进行正常运转。

（2）在开始运转中，常常注意气体的温度、压力、水分等情况的变化，注意可能出现冷凝水的现象。

（3）应避免气体温度急剧变化。

B　日常运转

在日常运转中，要定期检查和适当调整如下几方面的问题：

（1）监测仪表。除尘系统的运转状态，可以由系统的压差、入口气体温度、主电动机电压和电流等数值及其变化而进行判断。流量是否发生变化，在运行过程中有无粉尘泄漏现象，风机转数是否发生变化，入口管道是否发生堵塞，阀门是否出现故障，冷却水有无泄漏，系统管道是否破坏，其他。

（2）流量变化。引起系统流量变化的主要原因有入口气体含尘浓度增大，开闭吸尘罩或分支管道的阀门，对一个分室进行清灰，装置本体或管道系统的泄漏或堵塞，风机出现故障，其他。

流量增加时，会引起袋式除尘器过滤速度增大，滤袋破损等现象。若流量减少，使管道内风速变慢，粉尘在管道内产生滞留和沉积现象，从而又使流量减少进一步恶化，影响抽吸粉尘的能力。因此，最好应设置流量自动控制装置。

（3）阻力。除尘器在运行期间应经常注意观察压差的变化，借以判断是否出现问题。若压差变化，则可能意味着出现了入风管道堵塞或阀门关闭、箱体或各分室之间有泄漏、风机转速降低等情况。在压差超过允许范围时，应及时检查并采取措施。

（4）作业条件改变。在运转中，应注意尘源的含尘浓度、尘粒形状、粒度分布、湿度、温度以及其他条件的波动和变化。当改变原作业条件时，应进行慎重的研究，不得盲目作业。

（5）运转停止的管理。除尘系统停止运转时，必须特别注意箱室的湿气和风机轴承。可以采取在完全排出系统中的含湿气体后，将箱体密封。也可以采取在停止运转期中，不断地供给暖空气，注意管道及驱动部分的防锈、润滑和防潮。

（6）安全管理。在处理可燃气体、高温气体和含有易燃易爆粉尘气体时，应特别注意防止燃烧、爆炸和火灾事故。通常可考虑采取下列防火防爆措施：

1）选用耐高温或不易燃烧的滤料；2）在除尘器前面设燃烧室或火花捕集器，以便使未完全燃烧的含尘气体在进入除尘器前完全燃烧或消除火种；3）保持系统畅通，避免粉尘积聚；4）除尘器如设在室外，要采取避雷措施，如设在室内，应设置防爆泄压和自动灭火设施；5）采取防止静电积聚措施，一般可用导电材料接地的方法；6）电气设备采用防爆型，并符合安全要求；7）清除残留堆积的粉尘；8）设置发火警报和自动停车装置；9）对于处理有毒、有害气体和烟尘，不允许漏入室内或净化后再循环至室内；10）除尘器使用的压缩空气管道，必须安装防爆阀或安全开关，并定期清除贮气罐中的油泥污垢，以防燃烧爆炸。

8.4.3 除尘系统维护

8.4.3.1 除尘系统维护一般规定

（1）除尘系统的维护包括正常运行时的检查、管路和设备清扫、疏通堵塞、定期加注或更换润滑油（脂）以及及时进行的小修、定期进行的中修和大修。维护范围包括工程配套设施。

（2）除尘设备投入运行一周内应对各连接件进行紧固，对运动部件逐一检查。对袋式除尘器检查清灰机构和滤袋滤尘情况，发现滤袋破损应及时更换。对电除尘器检查振打装置、接地和电场内部情况，清扫高低压电控柜和绝缘材料。反吹风袋式除尘器使用1~2个月后，应对滤袋吊挂机构长度进行调整或更换。对湿式除尘器应定期冲洗，清除淤泥。检查冬季防冻保温措施及净化腐蚀性气体设备防腐蚀措施的完好程度，发现破损应及时处理。

（3）中修宜半年进行一次，包括运转设备的换油及调整，重要配件的更换和修理，电气系统及测试设备的调整，接地极的检查和处理，电场内部、高低压电控柜和绝缘材料的清扫工作等。大修宜2~5年进行一次，除中修的内容外，还应包括各种仪器仪表的检定，滤袋或电极的更换，系统设备的改造和更换，系统加固、油漆和保温等。

（4）设备检修时应做好安全防范，切断设备运行电源，在检修门、电控柜处挂“警示牌”，保管好安全连锁钥匙。人员进入电场内部或涉及高压部位的区域，除切断全部高压电源外，还应将隔离开关全部切换到接地位置。

（5）除尘设备内部检修要求如下：

1）排净粉尘；

2）用新鲜空气置换出内部残留的气体，使设备内一氧化碳等有毒、有害气体含量降至安全限度以下；

3）采取降温措施，使除尘器温度降至40℃以下；

4）进入内部的维修人员不得吸烟；

5）采取防止维修人员进入除尘器后检修门自动关闭的措施；

6）对于在线检修的袋式除尘器应切断该单元滤室，一旦出现不适，应立即停止作业；

7）电除尘器阴极要可靠接地，袋式除尘器要拆除相应滤袋，才能进行电焊、气割作业。

（6）煤气净化系统设备和管道的维护及检修应执行《转炉煤气净化回收技术规程》、《炼铁安全规程》的有关规定。

8.4.3.2 维护操作的安全措施

（1）正在维护作业时，首先切断电源，操作人员必须携带操作盘的钥匙，并在操作盘上挂上“正在检修，严禁运转”的牌子。

（2）振打装置、输灰设备、排风机等的传动装置，如联轴器、传动皮带、传动链轮等，都要加设防护罩，以防螺栓松脱，皮带、链条断裂时飞出伤人。

（3）日常巡回检查或运转中，临时处理故障时，作业人员必须严防衣物绞入传动装置伤皮肤。

（4）对于处理含易燃易爆粉尘气体的除尘设备，如煤磨使用的袋式除尘器，应经常清除除尘器内积灰，以防燃烧或爆炸，更应防止火种入内。在运转时严禁用电焊、气焊焊补管道或壳体。

（5）对于处理高温气体的正压玻璃纤维布袋式除尘器，在夏季进入气体分布室悬挂滤袋时，应采取防止中暑措施。

（6）在进入有害、有毒气体除尘器内维修时，要防止可能发生的缺氧及有害气体中毒事故。可将系统内气体用空气置换之。

（7）当检修结束以后，必须认真检查有无工具或其他杂物掉入设备内。检查各防护罩安装是否妥当，不得草率从事。

（8）除尘系统各设备开、停时，必须与其他岗位进行联系，同意后方能按操作规定的开、停车顺序进行开车或停车。

8.4.3.3　除尘系统的维护

除尘系统维护检修基本流程如图 8-25 所示。

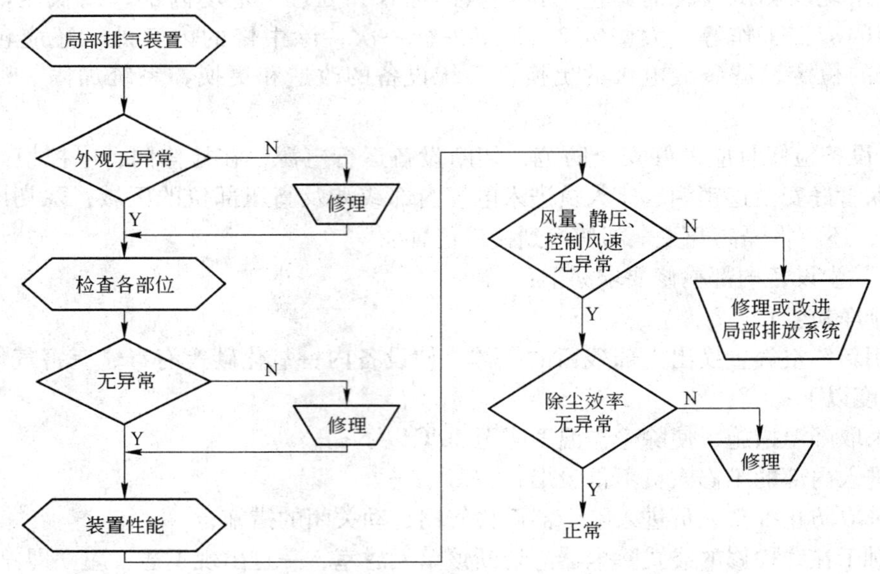

图 8-25　除尘系统检修的基本流程

A　吸尘罩的维护

吸尘罩的维护检修流程如图 8-26 所示。吸尘罩的主要维护项目如下：

（1）移动式吸尘罩的位置是否正确。

（2）变形或破损状况。吸尘罩调节阀完好灵活状况。

（3）与管道连接部分是否完好。

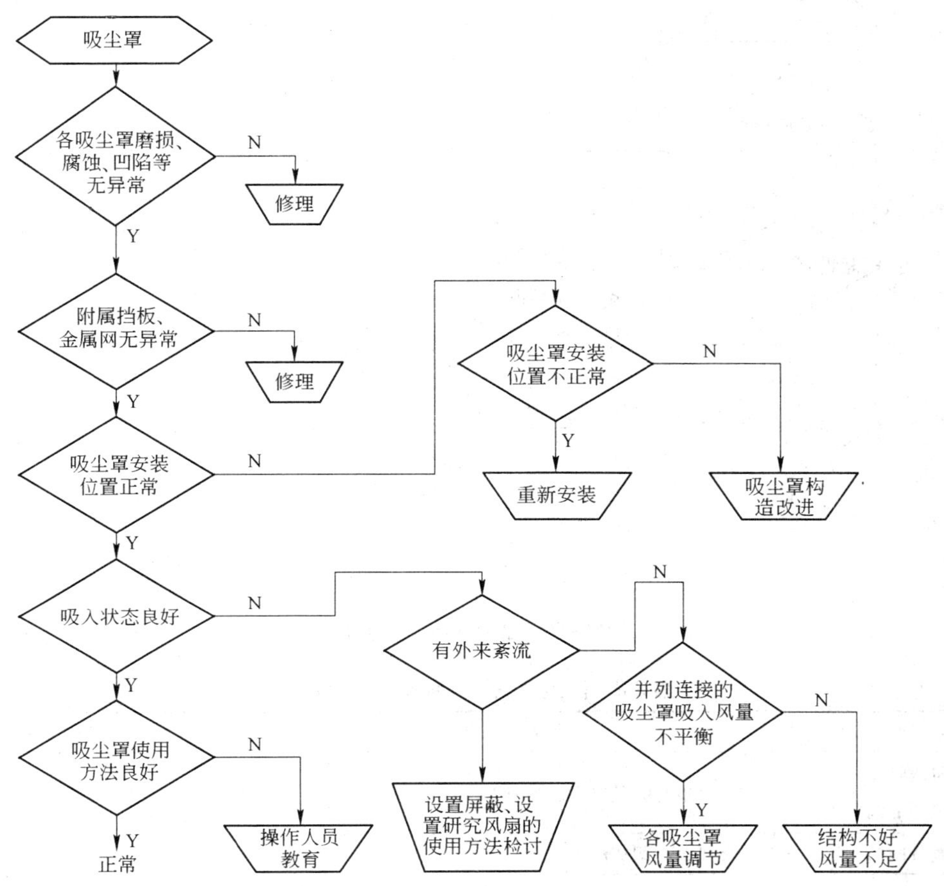

图 8-26 吸尘罩检修流程

(4) 粉尘堆积状况并清扫之。

(5) 若设置水冷却装置，应检查排水量、排水温度和有无渗漏，保持冷却正常。

B 管道的维护

管道的维护检修流程如图 8-27 所示。管道的主要维护项目如下：

(1) 连接法兰是否漏风。

(2) 渗漏（水冷管道）。

(3) 冷却排水量及温水（水冷管道除外）。

(4) 管道的变形、破损及腐蚀。

(5) 弯管部分的磨损。

(6) 按管道设计时的积灰厚度（一般为管道截面积的 5%）定期清扫管道中的附着和堆积粉尘。

C 阀门的维护

不同阀门在除尘系统使用的目的是不同的，见表 8-8。

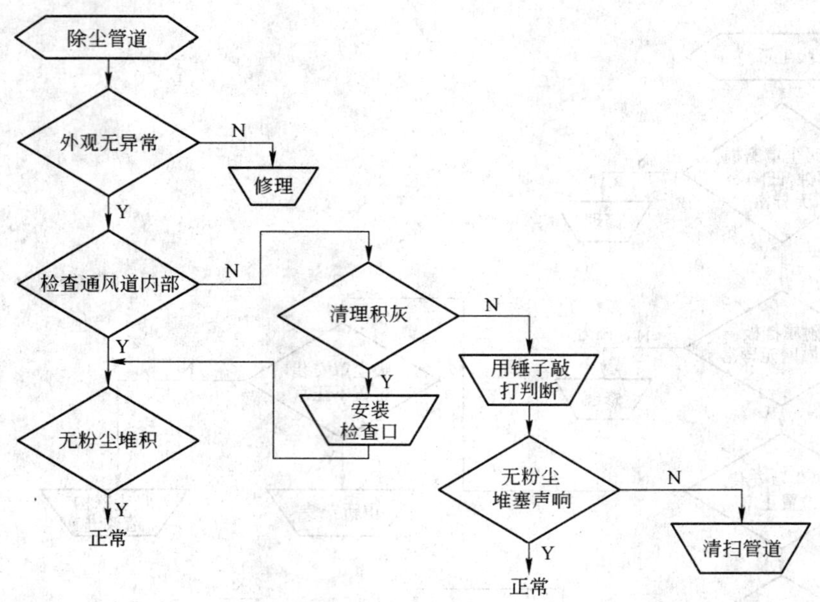

图 8-27　除尘管道检修流程

表 8-8　除尘系统阀门种类及使用目的

名　称	使 用 目 的	动作频度
吸风罩阀及吸风量调节阀门	安装在吸尘罩与吸风口附近管道上，吸风时打开，调节吸风量	经　常
风量调节阀门	从多点吸风时，调节风量	少
冷风导入阀门	保护滤袋，当气体温度超过规定值以上时，打开以防止烧毁	经　常
紧急切断阀门	当气体温度超过规定值以上时，关闭之，切断气流，以保护滤袋	几乎不用
换向阀门	安装于各分室，在清灰时换向开、闭	频　繁
风机入口阀门	防止启动时电动机过负荷使用	经　常
提升阀、反吹阀门	安装于各分室，清灰时开、闭	频　繁

主要维护项目如下：

(1) 运转中阀门开闭是否灵活、准确。

(2) 启闭机构（气缸或动力缸）的动作状况。

(3) 密封状况。

(4) 有水冷却的阀门，应检查漏水情况，冷却排水量及排水温度，并维修之。

(5) 停车时检查阀门的变形，破损及密闭性。

D　安全阀门（防爆口）的维护

主要维护项目如下：

(1) 定期用手动开、闭，反复检查动作状况。

(2) 安全压力状况，核定安全压力。

(3) 压力降低后，应能自动恢复原位而关闭。

E 灰仓的维护

主要维护项目如下：

（1）在运行中应常检查粉尘的堆积量（可用锤击灰斗，以声音检查、判断），堆积量多应及时运走。

（2）检查排气口小袋式除尘器的工作状况。

（3）检查灰仓料位计和振动装置是否完好、准确。

F 粉尘输送装置的维护

粉尘输灰装置检修流程如图 8-28 所示。

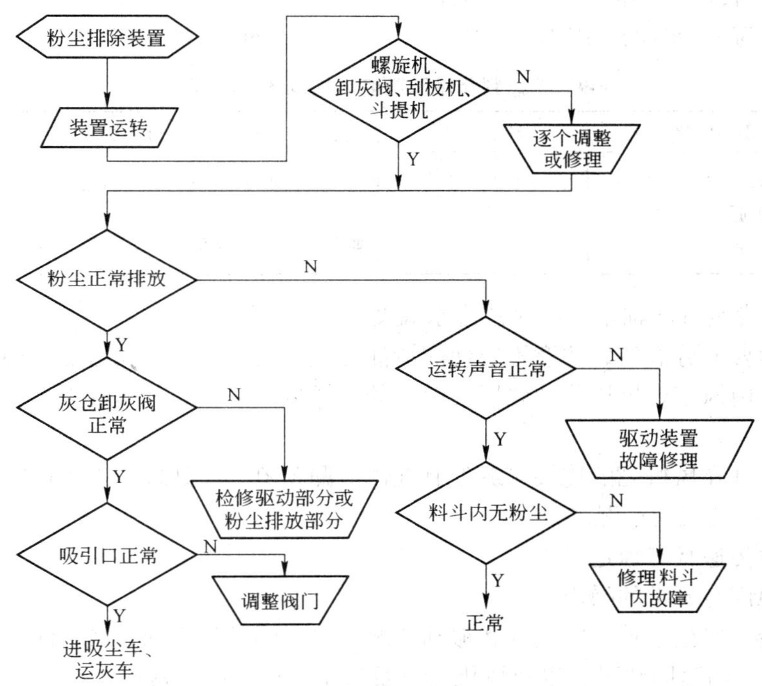

图 8-28 输灰装置检修流程

输送装置的主要维修项目：

（1）运转中经常检查驱动装置的驱动链条的拉紧状况，运行是否平稳。

（2）有无异常声音，润滑状况（润滑油是否充足）。

（3）卸出部分有无堵塞。

（4）停车后检查磨损状况及修补或更换，并清除壳内的积灰。

回转卸灰阀的主要维护项目：

（1）密封性是否良好。

（2）检查驱动装置的链条、轴承磨损情况和润滑油是否充足。

（3）粉尘排除是否正常，有无堵塞。

（4）停车时检查和修补叶片的磨损；检查和清扫壳内侧的附着粉尘；调整驱动链条的松紧程度。

G　风机和电动机的维修

a　风机的维护

除尘系统风机的运转状态，可以用振动测定方法检查和判断，如图 8-29 所示。

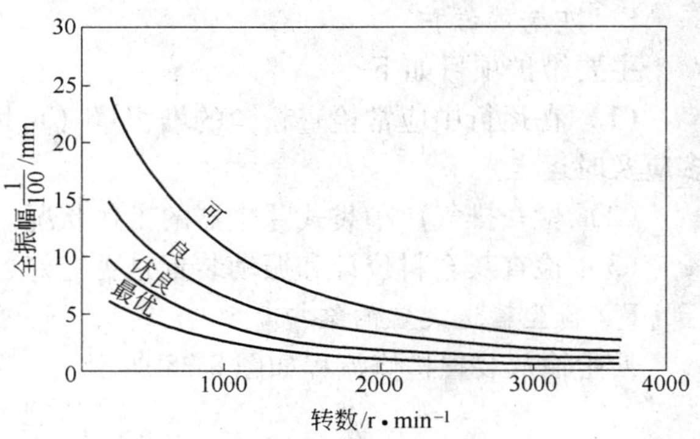

图 8-29　风机运转状态的判断曲线

(1) 在规定的负荷下连续运转时，轴承的温度，如无具体规定，不能高于周围空气温度 10℃ 以上。一般检查方法，可以用手触摸，如能耐 10s 以上，基本就可以认为是安全的，参考表 8-9。

表 8-9　手感判断轴承温度（周围环境温度 20℃）

抚摸轴承手的感觉	轴承温度	抚摸轴承手的感觉	轴承温度
无温暖感觉	26℃以下	感到热（不能坚持抚摸 50s）	48℃
稍温暖	32℃	感到相当热（仅能坚持抚摸 15～20s）	56℃
温　暖	38℃		

对于有水冷装置的轴承，应注意排水温度。

(2) 轴承要充分润滑，注意不要使润滑油外溢。同时应注意润滑油的种类和品质。

(3) 允许由风速、风压或叶轮回转引起的轻微振动，但必须运转平稳。尤其要注意轴承部分的振动。

(4) 不允许在风机壳的连接接缝处有气体泄漏现象。在处理特殊气体时，要特别注意风机轴贯通部位的气密情况。

(5) 动力传递状态稳定可靠。

(6) 不允许有异常的噪声。

(7) 运转中要记录轴承的温度和振动情况；检查轴承的冷却水量、润滑油量；固定螺栓和其他紧固件的紧固状况，以及风机转速及流量，出现的异常声音。

(8) 停车时应检查叶轮的磨损及破损情况；紧固各连接螺栓及其他紧固件，检查联轴节，轴瓦磨损情况，并进行调整；皮带传动时，检查皮带磨损情况并调整张力。

b　电动机的维护

(1) 运转中应监听电机的声音有无异常。

(2) 检查轴承的润滑油量、轴承的温度。

(3) 检查轴承的振动，紧固螺栓的松弛和振动的情况。

(4) 检查电流、电压变化波动范围。

(5) 停车时应检查紧固螺栓的松弛情况，并紧固之；轴承的润滑油量，油量过多可能引起轴承过热，所以润滑油脂的补给量必须适当。

H　监测仪表的维护

在除尘系统中，监测仪表对于了解全面运转状态、运转状态的调整和安全生产有着重要作用。测量信号的传递和动作系统如图 8-30 所示。

主要维护项目如下：

(1) 运转中应检查仪表的指示是否正确，并做好记录。

(2) 清扫仪表的检测部分。

(3) 检查压力表配管有无漏气现象。

(4) 仪表指示值的记录。

(5) 检查安全装置的动作情况。

(6) 停车时应检查并调整安全装置的动作；检查并清扫仪表的检测传感部分；调整仪表的零点。

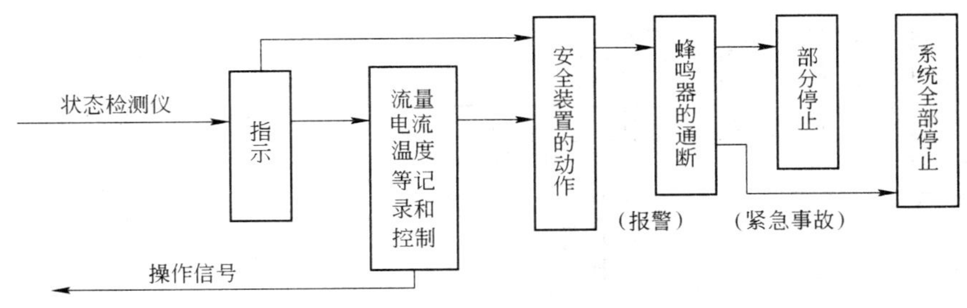

图 8-30 监测系统

8.4.4 静压诊断技术与故障判断

8.4.4.1 静压诊断技术

A 诊断原理

除尘静压诊断技术是最简单最有效的故障诊断技术，它是在除尘管道合适的地方设静压测定孔，安装水柱式液体压力计，以便经常测定风道内的静压，根据测定值的变化，掌握异常情况，便于诊断故障。其原理与测定电压诊断电路故障相同（图 8-31）。

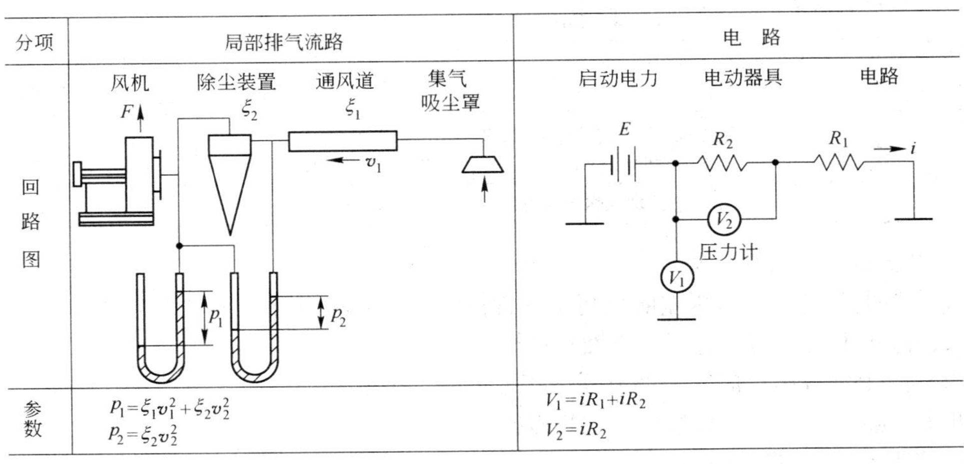

图 8-31 局部排气流路与电路比较

p_1，p_2—静电压差，除尘器本身的损失不一定与流速 v 的平方成正比；

v—流速；p—静压差（压力损失）；ξ—阻力系数；F—风机；

i—电流；V—电压下降；R—电阻；E—启动电力

图 8-31 中(左图):p 增大的原因是：（1）流速 v 增大（风机 F 的能力提高）；（2）流动阻力增加（闭塞）。p 减小的原因是：（1）流速 v 减小（风机能力下降）；（2）流动阻力变小（流路畅通）。

图 8-31 中（右图），v 增大的原因是：（1）电流 i 增大（启动电力 E 的能力提高）；（2）电阻增大。v 减小的原因是：（1）电流 i 变小（启动电力下降）；（2）电阻减小。

B　压力计配置

用静压法诊断除尘设备故障时压力计的安装位置如图 8-32 所示。

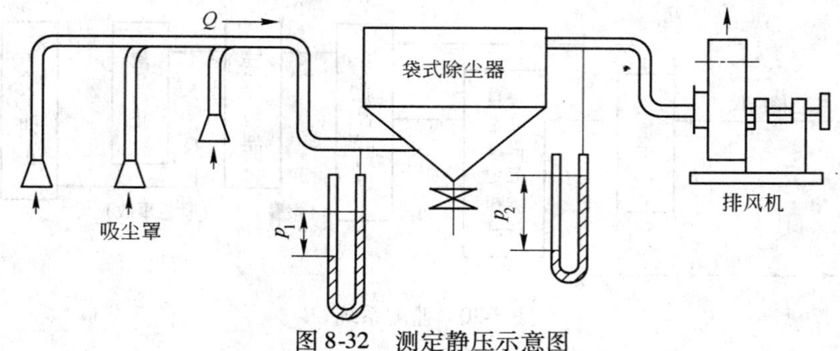

图 8-32　测定静压示意图

C　压力诊断内容

a　一般诊断

在实际操作时，可根据静压变化诊断故障按表 8-10 的方式进行故障判断。

表 8-10　根据静压变化诊断故障

除尘器出口 \ 除尘器入口		p_1 与新设时同样	p_1 增　加	p_1 减　小
p_2	与新设时同样	正常，但有时吸尘罩会脱落		来自除尘器的空气进入，粉尘排出装置开放
p_2	增　加		从 p_1 测定点开始，上游的粉尘堵塞	除尘器阻力增加（滤袋孔堵塞）
p_2	减　小	袋式除尘器滤袋部分破损，来自除尘器的一部分空气进入	除尘器阻力小，袋式除尘器滤袋等发生大的破损	从排风机入口近处进入空气，风机能力下降
p_1、p_2 分别是除尘装置入口以及出口设置的压力计读数				

b　袋式除尘器故障诊断

（1）除尘器进出口静压差明显高于正常值时，可以从设计风量过大、过滤速度大、滤袋堵塞、清灰不足、测压有误等方面找原因。

（2）除尘器进出口静压差明显低于正常值时，可以从处理风量小、风机低速运行、风阀开度小、漏风量大、清灰过频、滤袋破损等方面找原因。

c　旋风除尘器故障诊断

（1）除尘器进出口静压差过高多半是除尘器管路堵塞或内部积灰太多。

（2）除尘器进出口静压差过低可能是壳体磨漏或卸灰阀漏风大。

8.4.4.2　除尘系统常见故障判断

除尘系统常见故障判断内容见表 8-11。

表 8-11 常见故障判断内容

现 象	检 查 部 位						
	吸尘罩吸入口	主管道	冷却装置	滤 袋	除尘器	风机、电动机	控制装置
吸尘作用变坏	(1)由粉尘、杂物等堵塞 (2)阀门关闭 (3)罩与管道连接处开裂 (4)阀门开度不足	(1)管道连接处开裂 (2)由粉尘、杂物等堵塞 (3)连接处漏风 (4)安全阀开启 (5)因磨损、腐蚀而破坏	(1)由粉尘、杂物等堵塞 (2)冷却能力降低 (3)安全阀开启 (4)因漏水而堵塞	滤袋堵塞	(1)灰斗内大量积存粉尘 (2)清灰机构动作不良 (3)清灰机构有故障 (4)安全阀开启 (5)壳体腐蚀、破损	(1)转速降低 (2)电压降低 (3)叶片磨损 (4)阀门动作不良 (5)传动带破损 (6)传动带脱落 (7)传动带松弛打滑 (8)电动机有故障	(1)动作不良 (2)安全装置误动作 (3)测试仪表的设定值错误
从出口冒出烟尘		分支管道开启		(1)滤袋破损 (2)滤袋脱落漏泄	花板因龟裂漏风		(1)误动作 (2)监测仪表设定值错误
主电动机电流减小	(1)由粉尘、杂物等堵塞 (2)阀门关闭 (3)罩与管道连接处开裂 (4)阀门开度不足	由粉尘、杂物等堵塞	(1)由粉尘、杂物等堵塞 (2)冷却能力降低 (3)安全阀开启 (4)因漏水而堵塞	滤袋堵塞	(1)灰斗内大量积存粉尘 (2)清灰机构有故障，动作不良	(1)转速降低 (2)电压降低 (3)叶片磨损 (4)阀门动作不良 (5)传动带破损 (6)传动带脱落 (7)传动带松弛打滑 (8)电动机有故障	(1)动作不良 (2)安全装置误动作 (3)测试仪表的设定值错误
主电动机电流增大		(1)管道开裂、脱落，安全阀开启 (2)因腐蚀、破损而漏入空气	安全阀开启，因腐蚀、破损而漏风	(1)滤袋破损 (2)滤袋脱落	花板损坏	(1)轴承破损 (2)电机有故障	监测仪表设定值有误
电动机停转						(1)轴承振动严重 (2)电动烧毁 (3)过负荷	安全装置动作
发生振动（声响）	(1)吸尘罩紧固件松动 (2)与其他构筑物相接触	与其他构筑物相接触				(1)叶轮不平稳 (2)风机喘振 (3)地脚螺栓松动	

8.4.5　除尘系统防燃防爆

悬浮在空气中的某些粉尘，当达到一定的浓度时，如果存在着能量足够的火源，如火焰、电火花、炽热物体或由于摩擦、振动、碰撞等引起的火花就会发生爆炸。

粉尘的爆炸在瞬间产生，伴随着高温、高压、热空气膨胀形成的冲击波具有很大的摧毁和破坏性。除尘设备燃爆事故屡有发生。

8.4.5.1　粉尘爆炸

粉尘爆炸有如下三个条件：

（1）存在易燃物质。易燃粉尘或气体以适当的浓度，飘浮在空气中（氧化剂）。这些物质颗粒直径在 15μm 以下，浓度在 20～6000g/m^3 之间是危险的。发生事故较多的粉尘有铝粉、铝材料研磨粉、锌粉、硅铁粉、铁粉、硅粉、钛粉、镁粉、各种塑料制品粉末、有机合成药品中间体、小麦粉、木材粉、其他易燃粉末等。

（2）存在氧化剂。除尘装置的氧化剂主要是空气，而且换气在装置内进行，氧气供应充足。

（3）存在火源。已知火源包括电火花、静电火花、火焰明火、自燃起火、高温表面热辐射、热线（光线、辐射热）、冲撞摩擦、隔热压缩等。这些火源中，除尘装置易产生的是静电火花、冲撞摩擦、自燃以及明火。

当以上三个条件都具备时，就会发生爆炸。因此，只要除掉其中一个因素，即可防爆。

8.4.5.2　粉尘爆炸机理及特点

粉尘爆炸与气体爆炸相似，也是一种连锁反应，即尘云在火源或其他诱发条件作用下，局部化学反应释放能量，迅速诱发较大区域粉尘发生反应并释放能量，这种能量使空气提高温度，急剧膨胀，形成摧毁力很大的冲击波。

与气体爆炸相比，粉尘爆炸有三个特点：

（1）必须有足够数量的尘粒飞扬在空中才能发生粉尘爆炸。尘粒飞扬与颗粒的大小和气体的扰动速度有关。

（2）粉尘燃烧过程比气体燃烧过程复杂，感应期长。有的粉尘要经过粒子表面的分解或蒸发阶段，即便是直接氧化，这样的粒子也有由表面向中心延烧的过程。感应时间（接触火源到完成化学反应的时间）可达几十秒，为气体的几十倍。

（3）粉尘点爆的起始能量大，几乎是气体的几十倍。

在粉尘爆炸的危害方面还有以下两个特点：

（1）粉尘爆炸有产生二次爆炸的可能性，因为粉尘初始爆炸的气浪会将沉积的粉尘扬起，在新的空间形成爆炸浓度而产生爆炸，这叫二次爆炸。这种连续爆炸会造成极严重的破坏。

（2）粉尘爆炸会产生两种有毒气体：一种是一氧化碳；另一种是爆炸物（如塑料）自身分解的毒性气体。毒气的产生往往造成爆炸过后的大量人畜中毒伤亡，必须充分重视。

8.4.5.3　形成粉尘爆炸的因素

形成粉尘爆炸的因素有粉尘自身形成的与外部条件形成的两方面因素（表 8-12）。一般常见的粉尘爆炸形成的三个要素是：粉尘的可燃性、空气的存在和点火源。

表 8-12 粉尘爆炸的影响因素

粉尘自身		外部条件
化学因素	物理因素	
燃烧热	粉尘浓度	气流运动状态
燃烧速度	粒径分布	氧气浓度
与水气及二氧化碳的反应性	粒子形状	温 度
	比热容及热传导率	可燃气体浓度
	表面状态	阻燃性粉尘浓度及灰分
	带电性	点火源状态与能量
	粒子凝聚特性	窒息气浓度

8.4.5.4 防燃防爆对策

A 粉尘污染源的吸尘罩

引起爆炸的原因：高浓度粉尘云的产生与冲撞、静电火花、明火等。因此，应充分排气换气，清扫工厂内堆积的尘土，防止明火进入吸尘罩，操作时注意明火，对操作人员加强安全教育。

B 除尘管道

引起爆炸的原因：堆积的粉尘、没有彻底清除的易燃气体等。因此，应合理制定粉尘输送风速，定期检查除尘管道维护管理好防火挡板、减压器和弯管接头，尽快修理管道破损处，保持管道内流速稳定，输送易燃粉尘时，避免用挡板进行切换。管道要尽量短。减压器的角度应在15°以下。另外，还要注意打扫管道时产生的火花和修理时的明火。对易爆粉尘管道要设置足够的防爆阀面积。

C 除尘装置

引起爆炸的原因：除尘袋室和尘箱内的高浓度粉尘、明火、混进的高温颗粒、静电火花、粉尘自燃、粉尘自身热能积累、混入的低沸点物质以及易燃气体着火。因此，应在结构上做到不使铁片等粗硬物质进入。维修装置时，千万不要把螺钉、工具等忘在装置内。要采用合适的排泄装置切断火花。除尘袋室、管道等都应用连接器接地。过滤袋要用防静电滤布。粉尘箱内的粉尘不能太多。如有可能，应附加连续排放装置。监视袋室内的温度分布，达到一定温度时，要有防阴燃措施，亦可作紧急停止或其他合适的处理。最好采用另外的系统处理含油雾、易燃气体的粉尘。除尘袋室要设防爆阀。除尘装置在启动或停止时，应进行气体洗涤。

D 风机和电动机

处理易燃、损耗大的粉尘时，这些机器原则上应安装在除尘装置的后边。因为粉尘造成的磨损、黏着、腐蚀等，可以使叶轮失掉平衡，发生强烈的振动和噪声并迅速导致事故发生。叶轮的破损不仅可能由机械事故造成，还可能是冲撞产生的火花造成的。另外，传送带移动时引起的摩擦热、电机的火花都是火源。

E 其他

在爆炸、火灾可能发生的情况下，设备应与建筑物保持一定的安全距离，并用耐压结构的壁面将其围起来。在重要的场所设置爆炸通气口,防止易燃粉尘和气体大量泄漏,不能让粉尘在室内特别是房梁、架子上堆积,要经常打扫。根据防灾要求,不断完善防燃防爆措施。

8.4.6　除尘设备事故与应急预案

除了除尘设备的种种故障外，除尘设备的事故时有发生。所谓设备事故，是指凡是投产的除尘设备，在运行过程中，造成设备的零件、配件、构件损坏使除尘设备运行突然中断者；或者由于除尘设备原因造成能源供应中断而使生产突然中断者称为设备事故。因此，设备事故必须引起运行管理者和操作者的重视，防患于未然。确保事故发生后要及时、妥善处理，减少损失。

8.4.6.1　除尘设备事故

除尘设备在试车或运行过程中，因结构、操作或其他原因，可能引发各种设备事故，轻者影响设备正常运行，重者可能导致损伤或破坏除尘设备。根据设备事故发生的原因、性质与伤害程度，可分为结构性事故、操作性事故和突发性事故。

A　结构性设备事故

因设计参数选用不当、重要设备结构设计缺陷、超压泄放装置配套不足等技术性因素引发的设备事故，称为结构性设备事故。如：工况条件与除尘设备参数不匹配；设计压力、温度、荷载与结构形式确定失误，导致结构件强度与刚度不足，运行过程引发局部构件振动、扭曲与形变；除尘器支座或进出口等关键部位热膨胀收容与减振设施的设计或结构缺陷，导致热膨胀位移受限，局部构件振动，引发除尘器局部结构损伤；超压泄放装置等安全设施配置不足，突发性压力不能及时释放，导致除尘设备损伤，乃至破坏的设备事故。

案例：某烧结厂，有一台烧结机头静电除尘器，卧式 $144m^2$，单室三电场侧部振打；箱体骨架尺寸高为12.5m，宽为12.5m；设计负压15kPa；顶盖大梁高度1000mm。安装完毕后烧结机系统负荷试车。试车时发现顶盖大梁下挠过大，无法正常运行。经检查，发现主抽风机负压过大，仪表显示负压达到18.5kPa，最高时负压达到20kPa。经采用U形管压力计测定风机前负压为18.5kPa，与仪表显示一致。

事故原因分析是：（1）顶盖大梁截面偏小,在正常运行情况下,抗弯强度不足;(2)试车时负压过大,超过设计负压较多。引起负压过大的原因有两个:一是试车时由于烧结机上料层透气性差,引起烟气量偏小,风机在小风量区域内运行,风机特性曲线显示,风机负压较正常运行时偏高;二是冬季试车,室外气温在 -20℃左右,烧结系统中烟气温度较低,烟气密度偏大,正常运行时烟气温度为80~120℃,两者相差较大,引起风机负压增高。

B　操作性设备事故

除尘器在运行过程中，因操作（程序和参数）错误而导致的设备事故称为操作性设备事故。如：设备试车过程强调无负荷试车，错误地将阀门开度调至零位关闭状态（设备压力接近 -101.3kPa 的准真空状态），在设备耐压强度与刚度设计不足时，设备结构的薄弱处可能被吸瘪或喘振；在误操作时，也可能引起操作程序与运行参数的重大改变，导致设备的剧烈振动与伤害，也可能被吸瘪而引发设备事故，或使用中对寒冷气候未予重视等。

案例：某轧钢除尘系统应用4×JSS144型塑烧板脉冲除尘器，投产后实测风量

320000m^3/h，过滤速度 0.93 ~ 1.03m/h，设备阻力 1.8kPa；入口粉尘平均质量浓度 314.5mg/m^3（143.2 ~593.2mg/m^3），出口粉尘质量浓度 11.0mg/m^3，除尘效率 96.42%，粉尘回收量 1.78t/a。投产后性能稳定，运行可靠，说明用于饱和气体除尘是成功的。

某年冬季，在热轧机例行检修过程中，除尘机组空载运行 8h，车间内低温（-18℃）空气照常通过塑烧板除尘器；待精轧机组检修后正式投产时，发现引风机抽不进风，除尘器箱体剧烈振动，经查，原来湿塑烧板已冻成冰塑烧板了。面对现实，紧急研究，采取除尘器室暖气恢复和关闭除尘器前后阀门，缓慢往除尘器箱体内通饱和蒸汽（0.25MPa）的解冻方案；12h 后解冻成功，塑烧板脉冲除尘器恢复正常使用。设备事故分析确认：本次设备事故是一例不按运行规程操作酿成的操作性事故。

C 突发性设备事故

因气体压力、温度、成分、流量、荷载和其他因素的突然变化而触发的火灾、爆炸、坠落和其他突发事故引发的设备伤害，称为突发性设备事故。如粉尘自燃引起的火灾与爆炸构成除尘器结构伤害的设备事故；工艺操作参数突变导致的除尘器结构伤害的设备事故；荷载的突然增加而引发的设备事故。

案例：某炼钢厂 150t 顶吹氧气转炉炼钢烟气净化系统，吹炼过程因氧气转炉喷渣凝块脱落，坠入溢流式文氏管喉口，导致气道堵塞，酿成溢流式文氏管水封破坏，煤气外溢而失火的重大设备事故。当时炉前操作、除尘器运行与风机运转信息不通，不知火从何来；也没有重大事故预案为据，炉前操作室只好以紧急提枪（O_2）、中断炼钢、消火减灾为上，消除了煤气着火，减少了灾害的外延，把经济损失降到较低程度。

8.4.6.2 设备事故处理预案

设备事故处理预案由下列内容组成：

（1）总则。

1）坚持“安全第一，预防为主，综合治理”的安全生产方针；

2）坚持企业安全生产问责制和各级岗位责任制，按运行操作规程组织设备运行；

3）坚持安全生产教育，三级安全教育不合格不能上岗操作；

4）完善安全生产防护设施和管理机制。

5）防范重大设备事故，制定和发布重大设备事故处理预案，组织和实施实战演练。

（2）编制依据。除尘设备事故处理预案编制应依据下列法律和文件：

1）法规。中华人民共和国安全生产法；中华人民共和国大气污染防治法；中华人民共和国职业病防治法；压力容器安全技术监察规程；《GB 5083 生产设备安全卫生设计总则》；《GB Z1 工业企业设计卫生标准》；《GB Z2 工作场所有害因素职业接触限值》；《GB 6222 工业企业煤气安全规程》；《GB 50017 钢结构设计规范》；《GB 50205 钢结构工程施工质量验收规范》；产品标准等。

2）产品资料。产品图纸；样本；合格证书；产品设计计算书；产品使用说明书和操作维护指导书等。

3）操作规程：

①安全操作规程。除尘设备操作规程特别是易燃易爆除尘设备的操作规程。

②运行规程。运行规程至少应当包括：设备名称；设备型号与技术性能；设备结构；工艺流程；操作程序与要点；维护要求；运行记录。

（3）预案措施。除尘设备事故预案的实施包括：条件准备；人员安排和报告制度。

1）条件准备。主要是事故件的准备。①以生产保险为目的必须库存的零部件，使用寿命至少在一年以上。②在正常情况下不易磨损，但存在着损坏的可能性，一旦发生损坏可构成设备停转及停产事故的因素。③发生事故后的应急措施及修复困难，零部件本身制造工艺复杂供应周期半年以上者。上述三点必须同时具备。要制订最小库存量，其数量按装机数、事故发生的几率、供应期的长短和生产上的重要性综合考虑设定。

2）人员安排。进行预想事故演练，做出设备事故预案，提高工作人员处理事故的应变能力。

3）报告制度。报告制度是指设备事故（含重大设备故障）发生后，目击者应立即报告作业长和安全生产负责人，他们应立即报告生产主管部门如指挥部，按设备事故性质与类别，同步启动设备事故处理预案；按生产调度指令组织设备事故抢救，将设备事故损失降低为最小。

（4）事故分析。设备事故发生后，应按设备事故处理预案的规定，由企业主管负责人（部门）组织，相关部门参加，及时开展设备事故调查与分析。要求做到“事故原因未查清不放过；事故责任未明确不放过；整改措施未落实不放过”。

设备事故分析报告应包括设备名称与规格、事故时间与地点、事故经过、涉及人员、事故责任、经济损失、整改措施和处理意见。

重大设备事故分析报告应由企业法人代表签字认可，上报上级主管部门核准、备案。

（5）整改措施。设备事故整改措施是落实设备事故整改结论、组织设备安全运行的根本措施，按系统工程管理准则必须抓紧、抓实、抓好。具体要求：

1）工艺流程合理，技术操作先进，运行参数正确；

2）安全设施配套完整，运行可靠；

3）整改设施设计先进，性能良好、可靠性好，确保不发生类似事故；

4）具有质量保证体系监督机制和人员落实。

参考文献

[1] 张殿印，张学义．除尘技术手册[M]．北京：冶金工业出版社，2002.

[2] 张殿印，王纯，俞非漉．袋式除尘技术[M]．北京：冶金工业出版社，2008.

[3] 张殿印，王纯．除尘器手册[M]．北京：化学工业出版社，2005.

[4] 张殿印，姜凤有，冯玲．袋式除尘器运行管理[M]．北京：冶金工业出版社，1993.

[5] 张殿印．环保知识400问（第3版）[M]．北京：冶金工业出版社，2004.

[6] 通商产业省公安保安局（日）．除尘技术[M]．李金昌译．北京：中国建筑工业出版社，1997.

[7] 王晶，李振东．工厂消烟除尘手册[M]．北京：科学普及出版社，1992.

[8] 姜凤有．工业除尘设备[M]．北京：冶金工业出版社，2007.

[9] 王永忠，宋七棣．电炉炼钢除尘[M]．北京：冶金工业出版社，2003.

[10] 乌索夫 B H. 工业气体净化与除尘器过滤器[M]．李悦，徐图译．哈尔滨：黑龙江科学技术出版社，1984.

[11] 胡鉴仲，隋鹏程，等编译．袋式收尘器手册[M]．北京：中国建筑工业出版社，1984.

[12] 申丽，张殿印．工业粉尘的性质[J]．金属世界，1998（2）：31～32.

[13] 《工业锅炉房常用设备手册》编写组．工业锅炉房常用设备手册[M]．北京：机械工业出版社，1995.

[14] 曹彬，叶敏，姜凤有，张殿印．利用低压脉冲技术改造反吹袋式除尘器的研究[J]．环境科学与技术，2001(5).

[15] 张殿印．烟尘治理技术（讲座）[J]．环境工程，1998(1)～(6).

[16] 祁君田，等．现代烟气除尘技术[J]．北京：化学工业出版社，2008.

[17] 王绍文，杨景玲，赵锐锐，王海涛，等．冶金工业节能减排技术指南[M]．北京：化学工业出版社，2009.

[18] 余云进．除尘技术问答[M]．北京：化学工业出版社，2006.

[19] 焦有道．水泥工业大气污染治理[M]．北京：化学工业出版社，2007.

[20] 嵇敬文，陈安琪．锅炉烟气袋式除尘技术[M]．北京：中国电力出版社，2006.

[21] 威廉 L，休曼著．工业气体污染控制系统[M]．华译网翻译公司译．北京：化学工业出版社，2007.

[22] 路乘风，崔政斌．防尘防毒技术[M]．北京：化学工业出版社，2004.

[23] 化学工业部人事教育司等组织编写．物料输送[M]．北京：化学工业出版社，1997.

[24] 大野长太郎著．除尘、收尘理论与实践[M]．单文昌译．北京：科学技术文献出版社，1982.

[25] 铁大铮，于永礼主编．中小水泥厂设备工作者手册[M]．北京：中国建筑工业出版社，1989.

[26] 管立，李富佩．静电与粉尘危害之浅谈[J]．静电，1996(3)：28～39.

[27] 肖宝垣．袋式除尘器在燃煤电厂应用的技术特点[J]．电力环境保护，2003(3)：25～28.

[28] 赵军．袋式除尘器改造为电除尘器的实践与应用[J]．冶金环境保护，2006(3)：47～50.

[29] 张殿印，等．袋式除尘器滤料物理性失效与防范[J]．暖通制冷设备，2007(6)：39～41.

[30] 吴凌放，张殿印，等．袋式除尘技术现状与发展方向[J]．环保时代，2007(11)：19～22.

[31] 刘茵，等．喷雾除尘技术在宝钢 BSSF 渣处理装置上的应用研究[J]．宝钢技术，2009(6)：21～23.

[32] 陈盈盈，王海涛．焦炉装煤车烟气净化节能改造[J]．环境工程，2008(5)：38～40.

[33] 唐国山，唐复磊．水泥厂电除尘器应用技术[M]．北京：化学工业出版社，2005.

[34] 原永涛，等．火力发电厂电除尘技术[M]．北京：化学工业出版社，2004.

[35] 杨飚．试论中小型锅炉烟气脱硫（FGD）的技术路线[J]．中国电力环保，2009（3）：3～15.

[36] 赵振奇，潘永来．除尘器壳体钢结构设计[M]．北京：冶金工业出版社，2008.

冶金工业出版社部分图书推荐

书　　名	定价(元)
袋式除尘技术	125.00
现代除尘理论与技术	26.00
除尘技术手册	78.00
工业除尘设备——设计、制作、安装与管理	158.00
除尘器壳体钢结构设计	50.00
电炉炼钢除尘	45.00
烟尘纤维过滤理论、技术及应用	45.00
环保设备材料手册(第2版)	178.00
水处理工程实验技术(教材)	39.00
工业废水处理工程实例	28.00
城市小流域水污染控制——桃花江上游来水污染控制技术与示范	42.00
钢铁冶金的环保与节能(第2版)	56.00
高浓度有机废水处理技术与工程应用	69.00
钢铁工业废水资源回用技术与应用	68.00
冶金工业节能与余热利用技术指南	58.00
冶金过程废水处理与利用	30.00
固体废物污染控制原理与资源化技术(教材)	39.00
氮氧化物减排技术与烟气脱硝工程	29.00
二氧化硫减排技术与烟气脱硫工程	56.00
噪声控制技术及其新进展	56.00
噪声与振动控制技术	23.00
矿山废料胶结充填	45.00
金属矿山尾矿综合利用与资源化	16.00
矿业开发密集地区景观生态重建	22.00
环境保护及其法规(第2版)	45.00
环境生化检验	14.80
燃料电池(第2版)	29.80
环保知识400问(第3版)	26.00
生活垃圾处理与资源化技术手册	180.00
矿山固体废物处理与资源化	26.00
中国钢铁工业环保工作指南	180.00
环境地质学	28.00
焦炉煤气净化技术	30.00

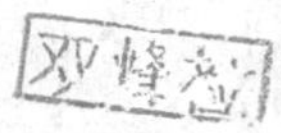